深圳城市平面格局演进

The Evolution of Urban Plane Pattern in Shenzhen

罗 军 著

中国建筑工业出版社

图书在版编目（CIP）数据

深圳城市平面格局演进 / 罗军著 .—北京：中国建筑工业出版社，2019.2

ISBN 978-7-112-23310-6

Ⅰ.①深… Ⅱ.①罗… Ⅲ.①城市规划—研究—深圳 Ⅳ.①TU984.265.3

中国版本图书馆CIP数据核字（2019）第027341号

作者基于对城市演进中形态类型和形态中枢等自相似结构的发现，建立了平面尺度等级、形态中枢、平面演进类型等概念，借以研究城市物质形态的平面格局，建立了城市形态动态研究和静态分析的理论和方法。本书对岭南环境、城市体系、地缘格局、深圳市镇体系的形成、大尺度宏观视野下深圳城市演进和社会经济发展有深入的阐释，对深圳不同尺度范围的城市形态演进和建设发展历程也有析理精微的论证。

本书可供广大城市、建筑研究领域的学者和爱好者参考，也可供城市规划和建筑学等专业的师生参考学习。

责任编辑：吴宇江 刘颖超

责任校对：张 颖

深圳城市平面格局演进

罗 军 著

*

中国建筑工业出版社出版、发行（北京海淀三里河路9号）

各地新华书店、建筑书店经销

北京点击世代文化传媒有限公司制版

北京建筑工业印刷厂印刷

*

开本：787×1092毫米 1/16 印张：16¾ 字数：369千字

2019年6月第一版 2020年5月第二次印刷

定价：69.00元

ISBN 978-7-112-23310-6

（33607）

序一

作为我国改革开放后城市化进程高速发展的一个缩影，改革开放40年来，深圳经历了多中心节点、建成区全覆盖和城市更新等阶段，城市建设和发展取得了巨大成就。

《深圳城市平面格局演进》聚焦深圳城市建设和发展，从岭南地区、深圳市整体空间、城市核心区域、10km^{2}综合连片区域、2km^{2}复合区域、建筑与街区等多个尺度层次进行论述。其研究视角尊重城市规划与建筑学领域的本原问题，重视城市演进的基本规律。

作者基于详实的史料文献、地形、历史航拍影像图及其自身实地踏勘所绘等资料，通过借鉴不同学科形态分析方法，在不同尺度等级下，运用不同比例尺的形态地图进行多层次表达，通过分析深圳城市平面格局的演进，揭示城市物理结构的生长脉络，这些基本论点、结论、建议和研究方法皆具有较强的创新性。

虽然书中对于深圳城市形态演进实证研究着墨较多，但是我更愿意把它作为一部有关城市形态学原理和城市史研究的理论著作推荐给大家。该专著以城市物质形态要素及其组合的相互关系为研究对象，通过对自相似结构的观察和理解，逻辑推导出“尺度等级、形态演进类型、形态中枢”等重要概念，借以将复杂的、动态的城市空间要素分析简化为平面格局演进研究，构建出基于完全分类思想的城市形态学原理、方法和理论。在当前发展形势下，本专著的出版对丰富和推进我国城市形态学研究具有重要的理论价值与现实意义。

孟建民

二〇一九年二月

序二

深圳是现代时期和特殊阶段快速发展起来的城市，尤其是改革开放四十年来，其城市规划建设成就，在中国当代城市发展历程中具有特殊的类型意义。就城市形态演进而言，其规划基础理论运用及作用、空间发展模式、空间层次体系及结构特点等方面深具研究价值。为此，近年来引起不少学者关注和研究，取得了不少研究成果。但在现有的研究成果中，难以找到能贯通时间和空间维度的理论体系，以实现全方位的城市演进过程建构，这在概念、方法和理论上都需要联系实际进一步深入探索。

作者长期在深圳工作生活，亲身经历了深圳城市的发展变革，基于不断地学习思考，加入到城市形态演进研究行列之中，创设城市演进多尺度层次研究体系，重构城市形态学原理和方法。作者在较为系统的梳理国际范围内城市形态学研究文献的同时，大量收集了深圳城市发生发展的主要材料及数据，为研究工作打下了扎实的基础。

城市形态范畴是在近、现代城市一定的发展基础上，城市产生、发展、功能、形式、结构现实关系的理论反映。作者敏锐地意识到不同学科在城市形态研究上割裂且分散的状况及其弊端，从历史角度考察深圳城市空间发展进程，关注城市发展、空间演变，在系统学、复杂学理论基础上，借鉴相关理论与分析方法，基于城市形态自相似特征的观察，从宏观与微观、整体与局部、表象与动因、历时与共时的多维关系中，建立了平面尺度等级、形态中枢、平面演进类型的概念，从不同尺度范围分析城市的形态演进，研究城市历时性生长、空间结构和形态演化，融合尺度和时间线索，探讨城市空间平面格局和发展路径，识别了不同尺度下城市形态主要构成要素，发现了不同尺度等级下城市平面格局特点，力求构建多尺度层次的形态地图研究框架，形成了描述、理解、判断、分析形态演进的理论和方法，揭示城市平面格局的形成以及城市物理结构的演化规律。

城市是一个复杂的巨系统，其演进过程中的主要影响因素众多，如果加强针对不同尺度层次下的城市平面格局中的空间形态的子系统的数据挖掘分析，本书论据会更加充分。

总之，本书作者提出的多维形态尺度研究框架，对于厘清不同尺度上的空间形态演变、空间形态要素与特征，形态演进的差异性特征揭示以及作者提出的“平面格局、尺度等级、形态类型、形态中枢”概念等方面具有一定理论价值和创新性。本文的分析架构理论和方法具有良好的普适价值，不仅对深入理解深圳城市结构和空间形态的演进与发展具有较好的现实价值，在我国城市化发展与环境可持续发展的当代，对丰富和推进我国的城市形态学研究也具有重要的理论意义与现实意义。

程建军

二〇一九年一月

目　录

序一 …………………………………………………………… 孟建民

序二 …………………………………………………………… 程建军

第一章　研究缘起与城市理论 ………………………………… 1

1.1　研究缘起 ……………………………………………… 1

1.1.1　议题的提出和论述范围 …………………………… 1

1.1.2　深圳城市相关著叙 ………………………………… 2

1.1.3　深圳城市研究述评 ………………………………… 3

1.1.4　深圳发展背景 ……………………………………… 4

1.1.5　深圳平面格局研究的意义 ………………………… 6

1.2　关注的目标和对象 …………………………………… 7

1.2.1　叙事目标 …………………………………………… 7

1.2.2　关注点和叙事对象 ………………………………… 8

1.2.3　多尺度层次及平面格局解析 ……………………… 10

1.3　相关城市理论综述 …………………………………… 12

1.3.1　城市形态理论 ……………………………………… 13

1.3.2　城市化理论及城市观点 …………………………… 19

1.3.3　城市生态理论与城市史学 ………………………… 22

1.3.4　国内城市建设史研究 ……………………………… 23

1.3.5　美国学者中国城市史研究的传统范式 …………… 25

1.4　本书涉及的城市研究方法 …………………………… 29

1.4.1　分形几何学与尺度划分法 ………………………… 29

1.4.2　康泽恩学派与断代分析法 ………………………… 30

1.4.3　景观生态学与要素分析法 ………………………… 34

1.4.4　图底理论与图底关系解析法 ……………………… 35

1.4.5　空间意象解析法 …………………………………… 35

第二章　多尺度层次研究体系 ………………………………… 37

2.1　多尺度层次复杂等级系统 …………………………… 37

2.1.1　复杂学 ……………………………………………… 37

2.1.2 复杂系统 …… 37
2.1.3 等级体系 …… 38
2.2 平面格局演进类型及其组合 …… 41
2.2.1 平面格局概念 …… 41
2.2.2 演进的完全分类 …… 43
2.2.3 平面演进的等级 …… 46
2.2.4 斑块组合及演进类型 …… 48
2.3 自相似及形态中枢 …… 50
2.3.1 自相似性和自相似结构 …… 50
2.3.2 形态中枢和平面演进类型 …… 52
2.4 多尺度层次研究的比例尺选择 …… 55
2.4.1 比例尺的选择 …… 56
2.4.2 可识别的构成要素 …… 56
2.4.3 重要因素的影响 …… 57
2.4.4 多尺度的研究范围界定 …… 57

第三章 岭南尺度层次下的环境与城市变迁 …… 60
3.1 岭南环境与交通 …… 60
3.1.1 五岭及五岭之戍 …… 61
3.1.2 珠江水系与岭南交通 …… 63
3.1.3 灵渠：与长江水系的沟通 …… 64
3.1.4 海上丝绸之路 …… 65
3.1.5 自然格局的影响 …… 66
3.2 环境变迁与城市体系 …… 69
3.2.1 人口变迁 …… 69
3.2.2 唐代以前岭南城市体系变迁 …… 70
3.2.3 宋元时期珠三角空间格局 …… 73
3.2.4 明代至民国澳门、香港的影响 …… 74
3.3 深圳环境格局与市镇体系 …… 75
3.3.1 区域大背景下的深圳环境格局 …… 75
3.3.2 南头古城治所演变 …… 76
3.3.3 深圳市镇体系演变 …… 79
3.4 岭南尺度层次下的地缘环境分析 …… 82
3.4.1 岭南双核城市群的构建可能 …… 82

3.4.2 广州单中心极核与选址分析 …… 83
3.4.3 深圳崛起的地缘分析 …… 84
3.4.4 粤港澳格局及深圳可能的机遇 …… 86

第四章 城市整体空间尺度下的形态演化 …… 90
4.1 城市空间演化的非平衡范式 …… 90
4.1.1 平衡范式 …… 90
4.1.2 多平衡范式 …… 91
4.1.3 非平衡范式 …… 92
4.2 深圳社会经济发展历程 …… 93
4.2.1 人口指标 …… 94
4.2.2 GDP 指标 …… 95
4.2.3 标志性阶段与节点 …… 97
4.2.4 建市后行政区划调整 …… 98
4.3 深圳总体空间形态演化 …… 100
4.3.1 深圳城市土地边界的演化 …… 100
4.3.2 深圳城市规划空间结构的演化 …… 104
4.3.3 深圳城市空间形态总体格局演化 …… 109
4.4 深圳建成区空间形态 …… 114
4.4.1 空间形态演化历程 …… 114
4.4.2 深圳建成区形态分区 …… 116
4.4.3 深圳建成区主要线性空间形态 …… 117
4.4.4 深圳建成区演化的相关影响因素 …… 119

第五章 城市核心区域的空间形态 …… 122
5.1 深圳经济特区空间形态 …… 123
5.1.1 空间形态演化 …… 123
5.1.2 “二线”：特区的边界 …… 129
5.1.3 四大分区 …… 131
5.1.4 深南大道 …… 132
5.1.5 “绿楔” …… 134
5.2 南山区空间形态 …… 135
5.2.1 空间形态演化 …… 136
5.2.2 空间结构 …… 138

5.2.3 次级斑块 …… 139
5.2.4 主要廊道 …… 140

第六章 10km² 综合连片区形态演进 …… 141
6.1 罗湖中心区 …… 142
6.1.1 发展历程 …… 142
6.1.2 空间形态演变 …… 146
6.1.3 自然肌理 …… 148
6.1.4 路网构成 …… 148
6.1.5 公共空间 …… 149
6.1.6 次级斑块划分 …… 149
6.1.7 典型建筑肌理 …… 149
6.2 福田中心区 …… 150
6.2.1 发展历程 …… 152
6.2.2 空间拓展及中轴线形成机制 …… 155
6.2.3 中心区环境格局与水口关系 …… 161
6.2.4 路网构成 …… 163
6.2.5 公共空间 …… 163
6.2.6 次级斑块划分 …… 164
6.2.7 典型建筑肌理 …… 164
6.3 招商蛇口工业区 …… 165
6.3.1 发展历程 …… 165
6.3.2 空间形态演变 …… 170
6.3.3 自然肌理 …… 173
6.3.4 路网构成 …… 173
6.3.5 公共空间 …… 174
6.3.6 次级斑块划分 …… 174
6.3.7 典型建筑肌理 …… 175
6.4 华侨城总部城区 …… 176
6.4.1 发展历程 …… 177
6.4.2 空间形态演变 …… 184
6.4.3 自然肌理 …… 185
6.4.4 路网构成 …… 186
6.4.5 公共空间 …… 188

6.4.6 次级斑块划分 …… 188
6.4.7 典型建筑肌理 …… 188

第七章 2km^{2}复合区域形态要素分析 …… 191
7.1 白石洲与波托菲诺区域 …… 191
7.1.1 空间形态演变 …… 192
7.1.2 图底关系 …… 193
7.1.3 次级斑块划分 …… 193
7.1.4 路径 …… 194
7.1.5 边界 …… 194
7.1.6 节点 …… 194
7.1.7 标志物 …… 195
7.2 大冲村区域 …… 195
7.2.1 空间形态演变 …… 195
7.2.2 图底关系 …… 198
7.2.3 次级斑块划分 …… 198
7.2.4 路径 …… 198
7.2.5 边界 …… 199
7.2.6 节点 …… 199
7.2.7 标志物 …… 199
7.3 后海南部西区 …… 199
7.3.1 空间形态演变 …… 199
7.3.2 图底关系 …… 200
7.3.3 次级斑块划分 …… 200
7.3.4 路径 …… 200
7.3.5 边界 …… 201
7.3.6 节点 …… 201
7.3.7 标志物 …… 201
7.4 科技园北部区域 …… 201
7.4.1 空间形态演变 …… 201
7.4.2 图底关系 …… 202
7.4.3 次级斑块划分 …… 202
7.4.4 路径 …… 202
7.4.5 边界 …… 203

7.4.6 节点 …… 203

7.4.7 标志物 …… 203

7.5 华强北商业区域 …… 204

7.5.1 空间形态演变 …… 204

7.5.2 图底关系 …… 204

7.5.3 次级斑块划分 …… 205

7.5.4 路径 …… 205

7.5.5 边界 …… 205

7.5.6 节点 …… 206

7.5.7 标志物 …… 206

第八章 建筑与街区尺度空间形态分析 …… 207

8.1 大鹏所城 …… 207

8.1.1 保护现状评述 …… 208

8.1.2 平面形态要素分析 …… 209

8.1.3 典型建筑 …… 211

8.2 人民南街区 …… 211

8.2.1 发展历程 …… 211

8.2.2 街区分析 …… 213

8.2.3 建筑类型与年代 …… 214

8.2.4 城市更新 …… 215

8.3 华侨城 LOFT 创意文化园 …… 216

8.3.1 发展历程 …… 216

8.3.2 街区分析 …… 217

8.3.3 建筑空间研究 …… 219

8.4 华强北街区 …… 220

8.4.1 发展历程 …… 220

8.4.2 城市更新 …… 221

8.4.3 更新改造建筑研究 …… 223

8.5 福田中心区 22、23-1 街坊 …… 225

8.5.1 街区设计 …… 225

8.5.2 建筑空间形态特征 …… 229

第九章 结论与讨论 …… 232

9.1 核心结论 …… 232
9.2 本书创新之处 …… 234
9.2.1 研究方法和视角 …… 234
9.2.2 研究发现创新 …… 236
9.2.3 提出城市演进新观点和新解释 …… 238
9.3 讨论与展望 …… 240

附录一 深圳市城市建设大事记表 …… 242

附录二 深圳市历年社会经济发展指标 …… 243

参考文献 …… 245

后 记 …… 251

第一章　研究缘起与城市理论

1.1　研究缘起

1.1.1　议题的提出和论述范围

深圳，作为中国当代最为年轻的特大型城市，从诞生之初，有关它的建设和发展就处于国内外学者的密切关注之中。在亚马逊或当当网输入包含深圳为标题的书籍搜索时，显示上万条的列表信息，而在知网等科技论文数据库检索以深圳为关键词的论文时则列出数万条的数据，有关深圳的出版物及其专业数字资料非常丰富。政治经济学者、人文地理学者、规划学者、社会学家、历史学家、文学作者、传记作者、编年史作者等已经对这座年轻的城市进行过多次的研究和探索。对于建筑历史研究者，为什么要对深圳城市平面格局和空间演化进行研究？政治、经济、社会等国家重大决策、战略、政策等都曾对深圳有深刻影响，这些影响在城市物质形态演进方面有怎样的联系？是否能够推演出深圳城市目前的面貌？深圳的特殊性表现在什么方面？它与珠海、汕头、厦门等 4 个特区同期建设，为什么只有它发展成特大型城市？深圳的地理特征、山水格局以及海岸线的变迁怎样影响城市进程？深圳建市初期，选择了特区范围内相距较远的蛇口、上步、罗湖、沙头角 4 个节点同时起步开发，不同的建设起点对城市建设有怎样的影响？这样的初始结构是否决定城市未来的格局？特区管理线（二线）长期将深圳地理范围分隔为特区内外两部分，特区内外城市形态产生怎样的影响？尽管已经有大量的文献资料，但当深入探究城市平面或空间格局的形成时，却很难发现深圳的物理结构如何逐渐生长而成。以上就为本书研究的主要原因。

任何历史都是当代史。对上述问题的关注，将本书引向深圳城市发展、空间演变这个议题。对这座城市的结构进行阐释，既要观察它光辉的现在，更要追溯它隐藏在华丽背后的过去。自公元 331 年东晋政权设东官郡行政中心于深圳南头始，虽然治所几经易地，但作为行政区划的深圳地理空间实体变化并不大。本书对深圳 1979 年以前的研究，主要结合岭南和珠江三角洲大尺度范围的环境变迁，简述环境怎样反作用于聚落方式、生产和建设活动，研究深圳近代的市镇体系分布，厘清研究的起点。本书从几个不同的尺度层次研究改革开放后深圳的城市发展，一是在深圳全域尺度范围，研究建成区的历时性生长；二是深圳特区管理线（二线）以内的尺度范围，选取特区和南山区作为研究范围，研究其空间结构和形态演化；三是 $10km^2$ 综合连片区域以及 $2km^2$ 复合区域两个尺度层次，选取重要节点进行历时性研究；最后是尺度更精微的街区尺度的研究。

1.1.2 深圳城市相关著叙

深圳经济特区设立后，短短三十余年，整个城市发生了举世瞩目的变化，这种变化是突发性和跳跃式的，它的发展不像邻近的广州，空间布局和安排历经千年演进，与行政制度、经济结构、社会组织、人口聚集、交通和文化发展息息相关。也不像同为特区的厦门和汕头，现代城市空间演变延续着近代城市的脉络。深圳更接近一个新城，从现在回溯历史，似乎瞬间就造就了目前的城市。深圳与历史上宝安县的城市要素联系脆弱，跨越宝安县至今的系统性城市史研究资料并不多见。

目前，有关深圳城市研究的出版物中，一部分研究集中在城市发展模式和策略方面。张骁儒（2014）对战略目标、实施步骤和主要方略都有论及。金心异（2010）涉及深圳城市发展中的重要问题和如何破题：土地短缺瓶颈，急速城市化的人口转移消化，城中村土地产权遗留问题、科技资源基础建设等，提出了城市发展的“深圳模式”。尤建新（2012）提炼出“政府引导＋市场驱动”型的“深圳创新之路”，提出了上海和深圳创新型城市进一步发展对策建议。谭刚（2009）提出了建构“港深都会”的总体框架和行动建议，被认为是构建“港深都会”研究的集大成者。

一部分研究则关注深圳城市化进程。罗彦（2013）分析了深圳城市化特征，明晰了行政力量、市场力量和民间力量推动下的城市化动力机制，这 3 个方面的力量通过引导调控、集聚分散、制约参与等空间过程来最终构建城市化的规模、结构、分布和质量特征。部分学者开展了城市化及其生态与环境效应方面的研究，史培军（2012）研究了景观城市化特点、驱动机制以及景观城市化进程对区域环境要素的影响。钟澄（2013）对违法建筑进行了研究，并指出了关内外城市化的差异。杨洪、冯现学（2014）对新型城市化视角下的龙岗进行探索与实践，杨绪松（2014）对后发区域的城市化实践和经验等进行总结和反思，探索特区一体化发展路径样本。总结前人研究成果，深圳城市研究可归纳为 3 个方面：

1. 发展动力视角

王富海（2004）以时间为轴线，对深圳城市空间的形态扩张与功能演进进行了研究，总结了深圳城市发展的时空变化，归纳了影响深圳空间发展的动力机制，系统分析了深圳空间发展的过程、特征和驱动因素，将主要功能空间的演化特征归纳为功能属性的特点。例如工业为轴向性，商业为斟层性，总结特区内居住—工业—商业，特区外工业—居住—商业的土地利用模式，该研究历程仅到 2000 年为止。张勇强（2004）从空间组织的角度剖析空间演变内在机制，将深圳空间演变与城市规划对比，认为深圳是由城市自组织与他组织综合作用的结果。罗佩（2007）在对深圳建市至 2006 年的多项指标综合分析的基础上，分阶段（1979—1986、1987—1997、1988—2006）分析城市演进特征与驱动因素，将深圳城市形态演进归结于功能—形态互动、规划—形态互动以及交通—形态互动三大规律。以上三位学者的博士学位论文①，是迄今有关深圳城市发展所做的系统性研究成果。

2. 社会经济视角

《深圳经济特区的政治发展（1980—2010）》（2010，陈家喜、黄卫平）论述了深圳经济特区建立的政治逻辑以及与中国政治发展的相互关系。而刘娅博士（2011）则运用机制研究方法对转型期深圳政治疑难问题追溯求解，涉及权力运行机制和社区自治。

深圳社会和经济情况的第一手详细资料通常是由政府部门发布的，另外中国社会科学院、社科文献出版社出版了有关深圳的系列蓝皮书，如《中国深圳发展报告》（2005—2007），《深圳经济发展报告》（2009—2013），《深圳社会发展报告》（2009—2013），《中国经济特区发展报告（2009）》，《深圳社会发展报告》（2009—2013），《文化创造活力与城市文化实力 - 深圳文化蓝皮书》（2013，彭立勋），《全面深化改革与城市文化建设 - 深圳文化蓝皮书》（2014，彭立勋），《深圳劳动关系发展报告》（2009，汤庭芬），《深圳人口与健康发展报告——人口与健康蓝皮书》（2013，陆杰华）等。此类深圳的《经济蓝皮书》《社会蓝皮书》《文化蓝皮书》等，都是该领域的权威年度报告，分析经济、社会运行环境、发展趋势和对应策略，通常由深圳社科院或相关专家组成的团队完成。

3. 城市规划视角

作为改革开放的试验场，30 余年来深圳城市经济的“大跃进”，既得益于市场经济体制的探索改革，也得益于城市规划方法理论的突破与创新。

李百浩、王玮（2007）分析了海外、香港特别行政区和国内近现代的城市规划对深圳规划产生的影响，指出深圳城市规划实现了从“技术性”向“制度性”的过渡。郑国、秦波（2009）以波特区域发展理论为基础，论证深圳城市发展得益于“创新推动”，正是城市规划的转型促进了城市转型。刘全波、刘晓明（2011）探析深圳规划“一张图”管理模式和建设方法，认为以法定图则、规划成果整合而成“一张图”是精细化规划管理的有效方式。安琪（2013）提出城市“精明发展”和“精明增长”模式，生态环境敏感土地的开发需要精明的交通规划手段。

1.1.3　深圳城市研究述评

深圳城市发展过程是不断面临和解决新问题的过程，它的先行先试使得深圳走在了中国城市化的前列，是中国乃至全球城市发展史中一个独特而典型的案例，具有重要的研究意义和参考价值。纵观上述文献，部分研究抽取深圳某一特征鲜明的区域进行局部的深入考察；部分研究则以变化集中体现的一个时间切片为线索，观察一定时期内各离散要素间的联系；再有一部分学者则尝试从宏观的全区域、全领域范围去探究深圳城市发展的规律。但微观的研究往往容易将变化归于单一的理论佐证，宏观的研究则不可避免的将区域间的差异性置于次要地位。在现有的研究成果中，难以找到能贯通时间和空间维度的理论体系

① 分别是：王富海．深圳城市空间演进研究 [D]. 北京大学，2004；张永强．城市空间发展自组织研究——深圳为例．东南大学，2004；罗佩．深圳城市形态演进研究 [D]. 中山大学，2007.

以实现全方位的城市演进过程建构。

区别于常规的以一明确的理论框架去安置素材的研究方法，本书更倾向于梳理和构建一套适用于系统化研究的方法论，建立一个横向和纵向相乘的坐标系，将研究对象置于这一多维复合、开放式的方程中进行演绎和推导，由此得出的结论并不只是一个最终的固定值，也是一个可以从任意坐标点提取成果的连续图像。

1.1.4 深圳发展背景

1. 时代背景

中国古代和近现代社会结构和经济基础都与农业息息相关，从公元前 221 年秦王朝建立第一个统一的中央集权帝国开始，经历了漫长的封建社会，达到了高度的社会文明。经过第一、二次工业革命，位于新工业革命发展前列的国家取得了先发优势，英国、美国等近代大国迅速崛起。与此同时，中国的政治制度、经济基础和社会结构对世界两次工业革命都没做好准备，错过了历史性的发展机会。率先完成工业革命的英国随即发动第一次鸦片战争，打破了中国传统的自然经济体系，将中国卷入世界资本主义体系并成为该体系的掠夺对象。直到“二战”结束，在摆脱了半殖民统治后，中国才逐渐走上正常发展的道路。

当世界进入工业时代，中国以农业经济为基础的政治、经济结构体现出保守性和停滞性，造成社会结构长久的僵化。20 世纪 70 ~ 80 年代，亚洲资本主义体系国家和地区日渐繁荣和发展，日本成为世界第二大经济体，韩国、新加坡等亚洲后发国家迅速达到发达国家水平，我国香港和台湾地区也获得了城市化发展的卓越成就。

1978 年底，中国共产党提出将工作重心转移到社会主义现代化建设上来，并推行改革开放。自此，中国逐渐融入国际化、全球化发展轨道，摆脱内向型的社会经济发展方式。在此大背景之下，深圳迎来了城市发展的好机遇。背靠珠江三角洲城市群、毗邻香港、海陆兼备的地理位置是深圳得天独厚的优势条件，处在大陆与海外联系的枢纽点上，既能方便地承接中国香港等经济发达地区和国家在资金、技术、信息、人才、商品、文化和先进管理经验等方面的强力辐射，同时也担负着中国特别是华南地区人流、物流、经贸往来等连接世界的重要门户和通道的作用。作为改革开放的窗口和国家新政策、新体制的试验场，深圳在全国先行一步，率先建立了相对完善的外向型市场经济体系和管理体制，对国内外生产要素形成持续而巨大的吸引力。在此基础之上，深圳城市迅猛发展，快速融入了世界经济体系，走向国际化。

1979 年，深圳设市。1980 年，国家兴办深圳等经济特区。2004 年，深圳宣布成为全国首个没有农村的城市。2006 年，深圳完全实现城市化。在快速城市化进程中，农业逐渐萎缩，并被第二、三产业替代，农村被拆除或演变为城中村或改造为新型社区，农民也演变为以非农业为职业的城市居民。城市空间结构发生了巨大变化，城市空间发展及城市建设实践，为研究当代中国城市建设和规划、城市空间演进积累了宝贵经验和丰富案例。

20 世纪 80 年代，深圳以及其他几个特区的设立和建设是国家寻求工业化、现代化和城市化发展道路的尝试，深圳需要发挥“窗口示范”作用和改革开放先行先试作用。自改革开放以来，深圳经济高速增长，用 30 多年的时间完成了工业化、现代化和城市化进程。当下，深圳是中国改革开放以来发展速度最快、经济最具活力的城市之一，位列中国四大一线城市。

从关内（特区）的蛇口、上步、罗湖、沙头角，到特区外的龙岗中心城、宝安中心区、龙华、光明、坪山等新区，与其说它们是城市的功能区和次中心，不如说是一个个卫星城，相互之间的生长符合独立城市发展的特征，彼此间的结合部也呈现出城市边缘地带的特征。深圳城市空间自身生长和在珠三角城市群中的功能和地位的变化也为新型城镇化提供了借鉴经验。

早在 2005 年，市政府及时任市委书记李鸿忠多次在各种场合提出深圳的发展面临“四个难以为继”，分别是城市土地、空间难以为继；能源、水资源难以为继；不堪人口重负，难以为继；环境承载力难以为继。正视短板，深圳加强了资源集聚，城市吸引力非但没有下降，还对周边地区呈虹吸效应，提高了深圳的经济和政治地位。在 2006 年《深圳 2030 城市发展策略》中，明确提出争取成为可持续发展的全球先锋城市。

2. 社会经济背景

自 1950 年到 1980 年，中国内地城市化率只从 11.2% 上升至 19.4%。中国台湾学者赵冈（2006）运用经济分析方法，对中国历史上自秦朝以来的城市化进行了研究，关于大城市的形成、历代都城与漕运建设、江南市镇的形成以及一些市镇发展为大城市的原因都做了分析[①]，中国各时代的城市化率详见表 1-1。

中国历史时期城市化率[②]　　**表 1-1**

历史时期	战国（300BC）	西汉（2AD）	唐（745 年）	南宋（1200 年）	清（1820 年）	清（1893 年）	1949 年	1978 年
总人口（万人）	3200	5960	5290	7040	35300	42418		
城市化率（%）	15.9	17.5	20.8	22.05	6.9	7.7	10.6	17.9

1979 年，中国城市化率为 19.99%，2011 年首次突破 50%，2013 年达到 53.37%，城市化率演变趋势见图 1-1。考虑到中国城市存在 1.8 亿农民工，一些专家提出，享受到城市公共服务的城市化人口只有 35% 左右。

“来了就是深圳人”这是中国移民城市中最响亮的口号。人口结构年轻、思想活跃、善于创新，各种外来文化相互融合、共同发展，从而形成了特区独有的具有很强包容力的文化环境，也为深圳未来的发展提供了海纳百川、博采众长的文化心理基础，甚至转化成

① 赵冈 . 中国城市发展史论集 [M]. 北京：新星出版社，2006.

② 来源：根据赵冈数据整理。

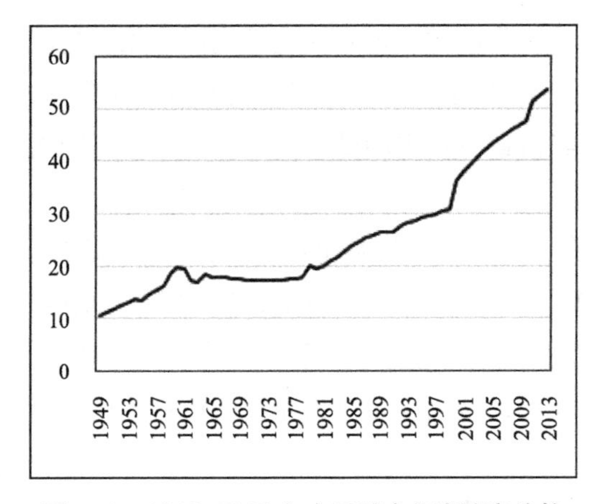

图 1-1 1949~2013 年中国城市化率演变趋势
（数据来源：根据公开数据绘制）

为较明显的科技研发等技术优势，如以计算机及软件、通信、生物工程、新材料等为主的深圳高新技术产业已在珠三角乃至全国具有绝对的影响力，而且这种影响力正在向其他方面渗透。

另一方面，从经济角度分析，设立深圳经济特区时，国家赋予深圳经济特区经济体制改革试验的功能，为我国的渐进式改革提供示范与试验，力争在引进外资、扩大就业机会、促进技术转移以及开拓国际市场和活跃对外经济活动等方面有所作为。在深圳的发展过程中，通过成功推行一系列涵盖行政管理体制、人事劳动工资制度、企业监管体制、基建管理体制、流通体制、金融体制以及计划体制等多个方面的改革，奠定了良好的制度基础，为发展出健康活跃的城市经济体做了充足的制度准备。

城市及其腹地范围的若干城市组成的“世界城市区域”已经成为全球和国家经济增长的核心动力，例如法国巴黎都会圈，其 2009 年的 GDP 量占法国都会的 29.5%。日本东京都市圈 2013 年 GDP 占全国三成，人口占全国四分之一。当前，中国户籍制度逐步放松，人口流动性更充分，随着一线城市人口的直线上升，接下来将有一批区域核心城市崛起，中国将产生世界上常见的城市群连绵区。中国有 3 个区域（珠三角、长江三角和京津地区）最有可能发展为未来的大都会圈。深圳已经成为世界城市，通过它带动区域一体化发展，将巩固珠三角全球化竞争前沿阵地和战略空间地位，并朝着“亚太地区最具活力和国际竞争力的城市群”的目标迈进①。

1.1.5 深圳平面格局研究的意义

1. 现实意义

深圳作为我国东南沿海城市体系中迅速崛起的一个新兴城市，创造了世界工业化、城市化、现代化发展史上的一个奇迹②。在近代及以前，深圳主要是政治统治据点和岭南地区中国海防军事据点，历史上由于国际贸易和生产活动的原因多次形成十万以上人口聚集的城市。新中国成立后，宝安县城驻地于 1954 年由南头迁往深圳（墟），城乡二元经济结构将传统与现代分离，城市建设长期停滞不前。

创建之初，深圳快速城市化进程中所面临的难题充满了复杂性和不确定性，城市未来

① 国家发展和改革委员会 . 珠江三角洲地区改革发展规划纲要（2008-2020 年）[S].2009.

② 胡锦涛《在深圳经济特区建立 30 周年庆祝大会上的讲话》，2010 年 9 月 6 日（新华社），原文第 4 自然段表述为：经过 30 年的不懈努力，深圳迅速从一个边陲小镇发展成为一座现代化大城市，综合经济实力跃居全国大中城市前列，创造了世界工业化、现代化、城市化发展史上的奇迹。

发展可持续性和趋势不明朗，面对这种复杂局势，深圳城市空间演进速度极快，短短30余年即展现出了多个时代的恢宏图景，王富海曾提出深圳是当代城市研究中难得的标本。

在“深圳速度”的指引下，深圳的高速发展实质上再现了西方城市长期发展的浓缩历程（赵燕菁，2004）。在当前中国快速城市化背景下，深入研究深圳城市个案，能理解和掌握当代中国城市的全貌，理解中国当代城市结构和空间的形成，对于理解和研究中国城市建设和城市化有着重要的参考价值，因此，对深圳城市演进研究具有重要的现实指导意义。

深圳的诞生和发展是特定历史时期的产物，也是各方力量相互交织、良性互动的结果。探索深圳的城市空间平面格局和发展路径，分析城市的形态演进，可以把握城市发展的内在规律，为深圳以及其他城市的发展方向和演进模式提供借鉴，为珠三角乃至全国城市建设与发展提供现实例证。

中国国土广博，城市众多，各地区自然地理环境相差悬殊，地区发展不平衡，大中小城市空间发展过程中面临诸如人地关系、环境可持续发展、交通体系落后、结构无序等问题，也面临自然资源、地理条件、区位条件不同等各自的发展难题。深圳城市发展30年，即快速经历了西方发达国家上百年的城市化之路，尽管表现方式和特征有区别，但也全方位面临和解决了众多城市发展问题，也正在积极应对类似于西方国家的“大城市病”。从历史角度考察深圳城市空间发展进程，可为其他城市在不同发展阶段提供借鉴的范例。

2. 理论意义

本书以深圳为研究对象，在实证研究方面，全文的尺度线索和时间线索并行，同一尺度下都有局部到整体的历时性研究，也有不同尺度下共时性的精微表达，实现了历时性、共时性、局部到整体、整体到局部全方位追溯深圳城市演进，厘清了城市空间发展脉络和表现形式，为研究其他城市提供了研究范例。

本书提出城市形态平面格局研究的方法、原理和叙事框架，以适应不同时期、不同规模城市和城市群形态演进的图像化表达。基于对城市形态自相似特征的观察，尝试建立尺度等级、形态中枢、平面演进类型等图式概念，以及多尺度层次的形态地图研究框架，形成了描述、理解、判断、分析城市形态演进的理论和方法。

本书多尺度层次平面格局演进研究对丰富和推进我国城市形态学研究具有理论意义，也对深圳未来城市形态健康演进具有重要的实践参考价值。

1.2 关注的目标和对象

1.2.1 叙事目标

城市，是人类经营自身生活在土地上留下的印记，城市有类似生物体的演化过程。城市物质要素种类繁多、数量巨大，如何全面、整体、系统地研究其演化脉络，怎样构建一套叙述逻辑、研究框架、分析方法是本书要解决的核心问题。本书目标，是构建一套系统性的阐释城市生长、繁荣、衰退的图示原理和表示方法，分析深圳历时性的空间演变；对深圳城市发展各尺度、层次进行划分，描绘整个深圳的城市空间形态演进历程；识别不同尺度下主要形态构成要素，研究不同阶段城市平面格局特点；分析各个阶段空间演变的驱动因素，以期描绘城市物质形态演变的时空图景。基于上述各点，总结归纳出深圳平面格局演进的总体特征与规律。

1.2.2 关注点和叙事对象

本书选择深圳城市建设活动所形成的物质要素及其相互关系作为研究对象，地域上覆盖整个深圳市行政辖区，而自然环境要素涉及岭南地区。下文是不同尺度层次下的关注点。

由于工作原因，笔者长期关注这座城市的形态、结构和历史，也与大量城市规划师、建筑师、文物保护组织及建设部门时有联系。本书试图结合笔者在深圳的经历和收集的资料对深圳城市格局和形态的物质结构进行分析梳理，既包括人工结构，也包括自然结构，其中的自然结构与深圳的山脉、水系、地形、地貌、海、港、湾密不可分。从浩瀚的文献资料中提取素材作为支持材料往往会出现以偏概全的弊端，本书将对城市格局的形成和背景进行追溯，并将其置于特定的历史背景下，目的是探寻其发展的内在规律。

蔡屋围片区是20世纪90年代初期的建成区，是深圳当时最繁华的金融街，1995年笔者在蔡屋围人行天桥拍摄的一张照片记录了当时的画面，面向罗湖区中心区，眼前是地王大厦、深圳书城、深圳发展银行大厦、深圳证券交易所大楼等，背景中的巨型室外宣传画尺寸达30m×10m，是红岭路与深南路十字交汇处西北角的邓小平画像。宣传画的标语几经更换[①]，虽然1996年的标语和小平画像沿用至今，但宣传画的背景则在2004年变更为20世纪八九十年代到21世纪代表深圳建设成就的标志性建筑物。随着地铁一号线开通，在地铁站点附近修建了过街隧道，蔡屋围片区的人行天桥已替换为过街人行隧道。该区域西侧的兴华宾馆、华强北人行天桥也被拆除，导致每天都会有大量翻越深南路中间护栏的行人。过街隧道的方式不能满足人口密集区的通行需求，几年以后，地面又增设过街人行横道。通过亲历城市演变、调查研究和结合文献资料的研究旨在揭示出深圳的城市发展、形态演变，这种形态可以说明城市是如何运转的，又是如何失效的。

蔡屋围天桥照片，是街区尺度层面的记录，而本书的视角也会涉及深圳全域范围。深圳南面的海岸线以及由东至西横亘于城市的中部山系是深圳城市最显著的地域特征，也是构成其城市形态特殊性的重要因素。在深圳30余年的城市化进程中，我们察觉到蛇口南山山体的范围明显变小了，深圳河的河道也发生了变化，甚至深圳湾的海岸线由于填海的缘故一些地区向南延伸了逾千米，其他很多地区也发生这样的变化，如蛇口、前海、后海、大鹏半岛等等。虽然环境发生了变化，相对其他，例如道路和建筑、山脉和海岸线对城市进程的影响却是最具持续性和稳定性的。这就是为什么本书会在不同尺度层次研究城市环

① 1994年前为“不坚持社会主义，不改革开放，不发展经济，不改善人民生活，只能是死路一条”。1995年更换为：“深圳的发展和经验证明，我们建立经济特区的政策是正确的”。1996年国庆前标语改为“坚持党的基本路线一百年不动摇”，沿用至今。

境与城市变迁的原因之一。

深圳经过严格的城市规划，先后共发布了多版城市总体规划。规划编制的超前性和可操作性为中国规划体系的建立和完善做出过贡献，国家现行法定的城市控制性详细规划立法思路来源于深圳首创的法定图则。城市总体规划下一个层次即为法定图则，法定图则精确到规定了每个地块的功能和技术指标，修改则需要严格的法定程序，这在中国是具有里程碑意义的事件。有一个改建项目的例子，足以说明一个地区的空间形态各种要素之间的相互作用：2000 年，华侨城集团试图拆除 1983 年建设的深圳湾大酒店，在原址建设一个五星级酒店——华侨城洲际酒店，深圳部分市民认为原酒店是深圳最早期的酒店之一，深圳 20 世纪文化遗产，建筑形态和周围环境条件都不错，饱含历史信息，进行适当装修即可，没必要拆除重建。在建设方的持续坚持下，经法定程序，确定该项目为改扩建项目，最后的结果是，保留深圳湾大酒店临街的完整墙面。另外一个例子，还是以华侨城区域为例，20 世纪 80 年代建设的工业厂房，到 2000 年左右，由于工业企业的外迁已不可能作为工业用途了，目前这里已改造为著名的华侨城文化创意园，建筑实体的立面和功能结构做了适当修改，演变为商业和办公功能，而活动的人流或者说使用者则发生了根本变化。研究规划与建成环境的叠加，回溯、追踪规划的历史背景和形成过程，对比规划与建成区的形态演变，便于通过形态学理解形态演进的动力学原理。通过叠加规划与建成环境的对比，便于理解构成城市格局和形态要素的相互关系和独立性、稳定性。由路网和自然山水格局形成的平面格局是最为稳定的系统，而地块功能则是较容易变化的要素。街区的功能不断在完善，城市持续更新，同一地块的建筑实体也在发生变化，它的稳定性介于以上两者之间。

规划界中普遍的一个说法是“深圳是按照规划或者人工设计发展的城市”。但是，深圳的城市规划并非一开始就覆盖到全市范围，城市是复杂而矛盾的综合体，把目光只集中于经过规划，有一定规则的地段，往往容易忽略那些没有经过规划的更广阔区域的形态演变。当深圳总体规划由深圳特区覆盖至整个深圳市的时候，特区外建成区面积已经远大于关内。如果把目光投向整个深圳市区范围或者视点是深圳 30 余年发展的持续过程，有关深圳规划的“神话”就不一定成立了。20 世纪 90 年代初期，华强北 70% 的规划为工业用地，工业建筑随时间演替，90% 的工业建筑功能变为商业建筑，城市是有机发展的，而不可能完全按照规划指令增长演化。城市的增长有时是有序的、有机的，有时又是无序的和杂乱无章的，有时在某个区域有序、有机发展，而在其他区域则存在无序和混乱。用地功能和土地利用模式的调整，在城市的演进进程中并不是一直稳定的，本书深入深圳城市结构之中，研究深圳城市节点以及各种事物的相互关联，弄清各城市节点和特定地段是如何连接在一起的。

通过对节点的系统深入分析，在深圳城市格局整体层面研究它们之间的发展演变关系，把握其相互关联和渗透，就容易理解城市的形成和城市进程。深圳成立之初，蛇口、罗湖、上步、沙头角等城市节点列为首要和重点开发地段，其后龙岗中心城、宝安中心区列入发展日程，而后龙华中心、光明新区、坪山新区成为重要的城市节点。随着不同组团的开发，深圳的城市结构呈现不同的特征：建市初期点状开发；20 世纪 80 年代中后期线状开发；20

世纪 90 年代后，特区内呈现由西向东带状多中心组团结构，特区外则以镇为单位，与特区内相比,形成小尺度等级斑块的“点”,和点与点之间的发展“轴”,构成“点—轴”空间结构，整体城市空间向网状组团结构演进，逐渐形成既紧密联系又相对独立的多中心组团结构；2004 年至今，城市建设用地趋于开发完毕，空间上主要体现为城市更新和功能重组与完善，特区外镇改街道，街道重组为功能新区，组团化发展，山脉、水系等自然基底是各组团的天然分界线。不同时期有不同学者用城市结构模式定义深圳的城市形态类型，比如点状、带状、星形、多核组团等，由于它处于快速变化之中，这种描述只是更接近某个时期的形态表象，而忽略了其演变过程。对城市形态进行研究，则包含城市进程和空间形态类型扩展的预判，这种预判不是通常意义上的预测和发展策略之类的东西，而是站在历史的视角上，在不同边界条件下对城市形态发展进行完全分类。本书将构造从不同尺度层次去观测城市形态演变的方法，而这种方法是从无数形态演变总结出的形态学原理推导而来的。

在城市格局中，除了自然环境，交通路网是最稳定的因素之一。这种稳定性在建成区中是容易观测到的，而在深圳的高速发展进程中，现在看来连续的路网也不是一蹴而就的。交通，我们用另一种视角去观测，将其置于生态景观学基质、斑块、廊道体系中，它不仅构成建成区的一部分，也与建成区有不同一般的意义和关系。

城市进程对土地的利用方式的转变，也是城市发展的关键问题，不少学者通过政治、经济、文化、社会因素的研究，还原城市形态演进过程。例如，深圳在 2004 年宣布，将所有农民“农转非”，一夜之间率先实现了没有农村和农民的社会构成。本书重点考察物质形态所呈现的状态，物质还是非物质因素研究，最终的结果指向都是在物质层面的反映，这种反映是各种力量、各种因素交织的合力造成的。土地利用模式是物质因素，其利用模式转变是社会与经济转型过程中的自然更替现象。

本书在研究方法上将建筑形态、街区环境、公共开放空间视为构成城市平面格局和城市形态的物质要素，作为城市形态最主要的载体和形态演变的主要研究对象。不同的尺度层次，研究对象的精细度存在很大差异，例如在深圳全域尺度范围或时空背景下，建筑、街区、开放空间只是诸多城市形态“斑块”下的无法识别内部结构。不同的尺度层次对应不同的研究目标。

1.2.3 多尺度层次及平面格局解析

1. 层次和多尺度层次

层次是系统论[①]的重要概念。城市是一个开放复杂的巨系统[②]。开放复杂巨系统思想由钱学森提出，为其系统科学思想的核心，它能概括宇宙间的大量现象和事物，也形成了一

① 欧阳光明，郭卫，王青 . 遨游系统的海洋：系统方法谈 [M]. 上海：上海交通大学出版社，2006.“系统是指由相互联系、相互作用的若干要素构成的具有特定结构和功能的有机整体。”

② 顾文涛，王以华，吴金希 . 复杂系统层次的内涵及相互关系原理研究 [J]. 系统科学学报，2008（2）：34-39.“只有一个层次或没有层次结构的事物称为简单系统，而子系统种类很多并有层次结构，它们之间关联关系又很复杂的系统称为复杂巨系统”。

个科学研究的新领域。“开放复杂巨系统”是当代系统科学和复杂性科学的一个重要概念。应用这一概念、思想和理论研究各类复杂对象系统为现代科学研究的前沿和热点，其研究对象非常广泛，包括科学、政治、经济、社会、文化等许多内容。同时，他也提出建筑科学大部门开放复杂巨系统的概念（包括城市、建筑、园林等），在具体研究时，必须正确处理开放复杂的巨系统与其众多子系统的关系。

由于系统内部结构存在不同等级，故能分出层次。也就是说系统内部有不同结构，就存在层次。城市的地块尺度可以组成街块、不同街块组成街道系统，街道系统组成综合连片区域，相同结构水平上的要素联结成为一个层次，城市具有尺度范围的层次性，不同的尺度范围等级就是不同的结构层次等级。多尺度层次是基于不同尺度范围研究的分层体系。多尺度层次研究，就是从不同层次识别其城市建成区子系统在不同观测精度下的差异性，不同尺度层次，观测的精细程度不同。

2. 平面格局

在建筑学领域提到平面格局一词，很自然让人联想到人文地理学科的康泽恩平面分析法，宋峰在翻译康泽恩的著作[①]时将英文 Town-Plan Analysis 一词中的 Plan（平面）翻译成“平面格局”，目前在城市规划学科中有关城市形态研究中的平面格局分析已经形成了系统的、程式化的研究框架和图式表达方式，“平面格局”特指包括有产权属性的地块、街道、街道系统等形态要素。

本书“平面格局”一词不同于康泽恩平面格局的概念。由于文字表达的局限性对不同概念只能用相同的名词才能表述，为避免引起多义性，特进行说明。

格：

——《古汉语词典》：法则，标准。《礼记 · 缁衣》：“言有物而行有格也。”《后汉书 · 傅燮传》：“由是朝廷重其方格。”特指法律条文。

——《康熙字典：说文》：“木长貌。”《徐曰》：“树高长枝为格。”……又法式。《周礼 · 牛人注》：“挂肉格”……又标准也。《后汉 · 博奕传》：“由是朝廷重其方格”，度也，量也。

——百度百科：“木”与“各”联合起来表示“树干与树枝形成十字交叉之形”“枝杈为十字交错之形”。代表树木枝干分叉，引申格子。

局：

——《古汉语词典》：棋盘。班固《弈旨》：“局必方正，象地则也。”

——《康熙字典：说文》：“促也。从口，在尺下，复局之”。

——百度百科：局，会意。从口，从尺。“尺”表示规矩法度。本义：局促。

格局：

——《汉语大词典》：谓结构和格式。黄宗羲《明夷待访录 · 奄宦上》：“有明则格局已定，牵挽相维。”

① 《城镇平面格局分析：诸森伯兰郡安尼克案例研究》。

——百度百科："以时间为格，在时间格子内所做事情以及事情的结果，称之格局"。格局还指图案或形状、格式、布局，也引申为对局势、态势的理解和把握。

本书中的"平面格局"在图形上类似生态学所指的"斑块"①,斑块可以是人类建成区，也可以是植物群落、湖泊、草原等，其外延比康泽恩的"平面格局"概念更大，在平面图形上表现为"斑块"。

城市这个范畴包括城市中一切各类关系演化的现实与可能，本书站在物质要素演化的角度考察城市土地上留下痕迹的人工构（建）筑物，以及由此对环境造成的影响。这些物质形态要素及其组合的各种关系，必然显现为城市范畴物质要素形成的土地斑块及其组合的各种关系。这正是本书平面格局的内容。

离开现实，没有任何范畴。而范畴和现实各种关系相联系。城市形态范畴是近、现代城市产生、发展、功能、形式、结构的现实关系的理论反映。无论是康泽恩平面格局分析还是景观生态学斑块基质廊道模式都是基于西方资本主义社会生产方式和城市发展现实而产生的理论和概念。

3. 平面研究意义：从山水城市到山水文明

从历史的视角来看城市空间演进，把城市空间作为一个动态的过程，重视物质要素在演化过程中的相互关系以及与自然环境的影响和关系。本书提出考察城市平面格局这一命题，就是在城市物质要素演化过程中找到一种研究的等价关系，将城市空间的演化过程转化为地表平面投影斑块的演化。与人工环境的平面格局对应，非人工环境的山脉、水系构成山水格局。

我国的地形地貌地域差异性很大，黄河、长江、珠江等水系流域贯穿中国大部分地区，目前全世界极少有一个国家像中国一样，有这样长流域的同一水系贯通全境。钱学森提出了山水城市的构想。基于中国地理环境的特殊性，不同尺度下有尺度不同的自相似山水格局，山水城市的实现，在城市建设和城市化进程中需要有山水文明理念，就是在不同尺度层次，重视山水格局，使得人与环境永续和谐。

1.3 相关城市理论综述

不同学者从自身研究领域出发，基于不同的学科角度、针对不同的研究对象、采取不同的研究方法提出了形形色色的城市空间理论。例如谷凯（2001）曾将相关理论概括为形态分析、环境行为研究和政治经济学三类②。每一学派的研究有其理论方向，研究对象各有侧重，然而面对城市这样复杂的系统，除了多角度地深人探讨，还需要建立一个层级清晰的概念框架。

① "斑块—基质—廊道"模型是景观生态学学科对景观空间结构描述的基本模式，也是景观空间异质性描述的基本模式。

② 谷凯．城市形态的理论与方法——探索全面与理性的研究框架 [J]. 城市规划，2001，25（12）：36-41.

1.3.1　城市形态理论

“形态”（Morphology）一词来由 morphe 和 logos 两个希腊单词组成，代表形式的构成逻辑。城市形态的研究内容则由城市的“逻辑”内涵和“表象”组成。城市形态可归纳为两个层面：广义的城市形态包括社会形态和物质环境形态，狭义的城市形态是指城市实体所呈现的具体的物质形态。本书研究对象为后者。

1. 早期城市理想模型研究

早期形态学主要探讨理想城市模型。理想城市模型的提出，反映了人们对稳定和秩序的追求，文艺复兴时期的理想城市、巴洛克时期的城市、空想社会主义时期的乌托邦皆是如此，这也是对城市空间结构源头进行梳理的重要内容[①]。

西班牙工程师马塔（A.S.Matao，1882）提出了系统的带形城市（Linear City）构想[②]（图 1-2），阿瑟·林（A.Ling）实现了这一构想，在英国的第二代新城朗科恩新城（Runcorn）规划设计了“8”字形环形带状结构交通路线。

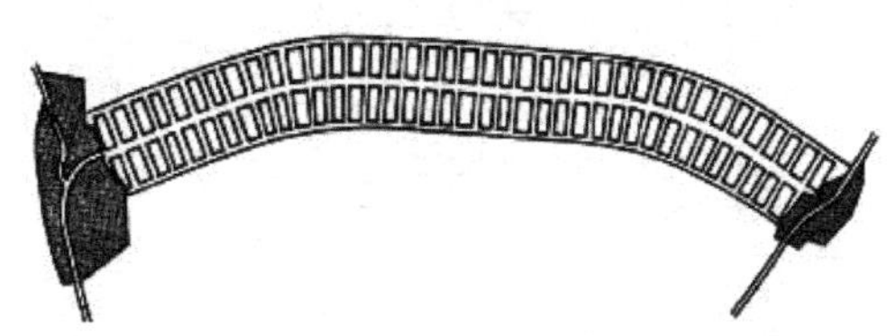

图 1-2　带形城市

1820 年，空想社会主义者欧文（R.Owen）首次提出“田园城市”的概念（图 1-3），1898 年霍华德（E.Howard）的著作《明日：一条通向真正改革的和平之路》（Tomorrow：A Peaceful Path to Real Reform）正式出版，发表了著名的“田园城市”（Garden City）理论。田园城市是在伦敦面临拥挤、卫生等一系列问题的情况下，构想出的向往乡村的理想城市模型，是为了健康、生活以及产业而设计的城市，饱含着人类和自然的和谐共生、有机疏散等理念。

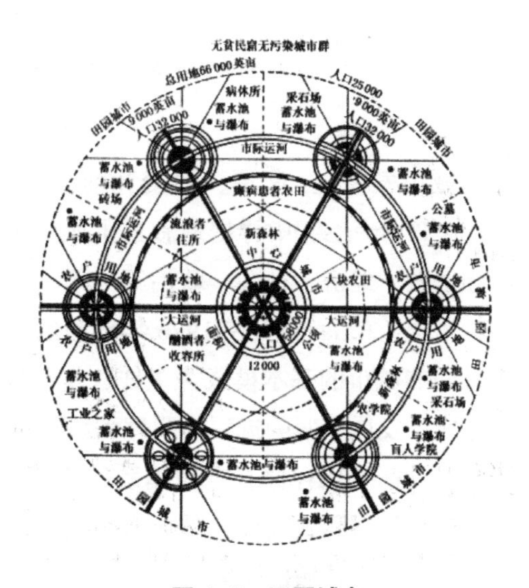

图 1-3　田园城市

来源：段进．城市空间发展论 [M]. 南京：江苏科学技术出版社，1999.

在霍华德“田园城市”的基础上，沙里宁（E.Saarinen）在 1943 年出版的《城市：它的发展、衰败和未来》（The City：Its Growth，Its Decay，Its Future）中提出了“有机疏散理论”（Theory of Organic Decentralization）[③]用于治理大城市的问题。实质是将大城市的拥挤地带分解成多个小的集中单元，再将小单元联系成为“在活动上相互关联的有功能的集中点”。

赖特（F.L.Wright）在 1932 年发表的《正

① 李杨．城市形态学的起源与在中国的发展研究 [D]. 东南大学，2006.
② 提倡城市沿着交通线两侧建设，城市宽度 500m 为宜，城市长度无限制绵延，将原有的城镇联为城市网络。
③ 沙里宁认为：“有机秩序的原则，是大自然的基本规律，所以这条原则，也应当作为人类建筑的基本原则。”

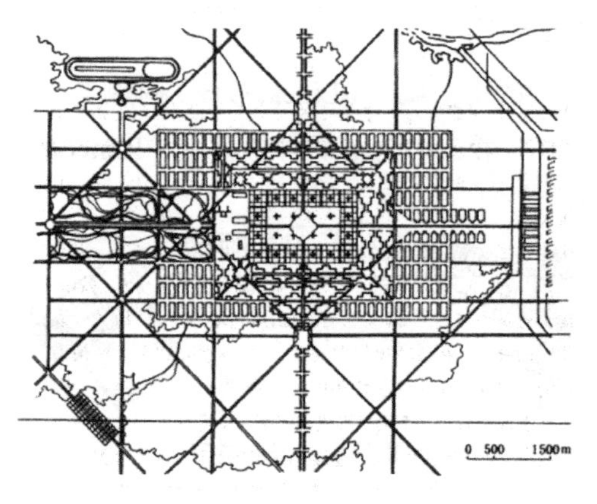

图 1- 4 明日之城

来源：赵和生 . 城市规划与城市发展 [M]. 南京：东南大学出版社，1999.

在消失的城市》（The Disappearing City）以及1935 年发表的《广亩城市：一个新的社区规划》（Broadacre City：A New Community）中正式提出了“广亩城市”（Broadacre City）的构想，将城市分散布局推到了一个极端的状态[①]。

面对工业化导致的城市环境日趋恶化，与城市分散发展的主张者相反，一部分规划师与建筑师做出了截然不同的选择。法国建筑师戛涅（T.Garnier）主张通过对城市各个要素的组织，使城市变成一座高效运作的“机器”。在戛涅的工业城市模式的影响下，柯布西耶（Le Corbusier）提出了建筑规划集中的全新思想，至今都影响着城市的开发建设。他在 1922 年发表的《明日之城》（The City of Tomorrow）（图 1-4）和 1931 年的“光辉城市”（Radiant City）规划中，提倡功能分区，高密度建设高层建筑，绿地集中布置，并建立高效率的城市交通系统。

2. 城市历史研究

西方学者率先从历史学的角度分析了城市形态的过去、现在和未来的完整序列关系。

1961 年，美国学者芒福德（L.Munford）在《城市发展史：起源、演变和前景》（The City in History：its Origins，its Transformation and its Prospects）中详尽地叙述了城市不同时期的功能和形式以及形成不同城市形态的渊源和宗教、经济、社会、政治等因素，得出结论：城市起源于人类的需要[②]。

培根（E.Bacon）在 1976 年出版的《城市设计》（Design of Cities）一书中，以不同历史时期的城市的基本模式为主线，全面探讨和系统总结了不同时期城市的诸多城市空间结构形成、发展演变的进程、肌理和特征。主要概念是调整影响城市整体形态的关键性要素，新的设计需要保存原有空间体系和结构，后期的局域设计应与原有格局相呼应，认为城市设计是一种过程式设计，是城市不同时期不同价值观的反映。

3. 地理学领域的研究

19 世纪，地理学学科开始以土地利用方式所造成的物质形态演化过程及空间分异为研究对象，深入发掘演化的内在规律，对形态理论的形成产生了重要影响[③]。

① 设想把集中的城市重新分布在一个地区性农业的方格网上，人类生活、居住、就业完全分散、低密度地均匀分布。

② 芒福德认为城市起源于人类的需要，它不仅体现着自然和区域的特征，还是人类历史和文化的积淀和延续。

③ 罗佩 . 深圳城市形态演进研究 [D]. 中山大学，2006.

段进认为，人文地理学领域的研究能够通过以下代表性研究资料表示出其主要脉络[①]：法国建筑理论家昆西（A.Q.Quincy，1832），在其经典巨著《建筑学历史目录》（Dictionnaire Historique d'Architecture）中提出通过城市平面图理解城镇历史，对建筑群、广场和街道平面的研究可以识别城市空间结构；奥地利建筑师西谛的（C.Sitte，1889）所著《城市建设艺术：遵循艺术原则进行城市设计》（Der Städtebau nach Seinen Künstlerischen Grunfstätzen）中考察了建筑物、纪念物和公共广场之间的关系；法国历史学家弗里茨（J.Fritz，1894）首度采用城镇平面图表示法分析德国的城镇分布和平面类型，发表了《德国城镇设施》（Deutsche Stadtanlagen）。

在这些先驱性研究工作的影响下，城市地理学研究成为欧洲工业国家的一个主要研究潮流，其中德国地理学家斯卢特（O.Schlüter）、美国地理学家索尔（C.O.Sauer）和英国地理学家康泽恩（M.R.Conzen）的贡献最为突出。斯卢特以弗里茨的研究成果为灵感来源的第一篇重要论文《城镇平面布局》（Über den Grundriss der Städte）提出了以"形态基因"（Morphgenesis）为研究基础的人文地理学科。斯卢特认为城市形态是"人类行为遗留于地表上的痕迹"，他定义了"文化景观"（Kulturlandschaft）、"文化景观形态学"（Morphologie der Kulturlandschaft）和"形成地表的对象"（Ginglische Erfülung de Erdoberflächel），将物质形态与城镇景观作为研究对象，提出了与形态相关的三个因素：形式（form）、功能（function）和发展（development）。

1925年，索尔把地球表面的基本地域单元视为景观，包含自然景观和人文景观两部分：自然景观，是指一个地区在人进入前的原始景观；人文景观，即被人们改造过的景观。

地理学家康泽恩受斯卢特等地理学家的影响，在对城市聚落进行系统的类型学分析的基础上，发展出一种导向空间发展的研究方法，极大地推动了人文地理学对城市空间结构的研究，发表著作《城镇平面格局分析：诺森伯兰郡安尼克案例研究》（Alnwick, Northunberland：A Study in Town-Plan Analysis，1960），完整地叙述了其市镇规划分析。康泽恩认为城镇平面格局包含了三种明确的平面要素复合体：街道系统（street -system）、街区（street-block）以及建筑物的基地平面（block-plan）。通过对安尼克不同历史时期平面地图的分析对比及对其演进因素的探究，他引入了"边缘地带"（fringebelt）和"固结线"（fixation line）概念，即城市边缘地带发展的每一个稳定时期，均能确认一个建成区定线称为"固结线"，而随着城镇的发展，老城内部通过"内蕴"（repletion），边缘地带通过"外侵"（absorption），原有的固结线会被打破，发展为新一轮地块的骨架，并产生新的边缘地带。他的另一个重要贡献在于建立了由现存城镇形式追溯造成这些形式的原动力的研究方法，影响深远。

康泽恩的研究工作将人文地理学的工作从德语世界推向了英语世界并拓展至全球，相关理论与方法影响了不同流派的城市形态研究。其追随者之一——英国学者斯梅尔斯

① 段进．国外城市形态学研究的兴起与发展 [J]. 城市规划学刊，2008（05）：34-42.

（Smailes）基于大量快速的调研，提出城市物质形态的演变是一种双重过程，包括向外扩展（outward extension）和内部重组（internal reorganization），分别以“增生”（accretion）和“替代”（replacement）的方式形成新的城市形态结构。

其他相关的研究还包括：哈伯特·路易斯（Herbert L）提出的“城市边缘带”（Stadtrandzonen）的概念；克里斯塔勒（W.Christaller）提出的“中心地学说”（central place theory）[①]，并论述了一定区域（国家）内城镇等级、规模、职能间的关系及其空间结构等的规律及形成因素；科斯托夫（S.Kostof）认为城市的边界、分区、公共空间和街道是所有城市共有的。

4. 行为—空间理论研究

20 世纪 60 年代以后，针对物质空间决定的批判兴起了通过对空间中所发生的行为的分析来认识城市空间研究的热潮。

林奇（K.Lynch）在 1960 年出版的《城市意象》（The Image of the City）中提出了“城市意象”的概念：城市意象是个体头脑中的直接感受和以往经验记忆两者的产物，被转移为信息并引导人的行动。将城市意象中的物质形态内容归纳为 5 种元素：路径（path）、边缘（edge）、地区（district）、节点（node）和标志（landmark）。5 种元素相互交织、重叠，在观察者头脑中形成的城市意象的图面表现则为“认知地图”（cognitive map）或“心理地图”（mental map），人们根据认知地图在头脑中的反应，对城市进行定位，决定行为。

美国学者拉波波特（A.Rapoport）把城市形态与人们的精神活动结合起来，提出了“环境行为研究”（environmental-behavior studies）的方法，强调城市形态的文化属性。在出版的《建成环境的意义》（The Meaning of the Built Environment，1982）中，重点研究建成环境怎样感知，又怎样因人而异。

1961 年，雅各布斯（J.Jacobs）从一个城市观察者的角度著述的《美国大城市的死与生》（The Death and Life of Great American Citites）的出版，对学界产生了巨大影响。在全面考察了城市结构的基本元素及其在人们生活中发挥功能的方式的基础上，雅各布斯为评估城市活力提供了一个研究基础框架，认为“多样性是城市的本性”，批判了现代主义城市形态功能主义的缺陷，提倡功能的适度混合以保证街道在不同时间段均有使用人群。在一个足够多建筑物的地区，人们不感到过分拥挤，可以有非常高的密度。

5. 城市设计与建筑学领域的研究

图—底理论（figure-ground theory），即从分析建筑实体（solid mass）和开放虚体（open voids）之间的对比关系着手，是研究城市空间形态最常用的方法之一。图—底理论最早可追溯到 1748 年诺利（G.Nolli）绘制的罗马地图[②]（图 1-5）。在诺利的概念中，空间就是图形，只有建筑才具有图形意义，是相对独立的实体，而空间则变成了不具物质形态的容器。

---

① 假设在地形完全平坦，土质相同，人口分布均匀，交通便捷程度相同的情况下，城镇的分布是均匀而规则地呈等边六边形排列。

② 把建筑物的墙、柱等实体涂黑，而外部空间留白。

1978 年，柯林（R.Colin）在《拼贴城市》（Collage City）一书中对比了传统城市与现代城市的图底差异（图 1-6），提出了“实体的危机”（crisis of the solid）[①]。

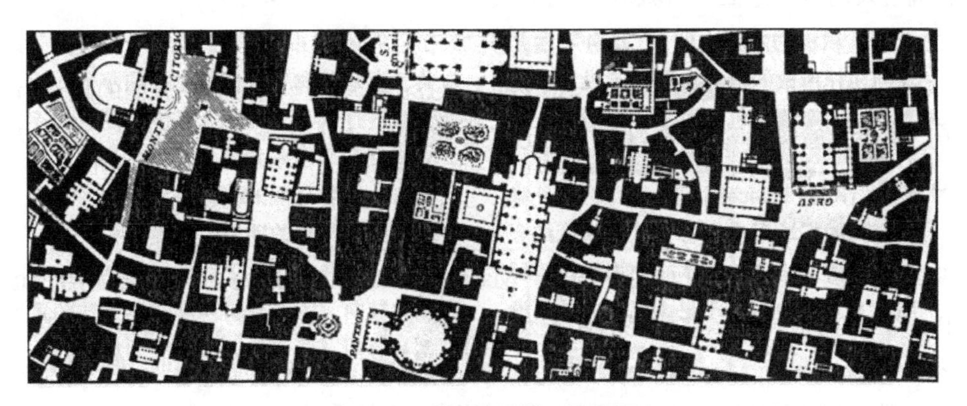

图 1-5 诺利绘制的罗马地图

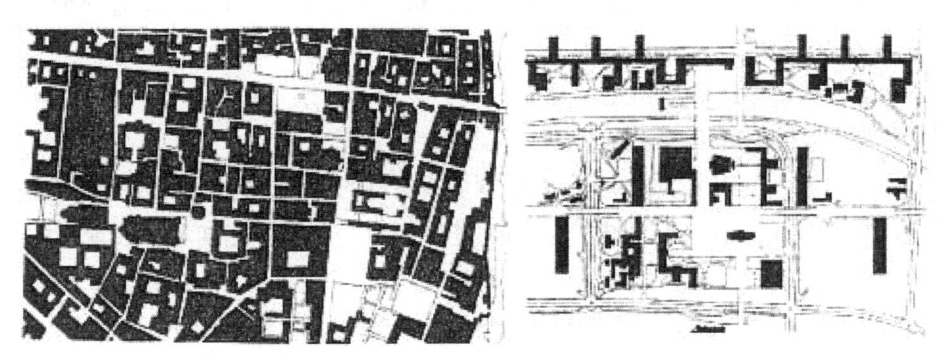

图 1-6 传统城市与现代城市图底关系比较

来源：转引自 Mathew.C.（2005）

另一个城市设计的重要理论是“联系理论”，又称“关联耦合理论”（related coupling theory）[②]。联系理论在 20 世纪 60 年代的日本十分普及，其代表人物是丹下健三（Tange Kenzo），他提出，城市以一条类似动物脊柱的“轴”作为信息交流场所，以“环”为基础单位组成链状交通系统。

在同一时期，一些建筑师从建筑类型学入手，研究城市空间形态。意大利建筑师穆拉托里（S.Muratori）和他的学生 G.Canniggia 将建筑类型作为城市形态要素根源，在城市规划和建筑学界影响广泛，认为城市发展过程的特征是由正确布局的建筑类型定义的。

随着罗西（A.Rossi）的经典著作在 80 年代被翻译成英文，穆拉托里的思想在全球范围内全面、不断地流行。在其 1966 年出版的《城市建筑学》（The Architecture of the City）

① 现代城市几乎是全白的，而传统城市中由于建筑群作为统一的、充分联系的群体，限定了街道、广场和小尺度的街道网格是黑白相间的。

② 关联耦合理论分析的课题是城市诸要素之间联系的“线”，通过基地的主导力线（可以是一条运动的方向流，一条有组织的轴线，甚至一幢建筑物的边缘）为设计提供一种空间基准。

中，罗西认为，功能可以一直在变，而形式不会，可将这种“相似性原则”扩大到城市范围。城市建筑可分为大量性的普通建筑和具有纪念性的建筑，普通建筑建造，然后拆除，只有纪念建筑给人们留下记忆，给城市赋予意义。

“文脉研究”是学者从建筑学的角度研究城市形态的另一个侧重点。最有影响力的是库伦（G.Cullen）的“市镇景观”（townscape）概念，认为城市设计应以人们的感觉为基础，提出了三个产生场所感的感知规律，即“连续景象”（serial vision）、“场所”（place）和“内容”（content）规律。

6. 空间形态学研究

1972 年，剑桥大学学者马迟和马丁（March & Martin）创办了“城市形态与土地利用研究中心”，成为空间形态学研究的代表人物。1983 年，史泰德蒙（P.Steadman）在《建筑形态学》（Architecture Morphology）中将形态学定义为有电脑程序语言所试图执行的建筑设计语言。空间形态领域最具影响力的理论是英国学者希利尔（B.Hillier）于 1984 年展示的“空间句法”（space syntax）理论[①]。随着计算机技术的运用，空间句法在模拟城市生长方面有了进一步的发展。

7. 近年国内城市形态研究

国内的城市空间研究偏重于作为载体的空间物质方面。

武进（1990）[②]、胡俊（1995）[③]针对中国城市演进的现实，对城市演进现象提出了空间结构模型。熊国平（2001）则总结了自 20 世纪 90 年代至 21 世纪初城市表现出的内部结构急剧变化和外部轮廓迅速扩张两个方面[④]。

从 20 世纪 80 年代末开始，意大利类型学派和英国城市形态学派的理论逐渐传入中国，陈飞（2010）提出了一个针对中国城市的类型学派的新的研究框架，提出了中国城市形态七大要素，并阐释了要素之间的层级关系及尺度上的连贯性[⑤]。

刘志丹、宋彦等学者认为中国在快速城市化过程中出现了城市蔓延，带来了包括交通拥堵、过度能源消耗、高额的公共服务、低水平的户外活动以及冷漠的邻里交往等负面影响，对可持续发展提出了挑战。他们分析了美国近年趋向于多尺度、多维度形态识别的研究，

① 谷凯 . 城市形态的理论与方法——探索全面与理性的研究框架 [J]. 城市规划，2011. “其基本思想包括三点：空间本身受制于几何法则，因而有其自身的几何规律；人们知道如何运用空间规律去展开日常生活活动，包括社会经济活动，如最基本的左右上下等基本的空间联系，并会创造性地运用空间关系，达到社会经济目的；空间本身的几何法则会限制人们运用空间规律的方式，空间的组合方式不是无穷的，而是有限的。他强调，空间句法不仅分析空间集合的几何特性，更重要的是蕴涵其间的社会与人类学意义。”该理论的基本观点是城市由基本空间元素组成，它们构成了不同的开放与围合空间和各种交通走廊等。

② 武进 . 中国城市形态：类型、特征及其演变规律 [D]. 南京大学，1990. 将中国城市空间增长形态划分为圈层式、飞地式、轴向填充式、带形扩展式，提出中国大城市空间增长初期为同心圆圈层式扩展形态，随后走向分散组团形态、轴向发展形态乃至最后形成带状增长形态。

③ 胡俊 . 中国城市：模式与演进 [M]. 中国建筑工业出版社，1995. 探讨了中国古代、近代和现代的城市空间结构影响因素、基本模式和类型谱系，提出了中国现代城市的空间结构模型。

④ 熊国平 .90 年代以来中国城市形态演变研究 [D]. 南京大学，2001. 指出“外延跳跃”是城市形态演变的主要形式。此外，以产业空间为中心的新空间主导城市形态的演变，人文关怀和人地和谐是城市形态演变的主要方向。

⑤ 陈飞 . 一个新的研究框架：城市形态类型学在中国的应用 [J]. 建筑学报，2010（4）：85-90. 七要素分别为：城市总平面、天际线、街道网络和街道、街区、公共空间、公共建筑和住宅。

值得中国发展紧凑、精明增长的城市形态借鉴[①]。

田银生教授的学术团队引进了城市形态学康泽恩学派的理论和方法，对于近现代城市的研究成果颇丰。例如张健（2012）对广州传统城市街区进行了研究，并绘制了形态类型地图来表达形态演变[②]，但研究范围仅限于街区尺度。

相对于国外的城市空间研究，国内近现代城市空间研究虽亦有不少成果，却没有产生相对权威的理论模式，在理论方面也存在许多模糊不清的认识[③]，有待进一步的提高。

1.3.2　城市化理论及城市观点

1. 城市化概念

城市化理论的基础是欧洲和北美的城市工业化、市场化、现代化发展史。“二战”以后，在现代化工业的基础上，以南美洲国家为代表的第三次世界城市化浪潮，将世界城市人口比例由第二次世界大战后的 27% 提高到了 2008 年的 50%（张军扩，2010）。多数西方发达国家经过近 200 年的历练，基本实现了“城市化”，城市人口占全部人口比例从 20% 以下（表 1-2）提高到现在的 70% 以上。

发达国家城市化的起点[④]　　　　**表 1-2**

国家	英国	法国	德国	瑞典	美国	日本
时间	1750 年	1780 年	1830 年	1850 年	1840 年	1870 年
城市化率（%）	17-19	12	10	7	10.8	11-14

王挺之（2006）将城市化的基本概念归纳为“一个人口向数量更多和规模更大的城市集中的过程”[⑤]。但是，这一定义不可能包容城市化所涉及的所有问题，已经显得过于狭隘。让・德・伏里（1984）将不同视角对城市化概念的解释归纳为：人口、行为和结构城市化，拓展了城市化的概念内涵。本书将从多层次、多角度探讨的城市化概念汇总如表 1-3。

何春阳、史培军（2011）提出中国正在进行一场巨大的“四维城市化”，即人口城市化、经济城市化、人文城市化和景观城市化过程。景观城市化是指城市性用地逐渐覆盖地域空间的过程，代表土地利用方式的变化，是发生景观意义上的土地利用、土地覆盖和生态系统变化的过程。不同时期的城市问题应该放到当时特定的城市化语境中去考察。

① 刘志丹 . 促进城市的可持续发展：多维度、多尺度的城市形态研究——中美城市形态研究的综述及启示 [J]. 国际城市规划，2012（27）：47-53.

② 张健 . 康泽恩学派视角下广州传统城市街区的形态研究 [D]. 华南理工大学，2012.

③ 杨哲 . 城市空间：真实・想象・认知——厦门城市空间与建筑发展历史研究 [M]，厦门大学出版社，2008：22.

④ 保罗・贝洛克 . 城市与经济发展 [M]. 江西人民出版社，1991. 城市化率指城市人口与总人口比。

⑤ 王挺之 . 城市化与现代化的理论思考——论欧洲城市化与现代化的进程 [J]. 四川大学学报（哲学社会科学版），2006（06）.

不同视角城市化概念 **表 1-3**

研究视角	关注对象	代表人物	核心概念
人口城市化	人口数量 人口比例	霍普・蒂斯代尔（1942）	◎人口数量的集中和增长 ◎城市人口比例增加
行为城市化	城市行为	芝加哥学派 路易斯・沃思	◎人们“城市”行为的过程 ◎思想方法和行为模式符合城市的规范 ◎与是否居住在城市无关 ◎对城市居民行为的考察 ◎生活方式超越了城市地域范围
结构城市化	社会组织	查尔斯・蒂利	◎社会组织变化的过程 ◎人口在中心点的集中行动 ◎大规模综合行为在城市社会中形成城市化结构的尺度 ◎包括政治经济结构和社会结构 ◎大多数行为需要通过交流体系连接起来的若干点的网络

来源：综合王挺之等整理。

2. 代表性城市理论和概念

按照城市化概念，城市的初始状态体现为人口集中点，当集中点达到一定规模后，城市形成。这又让我们必须对城市的概念有明确的定义。关于城市的解释，表述繁多，但迄今仍没有统一的标准和定义，比如美国规定城市是人口超过 2500 人的居住区[①]。

周一星（2006）指出，城市有三种空间地域概念：①城市的实体地域（physical area），即城市的建成区，在美国为 urbanized area；②城市的行政地域（administrative area）即城市政府行政管辖的地域，在西方即 city proper；③城市的功能地域（functional area），即人口社会经济活动区域，国际上通称为都市区（metropolitan area）[②]。

“商业贸易理论”是较早出现的城市化理论。其代表是：比利时历史学家亨利・皮雷纳（1862-1935）所著《中世纪的城市》[③]，1925 年在美国以英文出版，随后由商务印书馆出版了中文译本；马克斯・韦伯认为，以单一的因数来定义城市是不恰当的，需要以经济和政治制度两种标准看待城市，他根据城市的功能和结构，提出了“城市类型学理论”[④]；奥斯瓦尔德・斯宾格勒则是从文化的角度去阐释城市，提出了“城市社会心理理论”[⑤]。

上述各个理论流派主要反映了欧洲学者的城市观点，然而美国学者的视野又有所不同。美国的城市都相对更加年轻，美国学者更多地着眼于现实，例如芝加哥学派提出的整套“城市生态理论”[⑥]。为便于叙事，下面对有代表性的城市理论进行简要梳理（表 1-4）。

① 谢文蕙、邓卫编．城市经济学 [M]. 北京：清华大学出版社，1996：6.
② 周一星．城市研究的第一科学问题是基本概念的正确性 [J]. 城市规划学刊，2006.
③ 亨利・皮雷纳．中世纪的城市 [M]. 北京：商务印书馆，2006。
④ Max Weber.The City. New York：The Free Press，1958.
⑤ 奥斯瓦尔德・斯宾格勒．西方的没落 [M]. 北京：商务印书馆，1994.
⑥ 姜芃．美国城市史学中的人文生态学理论 [J]. 史学理论研究，2002.（3）

城市理论及核心概念　　表 1-4

城市理论	研究视角	代表人物	核心概念和特征
商业贸易理论	经济制度	亨利·皮雷纳 （1925）	◎宗教和军事的因素不能直接导致城市的形成 ◎并非所有的城堡都会演化为城市 ◎只有商业活动才能使城市形成 ◎城市是一个商业社区 ◎生活发展依靠工商业 ◎城市是经济复兴的结果和工具 ◎依赖进口生活品和出口交换品抵偿进口的方式生存
城市类型学理论	政治、经济	马克斯·韦伯 Max Weber （1958）	◎城市即市场，其目标指向消费商品，而商品是通过生产和贸易获得 ◎城市是具有地方性自治制度的公社，基础是互助的组织、法庭、法律和至少是部分自治与自我管理的结果
城市社会心理理论	文化	奥斯瓦尔德·斯宾格勒 齐奥格·西美尔	◎城市是一种心理状态 ◎各种礼俗和传统构成的整体 ◎人类文明的集体精神
城市生态理论	人类生态学	帕克（Park，1936）	◎人类社会是由生物学和文化层面两个层面组织来的 ◎城市是文明人的自然聚居地 ◎城市是具有特殊文化类型的“文化区域” ◎城市是一种自然结构 ◎城市遵循其自身的法则 ◎限制对其物质结构和道德秩序的任意更改 ◎城市是一种由其自身法则产生的空间 ◎从外部组织起来的实体
		伯吉斯（Bugess，972）、霍依特	◎城市同心圆模式 ◎城市扇形模式
		卡斯托（Casteels，1976 a；1976b；1977）	◎城市化看成生活的方式 ◎社会结构和空间组织之间存在一定的联系 ◎城市是一种生态系统
新马克思主义学	政治经济学	哈维（D.Harvey）	◎城市景观变化过程蕴含了资本置换的事实 ◎“资本循环”理论
自组织城市	政治经济学	艾伦（P.Allen）	◎ 城市是开放系统，时刻与环境交换物资、能量和信息 ◎城市的生长过程，本质是自下而上的演化过程 ◎仅依靠系统内部各要素的协调便能达到某种目标 ◎自组织城市的 7 种模型： 1. 普里戈金的自组织理论强调耗散过程，提出“耗散城市”（dissipative cities）； 2. 基于德国物理学家（H.Haken）的协同论（synergetics）建立的，强调一个系统内部各个组成要素的相互关系、相互作用、整合效果及其宏观结构和整体行为的“协同城市”（synergetic cities）； 3. 美国学者根据“协同论”的观点建立“混沌城市”（chaotic cities）模型； 4. 分形几何学“分形城市”（fractal cities）； 5. 基于纽曼（von Neumann）的离散动力系统“细胞自动机理论”（cellular automata，简称 CA 理论）建立的“细胞城市”（cellular cities）； 6.“沙堆城市”（sandpile cities）模型；

续表

城市理论	研究视角	代表人物	核心概念和特征
自组织城市	政治经济学	艾伦（P.Allen）	7. 以广义 CA 模型——细胞空间模型以及人工生命等复杂性科学为理论基础的“FACS（free agents on a cellular space）和 IRN（inter-representation network）城市”。
城市政体理论	政治经济学	斯通（C.Stone） 罗根（J.Logan）	◎政府力、市场力、社会力之间的关系，对城市空间构筑和变化产生影响 ◎是政体变迁的物质反映 ◎由于“权”和“钱”的力量总是大于社会的力量，故关键是加强社会的监督作用，培育社区参与决策的能力 ◎重心是如何平衡“吸引投资促进经济”和“让广大市民分享到经济发展的利益”

来源：据相关资料综述。

1.3.3 城市生态理论与城市史学

二战后，西方世界经济迅速发展，同时西方哲学思潮对城市研究影响深刻。大量城市重建，学术氛围活跃，在社会学领域，城市研究的新学派不断涌现①。

本书重点介绍芝加哥城市生态学派代表人物在城市理论和城市史学方面的理论和贡献。人类生态学理论研究集中于人与人之间的共存关系、人与环境之间的适应性关系以及城市人口流动和人口结构等方面，为当代城市社会的发展和变迁提供了独特的研究视角②。

1. 城市生态学

芝加哥人类生态学派的理论创始人帕克（Park，1936）提出了人类生态学的研究方法。经芝加哥学派数代学者的持续努力，形成了著名的芝加哥学派理论，使生态学观点成为了美国社会学的基本理论框架，对美国 60 年代城市史学的诞生、城市史研究都产生了深远的影响。

生物进化定律是物竞天择、优胜劣汰、适者生存、此消彼长。帕克认为人类社会是由生物学和文化两个层面组成的，在生物学层面上存在竞争、淘汰、演替和优势的一般生态学过程，在文化层面上表现为抑制竞争。首先，从生物的（biotic）角度看，城市是一个社会有机体。其次，城市是一个空间的（spatial）改变和重组的过程。最后，城市也是一个文化的过程。

按照人文生态学概念，帕克认为，从“文化”的角度看，社会是作为一种默契而存在的。社会接触通过三种基本形式：斗争、包容和同化，就能建立起文化秩序。

帕克的同事和学生罗德里克·麦肯齐（Roderic McKenzie）发展了生态学。他全面定义了生态学，提出了生态分布理论：生态分布形式的性质由五种正在发生的生态进程所决定，它们是：集中、集中化、分解、入侵和连续性。

2. 西方城市史学

西方城市史研究的兴起，以工业革命为分水岭。西方工业革命及新技术革命推动人类

① 主要包括芝加哥城市生态学派、新城市经济（古典主义）学派、行为学派、新马克思主义学派、新韦伯主义学派、人文主义学派、结构主义学派、后现代主义学派和福特主义学派。

② 冯乐安．试析人类生态学范式与新城市社会学范式之不同 [J]. 天津城市建设学院学报，2010，16（2）.

社会进入从乡村到城市、从传统到现代的激烈转型，城市发展问题凸显，运用史学理论和方法研究破解发展难题的新兴学科——城市史学应运而生。

城市化是许多学科的研究热点之一，也是城市史学研究的重要内容。部分学者认为，作为一门学科的城市史研究最早出现在19世纪末20世纪初，研究内容主要集中在两个方面：①城市的起源和发展的原因；②城市化对人类社会组织形式的影响[①]。1950年以后，以法国年鉴学派为代表的西方新史学提出了“整体性的历史”（total history）、“结构性的历史”（structural history）以及“计量史学”方法和比较史学研究等。

20世纪60年代，城市史学首先在西方发展为一门历史学分支学科。美国新城市史学家不只关注城市现象，还研究社会流动、少数群体政治、市中心贫民地区、移民同化、社会分层新形式、工作与休闲之间的严峻对立等问题，同时，其在方法论方面也有所突破。

1961年，史学家埃里克·兰帕德（Eric Lampard）呼吁人们把城市化作为社会发展进程来研究，以区别方志式的城市历史记叙，认为如果不研究城市化，城市史就失去了意义[②]。其论文《美国史学家与城市化研究》[③]的发表被公认为城市史学科形成的标志性事件[④]，代表着城市史学形成了自己独立的理论框架和思维模式。

英文中有city和urban两个词，对应的中文都翻译成“城市”。为了阐明城市化理论，其用相当篇幅对城市的概念进行了界定：city是地理和区域上的概念；urban则是社会的概念。这样就界定了学科的研究范围。兰帕德引入了生态学中“社区”（communities）的理论辨析作为地理实体的城市（city）和社会意义的城市（urban）的概念。

城市演进，站在历史的视角来看，城市形态也是一种社会过程，康泽恩提出的“生长”、“更替”，都是物质形态演进的过程，而且城市物质形态还会衰退、消退，有很多种原因造成地块、区域的清退现象，把形态演进作为历史过程来看待，更能从整体上把握城市物质形态的发展脉络。

1.3.4 国内城市建设史研究

1. 早期城市史研究

我国的城市史早期集中于古代城市形制和复原方面的研究。20世纪之初，中国民间学术团体、营造学社开创了传统建筑“法式”的研究，中国城市史作为建筑史的一部分，主要包括都城考古及复原等建设史的研究。1932年刘敦桢先生发表了《汉长安城与未央宫》，开国内城市史研究之先河。新中国成立后，关于元大都、明清北京、北宋东京等均有专著，对隋唐长安、东都洛阳、汉魏洛阳等也均进行了考古发掘及复原图研究。

① 宋俊岭 . 西方城市科学的发展概况和我国城市学的开创工作 [C]. 中国自然辩证法研究会编 . 城市发展战略研究 . 北京：新华出版社 .

② Eric E. Lampard1 American Historians and the Study of Urbanization[M]. American Historical Review，1961. 兰帕德提出：“应该把城市社会诸多关联的部分作为一个生态复合体来研究。”

③ 姜芃 . 美国城市史学中的人文生态学理论 [J]. 史学理论研究，2001（2）.

④ 黄柯可 . 美国城市史学的产生与发展 [J]. 史学理论研究，1997（4）.

60年代开始，中国学者从宏观上全面考察中国城市建设的内在规律性。第一部从纵向时间上考察中国城市建设的全面系统的研究著作，应数董鉴泓先生于1964年编写完成的《中国古代城市建设史》①。作为建筑学、城市规划教材，由中国建筑工业出版社于1981年、1989年和2004年再版了三次，1984年曾被中国台湾明文书局翻印出版，并被几所大学使用，它对中国城市史研究影响深远。该著作注重物质形态和社会发展关系的演变，系统阐述了从奴隶社会到新中国成立后中国城市的发展历程。

1985年、1986年中国建筑工业出版社先后出版了贺业矩先生的两本专著《考工记营国制度研究》和《中国古代城市规划史论丛》，前者是中国都城制度的源与流，后者是论述古代名城城市规划的学术论文合集。在此基础上，贺先生以八旬之躯，于1996年完成了110余万字的鸿篇巨著《中国古代城市规划史》，为这一学术领域的研究继续深入和不断拓展，构建了古代城市规划史学体系和构架式的学术研究方法。

老一辈还有郭湖生先生、吴良镛先生等也勤力和关注中国城市史的研究，建筑学者中关注和研究城市史的很多，中青年学者人数较多，近年其研究趋势有新的变化，在此不一一列举。

2. “天道、地道、人道”分类思想

华南理工大学秉承龙庆忠先生的建筑学教育思想，长期致力于城市历史研究，本书多尺度、多层次的研究方法和研究思路与龙庆忠先生的天道、地道、人道建筑学科理论框架体系中的分类思想契合，在此对华南理工大学城市史研究进行简要概述，后文将分析本书研究方法与龙先生分类思想的关系。

龙庆忠先生的《古番禺城的发展史》(1983)，按照历史分期，研究古番禺城两千余年来城市的起源、发展和演变，对影响城市发展的重要因素如自然条件、对外贸易、交通建设、文化交流等着重进行了研究。在不同时期，城市发展有许多重要的动力和制约因素，而各种因素之间又有某种关系，例如对外贸易是古番禺城的重要发展因素，自然条件（台风、洪水等）是制约因素，古番禺经济交往以海外交通和内陆航运交通为主，他们都和水利建设关系密切。《古番禺城的发展史》在影响城市发展的诸多因素中把握关键因素，详细研究了水利建设，让我们便于理解为什么历朝历代都要“会省水利”，掌握城市发展的脉络。

吴庆洲先生（2005）提出要加强建筑哲学和建筑科学理论的研究，并对古代城市规划思想进行了系统论述，总结了古代城市的防灾思想和措施②。近年来，吴教授又指导十余位博士继续城市史研究，并于2010年出版了《中国城市营建史研究书系》，结集出版了10位博士的学位论文。其中《〈管子〉城市思想研究》(2004)与《周礼》城市思想作了比较研究，是关于中国城市思想史的一部理论著作。此外，还有数篇关于特定城市的城市史研究，

① 董鉴泓在《规划师》2000年第2期发表的《对中国城市建设史的一些思考》一文中介绍了完成此著作的背景：“我对中国城建史较系统的研究，是从1961年参加梁思成和刘敦祯先生在北京召开的“三史”编委会后分工编写《中国近代城市建设史》开始的。后连续数年与阮仪三利用暑假调查测绘了河南、陕西、河北、山西、四川、贵州等省的数十个古城，并于1964年完成了《中国城市建设史》的教材（校内出版）。“文革”十年，此项教学及研究中断……”

② 吴庆洲．建筑哲理、意匠与文化[M]．北京：中国建筑工业出版社，2005：343-470.

研究跨度为从先秦到近代，对现代城市的研究尚未涉及。

程建军教授所著《中国古代建筑与周易哲学》(1991)揭示了中国古代建筑包括城市形成和发展过程中的某些非技术性(或非物质性)的影响因素[①]，古代城市选址、形式(规划、布局)和建设是"象天法地、师法自然"的时空一体思维模式的体现。

3. 建筑学科研究取向

建筑学科的城市史研究有其学科特点和隐含的学术框架，建筑学的进展对城市史研究的推动作用是显而易见的[②]。与西方城市史学激发大家兴趣分水岭一样的是工业革命和新技术革命，中国城市史研究的热潮出现在城市化高潮来临之时。20 世纪 80 年代末、90 年代初历史学科、地理学科、社会学科等对城市史研究的兴趣渐浓，建筑学科的研究也出现新的趋势。

目前，建筑史学科的城市史研究有明显不同的两个取向：一是继承传统建筑史学方法，着重从物质形态的演变论述城市史，有把城市史作为放大了的建筑史看待之嫌，这主要集中于近代及古代城市史研究；二是重视其他学科的研究成果和方法，重视从政治、经济与社会脉络等方面来考察城市发展，但是少见为城市史研究提供建筑学理论、城市设计与规划等专业实践的知识贡献，甚至会让读者误认为是社会学或地理学科的研究，这主要集中于近代和现代城市史研究。

1.3.5 美国学者中国城市史研究的传统范式

西方资本主义的崛起，引发全球范围的殖民扩张，首当其冲的是文化的输出、冲突和交流，16 ~ 17 世纪欧洲来华传教的教士传递西方宗教、文化、自然科学和价值观，同时也使得东学西渐，传教士的著述中也向欧洲传递中国传统文化。法王路易十四时期，法国科学院曾派来的优秀传教士，拟定了具体而系统的中国研究项目：中国的天文学和地理学史；中国古今通史；汉字的起源；中国的动植物和医学等自然科学史；中国各门艺术的历史；中国现状、国家治安、政局和习俗；矿产和物产等，对中国古代文化和历史的研究，确立了作为一门学科的"汉学(Sinology)"在欧洲的兴起和确立。正如费正清(John King Fairbank)[③]的观点："19 世纪以前，面对东方这个国力强盛的宗主大国，西方出于无奈，只

① 此语为徐伯安对该著作相关研究成果的总结。程建军 . 中国古代建筑与周易哲学 [M]. 吉林教育出版社，1991.

② 毛曦 . 先秦巴蜀城市史研究 [M]. 北京：人民出版社，2008，9：64.

③ 作者注：费正清，美国中国学领袖人物、著名历史学家，哈佛大学终身教授，梁思成为其起的中国名字，1907 年美国出生，1927 年进入美国哈佛，主攻历史、哲学，1931 于英国牛津大学攻读博士学位，1936 年获得博士学位，学位论文题为《中国海关的起源》，其后经修改、补充以《中国沿海的贸易与外交:1842——1854 年通商口岸的开埠》为题，于 1954 年出版。其中 1932-1935 年在中国为博士论文做研究，并任清华大学讲师，1942 年和 1945 年作为美国美政府情报和新闻雇员 2 次赴中国。他是二十世纪美国中国研究系统化、专业化的重要发起人之一。从 1938 年到 1991 年，费正清以哈佛大学为基地，培养了一大批中国通，在目前美国重点大学里，一大半以上的中国历史教授是他的学生。维基百科(http: //zh.wikipedia.org/zh-cn/%E8%B4%B9%E6%AD%A3%E6%B8%85)援引中国大陆人士的指控："以费正清为核心的福特基金会是一家与美国政府、情报机构和国外政策集团有紧密联系的私人免税基金会。……通过美国国会的立法和参众两院的推动，美国政府正式由中央情报局和联邦调查局与福特基金会、洛克菲勒基金会、卡内基基金会联手，大批拨款，提供赞助，在各大名校建立区域研究的机构。在 1953—1966 年十几年的时段里，福特基金会即给了美国三十四所著名的研究大学两亿七千万美元(相当于现在的二十多亿美元)，进行所谓的区域研究……"。1966 年开始编著的《剑桥中国史》，1985 年始引入中国，各卷陆续出版，对中国学术界产生了重要影响。

能采取较为缓和平等的政策，以贸易作为与中国交往的手段。入华的传教士虽以传教为宗旨，但面对比基督教文化悠久得多的中华文化，大多数传教士在震惊之余，油然而生敬佩。正是在向东方的学习中，西方走出了中世纪，借东方之火煮熟了自己的肉。”[①]19世纪以来，以美国为代表的传教士的研究内容从中国古代文化转移到中国近现代的历史、文化、社会、地理、政治、城市，这方面的研究被他们称为“中国学”。西方中国的城市史研究与中国传统学术的城市志、街巷志在思维、方法和理论上大为不同，美国学者对近中国城市史研究比较流行的主要有以下几种研究范式。

1)“冲击—回应”模式和“传统—近代”模式

近、现代以来，西方对中国城市史研究有影响的研究著述与上海史的研究密切相关。从1840年鸦片战争前后中国被动开埠到1949年建立中华人民共和国，上海从一个工业前的小港口，发展为经济全面发展的现代首要工商业城市，对外贸易和机械化工现代工业占中国半数以上，在中国贸易和工业制造方面扮演着支配全局的角色。这样一个城市很容易进入现代西方学者的视野，而罗兹·墨菲（Rhoads Murphey）的博士学位论文《上海—现代中国的钥匙》(Shanghai，Key to Modern China)(1950)是比较具有影响力的一本著作，在1953年由哈佛大学出版社印行，1986年由上海社会科学院历史研究所编译，上海人民出版社出版中文版。此著出版和他1954年的论文《作为变化中心的城市：西欧和中国》的发表，被看作是美国研究中国史新理论涌现的标志[②]。《上海—现代中国的钥匙》可谓早期城市史学经典，该著作第一次对上海在近代中国开放进程中的地位和角色进行综合性研究，运用地理学和历史学相结合的手法考察了上海城市的发展模式、上海在区域经济中的重要地位以及对整个中国经济发展的影响[③]。

墨菲在此文开篇的导论就提到：“上海连同它在近百年的成长发展的格局，一直是现代中国的缩影。……理性的、重视法规的、科学的、……西方和因循传统的、全凭直觉的、……、闭关自守的中国—两种文明走到一起来了。两者接触的结果和中国的反响，首先在上海开始出现，现代中国就在这里诞生。”[④]墨菲认为在西方打破中国的封闭、开始促使中国走向近代之前，中国的城市在历史上永远是行政的中心，它们不是商业化经济中具有决定意义的中心；中国城市只是中央或州省的首府和大量驻守军队及地方官员的居住地。墨菲的城市史研究理论与当时美国中国史研究的奠基人费正清所强调的“冲击—回应说”以及从马克斯·韦伯（MaxWeber）现代化理论和社会学理论基础上发展起来的“传统—近代说”如出一辙。韦伯关于中国的论述围绕城市与制度展开。他认为中国政治制度是典型的家产制，缺乏有效的财政与官僚基础，国家实际控制的能力极其有限。儒教与道教这些本土宗教又缺乏资本主义的理性精神，因而限制了传统中国去构筑类似于西方现代化的

① 王新谦,《对费正清中国史观的理性考察》《史学月刊》2003年第3期。这段话是对费正清《美国与中国》(第一版)(1948)对中国近代史观点的总结。

② 魏楚雄,《挑战传统史学观及研究方法——史学理论与中国城市史研究在美国及西方的发展》,《史林》, 1 /2008

③ 任吉东,《从宏观到微观从主流到边缘中国近代城市史研究回顾与瞻望》，理论与现代化，2007年第4期。

④ 罗兹·墨菲著,《上海——现代中国的钥匙》，上海人民出版社，1986.10，4-5。

"理想类型"①。"冲击—回应"模式的核心问题是中国的传统社会和传统文化。在费正清看来，中国传统的儒家学说在长期以来成功地占据了意识形态上的正统地位，从而使中国社会保持极大的稳定。当近代大量西方人来到中国沿海寻求贸易机会时，这个古老的中华帝国对外部世界表现出惊人的惰性，它闭关自守，排斥一切外来势力。为此，费正清强调，西方的挑战对中国是一种刺激，为中国提供了一种进步的机遇。自 20 世纪 20 年代到 60 年代，这种以"西方为中心"的韦伯（Max Weber）模式和费正清（Fairbank，John King）模式在美国现代中国学界一直占据着研究范式的主导地位。即使有些美国学术著作并不着重于探讨西方在中国近代史上所扮演角色，这些书著的结论与"冲击—回应说"也不谋而合。例如，地理学家章生道的博士论文《中国县都：城市历史地理的研究》以及随后发表的几篇论文包括《有关中国县都的城市地理》、《中国城市化的历史趋势》和《对中国墙围城市变迁的观察》，对中国城市发展史做出较系统的研究。章生道关于中国城市起源的研究结论及推导与韦伯、墨菲的理论十分相似。他认为，中国历史上最早的城市基本上是从农业经济发展而来，是由许多村庄汇聚而成。农业统领居住和保护务农人口生活与活动的需要导致了许多墙围城市的发展，它们都具备军事和经济的功能，是中国军事护卫农业的象征。墙围城市的发展一直延续到 16、17 世纪。章生道还在其论文《北平：共产中国发展中的大都市》中指出，由于其邻近东北三省之得天独厚的地理位置及其国家政府所在地的特殊地位，北京市区自 1949 年以来有明显扩展，从旧城区扩展的近郊及远郊，人口也翻了三倍，从全国第四大城市一跃而为全国第二大城市。然而，北京至今仍继承着其传统的行政管理、教育文化及运输通讯中心的功能。它是消费而非工业生产的中心②。直至 20 世纪 60 年代，施坚雅（G. William Skinner）逐渐成为区域与城市研究领域最重要的开拓者。他的思路挑战了韦伯与费正清模式，并随着反西方中心论而流行起来。它比韦伯和费正清模式更多地看到了中国历史的复杂性，认为在西方"冲击"之前，中国各地已经存在明显差异，他们本来就不是匀质的。

2）中国中心观和区域理论及市场中心理论

柯文（Paul A. Cohen 师从费正清（John K. Fairbank）教授和史华兹（Benjamin I. Schwartz）教授，随着对中国史和中西关系史研究的深入，对前辈的研究提出了质疑和批评。在《在中国发现历史—中国中心观在美国的兴起》（Discovering History in China：American Historical Writing on the Recent Chinese Past）（1984）一文中全面反思和批判了战后美国中国近代史研究模式的弊端，系统阐述了他倡导的"中国中心观"，传统的研究模式"认为 19、20 世纪中国所可能经历的一切有历史意义的变化只能是西方式的变化，而且只有在西方冲击下才能引起这些变化，这样就堵塞了从中国内部来探索中国近代社会自身变化的途径，把中国近代史研究引入狭窄的死胡同。"③，中国中心观要求中国史学研究"从置于中国

① 陈倩，《从韦伯到旌坚雅的中国城市研究》，重庆大学学报（社会科学版），2007 年第 13 卷第 3 期。

② 魏楚雄，《挑战传统史学观及研究方法——史学理论与中国城市史研究在美国及西方的发展》.《史林》，1 /2008

③ ［美］柯文著，林同奇译，《在中国发现历史——中国中心观在美国的兴起》. 中华书局，2002 年 8 月。

历史环境中的中国问题着手研究"，所谓中国问题应有双重含义："第一，这些问题是中国人在中国经历的；第二，衡量这些问题重要性的准绳也是中国的，而不是西方的。"该书是一部学术史的回顾，作为方法论上的反思，是一部规范性的学术研究。柯文把"中国中心观"归纳为以下几个特点："(1)从中国而不是从西方着手来研究中国的历史；(2)把中国按"横向"分解为区域、省、县、城市，开展区域与地方史研究；(3)把中国社会再"纵向"分为不同阶层，推动下层社会历史的研究；(4)运用历史学以外的诸学科的理论、方法与技巧，并与传统的历史分析方法相结合。"这些特点集中反映了柯文对于超越西方所界说的"冲击—回应"模式和"传统—近代"模式是如何冲击中国传统文化与社会这一思路的执着追求。施坚雅（G.William Skinner）的区域系统（regional systems）研究取向引起人们注意在中国腹地内部存在着重要差异，是符合柯文"中国中心观"第二个特点的，受到柯文的推崇。

施坚雅等学者编著有关中国城市史的三卷书：《共产党中国的城市》、《两个世界之间的中国城市》和《中华帝国晚期的城市》，是一项研究中国社会的大型科研课题，美国和西方国家数十位知名学者参与。施坚雅提出的区域理论和市场中心理论又称"施坚雅模式"，是解剖中国社会变迁状况的分析模式，前者主要研究中国城市化，后者主要研究中国乡村社会。"施坚雅模式"的提法已得到国际学术界的认可。黄宗智的观点颇有代表性，所谓"施坚雅的贡献是把中国的基层社会作出一个极清楚的模型，使下一代的学者清楚地分别自然村、集市、镇、县城等中国基础社会结构的不同部分"，施坚雅也因此成为美国中国学研究的第二代领军人物①。

施坚雅的区域系统（regional systems）把19世纪中国分为东北、华北、西北、长江上游、长江中游、长江下游、东南沿海、岭南与云贵9个区域中心，至1977年主编《中华帝国晚期的城市》，基本完成施坚雅模式的架构。施坚雅运用中心地理论对中国城市史以及以城市为中心的区域经济史进行研究，突破了地方史研究囿于行政区域的局限，创立了以市场为基础的区域体系理论，"这种空间层次的结构与前者相当不同，我们称之为由经济中心地及其从属地区构成的社会经济层级②"。"我用1990年数据分析得出的结论证明……明清时期形成的各大区域体系至今存在，其持续性非常突出。"（1998）。图1-7是施坚雅用于说明区域系统模型的图形：一个单一的中心体系由A、B、C、D四类不同等级中心构成，每一中心确定边界后都可以确定一个中心和边缘结构，中心地区在资源、交通、市场等方面都比边缘地区拥有优势；各级中心城市之间的距离是核心区小于边缘地区；市场规模越靠近中心A越大，反之越小；提供高级别商品和服务的商业类型，边缘城市少于核心城市；每一个上一层级的经济中心都为若干低一级的经济中心所环绕，依次类推，直至最低一级。城镇的分布因之呈现为一种层级结构，城镇的数量与其市场容量和发展规模成反比。从地理空间上看，整个区域的市场范围由中心向边缘可划分为众多彼此互相衔接的等距离展开

① 任放，《施坚雅模式与国际汉学界的中国研究》，史学理论研究2006年第2期

② 施坚雅主编，叶光庭等译，《中华帝国的晚期城市》，（中文版前言）中华书局，2000年12月。

的蜂窝状六边形。

20 世纪 90 年代至今，施坚雅与中国学者合作，在技术手段方面完善了分析中国社会宏观区域的模式，在应用和发展现代地理学理论（主要包括中心地理论、区位理论、区域系统理论和扩散理论）的基础上，建立了中国等级区域空间 HRS 模型①。施氏之可贵不仅在于具体理论内容的创新，其得出结论的分析视角本身更值得关注。

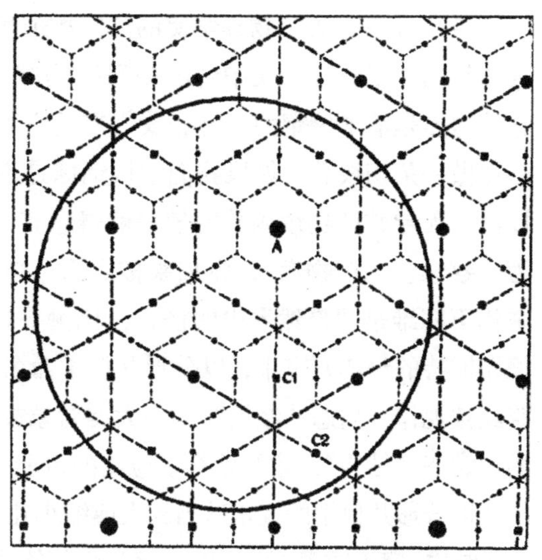

图 1-7 普通中心地层级（包括无界中心和有界中心，D 类腹地的边界未标出）

来源：《城市与地方体系层级》,《中华帝国晚期的城市》p331

3）“权力的文化网络”概念作为近代中国国家政权与乡村社会关系的诠释

施坚雅运用市场中心理论分析中国农村社会变迁受到质疑。“20 世纪 80 年代，黄宗智利用满铁调查材料，对华北村落展开独创研究，借以检讨国家与村落的关系。黄宗智的华北小农经济研究，在很大程度上是基于对施坚雅形式主义取向的批判和超越，自觉回归实体主义的村落研究。这一回归无疑具有学术转型的意义，黄宗智也因此成为美国第三代中国学研究的领军人物。”杜赞奇《文化权力与国家：1900—1942 年的华北农村》(1988)，在吸收施坚雅市场体系理论中作出了重要修正，将其融入文化网络的概念之中。正如他在中文版序言所说：“‘国家政权建设’和‘权力的文化网络’是贯穿全书的两个中心概念，两者均超越了美国历史学和社会科学研究的思维框架——现代化理论②。”1989 年度的“美国历史学会费正清奖”和 1990 年度的“亚洲研究学会列文森奖”，也赢得了中国学界的广泛尊重和关注。尽管历史学、政治学、社会学、人类学等学科领域都对此书给予了诸多不同的评论，但都不足以抹杀这一著作在中国相关研究领域的重要地位。该文虽然不是研究城市史，但是他研究中国社会变迁的方法值得借鉴。

1.4 本书涉及的城市研究方法

1.4.1 分形几何学与尺度划分法

分形几何学源自于自然界普遍存在的自相似现象和层次结构，故又被称为“大自然的几何学”③。简单地说，分形就是研究无限复杂的具备自相似结构的几何学。

① 任放，《施坚雅模式与国际汉学界的中国研究》，史学理论研究 2006 年第 2 期

② [美] 杜赞奇著，王福明译，《文化权力与国家：1900-1942 年的华北农村》，（中文版序言 p1）江苏人民出版社，1996 年 3 月。

③ 百度百科“分形几何词条”：http://baike.baidu.com/link?url=hzNA7qAcHx4jTPGulFaXeeeSE6gWMf4mxHCuXAcRpBo59Eq2-sdr9IGfak18gnstTVKSy3KfUheFpcfY4cjS_0ylUU_KM2TNOgrcq7OG_nOGSCRbTrKM26g0LNufQZCxDizHoMtctsjr8WdijmAYvq.2016 年 12 月 17 日

1926年获诺贝尔物理学奖的法国物理学家佩林（Perrin，Jean Baptiste，1870-1942）在其早年的一篇哲学论文中曾经提到："考察在肥皂溶液中加盐得到的白色皂片，从远处看，它的边界是清晰确定的，但若我们靠近它看，这种清晰性便消失了，可以判断不再能在任一点做一条切线。""如果我们承认钢球是说明连续性的经典形式，那么皂片就正好逻辑地提示了无导数的连续函数的较一般概念。"有些作者，例如Vilenkin（1965），称这个搜集为"数学艺术博物馆"，庞加莱称之为"怪物的画廊"，沃利斯（Wallis，J.）的"代数学"中称第四维是"自然界中的怪物，比狮头蛇尾或人首马身之类怪物更无可能"。一直到曼德布罗特的经典研究中，以分形几何学命名，将这些在纯数学的发展中起到历史性作用的，曾经被视作"病态的结构"的一大类对象放在一个标题下进行考量，这种曾经的"纯数学"的"病态的结构"，才开始有了应用的可能。

以分形几何学的视角适当放大或缩小几何度量标准，便能在不同尺度间识别出自相似的层次结构。不仅在数学、物理、经济学等领域，通过在尺度这个标度上进行变换，在这个标度变换理论的指导下，丰富新的工具和探索，空间形态分析也展示出了非同寻常的新的可能性。

伯努瓦·B·曼德布罗特的经典巨著《大自然的分形几何学》中关于尺度的论述给予本书一个重要的启示，即当我们考察一条曲线的长度之时，尺度划分的上限会是毫无转折与曲度的一条单一直线，这是曲线长度的最小值；而尺度划分的下限会是趋近于无穷小的单一直线，这些单一直线的无限组合甚至充满整个平面，这一尺度的观测会产生曲线长度的最大值，即趋向于无穷大。

基于曼德布罗特的这一论述，本书引申提出，从形态学的角度，当我们考察某个面域的空间形态时，尺度划分的上限会是毫无变化，甚至不具备"面积"的单一点，这是假设我们把这个面域置于无垠的空间中进行观测，我们必然会发现一个"面"会坍塌成"点"，这是空间形态的极简值；而尺度划分的下限会是面域趋于无穷小、数量趋于无穷大的单一"点"的集合，这些单一"点"的无限组合充满整个平面，这一尺度的观测会产生空间形态的最大值，即趋向于无穷与无规律的空间形态。

因此，本书在研究深圳的城市空间形态时，会在尺度的上限和下限中进行等级区分，建立一个"多尺度"的分析格局，并选择合适的分析尺度作为核心，来论述深圳的城市空间结构，参见后续详述。

1.4.2 康泽恩学派与断代分析法

该学派思想理论来源于对"城镇景观"（townscape）的演变与社会、政治、经济、文化等因素之间的联系的思考。康泽恩认为，城市景观是当地社会连续发展过程中"城市精神的客观体现"（objectivation of spirit），是城市历史记录的累积，分析城镇的历史地理结构是城市形态研究的第一步。城镇景观由三种形态复合体（form complex）构成，包括城镇平面格局（town plan）、建筑肌理（building fabric）以及土地利用格局（land utilization）（图1-8、图1-9）。

“城镇平面格局”是城市形态三要素中最稳定的，它可以被定义为城市建成区的所有人工地物的空间分布，限定了城镇中其他人工地物的格局，同时又构成了这些人工地物、场地以及城镇过去的存在物之间的联系纽带，对建筑形态和土地利用起到了长久的框架作用。城镇平面格局所含历史信息最为丰富，是城市发展历程中各阶段残余特征最完整的集合，包含了 3 种明确的基本复合体（element complex）：街道系统（street-system）、街区（street-block）以及建筑物的基底平面（block-plan）。

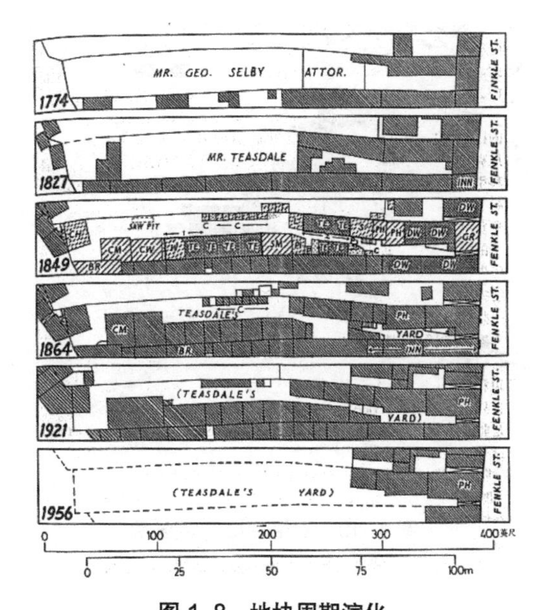

图 1-8　地块周期演化

来源：诺森伯兰郡安尼克案例研究 [M]. 中国建筑工业出版社：71（图 14）

特定时期的社会经济背景与物质形态的发展过程密切相关，每个时期都会在城镇景观中留下它特有的物质遗存，由此界定的文化分期可以被定义为形态时期。不同的形态时期会对土地开发和利用方式、建筑形式产生一定影响，并在城市外围产生同质性更高的、新的平面类型单元，而原有平面单元中的形态框架，则可能跨越形态时期的变换，不发生大的变化。

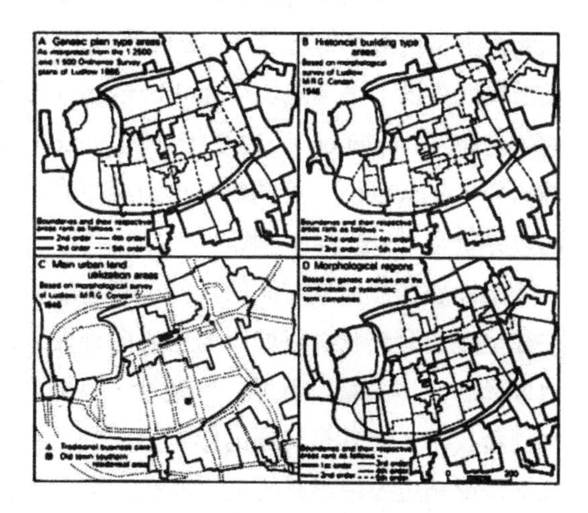

图 1-9　拉德洛镇形态区域分析

康泽恩学派城市形态学除了关注宏观城镇平面格局之外，微观视野下，在形态框架相对稳定的城镇中心区域，发生在地块内部的变化同样是分析城镇形态演进的一个重点。

根据对英国中世纪城镇土地利用方式 burgage 地块的分析研究，认为地块的周期变化包括以下五个阶段：①初始阶段（institutive phase），地块及其传统结构确立，形成地块自身特质；②内蕴阶段（repletive phase），地块通过内蕴，尤其是在衍生地块的新的地块主导段，建筑密度不断增加；③高潮阶段（climax phase），建筑密度达到相对饱和；④衰退期（recessive phase），社会经济发展与生活水平的提高导致现有建筑的贬值，地块内建筑出现废弃、空置现象；⑤末期（final stage），地块内建筑被清理，变成部分或全部废弃的土地，进入城市休耕（urban fallow）状态，等待下一轮再开发（redevelopment）。

抹杀传统平面格局的特点代表了一种重大的形态变化和地块循环的终止。同时，城市休耕形成了紧接着的再开发周期（redevelopment cycle）的初始阶段，是新的资本在场地上

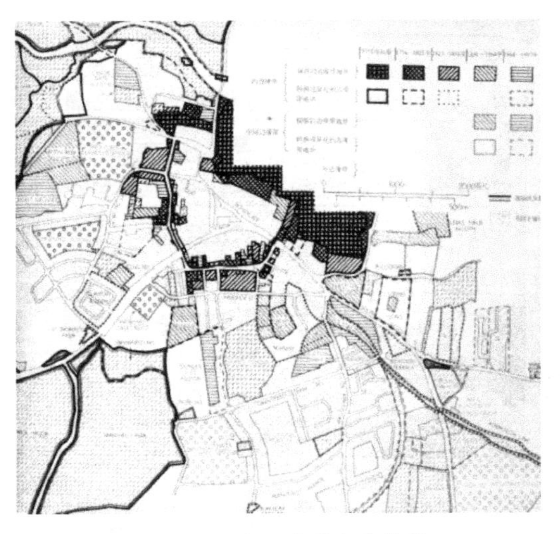

图 1-10　安尼克城市边缘带

来源：同上：66-67（图 13）

有效投入的一个必要的先决条件。

“城市边缘带”是康泽恩城镇景观分析体系中最重要的部分，吸引了大量的相关学术研究[①]。

康泽恩在对英国城镇安尼克（Alnwick）、纽卡尔斯（Newcastle upon Tyne）的研究中验证并深化了城市边缘带的概念（图 1-10），建立起了一套完整详尽的城市边缘带分析方法。对于多数英国历史城镇而言，对城镇扩张起到最初限制作用的是环状城墙，康泽恩称之为“固结线”（fixation line）。尽管城墙存在时间很短，但却影响深远，从安尼克的平面布局中能看到曾位于城墙内大区域的传统地块与周围地区的地块格局的明显差异。

城墙拆毁之后，该界线并没有被抹杀模糊，而是形成了围绕老城的环状道路系统，成为新一轮地块发展的骨架。城镇突破城墙的限制，从边缘带向外扩张，形成了最普遍的平面元素类型的最早形态之一：带状分布（arterial ribbon）。在边缘带内侧（intramural），平面类型单元内的“尾端地块”（tail burgage）出现了二次建设，在原有框架下被逐渐填充，或称“内蕴”（repletion）。边缘带外侧（extramural）则在较宽松的框架之下通过自由加建向外扩张（accretion）。不同的城市边缘带存在形状和尺寸上的差异，但边界通常与乡村地块的边界重合[②]（图 1-11、图 1-12）。

康泽恩按照形成时间的不同，将边缘带分为内、中、外三种，不同时期的城市边缘带往往呈现出套环状，以城市为中心向外发展。早期的城市边缘带通常为单一的物质或自然地理形态，如城墙、山川、河流等，但更多情况下是受城市发展周期、土地价格变化和时代创新技术，尤其是交通的影响形成的。在市场经济条件下，居住建筑数量及相关地价的波动是影响边缘带形成的主要因素。与高密度住宅是建房高潮时期地价走高的特征相对应，当地价走低，建筑低潮时期，边缘带就容易形成（图 1-13）。

城市边缘带形成之初都呈破碎的斑块状，且具有向紧凑区稳步发展的倾向。其重要形态特征为地块尺寸大，通常包括大面积的连续绿地，其中分布一些公共或大型城市重要建筑，居住建筑较少，硬质界面少，交通网络密度低。

怀特汉德（J.Whitehand）是康泽恩学派最重要的继承者之一，他概括了边缘带的发展序列和边缘带形成的两个时期[③]。对城市边缘带现象的研究，在保护城镇历史风貌区域，保

① Whitehand.J.R..Urban Fringe Belts：Development of an Idea[J]. Planning Perspective，1998，3：47-58.

② 怀特汉德，宋峰，邓洁 . 城市形态区域化与城镇历史景观 [J]. 中国园林，2010（9）：53-58.

③ 第一阶段为形成期（formation phase），建成区周边的土地第一次被城市或“半城市”（quasi-urban）功能占用，使其用地性质产生变化，直至完全脱离农业或自然用地；第二阶段为变化期（modification phase），新功能进入独立的边缘带后，随着这一地区的经济价值提高或降低，边缘带进一步发展或衰退。

护城市边缘开敞空间和生态敏感带，整体解读城市文脉、建立和完善基础的城市设计理论等方面，都具有重要的现实意义。

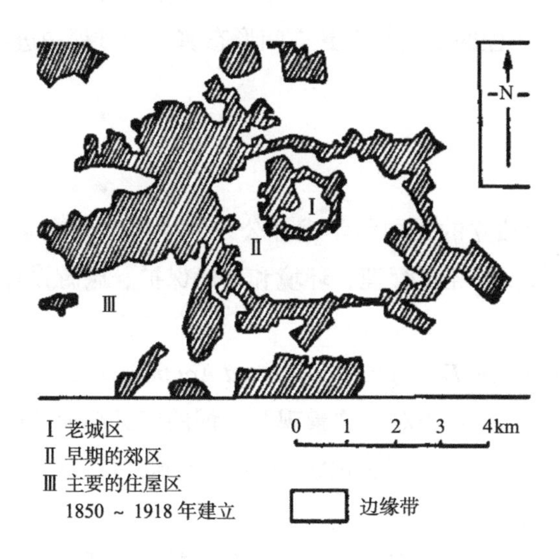

图 1-11　柏林城市边缘带

来源：Whitehand J W R, Morton N J. FringeBelts and the Recycling of UrbanLand：An Academic Concept and PlanningPractice [J]. Environment and Planning B：Planning and Design, 2003（30）：819-839.

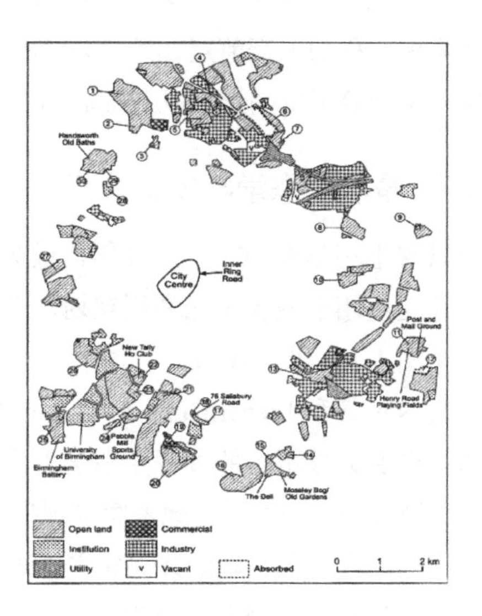

图 1-12　伯明翰爱德华时期城市边缘带

来源：Whitehand J W R, Morton N J. The Fringe Belt Phenomenon and Socioeconomic Change[J]. Urban Studies，2006（11）：2047-2066.

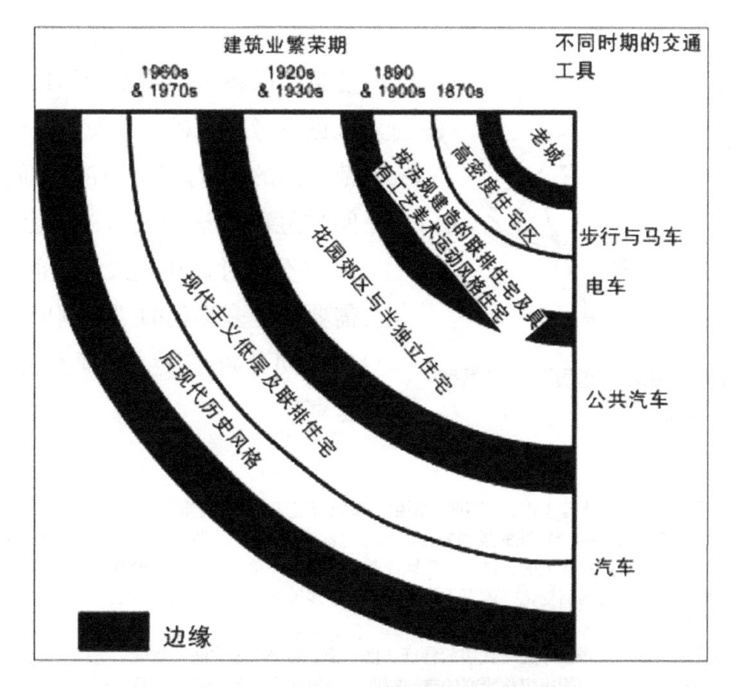

图 1-13　城市边缘带与城市发展周期

来源：Conzen M P. How Cities Internalize Their Former Urban Fringes:A cross-cultapul Comparison[J] Urban Norphology，2009（13）：29-54.

康泽恩在《城镇平面格局分析：诺森伯兰郡安尼克案例研究》(Alnwick, Northunberland: A Study in Town-Plan Analysis）中，建立了分阶段追溯造成现存城镇形态的原动力的研究方法，这也是本书研究借鉴的方法之一，将深圳城市演进划分为多个不同阶段，识别社会经济发展历程的关键节点，将社会经济发展历程的变化投射到空间形态演变的过程中进行，厘清时空交叠下空间形态发展的脉络。

1.4.3 景观生态学与要素分析法

景观生态学在 20 世纪 80 年代成为一门独立的为国际学术界公认的生态学分支学科，随后广泛应用于城乡土地利用规划、森林和牧场经营管理、环境和自然保护、旅游设计等领域（图 1-14、图 1-15）。

自 Naveh 和 Lieberman（1984）的 *Landscape Ecology: Theory and Application* 一书出版以来，已有数量不小的景观生态学著作问世，而其中对于“景观”一词的定义却无明确结论[①]，虽然如此，全面系统地考察景观生态学的历史、发展和现状，就能认识到“景观生态学”研究中的研究对象、理论共识和主要研究方法。

与分形几何的理念一脉相承，在对景观结构的研究中，尺度是个重要的特征量，并且在对于景观动态的研究中，尺度不仅指在研究某一物体或现象时所采用的空间单位，还是时间单位，是某一过程在时间范畴内发生的频率。当然，为了厘清概念，本书沿袭分形几何学中的方式，以尺度作为一个空间特征量，而将时间的度量单独交由时间的断代上进行考察分析。景观生态学中，属于空间范畴内的“尺度”往往以空间“粒度”和空间“幅度”来进行表达[②]。组织层次高的研究往往不绝对是在较大的空间尺度内进行的，需要建立多样化的“比例尺”层次，才能实现不同分辨率下，对于整体和局部变化的考察[③]。

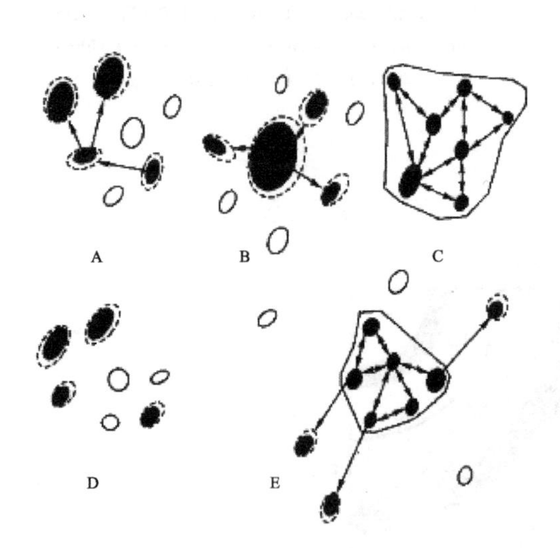

图 1-14 “斑块—廊道—基质”模式类型

来源：邬建国

① 狭义景观指在几十千米至几百千米范围内，由不同类型生态系统所组成的、具有重复性格局的异质性地理单元。反映气候、地理、生物、经济、社会和文化综合特征的景观复合体相应地称为“区域”，即研究者通常所指的宏观景观。广义景观则包括出现在从微观到宏观的不同尺度上的，具有异质性或斑块性的空间单元。广义“景观”概念强调空间异质性，其绝对空间尺度随研究对象、方法和目的而变化，体现了生态学系统中多尺度和等级结构的特征（这也体现出了本书前面所述分形几何的理念）。

② 空间“粒度”是指景观中最小可辨识单元所代表的特征长度、面积或体积；空间“幅度”是指研究对象在空间上持续的长度或广度，例如所研究区域的总面积决定该研究的空间幅度。一般而言，从个体、种群、群落、生态系统、景观到全球生态学，空间“粒度”和“幅度”呈逐渐增加的趋势。

③ 邬建国．景观生态学——格局、过程、尺度与等级 [M]. 北京：高等教育出版社，2000。

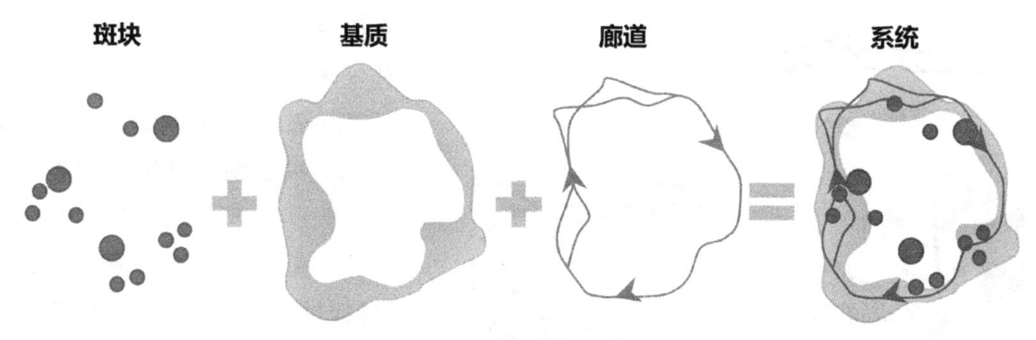

图 1-15　景观生态学“斑块—基质—廊道”结构模式

来源：邬建国，景观生态学——格局、过程、尺度与等级．

“斑块—廊道—基质”模式是景观生态学中的重要概念，是对于景观结构单元的核心论述（图 1-14）。Forman 和 Godron（1981，1986）在观察和比较各种不同景观的基础上，识别出了景观结构的基本单元包括“斑块”、“廊道”、“基质”三个类型①。在实际研究中，景观结构单元的划分总是与观察尺度紧密相联，所以“斑块”、“廊道”、“基质”的划分往往是相对的。如本书其后的论述中将会提到，在深圳的城市发展中，在宏观城市尺度，早期的“斑块”主要是人类的建成区，但随着时间的发展，建成区逐步覆盖到全市，而其后的“斑块”类型也可以转变成绿地，在此不一一赘述。

本研究在不同尺度下从局部到整体、从整体到局部，提取各主要构成要素，在此基础上进行全面的分析，探讨空间形态演变的基本特征与规律。本书识别的城市物质要素主要包括边界、斑块、基质、廊道、天际线、节点等方面。

1.4.4　图底理论与图底关系解析法

图底理论由特兰塞克（Trancik）建立，立足于研究城市建筑实体和开放空间的关系，在大多数情况下，城市中的建筑实体由于形象清晰，是人们可感知的对象，周围的环境则为衬托的背景，由此，建筑物被作为“图”，而周围模糊的环境对象则被称为“底”。

图底关系理论基于心理学的知觉选择性，通过这种图形与背景的关系研究，来理清实体与虚体间的形态拓扑关系。“图底关系”理论中，“图”与“底”可以相互转换，而控制图底关系的目的在于建立不同的空间层级，理清都市内或地区内的空间结构。本次研究借由解析图底关系，理清各个尺度下空间的整体形态结构。

1.4.5　空间意象解析法

林奇（Lynch，1958）、赖特（Whyte，1980）、乔尔（Gehl，2000）和拉波波特（Rapoport，1990）等的研究探讨人类行为和物质要素及环境的关系，并探索人对环境的感知和反应，

① “斑块”泛指与周围环境存在外貌或性质上的不同，并具有一定内部均质性的空间单元，可以是人类建成区，也可以是植物群落、湖泊、草原等。“廊道”是指景观中与相邻两边环境不同的线性结构，常见的“廊道”包括河流、道路、林带等。“基质”是指景观中分布最广、连续性最大的背景结构。

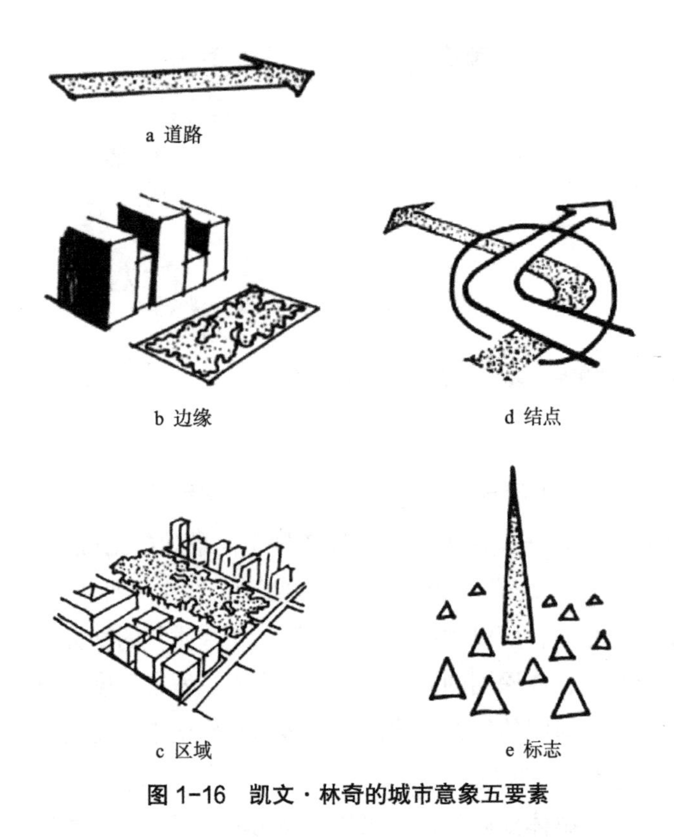

图 1-16 凯文·林奇的城市意象五要素

进而探讨如何在设计实践中利用这些规律。

林奇通过“心理地图”（mental maps）以及物质要素中的基本元素，如“节点”、“路径”、“地标”和“区域”等分析人的感知和心理。他同时使用“可识别性”（legibility）来描述环境特质①。

《城市意象》指出，特定观察者对具体物质元素产生心理形象的性能可称为可识别性或可见性②。基于空间意象的城市形态研究实际上是实体环境与知觉过程的结合，通过对大量居民的认知地图的综合分析，林奇认为城市意象的内容主要与物质形式有关，构成要素：道路、边缘、区域、节点和地标（图 1-16），居民通过对五种要素的认知才识别了城市的视觉形态。

人的空间认知，对城市意象的主观感受在不同尺度下是有差异的。无论空间行为，还是城市意象，都是因为物质形态会在人头脑中形成反应，但这种反应的前提条件是物质要素的存在。平面格局的研究并不排斥任何物质要素，相反，本书对综合连片区和复合区域的研究包含这五类要素的解析和平面研究，本书与林奇的侧重点不同，要素的平面图式表达，在不同尺度层次下能建立主观与客观的联系。

本章首先解释了课题选定的缘由和意义，明确本书关注点和叙事对象，对多尺度层次及平面格局进行了解析。而后，对城市空间理论、城市化理论和城市史研究领域的发展过程、主要观点、研究方法以及当前情况进行了概述和对比。

① 林奇强调好的城市形态应包括：活力与多样性（包括生物与生态）、交通易达性（开放空间、社会服务及工作）、控制（接近人体的空间体量）、感觉（可识别性）、灵活性和社会平等等一系列要素。

② 这种空间意象可分为 3 个方面：识别（即目标的识别性，占首要地位）、结构（即必须包括目标和观察者）和意义（即这一目标要对观察者有某种意义）。

第二章　多尺度层次研究体系

2.1　多尺度层次复杂等级系统

尺度（scale）是指准绳，分寸，衡量长度的定制，可引申为看待事物的一种标准。从统计学角度来说，所有认识的对象都可以被量化。而其量化的方法则无外乎四种：定量、定比、定序、定类。定比尺度包括定类尺度、定序尺度、定距尺度的性质[①]。城市空间格局的研究是对于一个复杂性系统的研究，定比尺度因为同时兼具定量、定比、定序、定类等功能，而被应用于本次的研究中。针对空间形态这一复杂系统的研究，不只包括等距和区间体系的研究，也包括等级和分类体系的研究，这就有必要采取定比尺度的方法，利用不同的比例尺，来设定不同的区间尺度并进行分级、分类。

2.1.1　复杂学

复杂学是研究不同单元构成且之间有紧密联系的系统的科学。目前，复杂学研究的热门领域主要有人工智能（artificial intelligence）、神经网络（neural network）、免疫系统（immune system）、人工生命（artificial life）、自催化反应（self-catalysis）、股票市场（stock market）等。一部分学者偏重于结构和形式，另一部分则注重功能，如普里高津（Prigogine），他因提出耗散结构理论而获诺贝尔奖[②]。

2.1.2　复杂系统

在本书看来，作为研究对象的深圳城市物质系统的空间格局是典型的复杂系统。例如从平面或空间意象的角度而言，城市形态由大量不同的形式构成，不同形态之间存在联系、分隔、侵蚀、共生等多样化的形态关系，这些空间形态直接或间接地组合在一起，形成了一个复杂的格局。研究城市物质空间格局，就是研究城市空间的结构、序列和多样性，需要借助复杂学的原理和方法，探讨空间形态演进规律，为认识空间形态提供一种新的手段和方法。

在这里引用复杂性科学（The sciences of complexity，简称复杂学）的概念，复杂学中的“复杂性”（complexity）特指复杂系统中的复杂性。复杂系统有4个基本特征：①组成单元数量庞大；②单元之间存在大量联系；③具有自适应性和进化能力；④具有动力学特性。

① 张兴杰.社会测量的尺度，社会调查[M].南京：南京大学出版社，2008.定类尺度实质上是一种分类体系；定序尺度是按照某种逻辑顺序将调查对象排列出高低或大小，确定其等级及次序的一种尺度。定距尺度是一种不仅能将变量（社会现象）区分类别和等级，而且可以确定变量之间的数量差别和间隔距离的方法。定比尺度，也称比例尺度或等比尺度，是一种除有上述三种尺度的全部性质之外，还有测量不同变量（社会现象）之间的比例或比率关系的方法。

② 张知彬，王祖望，李典谟.生态复杂性研究——综述与展望[J].生态学报，1998，18（4）.

Weaver（1948）依据系统的组成结构特征把复杂性分为三类，即有组织简单性（organized simplicity）、有组织复杂性（organized complexity）和无组织复杂性（disorganized complexity）。这与 Weinberg（1975）提出的小数系统（smallnumber systems）、中数系统（middle-number systems）和大数系统（large-number systems）相对应①。

城市演进与环境共同进化，它们之间的相互作用及非线性关系引起结构和功能的变化，形成城市演进的自组织现象，都能成为复杂性科学的研究对象②。

20 世纪 60 年代，针对复杂性系统结构、功能和动态的研究，形成了系统（等级）理论（hierarchy theory），依据系统性质和研究目的，将系统划分出层次，层次具有相对性③。

将等级理论引入对于城市空间演进的分析中，旨在说明对城市空间演进的复杂性的研究需着重考虑其组分的等级、关系、数量及观察者视角。当然，当前的系统理论对于空间异质性的考虑不足，因此在描述城市空间形态时存在一定的局限性，而这也是后续体系建立中将讨论的内容。

2.1.3 等级体系

等级系统认为，不同层次中较低的层次具有整体特性，高层次受低层次制约，表现出从属性质④（图 2-1）。等级系统具备的离散性反映了复杂系统内部演化的特定的时空尺度。比如我们可以想象不同尺度的城市建设，一栋普通住宅可能仅需占地 100m²，一两年的建设周期即可完成，一个城市中心区却可能需要占地超过 100 万 m²，经由二三十年的建设来完成，而一个城市的建设更有可能绵延成百上千平方公里，持续百年。

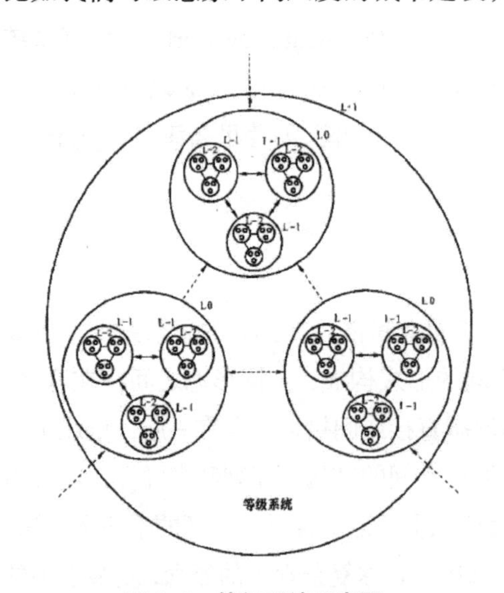

图 2-1 等级系统示意图

来源：邬建国. 景观生态学——格局、过程、尺度与等级 [M]. 高等教育出版社，2000：34.

一般而言，当我们讨论复杂性时，与其分层或分类及观察者有关。但复杂性主要还是由这些分类或分层之间的相互作用所决定的。此外，复杂性的概念还必须加入系统固有的性质和观察者的理解，并且依赖于描述的途径和观测的目标。

那么，我们将如何针对复杂系统进行层次划分呢？在这里，援引数学中的维数概念来解释，零维是无限小的点，没有长度，一维是一条无限长的线，只有长度，二维是一个平面，

① W.Weaver.Science and complexity[M].American Scientist，1948，36：536-544.

② G.Nicholis，I. Prigogine.Self-Organization in Non-equilibrium Systems[M].Wiley，New York，1977.

③ H.A.Simon The architecture of complexity[J]. Proceedings of the American Philosophical Society，1962，106：467-482.

④ 郭达志，方涛等. 论复杂系统研究的等级结构与尺度推绎 [J]. 中国矿业大学学报，2003（3）：213.

由长度和宽度（或部分曲线）组成面积，三维是二维加上高度组成体积，四维分为时间上和空间上的四维，人们说的四维通常是指物体在时间线上的转移。准确来说，四维有两种：一是四维时空,二是四维空间[①]。从广义上讲,维度是事物“有联系”的抽象概念的数量,“有联系”的抽象概念指的是由多个抽象概念联系而成的抽象概念，和任何一个组成它的抽象概念都有联系，组成它的抽象概念的个数就是它变化的维度，如面积比长度多一维，就在于抽象概念中的“面积”可视为由两个抽象概念中的“长度”所组成，此概念成立的基础是一切事物都有相对联系[②]。

在对分形与维数的研究中，Perrin（1909）对物理布朗运动有如下描述：“如果液体中存在足够微小的颗粒，那么经过长期观察，一定会发现这些小颗粒在持续进行完全无规则的运动，移动、停止、再次启动、上升、下降、再次上升，毫无静止不动的趋势”，“微小颗粒运动的平均速率大小和方向之变化都是杂乱无章的”，“微粒运动的轨迹是一种毫无规则的多边形”，这种不规则性使得做切线的概念对于研究轨迹曲线来说毫无意义。但是，假如我们换一种角度来思考这种不规则性，我们不得不重视以下事实：当越来越仔细地考察一条布朗运动的轨迹时，它的长度是无限增加的，当观测精度精细到无穷之时，可以发现微粒布朗运动留下的轨迹几乎充满整个平面。也就是说，以拓扑学的观点，布朗运动的轨迹在较粗的观测尺度下，是一条维数为 1 的曲线，只具备长度，然而，当观测尺度精细到一定程度时，它实际上就是充满平面的，在分形意义上就有了维数 2，这两个数值上的差异说明了布朗运动是分形的。

传统数学中认为维数的定义是坐标的数目，但这个定义是不够令人满意的，曼德布罗特提出，就如同理解规则性和连通性一样，为了恰当地理解不规则性或支离破碎性，需要采用一种不严格的维数概念，这种不严格的维数概念会产生出多种数学刻划的方面，它们不仅在概念上是不同的，并且可能导致不同的数值，虽然不应把维数概念的种类增加到超过需要，但多种维数的概念是绝对不可避免的。在处理复杂系统的时候，我们所使用的维数会跟数学上的维数有所区分，不再是数学集合的维数，而更多的是一种以这些集合为模型的物理对象的“有效”维数。有效维数涉及数学集合与自然对象之间的关系。严格来说，物理对象例如网膜、毛线或球，都应当用三维形体来表示，然而，物理学家宁可把足够精细的网膜、毛线或球认为其维数分别为 2、1 和 0。换句话说，有效维数不可避免地带有主观性，这是近似性以及随之而来的分辨度的问题。比如我们可以思考一下，由直径为 1mm 的粗线绕成的直径为 10cm 的球潜在地具有几个不同的有效维数？对于一个远距离的观察者，该球看来就是一个零维的图形：一个点；当观察者与该球相距 10cm 时，这个球就是一个三维图形；当相距 10mm 时，线球又成为了一堆一堆的丝线；在 0.1mm 处看，每条线成为了一个圆柱体，整体又成为了一个三维物体；再在 0.01mm 处看，每个圆柱体都分解成

① 百度百科“维度词条”：http：//baike.baidu.com/item/%E7%BB%B4%E5%BA%A6？ fromtitle=%E7%BB%B4%E6%95%B0&fromid=6496548&type=syn.2016 年 12 月 17 日

② 百度百科“联系词条”：http：//baike.baidu.com/subview/176387/19031777.htm.2016 年 12 月 17 日

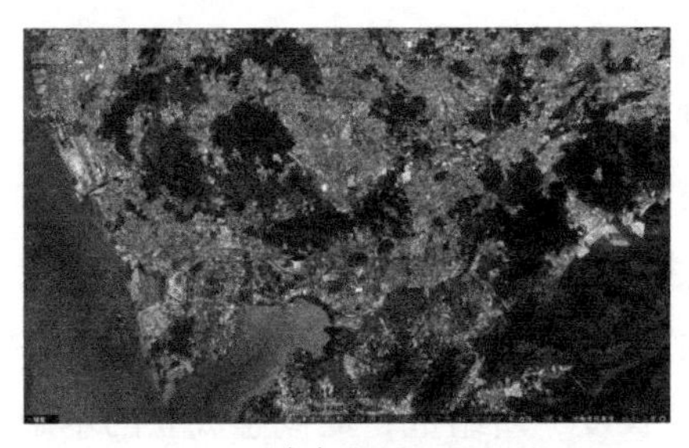

（a）50km

（b）20km

（c）10km

（d）2km

（e）0.3km

图 2-2　深圳不同视角高度下的形态层次

图像来源：Google earth 截图

纤维，线球又成为了一维的。如此继续，维数反复地从一个值变换为另一个值。

一个数值结果依赖于对象相对于观察者的关系，这个概念是物理学中的一个典型范例，也是本次研究中多尺度分析的出发点。

如何对于深圳城市空间格局这一研究对象进行层次划分?

城市形态作为一个复杂的多层次结构，单纯从观察者的视角，就可以划分为地形地貌、建成区、路网、地块划分、土地利用与建筑以及三维视角等多个层次，这些层次之间具有包含、联系、分隔等多种关系。我们必然要从自身这一“观察者”视角出发进行考量。我们可以设想自己拥有一双“天空之眼”，在同等的视野下无限度地逼近去观测深圳这座城市。当我们从无垠的太空之外观察时，地球也只是微不足道的一个“点”，既没有长度，更没有面积可言；当我们逐步靠近地球，地球才开始具有长度、面积、体积，近到一定程度后，地球上的海洋、山脉、河流就开始映入眼帘；当我们把镜头拉近至深圳城市全貌充满了我们的视野，此时我们必然会清晰识别出一个面域，这个面域包含着灰白色的人类建成区、深绿色的自然环境以及海洋等三种明显不同的次一级的面域；镜头再拉近，在视角海拔高度 50km 左右的范围，大型水库、城市里的大型绿地也逐渐被清晰感知到，互具异质性的空间进一步增多；镜头继续拉近，在视角海拔高度 20km 左右的范围，城市的道路以及道路分割下的地块，也逐渐被感知到清晰的形态；再靠近，视角海拔高度 10km 左右的范围，支路分隔下的小地块以及大型公共建筑出现了；再靠近，视角海拔高度 2km 左右的范围，各种建筑物的平面形态清晰可见；再靠近，视角海拔高度 0.3km 左右的范围，绿化、人行道、沟渠、车辆浮现；当我们越靠越近，甚至站立于地面之时，整个城市空间形态就不再是二维平面，而成为了三维立体（图 2-2）。以深圳城市形态作为对象，可以想象，当我们无限度地逼近去观测它时，必然会从最初观测到一个抽象的无穷小的“点”，逐渐丰盈至观测到分子、原子、电子等面积趋近于无穷小、数量趋近于无穷大、形式趋近于无穷多的“点”的集合，也会亲历从观测到“点”，到观测到“面”，再到“体”，再到“面”，再到“点”这样一个多个维度无限次反复的过程。

需要指出的是，本次对于深圳城市空间形态的研究将以“观察者”的视角为核心建立一个多尺度层次等级体系，其中，重点着墨于平面形态二维维数，并会部分涉及立体空间三维维数,二维与三维间会有明显的尺度层次转换,在此不进行详述。二维维数这一区间下，如何对深圳城市平面格局进行层次划分是下文将重点阐释的问题。

2.2　平面格局演进类型及其组合

2.2.1　平面格局概念

城市之间和城市内部要素之间的相互动态作用构成复杂的城市系统，城市系统可以按要素分类为自然（物质）子系统、社会子系统、经济子系统等；城市内部要素之间形成相对稳定的关系，组合成城市结构，包括城市的物质要素之间的显性结构，也包括经济、政治等非物质要素的隐性结构。本书研究范围特指物质要素，按照系统的概念，城市形态是城市自然系统物质要素在城市地理空间的分布，反映城市结构的演变和进化，它是城市开放复杂巨系统的子系统，其自身也是复杂系统。

城市各子系统内，自然要素、社会要素、经济要素各自遵循自然规律、社会规律、经济规律运动。但自然、社会和经济系统不是简单地并置或叠加，它们在特定地理边界的约束下相互作用、依存、协调、适应从而自我调节、演进形成动态复合的城市系统。在这个逻辑上，就导致各种复杂理论应用于复杂的城市系统研究，自然和社会科学的许多热点和前沿理论被用于城市演进和历史的研究，包括耗散结构、协同论、分形理论、超循环理论、突变论、混沌学、自组织理论等。在复杂巨系统的思维模式下，复杂的系统能被分解为不同层级的子系统，这就为我们找到了一个研究复杂系统的突破点。

城市空间结构和形态是由城市物质要素在城市空间中的分布和互动关系形成的，我们是否能找到一种等价关系，研究其演进规律？如前文所述，城市物质要素中人工构（建）筑物和自然环境必定在城市地表土地上留下痕迹，且彼此相互影响，这些物质形态要素及其组合的各种关系，必然显现为城市范畴物质要素形成的土地斑块及其组合的各种关系。按照系统论和复杂学思想，我们可以给出一个可构造集合概念意义上的城市平面格局的定义。城市平面格局只是这样一个集合,历史上一切人工构(建)筑物在被称为城市的土地上，地表投影所形成的图像斑块集合。

集合就可以运用集合运算的法则，例如可按某种规则建立这个集合的子集，这个集合包含所有历史上的信息，只是现实中我们不一定能完全获取历史上的元素信息，但概念上是包含历史进程的。这个集合是开放系统，元素包含建筑、道路、桥梁、人工绿地等一切城市的人工环境。任何曾经的人类城市建设活动，只要在土地上留下过的痕迹，其地表投影斑块就唯一地成为其中的元素，包括形态区域的所有成分。

城市物质要素的空间演进通过以上概念，转化为平面格局的演进。将平面格局外延扩大，则平面格局包含人工环境的平面格局与非人工环境的山水格局。为什么研究平面？由于人类具有意识和通过实践获取经验的能力，平面的研究清楚了，空间的则更容易理解，就如建筑平面图和建筑一样。

康泽恩的贡献在于，在所有形态成分多样性和复杂性的情况下，即可构造子集无限的情况下，将最基本的城市物质形态元素统一于“城镇景观”这一概念，等价于将不同形态元素组合，构造出一个有限的城市形态三要素框架，即三种形态复合体（form complex）:城镇平面格局（town plan）、建筑肌理（building fabric）以及土地利用格局（land utilization）有限子集的集合。将城市形态三要素中最稳定的平面格局分解为 3 种明确的基本复合体（element complex）：街道系统（street-system）、街区（street-block）以及建筑物的基底平面（block-plan），即一个具备开放元素的可构造集合对应的无限，转化为处理（3个）有限子集及其子集的有限运算。从整体（城镇景观）到局部，再从局部（平面格局三要素）到整体，然后辅助研究其他两个子集（建筑肌理和土地利用模式），则城市形态（康泽恩描述为城镇景观）从整体到局部的全面描述就得以实现了。

这种有限，也有其局限性，以独立的基本地块为研究单位，相对固定比例尺的地图分析法，对传统城市和街区形态范围，其尺度相对现代城市小很多，其分解有限，对于更大的尺度范围的研究，或者城市群子集，此类方法将变得不可能。简单来说，当代的城市或城市群规模越大，康泽恩“平面格局”的元素数量就越巨大，在平面上，整体与局部的关系层级就更多。如图 2-2 所示，当从 0.3km 视角高度到 50km 视角高度观测城市，跳跃几个视角高度，则许多元素将不可识别。本书试图从理论和研究方法上解决形态研究的完全实现。而这种实现是由于城市形态具有自相似性，形态演进具备从小等级尺度到大等级尺度过程中自组出不同等级的现象。

我们以下一章将要提到的清朝时期的蔡屋围、水贝、湖贝、黄贝岭村、深圳墟区域为例，要看清村落起点时期的形态，用比较大的比例尺，能看到村落中每栋建筑的基底平面和乡村道路。深圳墟发展壮大后，要看清深圳墟与附近村落的关系，比例尺需要调整变小，以便看到更多斑块，如图 3-9（a）所示。从深圳市全域范围了解市镇体系，墟市由于形态面积太小甚至都不会形成图斑，所以我们用记号标示，如图 3-8 所示。多尺度层次就如我们借用不同比例尺的图纸去表达，而形态是观测之物、物质要素所表现出来的。本书制作了 2017 年高精度的深圳的 google 影像图，可以识别精度 3m 的构筑物，如果电脑软件的缩放功能非常好，我们可以用精度很高的图去分析，当然，缩放到深圳全域的范围，很多细节是看不到的。所以，不同尺度下，对应的精度是不同的。如深圳全域的市镇体系（图 3-8）所表达的内容，事实上并不需要很高的精度。多尺度层次就如不同倍数的显微镜，城市形态是显微镜下所观测之物，不同的倍数看到的细节不同。

2.2.2 演进的完全分类

数学的发展形成了完全分类思想。为求解或证明某数学问题，人们首先对研究对象按条件或已知存在的所有情况进行分类。将不同类别都求解或证明，则原问题完全求解。这就是完全分类思想。能进行完全分类的系统，完全分类方法的选择将决定解题的难易程度。

对于龙庆忠先生的天道、地道、人道建筑学科理论框架体系，本书认为，其理论体系和教育思想最核心的思想是分类。其理论体系中，城市、建筑、园林都是建筑大系统中的子系统，技术手段有建筑防灾、修缮、设计、规划等。这不是最重要的，最重要的是龙先生基于现实，对天、地、人大关系进行分类[①]。天、地、人各循其道，其关系分野就存在自然（天、地）与人，人与人的矛盾、协调之分类。在此分类关系下，无论哪种情况，“建筑道”应对之法，都有相应的现实内容[②]。

城市形态，归根结底是在前后两个时序形态区域关系构成的一个完全分类中展开的。如果说深圳不同时序下各节点区域的形态演化是令人满意的，三十多年来同样有数量庞大的开发区、新区、新城由于形态演进未达预期而被人诟病，深圳的城市形态演进只是改革开放以来中国城市演进的一个成功案例，在完全分类思想下，我们能看到深圳城市演进的特殊性和普遍性。

对于城市物质形态演进过程，有一个是不以人的意志为转移的，就是演进过程对应在平面上的三种分类：扩张、收缩和更迭。所有形态过程都可以在平面上分解成这三种情况。这是最重要的研究基础。物质形态演进的历史，都由这三种分类所交织成的形态过程组成。

首先必须明确的是，所有扩张、收缩和更迭都建立在一定周期及某个特定研究区域的形态地图上。以第三章（图 3-9（a））中深圳墟范围为例，将 1905 年的形态地图抽象为形态结构图，如图 2-3（a）所示。在此前后数年，因为每个斑块独立生长，其边界没有融为一体，所以也可以将每个斑块作为独立研究对象，这时需要更小的比例尺去深入观察每个斑块的内部构成。在这张图中就存在 2 个等级，一个是深圳墟整体范围，另一个是每个独立斑块的研究范围。在这张图上，把深圳墟市镇体系作为一个等级，则每个村落斑块为其次等级。每个村落的形态斑块，按时间顺序，从图形上看，面积连续增加的时序就是扩张，面积连续减少的时序就是收缩，更迭就是有时扩大、有时缩小或保持不变。当这些斑块扩张，某几个斑块的边界会接触到一起，则该形态等级发生变化，形成更大等级的斑块，我们可以将每个独立斑块的内部更迭看成是次等级的一个形态中枢，当次等级演变，三个相邻的斑块有重叠时，则形成本等级形态中枢。有的学者将此类结构称为星形结构，在深圳地理实体

① 龙庆忠先生在《龙庆忠文集》的《中国塔之数理设计手法及建筑理论》中对天地人的演化关系论述为：“天道有变时，地道亦有变时。天地骤变（各种灾害），人为之变，于是有建筑防灾。天地渐变（风雪雨露），人亦为之变，于是有建筑修缮、保管。天道、地道、人道、建筑道因此处于既矛盾又谐调之统一体中。”

② 程建军在《龙庆忠文集》的《智者不惑——龙庆忠教授教育与学术思想试析》中总结了龙庆忠先生应对天地人关系的建筑学教育分类：“建筑防灾法——防洪、防火、防震、防风、防沙；建筑修建保护法——修建、保护、保管；建筑规划设计法——城镇、园林、建筑”。

范围内，类似的结构在不同区域都存在。以第三章（图 3-8）中 1866 年深圳市镇体系分布为原型，构建其结构模型，如图 2-3（b）所示，在这张图上，把深圳墟市镇体系作为一个等级，此时，具有同样等级或量级接近的结构则都为同等级结构，它们各自演进，具有独立的形态扩张、更迭、收缩。因此，一定研究范围和周期的地图选择是判断的基础，而地图的选择，与研究对象、范围和周期的选择是一致的，取决于研究目的和内容等，后文将进行详细分析。

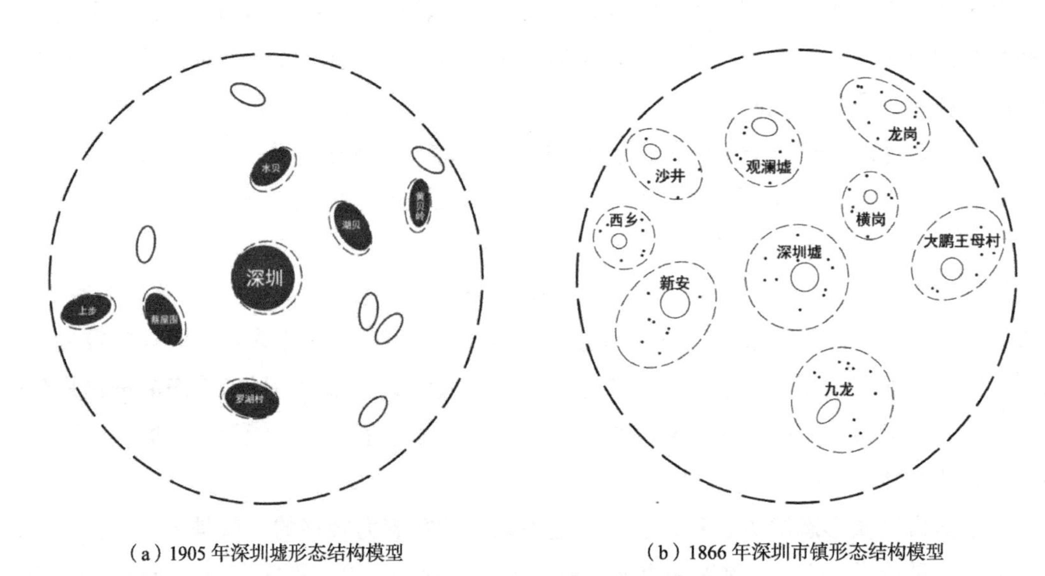

（a）1905 年深圳墟形态结构模型　　（b）1866 年深圳市镇形态结构模型

图 2-3　历史时期深圳形态结构模型

来源：自绘，为说明问题，将第三章深圳市镇和深圳墟形态结构模型化表达。

下面对扩张、收缩和更迭给出一个定义。

扩张：相邻周期的形态过程，最近一个周期形态区域的面积最大值比前一个周期形态区域的面积最大值大，且最近一个周期形态区域的面积最小值比前一个周期形态区域的面积的最小值大。

收缩：相邻周期的形态过程，最近一个周期形态区域的面积最大值比前一个周期形态区域的面积的最大值小，且最近一个周期形态区域的面积最小值比前一个周期形态区域的面积的最小值小。

更迭：相邻周期的形态过程，最近一个周期形态区域的面积最大值比前一个周期形态区域的面积的最大值小，且最近一个周期形态区域的面积最小值比前一个周期形态区域的面积的最小值大；或者相邻周期的形态过程，最近一个周期形态区域的面积最大值比前一个周期形态区域的面积的最大值大，且最近一个周期形态区域的面积最小值比前一个周期形态区域的面积的最小值小（这种情况在现实中很少出现，但理论上存在这种可能）。

这里涉及两个概念，一个是形态周期，一个是形态区域。形态周期是时间单位，可以人为划分并按照一定规则设定，周期的大小决定地图的选取数量。形态区域就是特定研究范围内，城市地理空间的物质要素分布在平面上的投影。为了研究的方便，我们可以设定其规则，形态周期以形态周期结束时间点的形态地图为状态点，忽略前一周期结束点至本周期结束点的内部过程，则研究就是两个时间节点的对比。表 2-1 给出了三种分类的图示，每种分类列出了三种图示，实际上无论图形怎么变化，只要符合定义，图形就分别为扩张、收缩和更迭。

这三种类型还可以直观地理解为：扩张是由人工构（建）筑物占据新地块而产生的平面斑块；收缩是地块清退，原有人工构（建）筑物释放地理空间形成的非斑块区；更迭就是在原有人工构（建）筑物的区域由新的构（建）筑物占据地块空间产生新的斑块。

平面斑块类型图示　　表 2-1

斑块类型	图示 1	图示 2	图示 3	说明
扩张	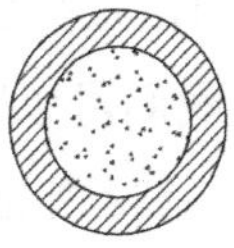	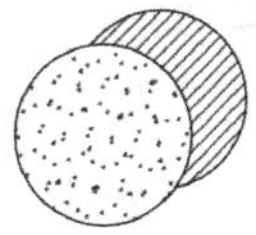	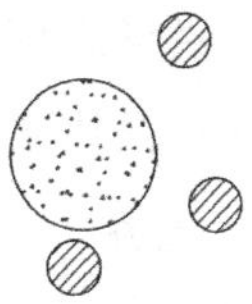	图例 初始状态 用地增长
收缩	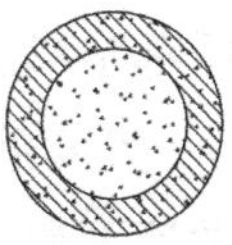	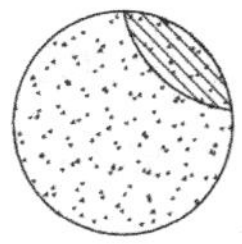	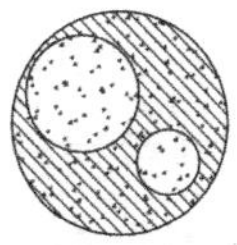	图例 初始状态 用地清退
更迭	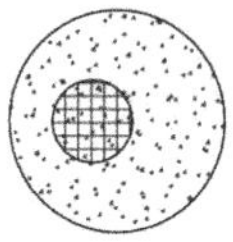	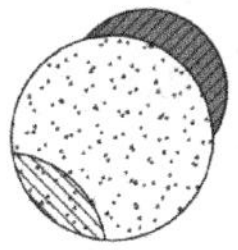	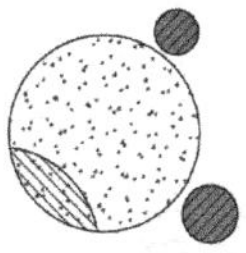	图例 初始状态 用地更新 用地清退 用地增长

来源：自绘。

综上所述，形态区域不同周期下的形态过程可分解为扩张、收缩和更迭三种基本情况的组合。扩张和收缩构成趋势，判断形态演变时，趋势和更迭是形态过程的核心问题。其中有个基本的问题就是形态过程是分等级的，在村庄尺度这个等级的扩张，可能在整个深圳墟尺度等级下就是更迭或收缩。再如在深圳市尺度等级下是扩张的，而在南山区科技园片区大冲村的城中村改造中，形态是收缩的。所以讨论趋势或更迭是与某个等级相对应的。下面和前面的讨论没有特别说明的，都是在同等级上展开的，同等级分析清楚了，不同等级的组合在一起研究才能有所依据，所以本书从不同的尺度层次分析不同等级的形态演进，这样才能从不同层次更全面地理解城市形态演进。

通过对特定形态区域的分析，我们得出了平面图形上的三种分类，例如一个地块，在建设完成后，即面临两种情况，要么是地块更迭，要么是地块清退（收缩），收缩这个词主要是为了在更大的时空背景下观察物质空间的演变。地块完成建设后，地块上的附着物可以持续几十年甚至数百年的时间，但无一例外地都将消失，无论是由于自然的力量还是人为的作用。当然，时间也可以很快，建于深圳中心区的深圳高交会展馆于1999年建成使用，2007年即被拆除，2012年，该地块建成为深圳证券交易所大楼（参见图6-24对应地块）。形态区域也可以是一个街区、一片连片的建成区，甚至就是整个城市。这三种分类，就假定我们把研究的形态区域作为整体看待。

为什么要分层次、多尺度观测城市演进？以深圳中心区演进为例（图6-24），我们把中心区6km^{2}范围作为整体看待，从深圳建市至今是形态扩张的过程，表现为中心区范围内历年的建成区斑块面积是增加的，截至目前还有部分地块没有建设，即扩张没有完成。但我们深入其内部后会发现，比如上面提到的深圳证券交易所大楼发生了地块范围的更迭，而岗厦片区的城中村发生了整体的地块清退，随后逐渐开始新的建设。从岗厦地块层次来看，发生了地块等级的收缩和扩张两个形态过程，从岗厦片区整体来看，表现为更迭，从中心区整体范围来看，只是内部街区的更迭，并不影响它的扩张类型。

层次划分，为什么按尺度范围来确定？观测平面演进我们可以观测特定边界范围内的情况，也可以超出特定边界，尺度范围扩大或缩小我们所能观测的斑块内容及关系更多。正如从岗厦片区内部和从中心区范围来看，所揭示的意义不同。

基于深圳城市发展，在市域、行政区、行政区的核心区都是形态扩张，一些城中村和旧城区发生了更迭，本书后续研究重点是扩张和更迭。在同一尺度范围内长期收缩的类型，并不常见，但是不代表不存在。收缩的速度不一定比扩张的速度慢，比如明清海禁，深圳地区屋倒墙塌，大规模的人口迁徙发生在极短的时间周期内。印尼海啸、汶川地震、长岛的原子弹等，在极短的时间会抹去大尺度范围下城市自然扩张或更迭的建设成果。

2.2.3 平面演进的等级

物质形态演进，无论扩张、更迭还是收缩，都是从小尺度等级发展，逐渐扩大。目前我国建成区面积最大的城市是上海，稍大于1500km^2，紧接着是北京，略少于1300km^2。其后，广州、深圳、天津、东莞、杭州、南京等都达到500km^{2}以上，毫无例外，它们都是从更小尺度逐渐演化而来的。国家行政管理体系对城市也有等级划分，我们常说的直辖市、副省级城市、省会城市、地级市、县级市、县、街道、镇等就是一套体系。某个时期，与地域、技术和社会经济发展水平有关，不同等级的城市，大致有一个相应的接近平均水平的建成区面积。按建成区尺度大小，我们也可以给城市进行分类，除前面提到的建成区500～1500km^{2}的特大城市，目前大约有40多个城市的建成区面积在100～500km^{2}内，大约100个50～100km^{2}的城市，大约300个20～50km^{2}的城市。按建成区面积，大部分县城和部分经济发达地区的建制镇在10～20km^{2}左右。按尺度划分城市，与行政管理体系的城市等级有统计意义即平均水平上的相符性。按建成区面积划分，一些镇的等级就比较高，比如靠近深圳的东莞长安、塘厦、清溪等镇，建成区面积接近或超过50km^2，这个等级比很多地级市还要高。按建成面积划分，上述城市体系大致存在一个倍数的常数因子，也就是说不同规模的城市分别属于不同量级，当然，量级越大的城市数目越少，在社会的不同发展阶段，不同区域城市建成区的面积都存在不同的量级。当然，在同一城市，城市核心区和节点卫星城也存在量级的差异。

城市演进，是否可以按建成区尺度大小去定义等级和等级体系？每个城市，都包含丰富的形态要素和等级系统。一些学者以道路及其围合的建筑基底平面为基本形态单元，其出发点隐含了一条原则，就是将城市形态最小等级进行了定义，即地块单体建筑基底尺度以下等级都视为该研究范围的次等级。城市演进有其内部结构和演进特征，选择什么样的结构和具备怎样的自相似性是城市自然演进的结果，我们不能事先定义一套尺度标准，去限定每个城市是否符合这个标准。我们可以给出一个尺度等级系统的框架，通过这个框架能观测城市连续演进选择了什么样的结构。比如我们观测人体的细胞，人体细胞种类繁多，体积的大小甚至相差几个数量级，观察不同类别的细胞，我们需要选择不同放大倍数的显微镜，观察细胞内的构造则需要更高倍数的显微镜。

从后文的研究我们可以看到，蛇口的路网结构的层次性和福田中心区的路网结构有很大的区别。早期开发建设的蛇口，路网沿着山体和地形等高线分布，有一些弯曲的路段，路网密度比较大，尺度相对较小，而福田中心区的路网非常规则。我们也可以看到，一些地块尺度较大，一些区域的地块更碎片化。无论何处，城市像生命体一样不断生长，极限情况是将研究区域填充满，之后就是从小等级的更迭或收缩开始，等级再次扩大。

本书所称等级，是按一定的规则，自由生长出来的一种分类方法，本质上与时间无关，时间只保证形态过程的前后顺序，等级不是时间结构，也与行政区划无关，形态演进完全可以跨越不同的行政区划。自相似结构可以自组出等级来，等级是自相似结构生长出来的。

例如我们按街道和道路系统来定义，将最小形态单位定义为街块，即街道围合而成的最小街块为形态区域的最低等级，则一种可能的等级系统如下：

原始等级系统：地块系统，为构建街块形态提供部件（包含街块仅为一个地块的情形）；

最小等级系统：街块系统，为构建街区系统提供部件；

一级平面演进类型：由街区系统组合而来；

二级平面演进类型：由一级形态类型组合而来；

三级平面演进类型：由二级形态类型组合而来；

……

N 级平面演进类型：由 N-1 级平面类型组合而来，N 为无穷大。

我们以华侨城区域为例，地块等级扩张、更迭形成街块，如后文说到的波托菲诺各组团等；街块组合成街区，比如创意园的南北区由不同街块形成不同街区；与创意园同等级的诸多街区组成了华侨城。

在不同等级，形态并非都需要由街道和街道系统与建筑要素的围合关系来构建，按照本文对平面格局的定义，不同等级的形态必定在图形上反映为斑块。中枢显然是有等级的，例如大多数镇或街道意义上的中枢分布区间大致为 1 ~ 10km^2，一些县城形态中枢的分布区间为几平方公里到二三十平方公里。由等级的定义，我们可以定义一套尺度体系去比较分析不同城市和同一城市不同区域的形态过程。由道路与建筑围合的街块在不同时期、不同地域、同一城市不同区域都有不同的模数，比如巴塞罗那的网络街块在大致边长为100～200m，深圳中心区街块尺度边长从几十米到数百米不等，某些大型住宅区的街块尺度甚至达到数公里边长。如果我们不管这些，扩张的形态演进必然导致斑块增多，面积增大。为研究深圳的城市演进，可以定义2km^2、10km^2、50km^2、200km^2、1000km^{2}六个尺度等级，这样，发展到不同尺度等级，就会有不同等级概念的理解。当然也可以定义1km^2、10km^2、100km^2、1000km^{2}等级体系，甚至还可以构造出7、28、56、140这样的序列，但这没有必要。

不同等级形态地图表现的精度不同。需要看清楚地块等级的形态过程，例如住宅类建筑的演变需要大比例尺的形态地图，比如1∶500、1∶2000，当然，我们研究龙岗中心区和罗湖、福田中心区这样的大等级系统的道路系统连接时，则不需要精确度那么高的形态地图，1∶10万、1∶25万足以识别这种大等级的连接。大等级的图里是看不到很多重要细节的。需要说明的是，相同等级的形态过程和形态地图没有关系，只是为了分析方便选择不同等级的地图。我们完全可以用能识别每一块地的地图去分析不同等级的形态过程，当然这包含的信息和数据会非常多，纸质地图将非常大，操作层面上不现实，但如果计算机运算速度和容量足够，软件的缩放足够迅速，也可以采用这样的地图。这样的图形处理工作量巨大，其实也根本没这个必要，真实的形态演变并不需要如此精确的观察。我们通过六个不同的比例尺，可以观测到地块、街块、街区、行政区核心区域、行政区建成区、全市建成区等尺度等级连续的形态图像。

2.2.4 斑块组合及演进类型

穷尽三种情况的组合，共12种：①更迭＋扩张＋收缩；②更迭＋扩张＋更迭；③更迭＋收缩＋扩张；④更迭＋收缩＋更迭；⑤扩张＋更迭＋收缩；⑥扩张＋更迭＋扩张；⑦扩张＋收缩＋扩张；⑧扩张＋收缩＋更迭；⑨收缩＋更迭＋收缩；⑩收缩＋更迭＋扩张；⑪收缩＋扩张＋更迭；⑫收缩＋扩张＋收缩。

其中⑥、⑨属于标准的扩张与收缩，⑤、⑦、⑩、⑫属于更迭，而其他六种组合在第一种形态过程前加上另外两种形态过程，都将演变为更迭、扩张、收缩。这样可把所有等级的形态地图分解为⑥、⑨、⑤、⑦、⑩、⑫六种组合类型，这些组合类型有两大类，分别为更迭和趋势，其中趋势分为扩张与收缩。

任何等级的平面斑块都可分解为六种组合类型，这些组合类型无论为更迭还是趋势，在同等级图形中都要完成，且完成的更迭和趋势都是由3个平面演进类型叠加而成的，如表2-2所示。

从20世纪80年代以来深圳全域城市形态演进的历程来看，形态是扩张的，而从更小尺度去看，比如中心区的岗厦、科技园的大冲等地三种形态类型都存在。把时间周期拉长，分析深圳全市地域范围的形态过程，扩张、收缩、更迭三种形式均存在，唐朝撤销县治，明清海禁都对应了形态收缩的过程。只不过人的生命就几十年，生活在大尺度等级形态收缩的时代是悲哀的，也无法逃离。近30余年，中国城市化高速发展，整体上各城市形态都是扩张的，这个时期的人都处在社会发展的大周期中。

平面斑块变化组合示意　　　　**表2-2**

形态组合类型	初态	斑块类型1	斑块类型2	斑块类型3	终态
扩张+更迭+扩张	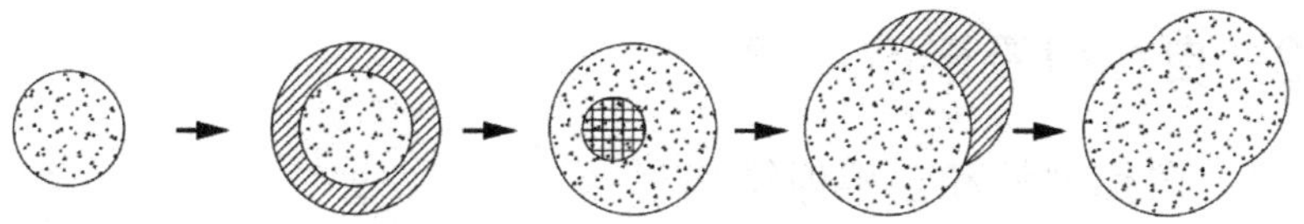				
收缩+更迭+收缩	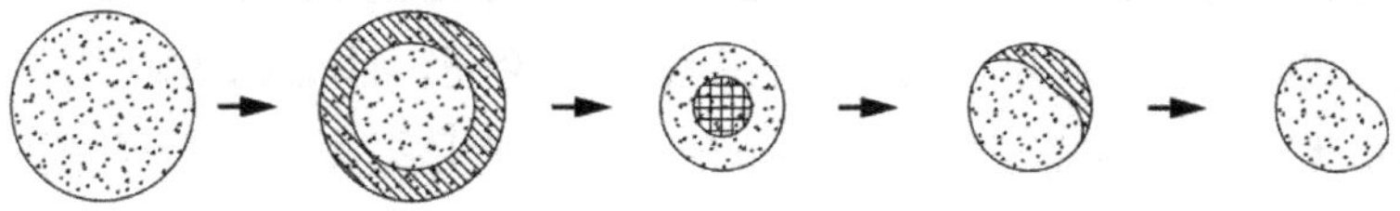				
扩张+更迭+收缩	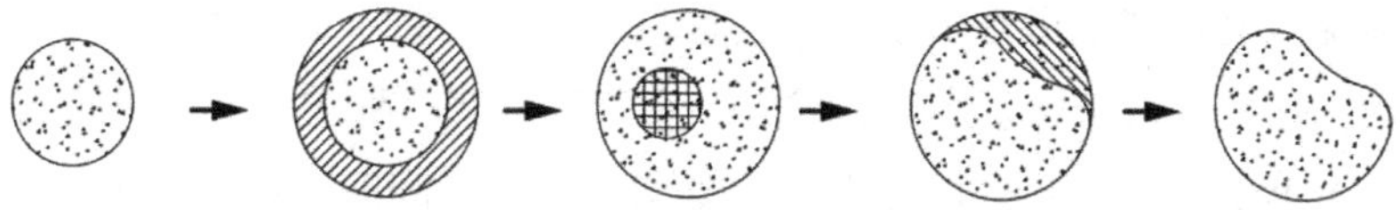				
扩张+收缩+扩张	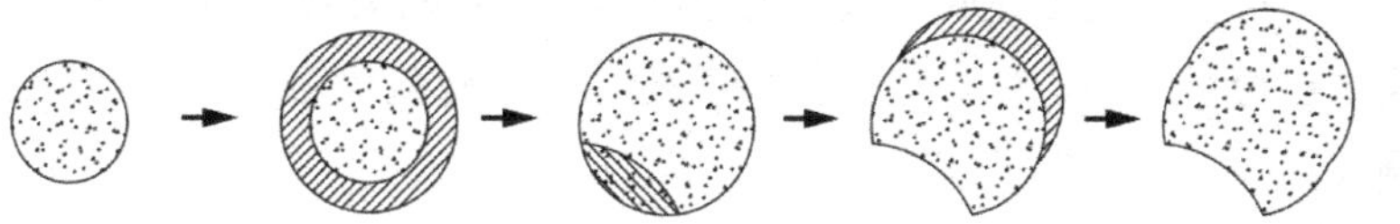				
收缩+更迭+扩张	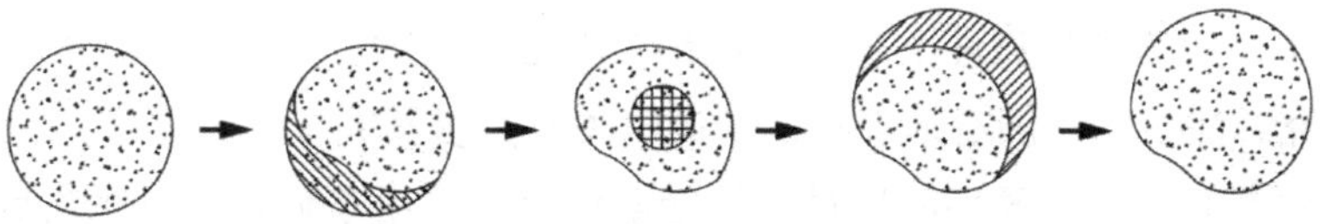				
收缩+扩张+收缩	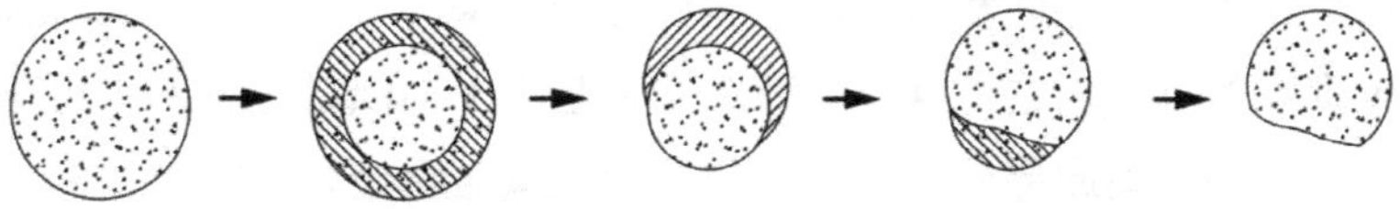				

来源：自绘。

分析形态演变过程，需要获得不同时期的形态地图，以1905年深圳墟范围为例，如果我们能获得1905—1979年间每一年的形态地图，那就有75幅形态地图，通过叠加分析，则可以判断期间各村形态斑块的形态类型。事实上，获取历史时期的地图并非易事，我们可以找到1953年和1978年的形态地图以及1979年后的Google地图影像，意味着将1905—1953年这49年的形态过程合并，1953—1978年的形态过程合并，最终就是时间节点的形态对比，即便这样，忽略那些没有形态地图时间节点的形态过程，我们能够在上一个尺度等级，即深圳墟以及各村区域整体范围内明确形态演变属于何种类型。

从这几个时期的地图，我们至少可以得出这样的结论：深圳墟区域在1905年前的一段时期，形态扩张至以深圳墟为中心的墟市乡村结构，其后形态继续扩张，在1953年后，宝安县政府的迁入导致建设用地继续增加，1978年，罗湖建成区形态斑块的形成表明农村用地斑块发生清退，即收缩，随后再形成新的建设斑块，这段时期，该区域发生了形态扩张、收缩和扩张的三种形态过程。

2.3 自相似及形态中枢

2.3.1 自相似性和自相似结构

前文梳理了有关形态研究的几种基础理论及主要研究方法，本书的研究将基于城市形态的现实存在在不同尺度层次上的影像展开论证。而尺度的多层次性不是来源于某种理论，也不是本书为研究需要而特别构造出来的，而是来源于无数城市人地关系中人工构（建）筑物呈现的平面格局，由于城市形态自身存在自相似性而呈现出来的生长特征或现象。换句话说，就是城市形态由于城市具备自相似性而在不同尺度层次下呈现出的平面形态生长结构，这种结构是城市形成、发展、衰落等形态过程的自然演进现象。

简单来说，抛开一切常识性的概念，城市空间演进，是研究人地关系中被赋予“人工构（建）筑物覆盖（释放）城市土地过程”运算的集合。当然，这只是理论上的抽象说法，现实中也可以有相应的翻译，例如某种几何结构就代表了某种类型的城市格局。扇形、同心圆理论模型已经作了这样的尝试。

为了论述的方便，很多结论都不会注明是否曾出现在以前的理论中，也不作过多比较。本书在上一章系统梳理了不同学科相关理论的发展脉络和研究成果，并归纳、分析了不同的研究方法，明了旧有形态理论及逻辑关系，自然能发现其区别。

城市形态呈现的平面格局多尺度层次性，是由于城市不同形态区域具有自相似性和等级结构，这种自相似性和结构是自然演进的结果。本书对于平面斑块分类和演进类型采用纯逻辑推导的方式，这种推导能够成立是基于平面演进过程的不可重复性、自相似结构的复制性。本书在不同部分对有关范式、理论及逻辑进行研究，目的是展开叙述时可以避免对相关概念的再次定义。

什么是自相似性？世界上很多事物具有相同或类似的系统结构，构成其自相似结构。分形理论中提到的雪花在不同观测尺度下的结构就是自相似结构。康泽恩城市形态研究的城镇景观概念体系，也是基于城市形态某种自相似或者说自相似结构的研究，城市形态由城镇平面格局、建筑肌理以及土地利用格局复合而成。正是由于街道系统、街区以及建筑物的基底平面等城市形态物质要素以及复合而成的城镇平面格局具备自相似性，才使得该方法成立。生态景观学的“斑块—基质—廊道”体系，本质上也是城市形态中的自相似结构，当用于形态研究时，形态细节由不同斑块所包含。对于不同的研究目的，自相似性结构的选择，就是一个精细化的理论问题。

以第三章中图 3-8、图 3-9 为例，深圳全域的形态特征，有和深圳墟市镇体系相同的结构，就是一定数量的村落，发展到一定阶段形成了和深圳墟相同的结构。唐长安城的里坊制网格布局，也是自相似性，施坚雅中心地理论描述中心地结构也是自相似的，是自相似的特例。

本书从自相似结构出发，重构城市形态学的原理和方法。本书有一条最重要的定理，就是：有多少不相似的自相似性结构，就有多少种分析城市形态的方法。

以斯卢特和弗里茨为代表的人文地理学派首次提出“形态基因”的概念，康泽恩提出“平面类型单元”（plan-unit）的概念都是城市的自相似结构。街道是平面格局各要素中最难变化的，街道与由其界定的地块形成的“形态框架”（morphological frame）一旦形成，往往对城镇未来的发展具有持续的制约和影响。三种要素复合体在城镇的不同地区形成不同的组合，各种组合因其所在场所状况而形成其自身的独特性，而每个地块的这种不同于周边其他地块的同质性或整体性，形成了一个平面类型单元。康泽恩平面类型单元就是以街道系统为对象的自相似结构。

本书所说的平面演进类型、形态中枢的本质也是自相似结构。

城市的自相似性使得我们观察一个局部形态区域的斑块特征时，和观察大的形态区域时显示相同的结构特征，自相似性使得城市如有生命般自动生长出不同的等级，等级系统的自组性就必然存在。目前建筑设计和城市设计领域有一种声音，诟病大城市适于机动车通行的交通体系和规划，希望回到传统城市的小尺度路网，谈到城市散失人性化尺度，就不自觉地归于大尺度路网设计。这不是大尺度路网的问题，城市需要在所有尺度上实现连接，当城市等级和规模越来越大，不同等级的连接就需要更快捷的方式进行连接，作用于不同尺度的连接方式是有差异的，人性化尺度的散失不是大尺度路网导致的，而是大尺度的快速路、高速公路应当合理实现在不同的大尺度斑块之间的连接，小尺度路网、人行道、自行车道实现小尺度斑块间的连接，这种连接方式越多样，城市活力越强。

在自然系统和科学系统中自相似结构存在结构上（几何学上）的相似性，遵循一个相同的原理①：

$$pxm=c$$

其中，p 为某种元素的多样性，x 为某种元素重复次数所对应的特定尺度，c 为常数，指数 m 是结构所特有的。一般而言，m 的取值介于 1 和 2 之间。将以上公式进行对数变换如下：

$$\ln p=\ln c-m\ln x$$

由以上公式可知，城市所包含的尺度层次（尺度 x）越多，结构的（多样性 p）信息量就越多。我们从另一个角度来看，对应特定的尺度体系去观测（可理解为按不同比例尺去观测城市），大比例尺能观测到更多的城市细节，自然元素中的植物、人类活动场所中的小片广场以及建筑元素甚至一些小尺度的构筑物、景观小品等都得以识别，从数学概念上

① （美）尼科斯·A·萨林加罗斯．城市结构原理 [M]. 阳建强等译．北京：中国建筑工业出版社，2011：63-66.

理解就是：观测越小尺度的形态要素（大比例尺），多样性（识别的形态要素）越丰富；观测越大尺度的形态要素（小比例尺），多样性（识别的形态要素）越小。城市在不同尺度体系上都有其自相似性结构，所以我们用不同的比例尺去观测城市，可以全面理解不同尺度的形态特征。

2.3.2 形态中枢和平面演进类型

城市演进到底遵循什么样的结构？与时间的关系如何？上述等级的概念，从递归的概念推导而来，现实情况从图形中就可以直观地分别。近 30 年来，中国城市中有的形态区域已经有几个数量级的增长，有的地方却无明显变化。形态演进可以很快，也可以很慢，并非时间结构。例如欧洲的一些传统城市，数百年维持在某个稳定的建成区面积范围内，内部有局部的更迭，街块扩张很少发生。前文的斑块类型定义，在现实情况下，我们可以简单地理解为建成区面积增加、面积减少或内部更新。在形态中枢的概念出现后，则对平面演进类型有了更精确和抽象的定义。

为深入研究复杂的形态演进问题，下面引入形态中枢的概念[①]。

本节以上的部分都是针对单个斑块而言的，现实中的情况则复杂得多。把单个弄清楚了，多个的分析就有了基础。本节将分析多个斑块的关系和相互作用。单个的情况就是假设我们在某种比例尺下，平面中能观测到的不能识别内部结构的形态区域。当我们把比例尺放大，深入内部区域时，我们就有了不同的发现。

一个形态区域，假设我们观测福田中心区，前文是把它作为整体看待，而我们把比例尺放大，能识别出每一个街块的平面斑块，我们就会发现，经过一定时期的形态演进，通过三种平面演进类型的交织，形成了稳定的边界，对于稳定边界内的连续区域，我们将其称为街块等级的形态中枢，在图形上我们可以看到连续集中排列的斑块。而其他非连续的部分，我们视为中枢的波动。为了说明问题，将现实中复杂的问题简化，并给出图示分析（图 2-4）。我们以均匀分布的同质网格来分析，每个网格代表一个街块，在这种情形下，中枢最小区域如图 2-4（a）所示，或图 2-4（b）中三个网格邻接的部分。

某等级演进类型（趋势和更迭）中，被至少三个连续的次等级形态类型覆盖且邻接的区域，称为形态中枢。换言之，形态中枢就是由至少三个连续次等级形态类型邻接部分所构成。街块等级的形态中枢形成后，与其相邻的同级别中枢的邻接则会形成高一尺度等级的中枢。

次等级的前三个形态类型是完成的才构成该等级的形态中枢，完成的形态类型，在次等级图上是很明显的，不需要再看次等级以下等级的图了。

形态演进是按等级逐渐递归的，有了等级的概念，就有了分析的依据，等级是由小到大的。所以，对一个现存的形态区域，其分解，就是次等级不能无限下去，就像量子力学所揭示的物质之分是有极限的，同样，次等级的次等级也不是无限的。在现实中，我们把不能

---

① 本书平面演进类型和形态中枢的概念借鉴了新浪博客“缠中说禅”的思想，缠中说禅研究证券市场复杂的线性一维图形特征，本书将其扩展到城市二维平面格局的演进研究。

分解的最小地块,即单体建筑的基底平面作为最小形态单位,该等级的形态中枢就不能用“连续的次等级形态类型所覆盖的邻接区域”定义，而定义为至少三个该等级单位地块的邻接部分。在实际分析中，我们把这最低的不可分解等级设定为地块或街块等级（图 2-4（a))。

有了上面的定义，就可以在任何一个等级的形态过程中找到形态中枢。

有了中枢概念，就可以对趋势、更迭给出一个精确的定义：

更迭：在任何等级的任何形态过程中，某完成的形态类型只包含一个形态中枢，就称为该等级的形态更迭。

趋势：在任何等级的任何形态过程中，某完成的形态类型至少包含两个以上形态中枢，就称为该等级的形态趋势。形态面积增加的就叫作扩张，缩小的就叫作收缩。

图 2-4（c）是由 9 个 b 这样的形态单元组成的，图 2-4（b）是由 9 个 a 这样的单元组成的，c 中我们可以看到斑块演化的自组性和由小级别生长的特性。我们用九宫格这种抽象化的网格表达，是为了表达局部和整体的自相似结构，演化是等级逐渐增大的。其中 a 和 b 是同比例尺的图，由于中枢同样是街块级别的，形态的等级是相同的。a 形成了街块的中枢，仅仅是街块级别的，而 b 由至少三个街块的中枢构成，从 a 到 b 是街块级别的扩张趋势，这是中枢判断等级和演化的作用。同样的图幅在 c 中我们看到 b 这个级别的演化后的结果，b 演化后，中枢的级别扩大了，而且这里容易形成更大级别的中枢。

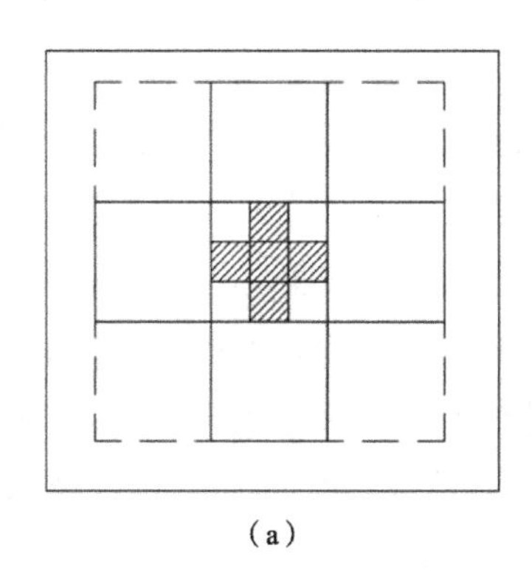
（a）

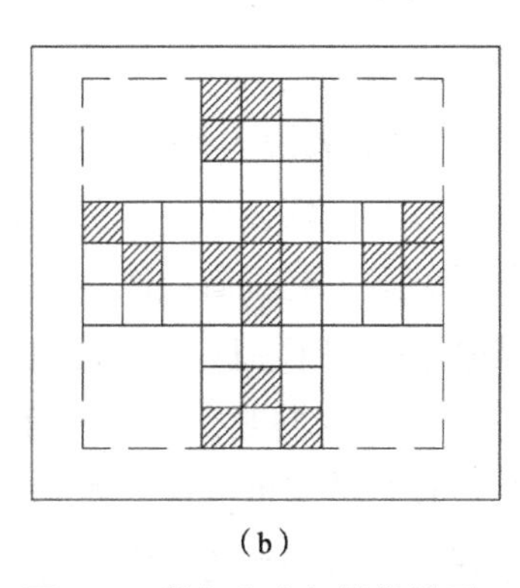
（b）

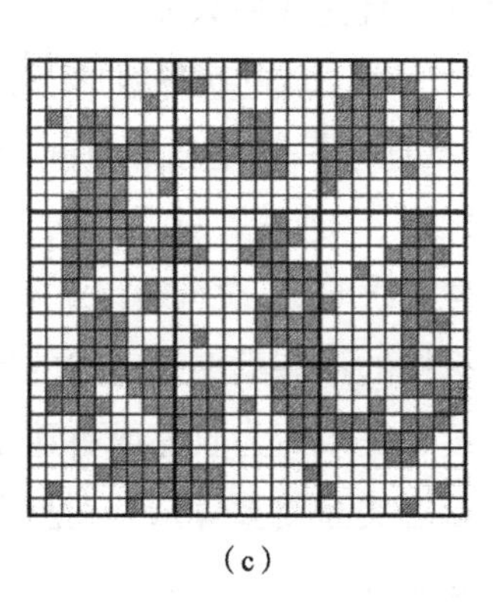
（c）

图 2-4　等级和中枢简化模型

来源：自绘。

以上提到的形态类型，必须是某等级完成的形态类型与另一个连接。对应现实情况，最大的迷惑和难点在于何时完成？一个形态类型没有完成，称为形态类型的延伸。例如一个形态更迭，三个邻接的连续次等级形态类型后，更迭就可以随时完成，即可以说，只要三个邻接的连续次等级形态类型出现，更迭就可以随时结束，但完全可以不结束，可以不断延伸下去，不断在形态中枢中更迭下去，直到无穷，这就如前文说的一些老城很长时间维持在一个相对稳定的建成区面积一样。

同样，面对形态扩张的趋势，形成两个同等级形态中枢后，任何扩张趋势都可以随时结束，但也可以不断地延伸下去，形成更多的中枢（如图中 a 到 b 的过程）。现实中的例子，近 30 年来，城镇体系迅速扩张，就是形态中枢的不断增加所致。深圳城市演进中，南山、福田、罗湖、宝安、龙华分别形成各自的形态中枢，这些中枢等级越来越高，各中枢迅速连接在一起，形成更大的中枢，产生更高等级的城市。各区在历史时期，形态区域有物理分隔，当中枢不断扩张，最终由这几个形态中枢连接成一体，由几十平方公里等级的形态中枢形成了数百平方公里的连片斑块。与深圳接壤的东莞，建成区面积接近，但是其结构是以各镇为中心的多中枢结构，各中枢由交通路网连接，彼此斑块未融合邻接。所以，城市形态等级由最大形态中枢所决定。

形态类型延伸的实质是什么？对趋势来说，其延伸就在于同等级形态中枢不断产生；而对于更迭来说，其延伸就在于不能产生新的形态中枢。形态类型延伸是否结束的判断关键就在于是否产生新的形态中枢。此外，由于趋势至少包含两个形态中枢，而更迭只有一个，因此趋势与更迭的判别关键在于是否产生新的形态中枢。由此可见，形态中枢的分析是形态演进的核心问题。形态区域的等级由中枢的等级确定的，现实中可以简单处理，按连续邻接部分的斑块面积定义中枢等级。

通过上述分析，我们可以得出一项重要结论：任何等级的任何形态类型终要完成，就是更迭终要完成、扩张和收缩终要完成，包含以下三方面内涵：任何等级中，形态过程可分解为更迭与趋势，其中趋势分为扩张与收缩；任何等级的任何形态过程，在图形中都要完成，且完成后只能演化为其他两种形态类型中的一种；任何等级的任何形态过程，都至少由三个完成的次等级形态类型连接而成。

“连续”就是相邻时间周期，“形态类型”就是扩张、收缩或更迭，“三个”指以上类型之一，“连接”就是按时间顺序的组合或叠加。次等级就是把形态区域内部的形态过程都看成次等级，次等级以下等级的形态过程，都看成次是等级的。比较难理解的就是“完成”，什么样的形态类型是完成的形态类型？在任何一个形态过程的当下，例如扩张，该扩张是延续还是改变为收缩或更迭是一个两难的问题，这样的问题在当下是无位次的，但是“任何形态类型终要完成”，把静态“形态过程可分解为更迭与趋势”转化为动态“形态类型终要完成”而有位次。正是由于任何形态类型终要完成就有了判断的依据。

在一个扩张过程之后，在下一个形态类型——更迭或收缩发生，即可以确认上个扩张过程的结束。但是这有很大的滞后性，由于任何形态过程都至少由三个完成的次等级形态类型连接，所以可通过分析次等级而判断本等级是延续还是转折。这涉及形态动力学问题，形态演进的动力可以从多方面、多角度研究和分析，本书不涉及这方面内容，但可以提出研究方向。形态过程动力学的研究方向可以根据形态类型与人口流动性的关系去构建，人口流动伴随而来的是资金流、物流、信息流等，就是人口流动性与形态类型不可能长期保持逆向关系，即人口长期净流入必将导致形态扩张，人口长期净流出将造成形态收缩。而人口净流出，形态扩张情形就属于背驰状态，对于任何形态过程，背驰都将造成原形态类型状态的改变。笔者的另一项研究计划为重构明清海禁前后的人口数据和村落、墟市形态和分布，研究古代深圳聚落的发展动力。形态学涉及的就是几何，动力学涉及的就是能量。

以上的定义和概念不是纯粹抽象的理论。研究从现实的现象出发，首先从城市形态自相似性中找出形态演进最普遍的现象：形态过程的三种基本分类，随后是形态演进的自组性，即自组出等级来，然后分析这些现象间的现实联系，表现为不同的形态中枢及其连接。

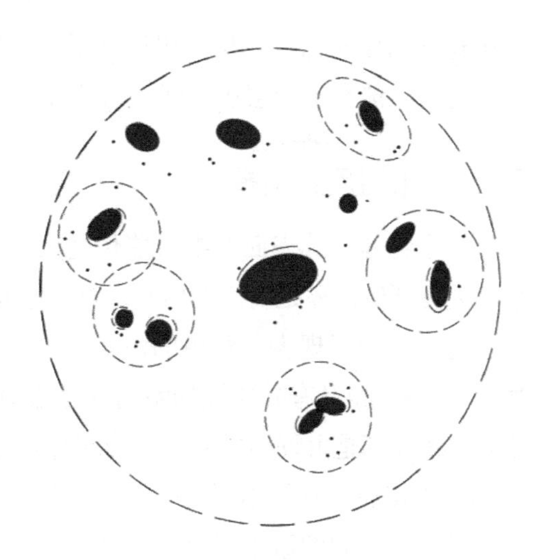

图 2-5　形态中枢斑块演化模型示意

来源：自绘。

由于形态演进具备等级性，研究形态演进规律并不需要确定特别的研究的起点或初始状态。但是任何形态研究都需要确定研究范围和时间范围。我们假定图 2-5 外围的虚线圆圈代表研究范围，由于人的眼睛构造的原因，圈内的斑块太小无法识别，我们总能找到合适的范围（如图中第二层虚线），以至于能看清研究范围及其内部结构。我们可确定合适的边界，在图中能看到不同大小的斑块，我们把具有同样量级的斑块看作同等级的，把能看清内部结构的斑块看作为次等级的，站在同等级分解的角度而其他次等级以下等级的统称为次等级。这时形态演化在同等级上有以下三种情形：

第一种情形：形态中枢延伸。任何离开原中枢斑块的次级斑块，通过三种方式，最终与原中枢连接为一体，这就如同同心圆、扇形或指形模型揭示的一样，这种情形在城市演进中表现为单中心绝对优势。

第二种情形：产生新的同尺度等级形态中枢。就是在同量级的斑块以外的区域形成新的斑块，这种斑块演化为量级接近的斑块，无论量级稍小或稍大，只要是独立的新中枢，则城市演化为多中心节点结构，当达到一定数量的时候，就是常说的星形结构，星形结构在不同方向的分异程度不同，都有相互连接的需要，也可能形成网络结构。

第三种情形：形成尺度等级更大的形态中枢。一个就是不同斑块融合，这时会产生更大等级的斑块，表现为线性结构或环状结构的城市以及以上提到的多中心结构，融合为一个整体，这个时候演变为单中心，表现为更大尺度等级的形态中枢。

2.4　多尺度层次研究的比例尺选择

基于“观察者”的视角去构建城市空间形态的层次体系时，本书重点参照了三大原则的指导。一是多样性原则，基于“观察者”视角的不断拉近，可识别的平面形态不断增多，以可直观感受的平面形态类别的多样性作为层次划分的一个标准。二是利用从城市规划到建筑设计中常用的面积单位，如平方米、公顷、平方公里等，这些面积单位也很大程度上显示出了进行尺度层次划分的经验值，以之作为多样性原则的校正。三是识别出如山脉、河流、关隘等标志性要素，以这些标志性要素作为分隔各个尺度的重要因素。需要指出的是，经由这样的层次划分，尺度仍能从最小尺度连接到最大尺度，可以识别不同层次内部的空间形态，也能在不同层次之间进行尺度推绎。

2.4.1 比例尺的选择

一个物体，其表面的细节能传递出这个物体的信息，如苹果表面的斑点，能传递出这个苹果是新鲜的还是腐烂的信息。城市空间形态应以同样的方式,通过表象发出清晰的信息，并且通过信息展现表象背后的内容。一个空白或者同质的平面很难为观察者提供任何“信息”，正是互相具有异质性的空间内涵增加了形态的易辨性，并最终传达了意义。任何人造或自然物体都是由较小的单元互相配合并组成一个整体，在形式的视觉分析中，所有不同的单元都能够通过它们不同的尺寸、形状、颜色、材质等要素来体现自身的个性。一个城市包含了许多不同的城市元素，从高山、河流到建筑、街头设施以及盆栽，而这些身处城市结构中的不同元素共同拥有的某一个相似尺度即可以定义某一个层级的尺度。人类所建造的城市，包含从各式各样的小物件到尺度巨大的建筑，它们都展现出了丰富多彩的细部。通常情况下，重复应用相同尺度的结构和涉及元素可以定义某种特定的尺度，反过来也可以说，人类长期使用的一些典型尺度可反映出在这个尺度上云集着更为众多的典型的常见元素。

在一个多尺度层次的体系中，假设存在尺度 A 以及比它次一级的尺度 B，那么 A 和 B 之间存在怎样的相对关系，也就是区分不同尺度间的空间大小是多少？尼克斯 · A · 萨林加罗斯这样提出：“假设尺度间具有常数因子，我们发现这个因子的数值应该是介于 2 和 5 之间，一方面，如果因子小于 2 则难以清晰地区分出尺度的不同层次，另一方面，如果因子过大（如 10），则这些尺度在尺寸上相距甚远，尺度相邻的层次间建立联系就会比较困难。”① 基于此，本书以 2016 年深圳全域航拍为底，遵循从宏观、中观到微观的观察顺序去定义尺度层次序列，并且保证相邻比例尺之间，更宏观一级的比例尺和更微观一级的比例尺间的相对大小关系，保持在 1∶2 ~ 1∶5 之间。

应该指出的是，“观察者”视角下，广泛地存在着性质相似但尺度不同的要素，如绿地，在城市宏观层面识别的是一些大型的山体公园，如深圳东部绵延的梧桐山、马峦山等，而在微观尺度，识别的是城市内的公园与小游园，甚至门前屋后的游憩绿地。

2.4.2 可识别的构成要素

在“观察者”视角固定的前提下，考察上述不同比例尺下平面空间的构成要素时，要素之间的相对关系，要素与基底之间面积大小的相对关系会是影响各构成要素是否被识别的决定性因子。举个例子，深圳总体面积 1996.85km^2，基于我们的视角，当我们注视 1∶300000 的航拍底图时，我们能够很清晰地识别出建成区和非建成区两大要素，这两大要素的面积基本上都接近 1000km^2，与深圳市总体面积的比值接近于 1∶2。横岗水库这个

① Salingaros，N. A.A Scientific Basis for Creating Architectural Forms[J].Journal of Architectural and Planning Research，1998，15：283-293.

类型的大水库，当置于 1∶300000 的全市底图中时，就缺乏对于我们的吸引力，关键原因就是横岗水库的面积为 44.6km^2，仅占深圳面积的 2.23%，在这样宏观尺度的视角下，就不具备明显的可分辨性。

实际上，当我们从宏观到微观去进行一个递进式的观察时，空间形态向我们展露的信息量呈现指数式增长，这为我们的分析带来了困难。为此，本书认为应该在分析中选择一条能够有效控制分析信息量的路径，即通过上文所界定的比例尺，设定一个缩放的等级制度，在不同的等级上选取不同面积的研究范围进行空间形态的具体分析。

延展尼克斯 · A · 萨林加罗斯提出的区分尺度层次的数值应该是介于 2 和 5 之间这一观点，本书对一个研究范围内的形态构成要素进行识别的方法如下：选取研究范围内可被“观察者”明显识别的最大面域作为第一构成元素；选取这一尺度下能有相当辨识度的其他要素，并且这些所选取的其他构成要素与第一构成要素之间的面积之比不小于 1∶5；以明显可辨的线性边界来界定各要素的范围。基于以上三大原则识别出来的构成要素即用于构成要素所属这一级尺度的空间形态分析。

当然，以上方法主要是针对空间幅度较广的连续性形态要素，我们仍然要考虑到某些空间形态是以一种重复出现并互相离散的形式显现的，如建筑肌理，单个建筑的基底面域可能在研究范围内占比并不多，但这些基底以一种广泛分布，并且彼此相似的均一性而能被“观察者”明显感知到。故此，也识别这类在研究范围内广泛并呈离散式分布，各个单体形态相似的这一类要素也作为某一尺度空间形态的主要构成要素。这一类型的要素，各单体面域集合所成的总面积约占研究范围面积的 20% ~ 50%，可被认为是明显可识别的。

需要说明的是，对于空间形态的分析较多地依赖于观察者对于图像的处理，因此，以上的理性界定仍无可避免地会带有形态过程不同处理方式的多义性。

2.4.3　重要因素的影响

环境要素是城市选择什么样的结构的重要因素。深圳的自然地理、山水格局是重要影响因素，也是深圳城市结构特殊性的因素。初始建设点也是重要因素。本书依据现实发展情况进行研究，没有对初始建设点的变化及后期城市形态演变进行模拟，理论上也没弄清楚，选择不同的初始点，对城市未来的结构和形态到底有什么影响，或者影响哪些方面。

气候也有一定程度的影响。当然，最大程度上影响城市空间形态的仍然是地形、地质与地貌。在对于各尺度空间形态的分析中，地形地貌可能会影响一些形态的边界划分，因为深圳填海造陆，城市边界也会持续增长，在后续研究中将部分展开。

2.4.4　多尺度的研究范围界定

经由上述原则、因素等方面的考量进行综合筛选后，本书制定一个缩放的多尺度的等级体系，以进行后续深圳城市空间形态的研究。从宏观到微观，信息量逐步递增，后续研究分析所关注的因素也各有侧重。

首先是从宏观层面出发，本书定义的第一个尺度以 1 : 250000 作为比例尺，平面组成要素初步识别为建成区和非建成区两大类型；定义的第二个尺度以 1 : 100000 作为比例尺，平面组成要素依然以建成区与非建成区为主，与上一比例尺比较，非建成区的绿地与水体得以区别。此外，城市快速路对整体形态的界定作用也变得逐渐清晰、可识别，在此比例尺下，对深圳城市演进的整体脉络进行研究。以上两个尺度，以深圳地域范围作为一个整体进行研究分析。

其次，将研究范围收缩至深圳的主体建成区以内。本书定义的第三个尺度以 1 : 50000 作为比例尺，平面组成要素初步识别为建成区内的建设区域、公共绿地以及城市主干道三大类型。在这一比例尺下，建成区内部被城市主干道切割成若干区域，而区域间以绿地（包括山体、水域等）或是道路为边缘带的界限也清晰可辨。定义的第四个尺度以 1 : 20000 作为比例尺，平面组成要素初步识别为城市主次干道、功能区以及区域节点三大类型。通过进一步放大的比例尺可观察到以主次干道为框架的城市肌理，其形态和密度的差异亦可识别出功能区间的差异性以及区域内由广场、公园或者大型公建组成的节点空间。以上两个尺度，选取南山区建成区作为研究对象，在中观视角下进行研究分析。

最后，基于微观视角，第五个尺度以 1 : 10000 作为比例尺，平面组成要素初步识别为路网（包括主干道、快速路与支路）、组团和标志空间三大类型。第六个尺度以 1: 4000 作为比例尺，平面组成要素初步识别为路网、街区和建筑布局三大类型，第六章选取罗湖中心区、福田中心区以及具备空间多样性的重点区域进行案例研究，来说明空间形态在微观视角下的一些典型特征。

本书所用比例尺如表 2-3 所示，所有不同比例尺下绘制的图纸均为 A3 图幅，至于正文中则并非原尺寸图纸，而是进行了缩放。对于更小的尺幅范围，本书没有列出比例尺，例如对街区和建筑尺度层次，我们根据需要可以选择从 1 : 200 到 1 : 1000 等更大的任何比例尺，只要符合研究的目标，能识别研究对象。

多尺度层次比例尺列表 表 2-3

尺度等级	比例尺	研究范围	可识别要素
尺度 1	1 : 250000	深圳地域整体，研究范围约 2000km^2，使用比例尺 1 : 250000	现状建成区、非建成区
	1 : 100000	深圳城市建成区，研究范围约 1000km^2，使用比例尺 1 : 100000	建成区、非建成区（绿地 / 水体）、快速路
尺度 2	1 : 50000	深圳城市建成区核心区，研究范围约 300km^2，使用比例尺 1 : 50000	建设区、公共绿地、城市主干道
	1 : 20000	南山区主体建成区，研究范围约 120km^2，使用比例尺 1 : 20000	城市主次干道、功能区、区域节点
尺度 3	1 : 10000	蛇口片区、华侨城片区等，研究范围 10km^2 左右，使用比例尺 1 : 10000	路网、组团、节点空间
	1 : 4000	复合区域，研究范围 1 ~ 2km^2，使用比例尺 1 : 4000	路网、街区、建筑布局

来源：自绘。

多尺度层次研究体系和研究方法，是历史的观点和方法，也是数学完全分类思想和递归方法的运用。本书基于深圳城市发展的现实，从不同尺度的视角阐释深圳的形成，研究方法贯穿第三章到第七章。在每一个尺度下，研究城市物质空间的发展演变，不同尺度下，城市发展的重要指针和特征是不同的。首先从岭南到珠三角的大尺度范围的研究，依次为深圳全域范围、深圳特区范围、城市核心区、核心区的中心区，再到 1 ~ 2km^2 的复合区域，最后对建筑和街区进行研究。关于历时性研究，在每一个尺度下都有局部到整体的时间演进线索。全文以尺度为线索，城市不同尺度层次下的共时性研究可以进行深入精微的表达，达到历时性、共时性、局部到整体、整体到局部全方位追溯深圳城市演进历史的目的。

本章通过对复杂学、系统论的梳理，基于城市演进的自相似性，构造了多尺度层次研究体系和研究方法。城市平面格局是历史上一切人工构（建）筑物在城市土地地表投影所形成的图像斑块集合，寻求并构造等价关系，将物质要素在城市空间中的分布和相互关系转化为平面格局的土地斑块，通过平面格局和山水格局，研究城市空间结构和形态演进。

基于数学完全分类思想和递归方法，建立空间演进的尺度等级概念，等级演变是从小到大的，指出任何等级的形态过程都是前后两个时序形态区域关系构成的一个完全分类，将形态过程分解为扩张、收缩和更迭，并且得出结论：任何等级的任何形态类型终要完成，就是更迭终要完成，扩张和收缩在图形中都要完成，且完成后只能演化为其他两种形态类型中的一种。

给出了形态中枢的定义，中枢的等级是城市形态演进的结果。形态中枢由次等级形态类型的斑块覆盖且邻接而成，中枢的级别决定形态演进的级别，而且给出了基于中枢定义的更迭、扩张和收缩的概念。在同等级分解视角下，形态中枢演化分为形态中枢延伸、产生新的同等级形态中枢、形成等级更高的形态中枢三种情形。

确定了本书研究范围和多尺度层次的比例尺。界定的研究范围是从岭南、珠三角、深圳全域范围、深圳特区范围等直到建筑和街区尺度，在任意尺度下，从局部到整体、从整体到局部，全方位追溯深圳城市空间演进历史。

第三章　岭南尺度层次下的环境与城市变迁

1979年建市以来，深圳完成了从边陲小镇到现代化世界城市的跃变，环境的改变是历史上任何时期都无法比拟的。深圳城市的建成看似一蹴而就，却有着漫长的时空积累。本章关心两个方面的问题：一是上溯到深圳城市形成之前，在深圳地域范围内相当长的时期内，这里居住的人类和环境之间的交互影响以及对彼此造成的改变；二是城市形态出现后，重大事件与城市兴衰发展的关系。这部分并不是要对深圳的环境史和政治、经济史进行全面研究，这足以形成另一篇专著了，本书感兴趣的是与城市（聚落）发展和人口聚集有关的部分，人类社会的历史正是不断拓展生存空间的历史。这也是后续章节研究的基础，可以还原历史，厘清研究的基点，了解历史上深圳城市发展的主线。深圳历史上有几个人口迅速聚集的时期，城市行政治所也数次兴废，这种兴衰交替出现，就引发了笔者的兴趣。笔者广泛查阅岭南地区及珠江三角洲地区的大量研究资料和历史文献，力图明晰历史上人口快速聚集以及数次衰落的原因，并回答为什么深圳在历史上都没有成为珠三角地区的一个持续发展的政治或经济中心城市。

虽然研究历史上的城市发展和环境变迁不是易事，但是，自公元331年东晋政权设东官郡行政中心于深圳南头始，治所几经易地，作为行政区划的深圳的地理空间实体变化并不大，这就让本书的研究容易扩展到历史时期深圳地域范围的政治、经济、社会和环境演变的研究，因为历史时期的资料一般按行政区划来统计，这样我们就容易获得郡、州、府、县等的人口、经济等统计资料。本章关于历史时期城市变迁的研究范围的时间上限界定为东晋政权设立东官郡的公元331年，下限则为深圳特区成立的1980年，而关于环境和社会变迁的论述可追溯到先秦时期。这部分内容是深圳城市空间演变在历史长河中纵向的对比研究，以历史视角对比古今城市和环境变迁，有助于我们全方位地正确理解历史时期深圳城市变迁的过程与模式，有利于对今后的城市发展演变进行预测，为未来深圳、珠三角及岭南地区的地缘结构和城市体系优化提供系统性理论依据。

深圳城市的空间形态并非只是与深圳城市本身有关，有必要研究几个尺度层次，将深圳置于岭南环境以及珠三角城镇体系中进行考虑，探讨这些区域要素相互间的互动关系。

3.1　岭南环境与交通

由于掌握文字和书写能力的是北方汉民族，我们没有先秦时期岭南少数民族的文字记录，无论是自然地理环境还是社会、人口记录，我们只能阅读到汉民族的记录或者从考古发现中了解线索。考古发现可以帮助我们见证先秦时期的某种文明或社会发展，对于研究早期人类聚落、建筑与自然环境的关系有重要帮助；两汉以来，除了考古发现，历史记录文件逐渐丰富，对于研究社会进程、城市发展提供了更多的支持；而分析自然环境、地理条件与人类活动的相互关系，我们可以了解人类怎样去扩大和改善生存空间、改进生产方式、建立行政管理机构等一系列活动。通过这些活动了解其对自然环境造成的影响以及环境怎样反作用于聚落方式、生产和建设活动。

按照施坚雅的区域理论观点[①]：历史时期不同区域城市是不同步发展的。

本书采用“环境”这个概念，而不是“自然”、“地理”、“生态”等概念，是因为“环境”变化包括了自然和人为的双重作用，“环境”概念包括自然、地理、气候的变迁及人类的作用。本书研究的环境是人和环境的互动关系，而不是单向的自然地理描述，简单表述为：环境怎样影响历史的进程？

3.1.1　五岭及五岭之戍

五岭以南在先秦、两汉时代被描述为“百越”、“南越”之地，自秦王朝平定岭南，这里便一直处于越、汉民族相互交融的状态，越在历史上指代内涵比较丰富，而岭南所指区域，则内涵比较清晰，现由于行政区划的原因，一般是指包括广东、广西、海南三省、自治区的地理范围[②]。

《晋书》记载[③]了秦王朝的大军越过岭南南岭山脉，征服岭南，设置郡县及汉初长沙王和南越王并存的历史。秦军入岭南前，独特的地域条件产生了岭南文化发展的独特轨迹，而在秦人迁入之后，又生发出本土与外来文化互相交融的一种发展轨迹。

《史记》、《汉书》均分别在两处提到五岭，且所记略同，但均没有具体指明五岭的位置，但提示了进入五岭的时间顺序[④]，先建“五岭之戍”，而后“南平五岭”。上文所引《晋书》载入越之道五处，“时有五处，故曰五岭”。入越必经五岭，对于秦五岭，学界有不同争议，首先要弄清楚秦五岭的位置，才可了解秦入越地的交通路线。唐人描述了秦时建立的五座

① 见施坚雅《中国历史的结构》和《中华帝国晚期的城市》。他认为：历史时期不同区域城市的发展是毫无同步性可言的。自然地理作为经济社会体系“天然的容器”，往往对区域城市体系的发展具有决定性的影响，而处在区域核心的地区，具备了优越的自然地理条件，则成为了整合区域体系的主导力量，且地理条件越优越的地方，其对腹地的向心力也越强，所构成的体系就越稳定。

② 唐人所著《晋书》将秦所立桂林、南海、象三郡称为“岭南三郡”，岭南的名称由此而来。从地质学和地形学来看，福建及广东东部潮州、梅州区域与岭南其他区域迥异，按施坚雅的区域理论，岭南在地理学上的严格定义是：“分布在广东、广西两省的南岭山脉和山脉南部的三个自然地理亚区（作者注：中亚热带、南亚热带和热带），这样就把清代广东潮州府和嘉应府排除在外了（作者注：大致现潮州、汕头、梅州区域）。”施坚雅主编《19世纪中国的地区城市化》、《城市与地方体系层级》和《中华帝国晚期的城市》。

③ （唐）房玄龄等《晋书·志第五·地理下·交州》记载：“交州。案《禹贡》扬州之域，是为南越之土。秦始皇即略定扬越，以嫡戍五十万人守五岭。自北徂南，入越之道，必由岭峤，时有五处，故约五岭。后使任嚣、赵佗攻越，略取陆梁地，遂定南越，以为桂林、南海、象等三郡，非三十六郡之限，乃置南海尉以典之，所谓东南一尉也。汉初，以岭南三郡及长沙、豫章封吴芮为长沙王。十一年，以南武侯织为南海王。陆贾使还，拜赵佗为南越王……”

④ 《史记》载：“北有长城之役，南有五岭之戍。”“又使尉佗逾五岭攻百越。尉佗知中国劳极，止王不来，使人上书，求女无夫家者三万人，以为士卒衣补。”《汉书》载：“南戍五岭，北筑长城，以备胡、越。”“又使尉佗逾五岭，攻百越……”

戍城位于大庾、始安、临贺、桂阳、揭阳①。

秦“五岭之戍”即为秦入岭南必经的交通关节点，结合历史文献和当代有关研究资料考证秦五岭及“五戍”的位置乃知入南越交通路线。

大庾岭戍最易判别，戍城建城于大庾岭上，位于秦经江西通过大庾岭进入今广东南雄县之交通路线上，大庾岭戍在五岭五所戍城的最东，可见其他四戍及四岭在大庾岭戍之西②。

始安戍位于秦自湖南通过越城岭进入广西桂林之交通路线上，所处位置在今桂林市北部，东汉时在今桂林附近设始安县。今越城岭③为秦五岭之一，东北—西南走向，长200km，为花岗岩断块山。该通道有灵渠、秦严关和秦城遗址，灵渠沟通了湘江水系和漓江水系。与东边今都庞岭间有湘桂谷地，湘桂铁路经此，连接湘江和漓江的灵渠便在两山谷地之间。

临贺戍位于秦经湖南逾萌渚岭至今贺州市贺江之交通路线上，西汉时在今贺州市附近设临贺县，萌渚岭④与西边今都庞岭间有狭窄谷地，今湖南永州至广西贺州的207国道经此，萌渚岭北面为潇水，南面贺江。

桂阳戍为秦自湖南逾骑田岭进入广东连州之交通路线上，骑田岭⑤主要由花岗岩构成，主峰海拔1510m。粤港澳高速经韶关乳源在宜章郴州段穿越骑田岭，京广铁路通过其东侧。西汉、东汉均设桂阳郡（郡治设于郴州），并下设桂阳县（县治在今广东连州），按骑田岭为耒水和北江武水的分水岭，桂阳戍应位于今郴州（桂阳郡治）至韶关的交通线上，而非连州（桂阳县治）至广州的交通线上。

揭阳戍的位置至今争议颇多。部分研究者甚至认为秦军进入广东之交通线路是由福建经揭阳岭进入广东揭阳一带，本书认为秦时揭阳并非后面行政建制的揭阳，而是交通要道上的戍城。在上述临贺萌渚岭之西侧，始安越城岭东侧，此三岭由西至东依次为越城岭、都庞岭、萌渚岭，三岭之间的两条山谷即入越之通道。黄现璠《壮族通史》考证：综合《广州记》、《南康记》、《舆地志》、《水经注》诸家所说⑥，则秦时都庞岭非今都庞岭。处于萌渚岭之东北，骑田岭之西南间的山岭，即目前被称为九嶷山的地方，也被称为苍梧山⑦，属萌

---

① （唐）李吉甫《元和郡县图志·卷三十四·岭南道一·韶州·始兴县》：“大庾岭一名东峤山，即汉塞上也，在县东北一百七十二里，从此至水道所极，越之北疆也。越相吕嘉破汉将军韩千秋于石门封，送汉节置于塞上，即此岭。本名塞上，汉伐南越有监军，姓庾，城于此地，众军皆受庾节度，故名大庾。五岭之戍中，此最在东，故曰东峤，高一百三十丈。秦南有五岭之戍，谓大庾、始安、临贺、桂阳、揭阳县也。”

② 黄现璠《壮族通史》载：“大庾岭，在今江西省西南角的大余县南境，与广东省南雄县接壤，为粤赣交通要道，秦时的横浦关即在此岭之上。”大庾岭东北 - 西南走向，海拔1000m左右，是珠江水系的浈水与赣江水系的章水的分水岭。

③ 古称始安岭、临源岭、全义岭，位于中国广西壮族自治区东北部和湖南省边境，在今湖南新宁、东安县与广西全州县交界处。主峰猫儿山，海拔2142m，位于广西资源县东北。

④ 广西百科全书（中国大百科全书出版社，1994年12月）记载：“在今湖南省江华县和广西贺州市、钟山县之北，为由湘入桂之道。”黄现璠《壮族通史》记载：“萌渚岭南段在广西境内，北段在湖南境内，为一穹隆状花岗岩中山。山体呈东北—西南走向，一般海拔800 ~ 1000米，主峰山马塘顶海拔1787.3米，次高峰姑婆山1730.9米。”

⑤ 古代名称不一：秦名阳山，晋名腊岭，又有桂阳岭、客岭山、黄岑山、折岭等名。

⑥ 黄现璠《壮族通史》考证：“综合《广州记》、《南康记》、《舆：地志》、《水经注》诸家所说……在今湖南省蓝山县南和广东省连州市之北，而不是今日位于广西灌阳和湖南江永之间的都庞岭。秦时的湟溪关即在此岭之上，亦为由湖入粤之道。”

⑦《水经注》云：“苍梧之野，峰秀数郡之间，罗岩九峰，各导一溪、岫壑负阻，异岭同势。游者疑焉，故曰：九嶷山。”

渚岭。揭阳戍处于秦军入越的这条通道上，故揭阳戍应处于今广东连州（桂阳县治）至广州的交通线上。北江支流湟水（亦作洭水、汇水）发源于秦都庞岭。

《汉书》、《史记》等文献证据也证明了以上观点[①]。

由上述三段描述可知，揭阳当时应在桂阳至番禺路线上，而且距离苍梧郡不远，揭阳不在粤东，汉军是循秦汇（湟）水、寻水，即沿今广东连州市的连江和北江路线至广州。本书无意论证汉设立的揭阳县治所在之地，只关心秦、汉时期中原与岭南的交通路径，所引文献《史记》、《汉书》成书于两汉，通篇没有揭阳县治的地理位置记载，而上述描述可表明揭阳为经桂阳县湟水（今连江）至广州通道上的城市或戍城。

五岭即五处进越的山道[②]。至此，五岭之戍[③]的内涵已清楚，除桂阳为汉设立的郡治处，其余三处，即大庾、始安、临贺设有县治。其中揭阳戍处于汉桂阳县治附近，非粤东揭阳县。秦平定岭南及后南越王统治岭南是一个历史过程，在秦军进入岭南后以及后来的统治中，重建、修复戍城、交通廊道，建立行政治所，加强了中原和岭南的文化交流和商业、贸易，具有促进民生和社会发展的功能。汉代的五岭继承了秦所修建的五岭通道[④]。大庾、始安、临贺、桂阳（郡）四处入岭南所经过的四岭至今都未发生变化，即《史记》、《汉书》所指的五岭中的四岭。而秦汉都庞岭的位置，与今都庞岭的位置不同，位于湖南进入广东连州（桂阳县治）的交通线上。

3.1.2　珠江水系与岭南交通

水系的概念比较宽泛，地理学、地貌学、水文学、海洋学等不同学科对其均有其严格的定义，且表述略有差异。研究的内容也极其丰富，包括气候、地貌、生态环境、动植物资源、防洪及水资源利用等，甚至包括对地质条件的影响等。对以上内容的深入研究超过了本书的研究范围，本书关注水系是为了理解历史时期人类聚落或城市的相互关联和文化传播，是从人类生存空间和城市发展的历史认知角度去研究的。

① 《汉书·地理志下·南海郡》载："龙川，四公，揭阳，莽曰南海亭。"可知揭阳属南海郡（今广州），不会远至粤东的今揭阳县之地。

又据西汉成书的《史记·南越列传》载："元鼎五年秋，卫尉路博德为伏波将军，出桂阳，下汇水（作者注：亦作洭水、湟水）；主爵都尉杨仆为楼船将军，出豫章，下横浦（作者注：横浦关）；故归义越侯二人为戈船、下厉将军，出零陵，或下离水，或柢苍梧；使驰义侯因巴蜀罪人，发夜郎兵，下牂柯江。咸会番禺。"

又载："苍梧王赵光者，越王同姓，闻汉兵至，及越揭阳令定，自定属汉；越桂林监居翁，谕瓯骆属汉：皆得为侯。戈船、下厉将军兵及驰义侯所发夜郎兵未下，南越已平矣。……自佗初王后，五世九十三岁而国亡焉。"

《汉书》也有上述类似的表述："至元鼎五年，南粤反，馀善上书请以卒八千从楼船击吕嘉等。兵至揭阳，以海风波为解，不行，持两端，阴使南粤。及汉破番禺，楼船将军仆上书愿请引兵击东粤。上以士卒劳倦，不许。罢兵，令诸校留屯豫章梅领待命。"

② 宋人周去非《岭外代答》卷一云："自秦世有五岭之说，皆指山名之。考之乃入岭之途五耳，非必山也。"周氏以过岭通道来解释五岭与《晋书》表述相同。《说文解字》："岭，山道也。从山，领声。"

③ 《元和郡县图志》："秦南有五岭之戍，谓大庾、始安、临贺、桂阳、揭阳县也。"

④ 始安的越城岭道、临贺的萌渚岭道、桂阳县（即《元和郡县图志》所说揭阳）的都庞岭道、桂阳郡的骑田岭道以及原有的大庾岭道。

珠江水系汇聚岭南众多河流水系，归集于珠江三角洲，经磨刀门等八大口门流入南海。

岭南地区多山、平原少，交通不便，内部往来依靠陆路多有不易，广泛分布的江河航道则为交通、贸易提供了基本手段。珠江水系不仅联系流域的内部交通，而且水系集中在珠江三角洲的入海口容易让岭南地区谋取海洋贸易。海路交通需要夏、冬两季季风助航，故深圳在宋代曾为等候季风的停泊港。

水路可由西江之源北盘江抵达广州①。

据《汉书》记载②，可以推论，南越国时期，巴蜀的枸酱经商人私自贩运至夜郎，再经牂柯江沿珠江流域运至番禺与南越国贸易。

《史记·大宛列传》记载与《汉书》类似，之后的记载表明，汉多次欲打通经滇缅至大夏的陆路通道，都未成功③。

陆路山多，沟壑纵横，跨越非汉朝疆域存在很多困难。张骞可能误认为存在一条巴蜀通印度的陆路交通，有学者认为，张骞所见蜀布、邛竹杖是自巴蜀经由西江运来南越，再经海运到印度④。由以上分析可知，西江在西汉已是通往巴蜀和云贵的一条水运航线。《汉书·地理志》记载，岭南诸郡仅南海郡番禺和苍梧郡高要有盐官，盐乃生活必需品，自然需要水路运往西江上游各处。

美国学者马立博记载了18世纪珠江水系的航运⑤，航运受季节性水流量的影响，新中国成立后珠江水系一直是两广主要的运输和交通通道。20世纪末，由于沿线水电站的建设和公路交通的发展，珠江作为岭南地区的交通和运输大通道的发展受到限制。近年，畅通珠江沿线出海通道，建设云南、贵州沿珠江水系的黄金水道再次提上日程⑥。

3.1.3 灵渠：与长江水系的沟通

对珠江水系最大的人工干预，按史料记载，最早可以推至2200年前秦军进入南越的灵渠建设。这是连接长江水系和珠江水系的伟大工程，开启了岭南汉化和大规模城市建

---

① 《史记·南越列传》载："发夜郎兵，下牂柯江。咸会番禺。"牂柯江即今贵州北盘江。

② 《汉书·西南夷两粤传》记载："建元六年（公元前135年），大行王恢击东粤，东粤杀王郢以报。恢因兵威使番阳令唐蒙风晓南粤。南粤食蒙蜀枸酱，蒙问所从来，曰：'道西北牂柯江，江广数里，出番禺城下。'蒙归至长安，问蜀贾人，独蜀出枸酱，多持窃出市夜郎。夜郎者，临牂柯江，江广百余步，足以行船。南粤以财物役属夜郎，西至桐师，然亦不能臣使也。……"又载："及元狩元年（公元前122年），博望侯张骞言使大夏（阿富汗北部）时，见蜀布、邛竹杖，问所从来，曰：'从东南身毒国（印度），可数千里，得蜀贾人市。'"

③ "是时汉既灭越，而蜀、西南夷皆震，请吏入朝。于是置益州、越巂、牂柯、沈黎、汶山郡，欲地接以前通大夏。乃遣使柏始昌、吕越人等岁十余辈，出此初郡抵大夏，皆复闭昆明，为所杀，夺币财，终莫能通至大夏焉，于是汉发三辅罪人，因巴蜀士数万人，遣两将军郭昌、卫广等往击昆明之遮汉使者，斩首虏数万人而去。其后遣使，昆明复为寇，竟莫能得通。"

④ 转引：叶显恩等．广东航运史（古代部分）．北京：人民交通出版社，1989：32（原文见：吕昭义．对西汉时中印交通的一点看法．南亚研究，1984，2）

⑤ "季风也影响着航行。在夏季涨水期经梧州的水量可达每秒200万立方英尺，无论顺流还是逆流航行都是非常困难和危险的。枯水期也有他的问题，河流的水位有时会下降到船只无法航行，如果船只运送稻米经水路前往市场，低水位就会对米价产生影响：1763年初的一位官员就奏报（故宫博物院．宫中乾隆朝奏折（编号QL28.12.18）．台北：故宫博物院，1977-1988（20）：99-100）说：'韶、潮、高、廉、琼、连七府县属（粮价）俱较上月稍增，查访其故，缘冬晴日久，河水干浅，外来客贩少至，即本地米谷亦难载运出粜，以故城乡米价涨落不齐……将来入春雨泽叠降，河流长发，城乡米谷自必一律平贱。'"

⑥ 交通运输部．珠江水运科学发展行动计划（2016-2020）[S].2016.

设的序幕。公元前230年前后，秦始皇命史禄修建灵渠，于公元前215年开通，沟通经桂林南流的漓江上游和经永州北流的湘江上游湘水，漓江最终汇聚于珠江，湘水则最终归于洞庭湖，联系长江。岭南与中原水系的沟通，也加强了中原与珠江水系源头，即南、北盘江区域的夜郎国（今贵州）和左、右江区域的广西西部地区的交通联系，其后以湘江补给的粮饷、物资、军队、战船支持秦军在一年后平定南越，并建立桂林、南海、象三郡。经汉代扩建，历经唐、宋，灵渠两千多年以来一直是沟通岭南和中原经济、文化交流的枢纽，直到20世纪30年代公路和铁路兴建，其交通作用日渐式微，而对农业生产则继续发挥着灌溉作用。

图 3-1 灵渠水系示意图

来源：自绘。

灵渠将海拔高度不同的河流进行联系，俯察地脉，顺应地形，筑北渠4km，连接湘江，南渠33km，连接漓江（图3-1），至今是水利建设的杰作，其规模并不宏大，而其设计的创造性和精妙非语言所能形容[①]。灵渠与长城，虽然起初两者皆为军事工程，但之后所起到的作用却大相径庭，长城并不能持续抵御外族的入侵，而灵渠却发挥了民族融合和民生发展的作用。灵渠是中国传统建筑智慧对人类建设活动的重要贡献的体现，是传统智慧遗存中不可多得的伟大作品。

3.1.4 海上丝绸之路

三国、魏晋、南北朝至隋（公元220—618年），中国陷于频繁的政权更迭、连绵不绝的封建割据和民族战争，经济发展屡受打击，民生凋敝，中国人民苦难深重。文人、士大夫见兴国无望，大多归隐田园，隐居禅林。由汉武帝“独尊儒术”，到两晋玄学兴盛，及魏晋佛、道发展，乃至南北朝成为此乱世中佛教传播和发展最迅速的时期。这段历史中文化和宗教的发展没有解决人生的祸患和苦难问题。唐开创了两汉以后中国又一个疆域广阔、民族和谐发展的时代，经济逐渐恢复、发展和繁荣，与印度、阿拉伯国家开辟了海上航线，目前许多学者将海上贸易称为“海上丝绸之路”。

“安史之乱”后的唐中期是中国陆地丝绸之路与海洋丝绸之路盛衰交替的时期，唐代前期，陆上丝绸之路已经发展到两汉以来东西陆路交通的鼎盛[②]。天宝时期南诏国联合吐蕃在唐王朝发动的天宝战争中（751—754年）两度大败唐军，使唐政府失去了在西域的威

① 郭沫若评价其为“与长城南北相呼应，同为世界之奇观”。

② 陈炎．海上丝绸之路与中外文化交流[M]．北京：北京大学出版社，1996：16.

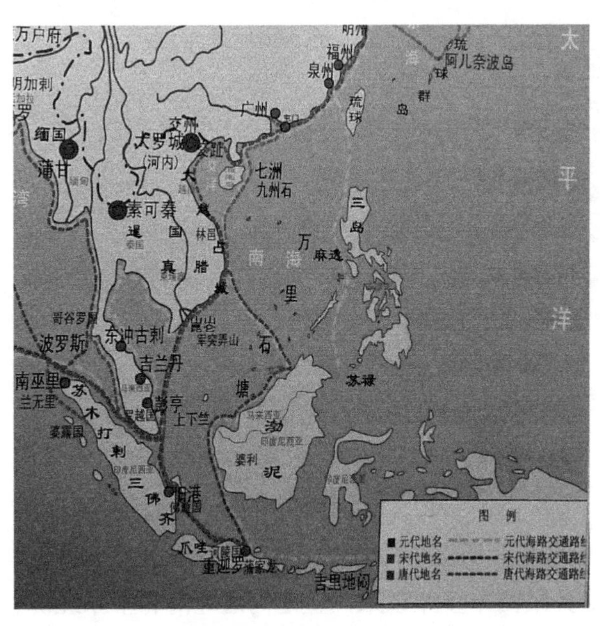

图 3-2　唐宋元时期广州对外海上交通路线图

来源：容达贤．古代深圳．北京：文物出版社：82.

信，唐势力最终退出西域。天宝战争一年后又爆发“安史之乱”，持续 8 年之久。战争导致武将势力增强，地方势力恶性膨胀，内忧外患，失去了和平发展的国际环境。中原战乱，人口南迁，经济重心和主要物产如丝绸、陶瓷、茶叶等位于中国南方，陆地丝绸之路需要经过诸多国家、民族，没有政府在西域的控制力，风险远大于征服海洋的挑战。陆地丝绸之路自此凋敝了。由于经济重心南移，东南沿海有良好的港口和出海航线，国际贸易的需求促进了海上丝绸之路的兴盛（图 3-2）。

黄启臣在一部 60 万字的专著中，开篇就总结了广东丝绸之路的历史①，广东海上丝绸之路的兴衰与城市发展密切相关。把时间周期缩小，历史便会处于显微镜下，海洋贸易的兴衰史也折射出了深圳城市发展的兴衰史，将在后文中进行分析。

3.1.5　自然格局的影响

研究深圳城市史，有必要将之置于岭南大区域系统中，并对其自然地理环境进行研究，并分析历史上深圳在岭南城市体系中的情况。

山脉，是深圳所处的岭南区域的首要自然特征。为什么对环境的研究从山脉开始？不同使用者看中国地图时都有着自己的视角。京广铁路沿线及以东区域是中国人口密度最大的区域，一些人习惯于由东往西或由东南部往西北部进行阅读，甚至部分广东人把岭南以北的区域称为北方，视角是由南及北的。从这种视角来看，我们可能比较容易阅读到香港、深圳、上海、青岛、大连、天津或其他沿海城市，然后才是西部的高原、连绵的山脉和巨大的水系。从山脉开始，可以帮助我们用历史的视角来看，或用古人的眼光来看。交通瓶颈及天然的屏障——山脉，经常是重要水系的分水岭，同时也是文化传播的分水岭，语言、习俗、建筑形制都受其影响。我们以公元前 214 年征服岭南之前秦王朝的视角来阅读中国地图，自然是由北往南来阅读，南至南岭，触及的便是连绵不断的山脉和不

① “‘海上丝绸之路’的发祥地最早在广东。科学地说，真正具有对外贸易含义（即有进出口经营业务）的‘海上丝绸之路’始于西汉。……从广东的徐闻……合浦……和日南（作者注：时属西汉，今越南中部平治天省北部横山一带）出海，沿着中南半岛，到泰国、马来西亚、缅甸，远航到黄支国……至西晋太康二年（281 年），大秦国使臣经广东来贡，‘众宝既丽，火布尤奇’，广东的‘海上丝绸之路’初步发展。到唐宋时期（618—1279 年），从广州始航的‘海上丝绸之路’，到达阿拉伯、红海的巴士拉港，途径三十多个国家和地区……进入繁盛时期。在这条航线的丝绸贸易除了官方经营外，民间贸易也蓬勃发展。到了清代，从广州以及其他港口起航的‘海上丝绸之路’，已发展到商品贸易的全球化阶段，标志着‘海上丝绸之路’到了极盛时代。”黄启臣．广东海上之路史 [M]. 广东经济出版社，2003：14.

曾熟悉的地形。在先秦时期，发源于中国北方秦岭的中原王朝版图还未包括深圳所属的岭南区域。

我国考古学家苏秉琦提出了著名的“中华文化六大区系论”，中国史前时期存在相对稳定的文化区系,岭南属于南方文化区系[①]。岭南地区是施坚雅划分的中华帝国九大区域系统之一，他在分析1990年的调查数据中认为至今还保留着明清地域体系[②]。笔者近期在桂西南的调研也佐证了以上观点，桂西南干栏民居体现了成熟、独立的地域性建筑技术[③]。曹劲博士对岭南地区考古发现的建筑遗址资料进行整理研究，建立了史前至两汉期间岭南早期建筑起源和发展的框架，并对秦汉时期汉越文化交流所进行的城池和建筑营造及独特的岭南建筑体系发展进行了研究[④]。

岭南地区北部为南岭山脉，处于北纬25° ~ 26° 之间，西面是云贵高原，南面和西南面则是云开大山和云雾山系，明显可见，岭南处于三大山脉体系的围绕之中。整个岭南区域地貌复杂，地势总体北高南低，山脉之间有大小谷地和盆地分布。

本书关心环境对于这种交流产生了什么影响？在城市和建筑演变的整体空间性视野下，环境这一“天然的容器”产生了怎样的独特性作用？地形地势、交通网络是历代建制的重要影响因素，移民迁徙路径也决定了在哪些地方容易形成大的聚集点。

虽然，有学者专注于环境史的研究，但在城市建设史的研究中，自然环境被纳入建设史研究的并不多见。长期以来环境对于历史进程的重要性被低估了，将环境纳入历史研究可以扩大我们的视野，扩大历史的空间范围，后续研究会继续从环境的角度出发。南岭山脉虽然不能阻断岭南文化与中原文化的交流，然而从大的历史空间范围去审视，地域性是抑制发展的重要因素。当我们阅读到关于建筑和城市的史前历史时，或当新的考古发现或建筑遗址出现时，人们会自觉地和中原文明进行对比研究，并联系到中原文明对岭南的影响，这种影响或许存在，但往往被过分强调了。历史不能说由环境决定，但从环境出发可以帮助我们重视地域性特点和历史发展的特殊性，可以从区域内部来探索社会发展的途径。

让我们再回到开篇的问题以及环境对于文化交流产生什么影响的问题上来。中华文明的发源地是北方长江、黄河的分水岭——秦岭一带[⑤]，随后传播到长江中下游的江南地区，形成了重要的江南中心城市——苏州和杭州，到了唐代，日益增长和繁荣的江南的南方边界则被称为岭南。在南岭的天然屏障下，秦汉以前岭南基本以独立的发展姿态谱写着历史

① 苏秉琦，殷玮璋．关于考古学文化的区系类型问题 [J]. 文物，1981（5）. 苏秉琦认为存在鄱阳湖——珠江三角洲为中轴的南方地区（赣北区、北江区、珠江三角洲）文化区系。

② 施坚雅．中华帝国的晚期城市 [M]. 叶光庭等译．北京：中华书局，2000：1. 指出：明清时期形成的各大区域体系至今存在，其持续性非常突出。

③ 罗军，程建军．现代化演进中桂西南干栏民居的探析 [C]. 中国建筑史学会年会暨学术研讨会，2014.

④ 曹劲．先秦两汉岭南建筑研究 [M]. 北京：科学出版社，2009.

⑤ 一般认为中华文明发源于长江、黄河两河流域，部分学者根据三星堆遗址等考古发现提出多源头文明的观点。秦岭南北有广袤的平原，孕育了中华民族的先祖，从发源于关中平原的秦王朝建立统一多民族国家始，中华民族一直是一个以中原文明为基础的大融合过程，这种融合从未间断。中华民族的形成以及多民族文化大融合是华夏文明延续的根本。

的进程，考古证据表明[①]，“商不过长江”的论点很难成立，这里发展了独具地方特色的地方文化体系，中原文化的影响是不成体系的，也不是主导因素。秦王朝深入越地，建立政权机构，这是目前史料所载最早在岭南出现的北方汉民族政权组织和大规模生活聚落，自此，有史可考的城市形态在岭南出现，将岭南带入了人类社会更高级的阶段。任嚣、赵佗及北方移民在秦末战乱时建立割据政权，避免了中原战祸，之后承认为汉朝藩国，扩大了中央政权在岭南的政治影响。西汉中期分越地为南海、苍梧等九郡，两汉以来大兴文治，“邦俗从化”，加强了中原文化的传播。但是直到宋代，这里仍被看作远离中原的蛮荒之地，是政治犯的流放之地。

南岭的屏障只是影响与北方的交通，而不能称为障碍，研究证据表明：岭南与华中、华北的贸易和内部之间的贸易一直存在，在唐开凿梅岭关后，这种关系加强了，在后文城市体系的分析中可以证明人口分布与这种交通的关系。为什么在秦王朝统治岭南 1300 年之后，岭南与南岭以北地区还存在巨大的差异？这是环境影响历史进程的证据，也是对本书前面提出的论点——“从区域内部来探索社会发展的途径”的支持。

环境的影响有时甚至超过经济和政治变迁的作用，而且这种影响保持着一种惊人的持续性和稳定性。广东、广西目前与北面临省的四条高速公路均通过五岭之间的孔道。尽管人们对自然的改造能力已让有环境保护意识的人们处于忧虑和担忧之中，似乎科学技术、建造技术和材料技术的发展已经足够让人类跨越地球上任何天然的屏障，然而我们倘若从环境的角度去看待历史就容易发现区域发展的这种持续性和稳定性。

环境和自然地理在历史长河中除了具有对人流迁徙、物流交通的稳定性作用外，还可以发现，重要水系的交汇处还容易形成城市，水运交通便利的地方容易形成大城市，桂林（秦汉始兴）、贺州（秦汉临贺）、梧州（秦汉苍梧）、清远连州（秦汉桂阳县）等均如此。

山脉作为屏障把它所形成的人类居住区与其他区域分隔开来，而不同的山脉体系所形成的独特地理环境，正是区域发展区别于其他区域的特殊性表现的重要因素。山系形成的丘陵、平原、谷地、水系，是人类赖以存在的生存空间，水系为不同生存空间的人类加强了联系。广西、广东依靠西江联系在一起，尽管这种联系让人觉得有些脆弱，现代技术的进步可以建立更便捷的现代交通方式[②]，但现代技术发展的交通体系与岭南独特地形环境下的水系依然密切关联，桂北、桂中地区与广东的高速公路仍然是沿着历史上它们赖以联系的西江水系而建设的，而湘桂铁路是沿着秦始皇所开凿的沟通长江和珠江水系的运河穿越城岭谷地而建设的。水系及其周围环境是历史上岭南重要的交通通道。

---

① 据新华社，深圳南山区屋背岭商代遗址是 2001 年度“全国十大考古新发现”。证明商代珠江三角洲、韩江三角洲、粤东北的兴梅平原三个区域文化已经出现相互交流和影响，对岭南考古乃至中国考古都具有重要的学术意义。中国考古界权威、北京大学考古学系教授邹衡认为：屋背岭商代遗址的发掘，既反映了中原文化的共性，又有岭南文化的特性，说明广东从商时期起就有自己独特的文化。

② 根据交通运输学、交通运输地理学等学科的概念，现代交通方式一般包括水运、铁路、公路、航空和管道运输五大类。本书考虑现代交通方式与人和城市间的互动及文化传播，研究涉及水运、铁路、高速公路、航空运输四种方式。

3.2 环境变迁与城市体系

岭南山脉、水系构筑了岭南城市体系的基本自然空间格局，对自然环境的空间结构进行研究和描述，加深了我们对岭南城市空间体系的认识：一是便于纵向上把握城市的起源、发展、兴衰和分布规律，使我们的空间视野扩展到比较大的时间跨度；二是容易比较不同城市间的层级关系。这种认识方法可以上溯到早期中国两部关于自然环境的著作:《山海经》和《水经注》①，这是中国古代人民认识地理空间层次的方法和证据，而近期可追溯到20世纪中心地理论的创立②。尽管区域理论一直在发展，也诞生了许多新的理论对其构成了威胁，它还是为我们在研究上提供了一种捷径，可以按照这一思路去分析岭南地区的城市体系，本书研究也能部分加强证明区域理论的论点。然而透过分析得知，岭南地区的城市分布和历史发展与施坚雅强调的城市层级关系由经济作用所决定的观点并不能完全吻合，政治开发对早期岭南城市体系的形成起到了重要作用。

3.2.1 人口变迁

根据施坚雅的观点，人口密度可以作为地方经济水平粗糙比较的指标。同样可推论到城市体系领域。城市发挥人口聚集作用，人口密度大的地方，城市规模或城市密度自然高于人口密度小的地区。首先把这个区域放大到中国境内：西汉政权建立（公元前202年），经过文景之治（公元前180—前141年）的六七十年，东汉建立后，经过光武中兴、明章之治的六七十年，都是国家经济和人口迅速恢复和发展的最好时期，两汉时期人口顶峰都曾超过1000万户、6000万口。史籍载，开元、天宝时期，民户恢复到唐人口鼎盛的900万户，公元755年爆发“安史之乱”③，唐后期王权逐渐衰落、政治日趋腐败，人口没有恢复到前期的水平。学者翁俊雄则持相反的观点，认为唐后期政治趋于没落，政治、经济制度造成大量的“浮记户”未予统计，加之地方政府的瞒报，导致统计数据失真，实际人口应大于盛唐的900万户④。根据相关学者的研究，两汉确实存在大量的瞒报、未报人口，我们采集史书记载的数据只是对两个历史时期概况的了解。

马立博建立了公元2年、742年、1080年、1291年和1391年岭南的人口分布密度数据，并对人口分布密度和1400—1640年人口变迁的原因作了分析⑤，通过对人口数据的分析，结论概述如下：①宋代以前岭南的人口中心是岭南的北部，南岭山脉南麓，以南雄地区和

---

① 《山海经》著者不详，早期版本为（汉）刘秀校订本，收录于《汉书·异文志》，认为是大禹、伯益所作。本书采用的版本分别为：①袁珂．山海经校注（1963年）．上海古籍出版社，1980；②（北魏）郦道元著，刘德来编．水经注．长江文艺出版社，2001.

② 中心地理论由德国城市地理学家克里斯塔勒（W.Christaller）和德国经济学家廖士（A.Lösch）分别于1933年和1940年提出。目前学界认为该理论是研究城市空间组织和布局，探索最优化城镇体系的一种城市区位理论。

③ 史家一般以“安史之乱”为界限分为唐前、后期。

④ 翁俊雄．唐代区域经济研究[M].北京：首都师范大学出版社，2001：2，3；温俊雄．唐后期政区与人口．北京：首都师范大学出版社，1999.

⑤ 马立博．虎、米、丝、泥：帝制晚期华南的经济与环境[M].王玉茹等译．南京：江苏人民出版社，2011：56-64，85-97，128.

桂林周边为代表；②广州在唐代不是人口中心，自宋代开始成为岭南的人口中心，人口分布不是线性增长的结果；③ 1550 年以后人口和经济的恢复是商业化所驱动的，国际贸易刺激了整个岭南的经济发展和珠江三角洲的商业化，岭南开始形成类似帝制晚期的“中心—边缘”的经济结构。本书认同其结论，但对他的解释并不完全认同。马立博认为蒙古入侵的打击造成岭南北部人口锐减，人口不能线性增长，否则广东北部、雷州半岛、海南岛更可能发展为人口中心地区。人口预测在当今城市规划中都是最难把握的关键指标。政治变迁、战争改变人口分布，政局稳定后经济发展状况与城市布局密切相关。马立博忽略了自然环境的重要作用。自然环境影响国家政权建设，政权建设首先要考虑地理区位，建立城市作为政治据点，以推进区域的政治开发；自然环境同样影响经济发展，经济发展水平和经济方式是影响人口分布的重要原因之一。环境—政治—人口—经济相互影响，并且是城市变迁的重要因素。

3.2.2 唐代以前岭南城市体系变迁

城市发挥政权建设的物质载体作用，也发挥文化传播、经济开发的聚集作用，在不同时期，城市的三种作用都存在，但在具体某一阶段总有一方面发挥主要作用。下文将简略分析从秦王朝设立岭南三郡到唐代环境对岭南城市布局和城市发展的影响。在纵向时间上考察城市体系，可以在时间维度中把握城市空间演进，对于理解和构建区域范围的城市发展理论是至关重要的。尽管许多学者对古代岭南地区的政治、经济、社会、民族、文化、交通等进行了广泛的研究，对建筑文化也已有深入的研究和丰富的成果，而关于城市和城市体系的研究却不多见。尽管众多学者试图论证岭南和中原地区一样，具有丰富的史前文化和高度发展的文明，但岭南的考古证据还不足以说明这里在史前存在城市形态。

秦进入岭南带来了中原先进的文明，带来了文化传播的重要物质形态——城市，岭南地区进入中原政权的版图是划时代的里程碑。政治的影响立竿见影，而经济和文化的影响则是一个漫长的历史过程，虽然从秦代开始中原王朝不断大量移民以及历次战争都带来了人口迁徙，但至唐代汉、越亦未完全融合。

秦王朝城市体系的顶端即为桂林、南海、象三郡郡治，只不过建立的主要目的是发挥军事和政治作用，而不是经济目的。南海郡治确切可考，处于今广州的位置。因历史资料欠缺，关于桂林、象郡治所的地理位置，学术界尚存在争议，象郡治认可较多的说法为今广西崇左市附近，也有认为在雷州半岛附近的，桂林郡治有三种猜测，分别为：百色市东北区域的东兰、凤山县一带、广西桂平市西南（人教版 1981 年初中历史第一册）和贵港市附近（人教版 1988 年初中历史第一册）。谭其骧对象和桂林郡治的地理位置采纳的是第一种说法，见图 3-3。

我们从环境的角度分析桂林、象郡可能的位置。按秦公元前 214 年平定南越、公元前 206 年汉兴秦亡，秦王朝在岭南的政权存续时间太短，来不及规划及调整城市体系布局，郡治最大的意义在于确立秦王朝的版图和进行政权建设，设郡治主要为建立基层政权和军

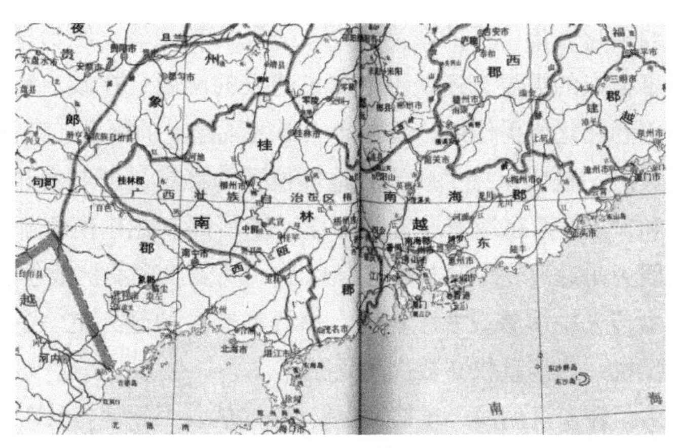

图 3-3　秦岭南三郡郡治地理位置图

来源：谭其骧主编《中国历史地图集》（第一册），淮汉以南诸郡（p11-p12）

事战略目的，故此，结合自然环境考虑，象在广西崇左市附近，桂林在目前河池市东兰县附近比较符合逻辑。桂林郡治在今东兰县区域，即红水河流域，其西侧为都阳山，东侧为凤凰山，红水河上游主要支流即为南盘江和北盘江，北盘江在秦时为夜郎国的牂柯江，秦汉时期数次发兵夜郎皆出牂柯江。据此推测，桂林郡治的军事意义极为重大，进可沿水路直达夜郎，退可沿红水河、西江至南海郡或经灵渠至长沙郡零陵县而与中原相联系。象所在崇左即为左江流域一带，四周山脉及水系构成丘陵平原，象郡设置在崇左与秦始皇平定岭南的战略一致，左江下游即郁江、浔江和西江，同样可经水路与南海郡和中原联系，进则可进入今越南的地域。

关于南越国存续期间的城市体系，史书记载不详。赵佗采用中原政体“和辑百越”，自称“蛮夷大长”[①]，及其后五世经营南越九十三年，将南海郡城建设为政权中心，桂林、象等地建立的城市则是推行“以越治越”的统治据点。汉灭南越后，置九郡[②]。按《汉书》记载，公元 2 年人口前三位的郡分别为交趾、九真和苍梧，人口分别为 92440 户（746237 口）、35743 户（166013 口）和 24379（146160 口）。南海郡人口仅为 19613 户（94253 口），为人口顶端的交趾郡的七分之一弱，而苍梧也仅为交趾郡的五分之一弱。《汉书》记载岭南最早的出海港口在合浦和日南郡，据人口推算，交趾郡治应为西汉中期岭南最大的城市。

这样的人口分布是否意味着西汉时期岭南西部包括今越南北部形成了以交趾为中心的中心—边缘结构？交趾是否为经济聚集的中心或最繁荣的城市？仅凭人口数据不足以给出肯定的答案。西汉岭南城市的主要功能还是政治开发，为巩固政权而继承南越国建制的可能性较大。公元前 112 年（元鼎五年）秋，汉武帝派十万大军进攻赵佗政权，次年冬，南越国越人丞相吕嘉集团兵败[③]，随后汉置九郡，目的为加强中央对岭南的控制。交趾的高人口密度存在一个可能的原因：秦汉以来的战争，使得越人为避免战祸，不断迁徙，交趾区域形成了越人集中的聚居区。故汉置交趾刺史部[④]，使得政治中心西移，以

① 《史记 · 南越列传》。

② 参见《汉书 · 西南夷两粤朝鲜传》。汉置九郡分别为：南海、郁林、苍梧、交趾、合浦、九真、日南、珠崖、儋耳。

③ 参见《史记 · 南越列传》记载。

④ 学术界有两种说法，一说九郡的设置均在元鼎六年即公元前 112 年，一说部分郡治（海南两郡）在次年即公元前 111 年设置。无论此两年中何年，都是平定南越国后随即设置的城市，大部分郡治为继承南越国城市体系。《晋书 · 地理志 · 交州》载：“武帝元鼎六年，讨平吕嘉，以其地为南海、苍梧、郁林、合浦、日南、九真、交趾七郡，盖秦时三郡之地。元丰中又置儋耳、珠崖二郡，置交趾刺史以督之。”

加强越人集中区的政治开发。战乱后首先建立统治据点的城市是中央政权政治开发、军事据点的需要，还谈不上城市建设的问题，在政治稳定后才可能逐渐转变为经济聚集作用和文化传播作用。汉在秦三郡区域建立的郡县（南海、郁林、苍梧、合浦郡及所统县），其后一般都保持了政治和地理位置的稳定，证明秦和南越国政治开发的成果得到了巩固和发展；而在海南设置的珠崖、儋耳郡和在越南北部设置的交趾、九真、日南等新郡则因为是远离中原政权的边疆区域，反复出现反抗战争。《汉书·贾捐之传》、《后汉书·南蛮传》中多处记录了珠崖、儋耳和交趾的越人抗争。人民不堪沉重的赋税和压迫，数次反抗，当局政权亦数次用兵镇压。

在东汉期间，政策发生转变，《后汉书·南蛮传》记载，以非军事手段，即减轻赋税、压迫，恢复经济的手段平复抗争。日南叛乱，交趾刺史樊演率交趾、九真万余兵力镇压，"不利"，反被围困而"兵谷不济"。一年后，"帝忧"，召集群臣"问方略"，群臣都说发兵镇压。唯大将军李固持反对意见，陈述七条理由，其中六条与岭南的地理环境有关，距离、地形、气候等因素会导致武力镇压显现诸多弊端，建议派遣智勇仁爱之人前往交趾任职。李固的建议得到采纳，由是岭外复平。

《后汉书·循史传》记载了廉洁、正直的汉人官员——循史，不断被委派到交趾任职的历史，岭南由政治开发为主转变为以经济和文化开发为主。

秦汉开发岭南，郡县制的实施深远影响了岭南的社会和城镇布局。由于数百年的政治和经济开发，岭南土著文化自发发展的进程被中断，中原文明及中原城市形态在岭南出现，加强了经济文化交流。

三国至隋，岭南区域的人口都没超过汉代人口规模。唐代迎来了又一个政权稳定、和平发展的时期，人口恢复到汉以来最好的时期。唐代对岭南的城市体系布局作了重大调整。唐初以"山河形便"分天下为十道，后又分天下为十五道，以秦三郡之地为岭南道，改郡县为府州县三级管理。

唐初至中期，先后设五府[①]，名岭南"五管"，五府管内经略使皆隶广府都督（公元756年升至岭南节度使），谓之"五府节度使"。五府统州70，其中广府统州20，治广州。唐咸通三年（公元862年），岭南分东、西道，改岭南节度为岭南东道节度，升邕管经略使为岭南西道节度使。安南（秦汉交趾地区）在公元758年由内管经略升为节度使，其后又分别改为镇南（安南）大都护（公元764年）、安南都护静海军节度使（公元866年）[②]。由于安南地处边疆和日渐强大的南诏国的影响，安南城市和行政建制主要考虑的是军事因素的影响。

① 《新唐书·表第九·方镇六》记载：五府为广州、桂州、容州、邕州、安南，桂管经略为开耀后置，安南751年，邕、桂管经略为755年置。

② 《新唐书·表第九·方镇六》。

3.2.3　宋元时期珠三角空间格局

珠江三角洲区域是超乎于深圳地域的一个宏观空间尺度，本节把宏观视角放大于珠江三角洲区域，把时间延展到珠三角区域人类聚落开始之时，透视珠三角区域城市体系历史演变加诸于深圳空间形态的影响。

历史上，秦入岭南带来了中原文明，带来了文化传播的重要物质形态——城市，为全面吸收中原先进文化奠定了基础。岭南地区进入中原政权的版图，是岭南社会划时代的里程碑。政治的影响立竿见影，而经济和文化的影响则是一个漫长的历史过程，虽然从秦代开始中原王朝不断大量移民，历次战争带来人口迁徙，但至唐代，汉、越亦未完全融合。秦王朝城市体系的顶端即为桂林、南海、象三郡郡治，只不过建立的主要目的是发挥军事和政治作用，而不是经济目的。

唐宋时期（618—1279 年）海上丝绸之路蓬勃发展，清代达到极盛，商品贸易进入全球化阶段。

深圳位于珠江水系出海口，历史时期的深圳与珠江三角洲以及岭南的联系可以直接利用珠江入海口的水域，也因此深受海上丝绸之路的影响，海洋运输、生产以及贸易对深圳的历史进程产生了影响。唐开元二十四年（公元 736 年），在深圳设屯门军镇，驻军，为保护航运和舟楫停泊之用。屯门扼珠江口外交通要冲，贸易船只先经屯门地区，然后北上广州进行贸易。经南海来广州的船只一般在每年 5 月至 8 月乘西南季候风抵达屯门地区，等候通知进入广州；交易完成后则在屯门地区等待乘 10 月之后的东北季候风离开。《新唐书·地理志上》记载："有经略军，屯门镇兵。"《新唐书·地理志下》则记载了由广州出发的航海路线[①]。从古代文献中可以了解，史前居住在岭南区域的越人就善于水上活动，"便于舟"。所以，广州在唐代以后人口聚集加快，并在宋代逐渐成为岭南地区人口聚集度最高的城市，明、清的朝贡制度及贸易，使广州发展为中国最大的国际贸易城市。

唐代由于存在优良港口这一核心要素，广州发展成为了珠江三角洲的绝对核心，这一阶段，珠江三角洲的城镇体系中出现了以广州为"单中心"的区域极化特征。

北宋时期，珠三角人口在唐之后经历了第一次大的移民潮。由于北方战乱，人口逐渐增加，城镇体系沿西、北、东江展开。1126 年，金兵南侵，中原汉民进入苏南，再至赣南，部分人翻越大庾岭进入岭南，起初在南雄珠玑巷附近定居，又经元用兵，经历史积淀，北方移民集团逐渐全面进入珠三角。宋元时期，珠三角本未全面成陆，由于大量人口流入，北方民族修筑堤坝，开垦耕田，商品贸易繁盛。广州的农业、手工业也得到很大发展，珠三角区域也由此变成了全国重要的经济区。珠三角城镇体系不断丰富，以广州为单中心，沿珠江线性展开。这一区域格局的影响也使得深圳成为前往广州贸易的国际商船停靠的港湾之一以及广州的海防前哨军镇。

① 记载为："广州东南海行，二百里至屯门山，乃帆风西行，二日至九州石。……至门毒国……罗越国……"

3.2.4 明代至民国澳门、香港的影响

以广州为单中心，沿珠江线性布局的城镇体系在明清出现了一些变化，发生了一件影响城镇体系布局的重大事件，即广东地方驻军与葡萄牙人的屯门海战。15 世纪初(1514 年)，葡萄牙人首次出现在深圳屯门[①]，在目前深圳南头和香港屯门地区进行香料贸易。其后，葡萄牙人采用暴力手段进行殖民掠夺，占据了屯门岛、葵涌海澳和屯门海澳[②]。1521 年，广东海道副使汪鋐奉命驱逐葡萄牙佛朗机人，遭武装抵抗，发生屯门海战，葡萄牙人战败。其后又发生新会西草湾之役和双屿港之役，葡萄牙均败。

葡萄牙人为达到取得立足之地的目的，之后常年改用行贿等手段贿赂官员。《广东通志》记载了 1533 年海道副使汪柏行受贿徇私，租借土地的记录[③]。

至 1572 年，葡人向海道副使交纳 500 两贿赂时，身旁有其他官员，便说地租款项需交国库。从此，澳葡正式向中国政府缴纳地租 500 两，一直到 1848 年，说明广东政府承认澳门是葡人租借居住的地方[④]。

明朝为防止沿海倭寇作乱，采取“海禁”政策，租借澳门的葡萄牙人与中国进行贸易，澳门港犹如广州的外港。由此，澳门城市勃兴。有广州、澳门两座港口大城市带动，珠三角、广州及其附近的墟市快速发展，农业商品化进程加快，手工业快速发展。广州与澳门的发展非常快速地拉动了珠三角腹地其他城镇的发展，珠江沿线也随之涌现了大批的墟镇，形成了广州、澳门南北轴向城镇带与东西轴向广州、佛山、陈村、石龙等四大名镇构成的“T”形格局的城镇体系。

鸦片战争后，香港快速崛起。澳门由于葡萄牙国内内政和经济衰退的原因，日渐衰落、经济萧条。广州，为珠江三角洲腹地的中心城市，对外输出农产品、手工业产品，由于香港资本主义经济发展，广州和珠三角地区出现了现代工商业、现代金融贸易和农业商品化，广州由商品输出港慢慢变成香港的转运和输入商品的目的地。香港逐渐发展成为东亚贸易中心和工业中心。

在此背景下，珠三角区域的广州—澳门双中心，由于澳门的衰落和香港的兴起，转变为广州—香港格局的置换。先前珠三角区域内中小城镇不多，1840 年到同治年间，不到 50 年时间，城镇数量增加了 3 倍，这个时期区域城市体系快速发展。

民国时期，广九铁路通车，由于深圳毗邻香港，市镇体系得到进一步发展。英国管治香港后，建设逐步完善，为加强广州与香港的快速交通，1890 年，广东拟修建两地间铁路。1911 年 10 月，广州至深圳的铁路通车。年底，中、英两段在罗湖桥接轨通车，深圳火车

① 在明代，屯门指深圳南头半岛到香港九龙半岛的大部分地区和海域，包括今天的深圳前海湾、后海湾、伶仃洋、大铲湾等。

② 据维基百科，屯门岛，指深圳的伶仃岛或大铲岛。葵涌海澳，即深圳大鹏湾。屯门海澳，即目前的深圳湾沿线。

③ 《广东通志》卷六九“外志・澳门”记载：“嘉靖三十二年，舶夷趋濠镜者，托言舟触风涛缝裂，水湿贡物，愿暂借地晾晒。海道副使汪柏徇贿许之，时仅篷累数十间，后工商牟奸利者，始渐运砖瓦木石为屋，若聚落然。自是诸澳俱废，濠镜独为舶薮矣。”

④ 葡人入据和“租居”澳门 [N]. 光明日报，1999-1-12.

站即深圳墟站。深圳成为珠江东岸，广州、香港两中心的城镇体系中的重要节点。

3.3　深圳环境格局与市镇体系

3.3.1　区域大背景下的深圳环境格局

将视线扩展到岭南这个宏大的区域尺度，对自然环境的空间结构进行研究和描述，我们可以看到岭南的山脉、水系构筑了岭南城市体系的基本自然空间格局，也深刻地影响着深圳这一区域空间形态的发展。

深圳市山地属粤东沿海莲花山系，莲花山系与海岸线大致走向类似，沿东北—西南走向。五岭东边大庾岭（梅岭）山系与莲花山系之间有重要的山脉：九连山系。"两山之间必有一水（东江）"，这些山系之间有相对较大的谷地、重要的水系，人类便是依靠这些江河水系为交通，依托江河两岸的丘陵、山间盆地、冲击平原为聚集点，发展生产和经营生活，在此基础上不断扩展生存空间。莲花山系东(南)区域与其他山系的生存空间最显著的不同：没有其他山系之间贯穿山系流域的水系，山系以东（南）便面向大海。沿山脉走向，在东北部分与海洋之间有潮汕平原。山脉西北与九连山脉之间有梅州、龙川、兴宁、五华、河源、惠州、东莞等城市，山脉东南与南海之滨有潮州、揭阳、汕头、潮阳、惠来、陆丰、海丰、汕尾、深圳、香港等城市。

沿海莲花山系始由广东梅州市大埔县向东南经惠州惠阳进入深圳，在盐田、罗湖区界转而向南进入香港。莲花山系最高峰为梅州丰顺的铜鼓嶂（1560）。莲花山系最东端王寿山海拔1000余米，位于广东大埔、梅县与福建永定交界处，为三县界山，莲花山脉最西端便为深圳梧桐山。由东北至西南比较著名的山峰依次为王寿山、阴那山（梅州市，1297）、凤凰山（潮州市，1497）、铜鼓嶂、莲花山（汕尾市海丰县，1336）、梧桐山（深圳）。莲花山系进入深圳，主要山脉呈东西走向，沿大亚湾西北侧进入深圳，由西至东为笔架山，梧桐山，经盐田大鹏湾西北转而向南，进入香港后向西南方向发展，依次有八仙岭、大帽山、大屿山（宋、明时期与香港岛等岛屿合称为大奚山）。

深圳东部笔架山南部的大鹏半岛，北部是排牙山系，南部有七娘山山系。这一带山坡陡峭，地势险峻，形成的丘陵、山间盆地面积较小，至今是深圳人口密度最低的区域。深圳中东部为梧桐山—笔架山山系。梧桐山—笔架山山系（东）南紧靠大海，可用地狭窄，最大的区域为盐田区政府和盐田港所在地。而山系北面与莲花山系余脉白云嶂之间，有较开阔的丘陵地带和盆地，为目前深圳龙岗区的中心城和坪山区。深圳中部鸡公山山系，横亘在特区最核心的罗湖、福田北侧。山系北面盆地和丘陵山地为宝安区龙华新区所在地，南面台地为梅林及深圳中心区所在地，延伸至深圳湾。由西往东从广深铁路西侧的布吉一直延伸到大沙河东侧[①]，其南部台地为特区最核心区域。深圳中西部羊台山山系包括平湖

① 西往东，依次为鸡公头、铜鼓钮、黄竹园、大脑壳、白尾石、雅鸡山、圣人大座、塘朗山、红花岭等构成，属高丘陵山地区，主峰鸡公头444.8m。

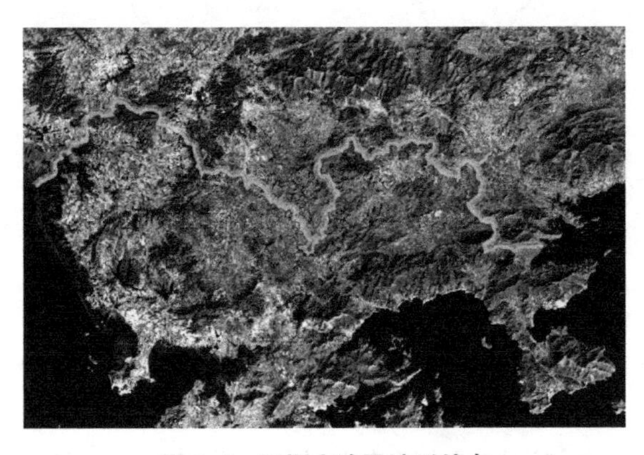

图 3-4　深圳山脉及地形特点

来源：1986 年深圳市卫星遥感影像图

街道以西到西乡街道、铁岗水库呈丘陵山地的区域，该山系呈现南北走向，主峰羊台山位于东莞樟木头西至蛇口半岛的南北连线上。白云障东西山岭长 25km，南北宽 13.5km，东起惠州惠阳，西至东莞樟木头，在樟木头落脉形成小盆地后一路继续向西发展至东莞大岭山，另一路转而向南进入深圳，在羊台山形成最高峰，海拔 587.3m。向南至蛇口半岛还有大南山、小南山、赤湾山等（图 3-4）。

岭南地区广泛分布的江河航道则为交通、贸易提供了基本手段，但对整个岭南区域而言，深圳本身的水路资源却并不富足。向深圳腹地纵深发展的水运资源以及淡水资源都并不丰富。

综上所述，在漫长的历史进程中，受当时生产力、生产资料以及深圳的原生山地地貌所限，使得大规模农业的发展难以实现，也因此并不支撑大规模的人口在此聚居。同时，虽然有优良港口，但水运主要是向珠江口、向广州进发的方向，并没有大规模地向深圳腹地发展，对商贸的带动作用也非常有限。滨海条件主要给深圳带来了发展盐业的资源，也支撑了一定规模的人口发展，除此之外，凭借港口，深圳主要是作为防卫广州区域的军事前哨堡垒而存在，曾经主要人口聚居的新安古城与大鹏所城等都是海防军事重镇，现在遗留的新安古城、大鹏所城以及赤湾左炮台等历史要素都可以佐证这一论点。

3.3.2　南头古城治所演变

“深圳”地名来源，至今未见官方的解读或权威的解释，一般将“圳”等同于“涌”，经笔者调研，此说法没有分辨其区别[①]，“圳”用作地名，目前只有广东的深圳市和江西抚州的圳口乡，而“涌”用作地名非常常见。笔者采访了多位原住民，“圳”与“涌”在客家原住民口语中都很常见，均与水流、河流有关。圳与涌的区别主要在于：圳是指有自然的小土包或人工堤坝的地区。本书推测这与深圳墟的自然地理有关。深圳墟是多条河流交汇处，明朝客家人流入深圳围堰造田，水深而在沼泽低洼处围堰，故名深圳。20 世纪 80 年代，由于罗湖区水患，政府组织夷平罗湖山填平低洼地也是一项证据。

夏、商时期，此处是百越部族的一个聚居点，沿海居民被称为“南越部族”，航海捕鱼为生[②]。

① 深圳地名始见史籍于 1410 年（明永乐八年），于清朝初年建墟。一般把“圳”或“涌（音 chong）”解释为田野间的水沟，罗佩也采用此说。经本人调研，此说法没有分辨其区别，“涌”作为地名很常见，如溪涌、葵冲，西冲（此冲本为涌，为避免地名重复而改）、东冲等，而“圳”仅仅深圳一处。涌在深圳墟以西的原客家人聚居区作为地名非常常见，而“圳”仅仅深圳一处。

② 周丽亚，秦正茂 . 试论海洋资源观的演进与城市发展——以深圳为例 [J]. 城市发展研究，2015：59.

秦始皇一统华夏，设南海、桂林、象三郡，为南海郡番禺县属地，开始与中原文化融合[①]。南越国承袭前制，汉朝时属南海郡博罗县，汉武帝实行盐铁专卖，全国设置 36 处盐官，深圳南头设盐官，称为“东官”。三国时期，东吴政权在目前南头古城位置设司盐都尉，有都尉垒城池壕沟的考古遗迹[②]（图 3-5）。

图 3-5　深圳古代治所（城池）位置演变示意图

来源：根据张一兵研究员手绘图，叠加 2017 年卫星影像

东晋时期，政府在深圳地区[③]设立省级行政机构东官郡，兼置宝安县，郡治在宝安南头，这是深圳地区立县之始，治所更迭及演变如图 3-5 及表 3-1 所示。

深圳古代治所演变（南头古城城池演变）[④]　　　　**表 3-1**

时期	治所等级	城池	变动	遗址（地点）
三国	司盐都尉	三国司盐都尉垒	汉番禺设盐官于深圳，三国孙吴设司盐都尉	20 世纪 90 年代发掘 110m × 38m 城壕
东晋咸和六年至隋开皇九年（331 ~ 589 年）	东官郡	东官郡城	隋开皇九年（公元 589 年）废州郡县三级制，隶广州府	20 世纪 50 年代平整土地运动废
隋开皇九年至唐肃宗至德二年（589 ~ 757 年）	宝安县	不考	唐肃宗至德二年，改称东莞县，由南头迁址	不考
唐肃宗至德二年至明万历元年（757 ~ 1573 年）	东莞县隶属海防治所	南头卫城、大鹏所城	屯门驻军，明朝设南头卫城、大鹏所城并筑城，设南头水寨	南头古城大鹏所城位置

① 宋艳暾，深圳经济特区景观时空演变 [D]. 中山大学博士学位论文，2006.

② 深圳博物馆张一兵研究员口述，深圳博物馆暨远志主持挖掘报告，未刊稿。深圳特区报报道了 2001 年 11 月至 2002 年 4 月的南头古城考古发掘，发现三国吴时期古城壕。

③ 公元 331 年（东晋咸和六年），晋成帝分南海郡，设东官郡，辖地大概为今天的深圳市、东莞市和香港等范围。

④ 来源：根据张一兵研究员及深圳博物馆相关资料整理。

续表

时期		治所等级	城池	变动	遗址（地点）
1573 ~ 1979 年	1573 ~ 1912 年	新安县	南头古城	至明万历元年（1573 年）复建制县治新安县，治所在东莞守御千户所，建南头古城（明城），680m × 500m	南头古城（明城，下同）
	1913 ~ 1938 年	宝安县	南头古城	复称宝安	南头古城
	1938 ~ 1945 年	宝安县	迁东莞	抗日战争	
	1945 ~ 1953 年	宝安县	南头古城		南头古城
	1954 ~ 1979 年	宝安县	深圳墟		罗湖东门

唐代南方经济发达，广州为南方最大商港，朝廷设市舶司管理海外贸易。为保护海上贸易，公元 736 年，设屯门军镇，隶属安南都护府，管辖今东莞、深圳、香港沿岸一带，指挥部位于南头，屯门位于香港新界西部①。

宋朝，深圳作为广州港的停泊外港，贸易繁荣，生产盐、香料等产品。至元朝，又以出产珍珠著名。

图 3-6　清初新安县禁海迁界界限示意图
（阴影部分为被签地）
来源：根据深圳博物馆资料改绘

明朝统一全国，明朝初年属东莞县，1394 年（明洪武二十七年），于南头卫城、大鹏所城二地设立卫所并筑城，为防止海盗及走私，1398 年，古代深圳地区首次实行海禁②。1572 年广东政府允许葡萄牙人租借澳门，次年解除海禁，复设县治，取名新安，治所还在南头，辖今深圳和香港，居民 7608 户，33971 人。

清康熙元年（1662 年），为避免明代郑成功军民抵抗，防止海岸线沿线居民与其接触，清廷下达禁海令，禁止居民出海，海岸线沿线向内迁界 50 里，后再迁 30 里（图 3-6），导致深圳人

① 《新唐书·地理志》卷四十三："有府二：曰绥南、番禺；有经略军，屯门镇兵。"综合萧国健教授研究资料：公元 590 年（隋开皇十年），废东官郡，宝安县改属南海郡，县治在今深圳南头。公元 757 年（唐至德二年），宝安县更名东莞县，县治迁往东莞，属广州。

② 1398 年（明洪武三十一年）政府下达"禁广东通番"令。

口锐减至两千余人，新安复划归并入东莞县管理。1669 年（清康熙八年），应广东巡抚王来任上书请求，复置新安县，至 1684 年（清康熙二十三年）再复原界。政府大力宣传，吸引深圳东部东江和沿海客家人移民。

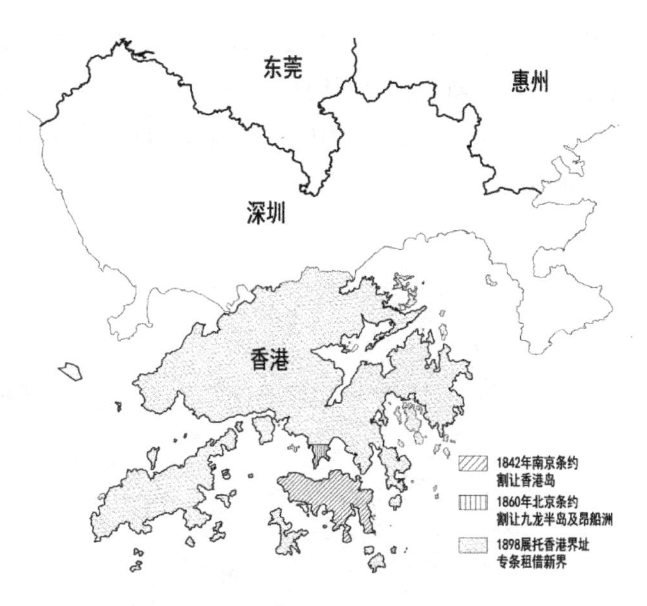

图 3-7　香港沦为英国殖民地过程示意

来源：自绘

鸦片战争后，属深圳的香港岛、九龙半岛割让予英国政府，深圳河以南土地、大屿山等遭租借，但九龙寨城在清朝外交官据理力争下仍归清朝驻军管辖[①]。1899 年 4 月 14 日，英国接管新界时，原居民发动了抵抗战争，英国政府认为战争由新安县政府策划，因此入侵寨城并一度占领深圳墟，后将九龙寨城清朝官员赶走。至此，新安县与香港完全划境分治，失去将近一半的土地（图 3-7）。

1913 年，新安县再次复名为宝安县。抗战期间，宝安县政府因南头沦陷，县治曾短暂迁往东莞。

3.3.3　深圳市镇体系演变

我们关注深圳地域范围内城市形态的研究，一个简单但重要的问题是：深圳何时出现城市这一人类聚落形态？按地理学科的定义，城市是具有一定人口规模、以非农业人口为主的居民点。但是对于城市的定义，历来颇有争议，各国做法也不同。近代各国人口统计，对于城市人口和乡村人口有两种分法：一是按照人口数量划分，当农业居民不超过某一百分比，则人口（含农业人口）全部计入城市人口；一是按照职业区分，即农业和非农业。历史发展阶段不一样，如果按照人口规模分，因为设定的人口比例不同，某些作为行政网点的治所就不称为城市；而按照职业划分，研究古代的城市形态是很难找到相关资料的。为研究方便，我们研究深圳历史上出现的两种聚落形态：一是作为行政区划的治所，二是因经济发展而形成的市镇。这两种系统统称为城市。这是目前大多数学者所认同的分类方法。

在明朝解禁通番令后，深圳墟镇体系建立起来，但不如广州—澳门极化作用下的珠江西岸。自清康熙年间深圳迁海复界至民国时期，深圳墟市（镇）经济再次迅速发展，墟市

① 1842 年（清道光二十四年）7 月 24 日，中英签订不平等的《南京条约》，香港岛被英国占领。1860 年（清咸丰十年）1 月 11 日，九龙半岛因《北京条约》而被迫割让给英国。1898 年（清光绪二十四年）4 月 21 日，清政府又与英国签订《展拓香港界址专条》租借新界等地。

发展条件一般要求人口在 1 万人以上。据 1820 年《新安县志》和 1866 年意大利传教士弗伦特里绘制的新安县全图记载，有墟市 40 余处。新安县全境村镇体系为各自然村围绕墟市的结构，就是以墟市为中心的多中心节点村镇体系。本书根据相关资料绘制深圳市镇分布，如图 3-8 所示。

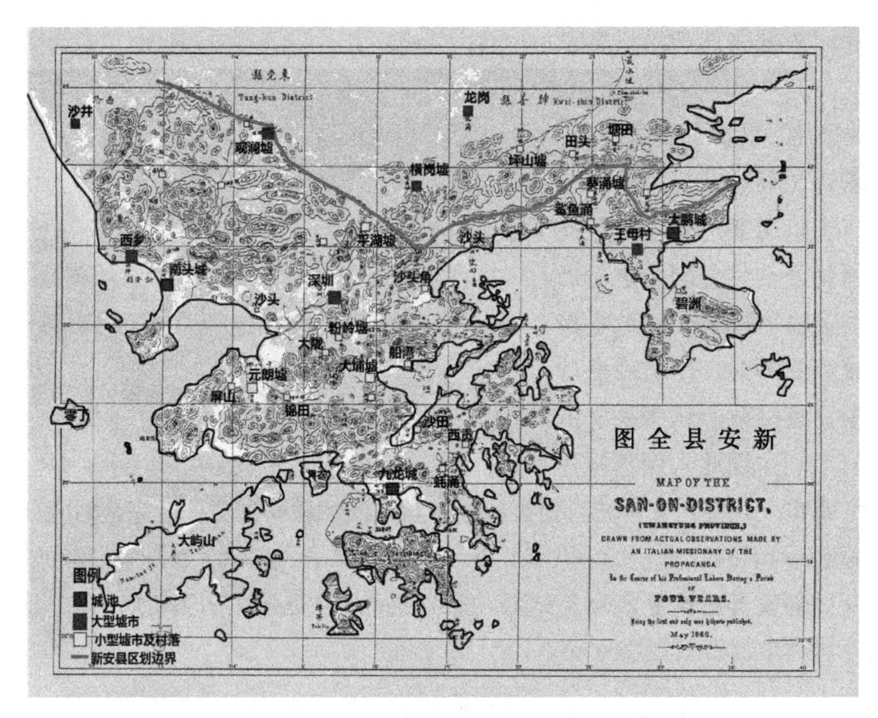

图 3-8　1866 年深圳市镇体系分布示意图

注：图上标注了行政管理机构所在的城池、成规模的墟市以及小型墟市和村落三级体系，自然村未在本图中表示。

来源：根据 1866 年意大利传教士弗伦特里绘制的历史地图、叠加 1979 年卫星影像图改绘。

复界后，土土之争、土客之争长期存在，社会主要矛盾就是围绕经济利益、政治权利而展开的墟市贸易、河流和陆地交通、桥梁码头、渡口以及科举等权利之争。乡村管理依赖于以自然村为基础的乡村联盟自治组织，以乡约规范联盟的关系，每“约”就是一个或数个自然村组织，数个约就是村约联盟组织。比如沙头角客家人的十约，每约都是数个自然村的联盟，十约是各约下共 140 余个自然村更大的联盟，香港大埔的七约等也是综合各自然村村约的联盟。目前，以村约联盟命名的地名或名称还可见，如深圳龙岗区横岗街道的六约社区、六约地铁站等。

罗湖为一块块平坦而富饶的谷地中心，深圳河四条支流汇入并从中流过，1980 年移除罗湖山填平罗湖，目前罗湖以罗湖区的地名存在。深圳河四条支流分别为香港打鼓岭、沙湾河（发经平湖、南湾，汇入目前的深圳水库，与莲塘河合流后称为深圳河）、双鱼河和清水河（流经洪湖）。第一条流经香港新界打鼓岭谷地（深圳河的主要支流），第二条沙湾河（与莲塘河合流后）与第一条支流在打鼓岭河口处的箝口汇合。第三条双鱼河，发源于香港，流经上水、粉岭。第四条清水河，经洪湖水库路沿人民公园西侧汇入深圳河主流。这条河流曾经可以航行大型船只，深圳其他部分只能通行小艇。

深圳墟的繁荣与深圳张氏一族密不可分。明朝，罗湖谷地已渐繁荣。清初，张氏村落因海令而迁出，复界后旋即迁回故土，从1850年前后直到新中国成立，张氏族人控制的深圳墟成为最繁荣的墟市，西面沙头角、打鼓岭的居民以及南面上水等地的居民均需要跨越河道来到墟市，东侧蔡屋围等村需要跨过清水河才能抵达深圳墟。张氏控制了墟市深圳河两岸的码头、渡船、交通，这期间，由于经济利益，张氏与沙头角客家人和其他地区的矛盾长期存在。由于这种矛盾以及各地经济的进一步发展，1860—1900年间，深圳河两岸的沙头角墟市（东和墟）和大埔墟慢慢建立起来，1900年后，与香港地区交易增多，才逐渐繁荣起来。1905年深圳墟还是远比其他墟市繁荣，发展为近代城市的雏形。目前所称东门、深圳老街或罗湖老街，就在深圳墟的东门附近[①]。

本书以深圳地区历史地图[②]结合相关历史记载，重构了清朝至民国时期深圳地区村镇等级体系分布地图，重构了深圳墟村落分布，如图3-9所示。

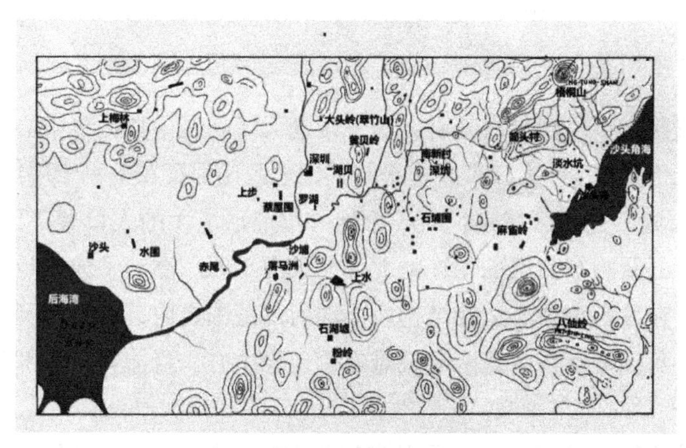

（a）深圳河两岸市镇体系

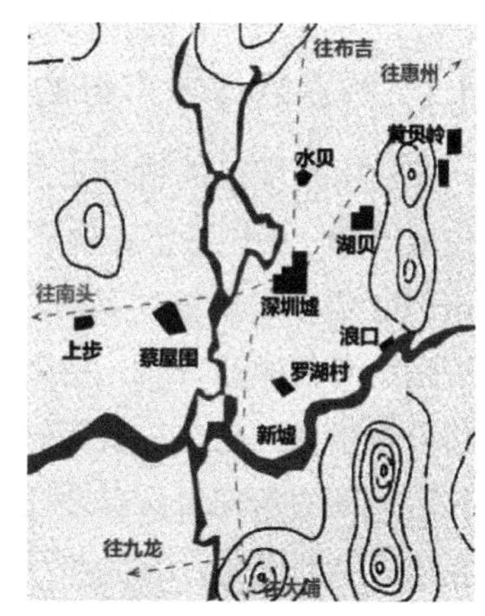

（b）深圳墟村落分布图

图3-9　1905年深圳市镇体系及村庄分布图

来源：根据1866年、1905年地图及历史资料绘制。

1949年，解放军进入南头，1950年解放宝安县全境。1953年，县政府迁至距南头城十余公里的深圳墟。1949年，深港居民自由出入两地，在深圳墟，以东门和蔡屋围为中心的商业区居住着4万多人口，商贾云集，商业繁荣。1951年深圳实施“政治边防，军事边防”，强制向内地遣返人口，1957年，深圳墟只剩11000人。在深圳建市前，在后来深圳市的地域范围内，仅存在有深圳、沙头角两个镇以及蛇口、南头、附城、盐田等四个公社，并不

① 深圳墟当年的确有道“东门”[N].深圳商报，2005-05-21.“深圳墟东门位于今解放路和东门中路的交叉处，西门大致在解放路和广深铁路交叉点东侧100米位置，南门在今天的深南大道上，北门则位于在深圳中学和财经学校南边的沼泽地。因东门附近的商铺最多，最为繁华，长久以来便以东门代称深圳墟。”

② 包括1866年新安县全图、1898年《展拓香港界址专条》附图、现存芝加哥图书馆的1905年英国军部香港深圳地区地图。

存在大规模人口聚居的城市形态。从1979年的航拍影像图中也可以看出，除了南部深圳湾沿线以及与香港接壤地段外，深圳的其他大部分区域都处在原始自然状态下，并且其中大部分用地均为山地。此时的人居形态基本以传统民居为典型，如明清海防卫所时代延续下来的大鹏所城、南头古城等遗存。而在此之外，只有深圳镇、沙头角镇存在成一定规模的人口聚居。这个阶段的深圳镇区人口约2.9万，面积不足$3km^2$，道路总长8km，街道狭窄，房屋简陋。此时的深圳空间形态整体表现出了小规模、碎片化，并在微观尺度上具有民居式建筑肌理的特征。

3.4 岭南尺度层次下的地缘环境分析

本节从岭南自然地理格局和文化地理属性的角度，在岭南尺度和珠三角尺度范围，运用多尺度层次研究方法以及地缘环境关系，分析岭南是否存在双核城市群，历史上广州成为珠三角首位城市的环境因素，深圳崛起的原因，珠三角城市群城市格局演化的可能方向，最后分析珠三角和深圳在一带一路[①]战略下可能面临的机遇。

3.4.1 岭南双核城市群的构建可能

在岭南尺度范围视角下，按前文多尺度层次来看，珠三角毫无疑问是单核、单中心的首位城市群，无论形态斑块还是经济体量、人口等，量级与其他地区比都远在上一个层次。岭南地区要形成双核、双中心的城市连绵区体系，有三个地方可能形成大的人口聚集区，分别是沿海的潮汕平面、雷州半岛及与东盟海陆相连的北部湾滨海平原。潮汕平原及雷州半岛分布于珠三角东、西两侧，在珠三角中心边缘结构所能辐射的范围之内，从海洋经贸及自然地理的角度看，有珠江三角洲的存在，此两处较难成为地缘中心。目前只有北部湾存在地缘上的优势。

国家从战略层面提出了北部湾“一核两级”，即以南宁为北部湾核心城市，以湛江、海口为中心的增长极[②]发展构想。根据珠三角的历史演进及地缘环境经验，并按芝加哥生态学派的观点，北部湾城市群的建设目前缺少足够量级的核心城市，在岭南和国家城市群层面的竞争中较难获得优势。2014年，南宁与北防钦的GDP总量大致是0.58万亿人民币，与珠三角相比差一个数量级[③]。

---

① “一带一路”（英文：The Belt and Road，缩写B&R）是“丝绸之路经济带”和“21世纪海上丝绸之路”的简称。一带一路的倡议由中国国家主席习近平，在2013年9月和10月，出访中亚和东南亚国家期间先后提出，其后得到国际社会高度关注。中国提出了两个符合欧亚大陆经济整合的大战略：①丝绸之路经济带战略；②21世纪海上丝绸之路经济带战略。两者合称“一带一路”战略。丝绸之路经济带战略涵盖东南亚经济整合、涵盖东北亚经济整合，并最终融合在一起通向欧洲，形成欧亚大陆经济整合的大趋势。21世纪海上丝绸之路经济带战略从海上连通欧亚非三个大陆和丝绸之路经济带战略形成一个海上、陆地的闭环。

② 国家发改委、住房和城乡建设部.北部湾城市群发展规划2017-2020[S].2017.

③ 珠三角占地面积约5.6万km^2，2015年9市（不含港澳）GDP5.76万亿元人民币，占广东省的79.2%，含港澳则达到7.86万亿元人民币（1.28万亿美金）。

要获得优势，必须提高量级，使得量级足够。城市岭南地区类似第二个珠三角城市群的建设，最合适的地理中心就是北部湾北、防、钦地区。北部湾北海、钦州、防城港三地有海洋优势，有竞争成为西南、华南、华中主要出海口的可能。目前有北、防、钦三港及铁山港等四个出海口，又处于南宁、雷州半岛湛江、海南海口等地的地理中心。北防钦的建设将加强与东盟的关系，有如迈阿密之于南美的地缘关系意义。

第一步是将具有雏形的北防钦小三角关系加强融合，形成更大的形态中枢，像改革开放后建设深圳一样，提升北防钦的量级，形成南宁—北防钦双中心极化格局（提升北防钦城市行政级别以及行政区划等具体措施和制度安排不在本书讨论范围内，本书仅从地缘和环境的角度分析其可能性）。再以北防钦为支点形成北防钦—湛江—海口大三角关系。通过这两个尺度层次的演替，形成与珠三角量级接近的城市群，打造具有竞争优化的与珠三角呼应的岭南双核、双中心城市连绵区体系。

3.4.2　广州单中心极核与选址分析

秦置南海郡，郡治位于目前广州老城区[①]。秦汉至明代，广州一直是珠三角的单中心极核，这与广州的城市选址关系密切。

作为中原岭南政权建设的据点，秦置南海郡选择广州有几个方面的原因：①由于珠江水系与长江水系的沟通，当南边为汪洋大海，可以宣示陆地边界的统治权，因存在珠江水系，就保证了与中原的交通通廊；②广州可以同时控制珠三角的腹地，西江、北江、东江流域均汇流入古代广州湾，通过西江可与广西盆地沟通，又可以将北江、东江流域纳入其腹地；③广州所需控制东至潮汕平原、西至雷州半岛两个地理单元，其海岸线特别漫长，面海给予其较强的辐射力和控制力。

广州地缘中心的地位，通过 2015 年港口吞吐量数据还可以管窥一豹。2015 年广州港货物吞吐量为 5 万万吨，香港为 2.5 万万吨，深圳为 2.1 万万吨，广州港货物吞吐量比香港深圳之和还大，其中 60% 为内贸，而香港、深圳 80% 以上为外贸。从吞吐量和内外贸比例看，广州与内陆的关系更密切。这也是近年广州在老城被封闭在珠三角陆地腹地情况下，执着地向南推进南沙和南沙港的建设，以期在珠三角入海喇叭口中获得一段海岸线的原因。

广州选址，不像武汉、重庆、长沙、岳阳等其他城市选择在江口位置，而是选择在西江和东江江口的中心位置，古代广州已有南海水利，通过南海可与三江沟通。与靠近河口相比，避免水患和军事防御则更为重要。白云山山麓从北至南到越秀山及南海边的台地，正好可以同时满足这两个条件，一是白云山可作为城市北侧的屏障，二是台地便于组织排水。选择山地与平原交接处，依山而建，一可避免水患，二可作军事防御。广东腹地有两

① 即为古番禺区域，为目前广州老城区越秀区、荔湾区、原东山区地理范围，与现在的番禺区毫无关系。从谭其骧《中国历史地图集》的研究中可以发现，秦汉时期现番禺、佛山、顺德等地尚未成陆，广州城直接面向南海，西侧直至江门地区均为大海湾。

大山系，前文介绍过落脉深圳的莲花山系，另一大山系则为九连山系，山系为东北—西南走向，有北江和东江夹送，九连山系干龙正脉在北江和东江江口之间落脉，广州城的入首龙白云山，山形、体量和海拔与那些行进中作为地理分隔单元的山脉相比出现了很大的变化，越秀山的体量不大，海拔不高，则可以圈入主城区。从历史记载推测的任嚣城、有遗址可考的赵佗城到后来历史阶段的广州城，城区规模由小到大，但作为核心城区的位置两千余年均未发生变化。

得江、海之水利，靠白云山之屏障，控三江入海口，广州取得了广东乃至整个岭南地区地缘中心的地位。秦汉至唐，据前文分析，广州地缘中心的作用，主要为政治据点以推进区域的政治开发，环境—政治—人口—经济相互影响是岭南地区城市变迁的主要因素。经宋元，因战乱北方移民人口大量流入围垦，再者因为西江水系上游的开荒，珠江三角洲在此两大因素作用下，陆地面积大量增加。到了明朝，陆地继续增加，手工业繁盛，农业生产力提高，珠三角和广州在农耕为主的中华帝国经济方面的优势和影响力逐渐增强，继续巩固其单中心极核的地位。

按人文生态学的观点，城市存在竞争、淘汰、演替和优势这样类似生物的演进过程。广州地缘优势的保持，并不在于日益增长的三角洲陆地面积，也不在于与内陆腹地的竞争中获得的优势，不是来源于中华帝国的内部，而是来源于欧亚大陆的另一端。海洋，让欧亚大陆有了连接的通道和贸易往来的载体。葡萄牙人将海洋贸易的触角深入岭南地缘中心，带来了广州—澳门沿珠江西岸的双中心极化。这种格局保持到香港置换澳门的地位为止。

3.4.3 深圳崛起的地缘分析

深圳的崛起是否与古代岭南一样，存在“环境—政治—人口—经济”的影响因素和顺序？讨论深圳，不可不提香港。深圳、香港本同为新安县属地，英割据香港、九龙，租借新界，将新安一分为二。国家改革开放后，步入正常发展轨道，珠三角由于南海边画的一个圈[①]，涌现出座座城，即目前珠三角九市，加上香港、澳门共11座城市。本书仅就地缘环境分析深圳发展的原因。

广州从唐代即承担中原腹地沟通海外的任务，因广州内陆化以及新中国成立后30年与世界贸易中断往来，广州的经济量级与香港已不在一个层次，而香港的海洋属性更强，加之国际自由港的角色，从国际化和全球化的视野来看，经过20世纪六七十年代的发展，其地缘和政治优势就体现出来了。

国家同时选择四地作为中国现代化的试点，都给予了“特区”的标签。汕头在前文分析了，韩江盆地、潮汕平面的狭小腹地难以承载20世纪80年代的产业转移，从文化地理属性来说，珠三角的广府地区，广府人与客家人在同一片土地上生活，更容易融合，潮汕

① 来源于蒋开儒作词，在深圳广为人知的歌曲《春天的故事》。部分歌词：“1979年，那是一个春天，有一位老人在中国的南海边画了一个圈，神话般地崛起座座城，奇迹般地聚起座座金山。1992年，又是一个春天，有一位老人在中国的南海边写下诗篇，天地间荡起滚滚春潮，征途上扬起浩浩风帆。”

平原长期以独立的姿态发展，从地域文化属性上看更接近闽粤。珠海同样同时存在腹地和澳门经济体量的因素。厦门也无法提供充足的接纳海峡对岸的产业转移腹地。深圳的腹地更广阔，与从同一地理范围分离出去的香港海陆相连，更为密切，其地缘优势随着自身经济体的增长就越发明显了。其腹地优势在 1992 年之前并没有被过多地意识到，从行政区划的调整分析中我们可以发现，1992 年，深圳作为城市的范围一直限定在二线以内，即原经济特区范围。从后文的研究中也可以发现，深圳的城市建成区生长存在一个以 $200km^2$ 为模数的现象，1992 年建成区面积首次达到 $200km^2$，然后 1999 年、2003 年、2007 年分别以 $200km^2$ 递增，达到 $800km^2$。当达到 $200km^2$ 建成区面积的时候，对城市产生了新的意义，至少在尺度层次上，与香港城市体量的关系就可以跃升到同一等级了。历史是否存在巧合，1992 年的春天，小平同志再次视察深圳，再次上演“春天的故事”。这时深圳的腹地为深圳发展再次迎来春天。

深圳腹地在 1992 年之后提供了拓展空间。特区的建设，1979 年的选点首先从蛇口开始，一个 $3km^2$ 的出口加工区，就是后来的招商局蛇口工业区，这是深圳人认为的“特区”中的“特区”。它选在了古代深圳治所南头城向南凸出深入深圳湾的南头半岛的最南端。目前这个填海面积增大数倍的地方，现在看来仍然显得空间狭小，而当时已经是最大胆的设想。蛇口独立发展，直到 1992 年才融入南山区的统一管理中来。同为特区的罗湖和福田区，同期分别开发了莲塘工业区和上步工业区。作为传统工业区的建筑遗存还在，但功能已发生更迭。上步工业区在 20 世纪 90 年代就成为了中国最大的电子配套市场，目前完全转变为商业街区。深圳在 2007 年后，地理空间格局受限，城市用地扩张和城市更新同步进行，一些 80 年代的工业遗存也在更新之列。这些工业遗产是中国 20 世纪 80 年代探索国家现代化之路的活的见证，有必要选择一些具有建筑学和历史价值的工业遗产进行保护和研究，本书在第六章对蛇口的工业遗存也进行了研究，深圳有条件也有必要申请 UNESCO 的世界文化遗产项目，促进深圳有价值的工业遗存的研究和保护。

深圳在达到 $200km^2$ 建成区后，地理优势显现出来了。深圳的自然山水格局，从大的地理范围来看，还是离不开两大山系：九连山系和莲花山系。两大山系之间的东江水，不仅是滋养香港、深圳的生命之水，还将深圳的发展空间圈定出来。莲花山系自福建发源东南沿海岸线前行，在潮汕平原，巨大的山体将梅州客家地区和潮汕平原分隔，限制了拓展空间。当莲花山系经过惠州时，转而分为三个支脉，山体体量开始变得小而分散，只能算丘陵了，海拔低矮的山体和之间的谷地提供了支脉之间连接的通道。南路支脉进入香港，与深圳隔深圳河相望，中路即为深圳的中部山系，将早期的深圳分隔为特区和关外，但这种体量的山体在目前的技术手段下，已经不能阻隔与北侧谷地的联系。北路支脉即为位于东莞的白云嶂余脉，顺东江水流方向由东往西至大岭山，转而向南进入深圳，有羊台山、大南山，深入蛇口半岛，这就为深圳中部山系与北部白云嶂之间留有较开阔的丘陵地带和盆地，即东莞的塘厦、凤岗清溪和深圳的龙岗、龙华、坪山等地。这为深圳城市达到 $200km^2$ 量级后提供了拓展空间。

深圳的地缘优势除了自身的自然地理特点外，另一点就在于珠江三角洲的三角关系。从等级层次上分析三角的三个顶点：广州、香港、澳门。香港城市和人口斑块的形成，主要集中在20世纪50—80年代，当然人口来源不是自然生育率造成的，内地逃港潮为其大量人口提供了主要支持，香港短期内从1945年的50万人口到1981年跃升了一个量级，达到510万，之后人口一直在这个量级徘徊，在改革开放后就转化为广州、香港的两个中心点的极化关系，深圳的发展加强了这一极化关系。广州、深圳之间的东莞，就是在这一时期迅速崛起的。珠江东岸，由于仅有东江的冲击，陆地面积不如珠江西岸，历史时期珠江西岸的城镇体系和数量也更为丰富。珠江西岸有以独立水系存在的文化地理区，即以潭江流域为核心的开平、恩平、台山、四会等四邑地区，还有与广府邻接的佛山诸市镇体系，如南海、顺德等。历史上那些跨越水系流域的行政管理总会存在诸多困难。珠江东岸城市体系与西岸相比，关系就简单很多，剔除顶端的广州，就是同饮东江水的东莞、深圳和香港。而香港与深圳，地缘上本为一体。这为未来可能的地缘结构整合提供了条件。

3.4.4 粤港澳格局及深圳可能的机遇

粤港澳一词常见于官方文件中，在政治层面，澳门及香港享受与广东省同级的待遇。从城市角度分析，就是穗、港、澳珠三角的三个顶点的关系。无论从城市建成区斑块还是经济体量等级的角度分析，澳门加上珠海在这三个顶点中都不是一个量级的，港珠澳大桥否定连接深圳的双“Y”方案，不知道在国家层面是否有意为之，目的是加强香港顶点与珠江西岸珠海、澳门另一个顶点的沟通，增强其竞争力。香港对于内地，在全国融入世界贸易体系后，其作用已日渐式微。深圳与香港，在目前都遇到了同样的发展瓶颈：高昂的土地成本，先发优势的平淡，发展空间的限制。

粤港澳按照自然地理格局，就是穗港澳珠三角的环境格局，三角分别是作为政治中心的省城以及另两端为特别行政区的港澳及紧邻的作为特区的深圳、珠海。在地缘中心竞争中，澳门、珠海无疑已不在一个等级上。广州由于政治地缘中心地位和广阔的腹地、较强的综合实力，广佛同城实际已在进行地缘融合，西、北江的腹地都可在其融合范围内，当然由于西江流域的存在及丰富的城市群，广州更容易向西融合其他城市，就连远离广州的肇庆市都被划入在珠三角范围之内。广州政治中心地位、地理中心位置、广阔的腹地，长期都会是岭南与内地、内地与海洋产生沟通的关节点，地缘中心的地位无法撼动。从解决珠三角发展和辐射力的角度考量，广佛肇向西、深莞惠向东无疑是一种符合地理环境格局的构想。这是前文中形态中枢演化模型珠三角尺度层次下的第一种情形。

深圳早在2005年就意识到发展空间的限制，提出了四个难以为继。2007年达到800平方公里的建成区之后，近10年就在这个量级附近徘徊。需要在珠三角维系与广州同量级的地位，深、港两个城市一体化势在必行。这也是深、港两地突破发展瓶颈的必然之路。在政治层面上，也许是一个漫长的过程。但是在非政治层面一定有解决的办法。目前已初见融合增强的端倪，一是在口岸建设上，一是在深圳市民通关手续上。1979年，深圳口岸只有罗湖和文锦渡两地，深圳是世界上口岸建设最繁忙的地方，2007年，深圳口岸数量已达9处，而在“十二五”规划中就增加了6个[①]，福田、皇岗、罗湖、文锦渡经多次改造以期增强现有口岸通关能力。目前，深圳市民通关手续已简化为采用指纹识别的自助方式。随着口岸的增多，解决交通方面的障碍，与香港全面对接就是与香港自由港经济制度的差异，随着前海自贸区的建设，当通关物流的问题获得解决，事实上的融合就不是障碍了，这是深圳尺度层次下中枢演化的第一种情形。

这种融合是站在珠三角地缘中心竞争的角度来说的，而未来深圳最大的机遇不在于珠三角内部的竞争，这种竞争是竞争性的合作，合作中的竞争。深圳的机遇在于通过“一带一路”国家战略和21世纪海上丝绸之路建设，快速整合资源，准备战略发展腹地、增加人口基数，在与海洋另一端的各大城市群、各大湾区的全球化竞争中脱颖而出。与其说是深圳的机遇，不如说是珠三角，乃至粤港澳大湾区的机会。本书从城市建成区等级和人口规模两个层面分析未来可能的机遇，而诸如人民币结算中心、国际物流大通道等经济和政策方面的内容不在分析之列。珠三角和深圳在21世纪海上丝绸之路建设中若具有顶端优势，则珠三角将不仅是国家的经济中心，更是战略重心。珠三角在这个具有巨大人口基数的内陆文明古国迈向海洋文明的伟大复兴之路上，是否能担负起前沿触角和战略支点作用，决定了其未来在世界上的经济地位和在国内的战略地位。国家完全可以同时在与东盟联系更紧密的北部湾再建设一条出海大通道。当然，北部湾出海通道的建设也可以加强珠三角的作用，一段时间内，量级只能看作珠三角的一个次等级的辅助。从长期看，与东盟陆地相连的总比只有水路相连的关系要便利得多，有机会成为岭南第二个最高等级的形态中枢，是岭南尺度层次下形态中枢演化的第二种情形。未来的岭南尺度层次的城市群格局可能性较大的就是粤港澳大湾区和北部湾大湾区沿南海海岸线的线性结构。

从中国镇一级最小规模的建成区面积到特大城市的建成区面积最顶端，大致存在一个5的倍数的等级层次，10—50—250—1250。每个地区的建设起点不同，但按照这个序列，可以为不同城市按建成区面积排出顺序，深圳建成区面积在200km^{2}时是一个重要的时间节点，今天大致为1000km^2，也就是接近顶端的一个位置。假设建成区面积存在5的倍数等级这样的规律，则下一个等级为6250km^2。如此大的建成区规模，在目前的城市体系下只有区域一体化能达到这个规模。广东省在2012年超过5000km^2，2015年达到5633km^2[②]，2016年珠三角建成区面积在4500km^{2}左右，已接近或趋于这一等级。实现这一等级的跨越，需要使三角洲三个顶点形成的次等级斑块实现融合，现在看来就是以广州为中心的中枢和以深圳为中心的中枢的融合，是珠三角尺度层次下形态中枢的第三种演化情形。

世界经济的发展大致存在这样一个规律，当某一等级的领头羊转不动了，只能让位于下一等级。人口等级存在这样的现象，中国历史上，在清朝以前，长期以5000万人口为

① 据“十二五”规划，新增口岸为：莲塘口岸、龙华铁路口岸、广深港客运专线口岸、前海湾口岸、南澳旅游专用口岸、蛇口邮轮母港口岸等。

② 国家统计局．中国统计年鉴.2015.

基准上下波动，英国在这一数量等级实现了世界强国的地位，香港就为其当时在中国的触角。美国在原来英国5倍人口数量的等级上实现了全球领导者角色的转换，中国在那个等级（19世纪中叶至20世纪中叶）输在了封闭于世界经济体系之外。下一个等级即12.5亿等级。东亚、南亚、欧洲和美洲在世界范围处于这个等级的范围，这个等级一定是世界实现全球化之前单一国家或区域联盟最后一个等级。中国和印度洋区域，作为单一国家，与那些需要将不同国家整合在一起的经济体相比，在操作层面更容易取得这一等级的优势。在经济体顶端是12.5亿人口数量等级的角度下，岭南大湾区的人口应当不少于2.5亿，目前离这一等级的差距是8000多万。

由此分析，珠三角会成为国家在实现历史性复兴之路上的中国战略中心支点和经济中心，经南海连接东南亚，跨越印度洋，实现21世纪海上丝绸之路的建设和一带一路战略。至此,则秦汉南海郡中“南海”二字的意义将在21世纪全球化过程中得以体现。在国家层面，与珠三角同等级的战略中心支点至少需要在3个以上，此部分已经超越本尺度层次的范围，但可以一提的是，未来，其中一个国家战略中心支点，应当在环渤海经济圈打造一个东北亚区域的世界城市群和领头羊，辐射东北亚和远东地区；另一个国家战略中心支点最适宜在西北和新疆打造，辐射西亚和陆上丝绸之路经济带。有一个现象，在中国封建王朝时期，长江流域可以成为经济中心但不能成为战略中心，成为战略中心的历史时期，就算经济繁荣，也都是政治积弱的王朝。以上，是等级系统和中枢理论在大尺度层次范围地缘分析方面的运用。

深圳考古发现推翻了“商不过长江”的论点。岭南与中原地区是不同步发展的，至少从商代开始,就建立了独特的地方文化体系,岭南是文化传播的分水岭。环境影响历史进程，是岭南古代城市体系的决定性因素。秦建“五岭之戍”，“南平五岭”的路线至今都是岭南与北方连通的最主要通道。

从大的时空背景来看，环境对地域发展的持续性和稳定性的影响甚至超过经济和政治变迁的作用，是地域异制性发展的重要因素。珠江水系是岭南地区历史上重要的运输通道，通过灵渠沟通长江水系，直到唐代与北方主要通过珠江水系连通，唐代梅岭陆路通道的开通，成就了唐代岭南的人口中心——桂林和南雄地区。广州到宋代成为岭南的人口中心。

唐代海上丝绸之路国际贸易刺激了整个岭南的经济发展和珠江三角洲的商业化，自明代中后期开始，珠三角形成了“中心—边缘”的经济结构。宋元时期，珠三角未全面成陆，城镇体系为广州单中心格局，沿西、北、东江线性展开，以珠江西岸更为密集。明代后期葡萄牙人租据澳门，珠江西岸形成广州—澳门双中心格局。20世纪初，澳门没落、香港兴起，珠三角转变为珠江东岸广州—香港双中心格局。鸦片战争后直至新中国成立初期，深圳市镇体系形成多中心的星形结构布局。深圳自唐代至鸦片战争期间，均作为广州的海防前哨和船舶停靠的外港。

深圳崛起的地缘因素，一方面由于深圳的山水格局为深圳供了发展腹地，使得深圳在

1992 年达到了香港建成区规模的次等级规模，为之后形成与香港同量级建成区规模提供了条件；另一方面，深圳的发展加强了广州、香港的两个中心点的极化关系，珠江东岸深圳、东莞、香港与广州为顶点的城市群形成了一个同量级的形态斑块。最后通过等级系统和形态中枢分析，论证珠三角和深圳地区成为国家“一带一路”的战略中心支点和经济中心的可能。

第四章　城市整体空间尺度下的形态演化

在前面章节中，建立了一个多尺度的等级框架，并且结合需求，设定了不同尺度等级的研究范围，参考传统的空间形态研究主要是针对一个稳定的或者说是静止的空间形态来进行形态学方面的分析，本研究后续部分也将以这种形式对于界定的各个尺度的空间形态进行下一步分析，但是另一方面也要看到，一个城市的空间形态始终处于复杂的变化中，而不是停留在任何一个“均衡”的稳态中，时间维度与空间维度的相互作用极为复杂，因此在进行具体的空间维度分析之前，本章引入几个主要理论研究来探讨时空交叠发展的主要模式，并基于前文所确定的宏观视角中的两个尺度，来透视深圳30年来的空间发展脉络。

4.1　城市空间演化的非平衡范式

为考察深圳的城市空间演化历程，本书重点引入三个范式[①]理论来进行总体性的说明。

4.1.1　平衡范式

自然均衡的观念（balance of nature）是东西方文化中共同拥有的一种理念，如中国古代哲学中讲“阴阳”与“五行”的调和，西方文化长期以来也认为大自然和经济活动最终都会收敛到平衡的稳态。自然均衡是一个传播久远的观点，生态学中通常将之解释为：在脱离人力影响的条件下，自然界总是处于平衡态；各种不稳定因素相互作用、抵消，基于此，整个系统表现出持续性的自我调节与自我控制的特征[②]。这一思想广泛地应用于多个研究领域，形成了一个平衡范式。以Clements（1916年）的研究为例，他将自然均衡观应用到植物生态演化研究中，提出所谓的“群落有机体”理论，认为群落会经由一个单向的由植物群落内部控制的发展进程，逐步演化至最终的均衡稳定[③]。再如传统的种群生态学的理论认为，经由竞争、捕食和其他过程的作用，最终整个种群会达到一个较为稳定的状态。由此观之，平衡范式往往把一个系统看作是封闭的、具有内部控制机制的、可预测的甚至是确定的，强调系统最终演化状态的平衡和稳定性。

① Pickett S T A，Kolasa J，Jones C G.Ecological Understanding：The Nature of Theory and the Theory of Nature. San Diego：Academic Press，1994. 该文认为：范式（paradigm）是现代科学、哲学中的一个极为重要的概念，范式是指一个科学群体所共识并运用的，由世界观、置信系统（belief system）以及一系列的概念、方法和原理所组成的体系，换言之，一个科学群体是由享有共同范式的个体所组成的。科学各门类的研究者们都自觉或不自觉地依循范式来定义和研究问题以及寻求答案。

② Egerton F N.Changing concepts of the balance of nature. The Quarterly Review of Biology. 1973，48：322-350. 该文主要观点：范式是科学理论产生的媒介，同时，在一定意义上来说也是科学群体所共享的“大理论”。

③ Clements F E.Plant Succession：An Analysis of the Development of Vegetation. Washington D. C.：Carnegie Institution，1916.

平衡范式中的平衡和稳定往往通过以下四个方面的能力来实现：抗变力，即系统拥有阻抑外部干扰的能力，在受到干扰后，可以尽可能低程度地偏离平衡状态；恢复力，在系统受到干扰而偏离之后，可以通过某些过程来进行修复，回归之前平衡的状态；持续力，指系统受到干扰后虽然会产生偏离，但是偏离程度能够维持在一定限度之内，从而使得系统仍然能够持续性地存在；恒定力，指系统在一定的时空区间内所表现出来的不确定性或变异程度能够维持在一定限度之内，从而使得系统的状态能保持一定的确定性。在大多数的平衡系统中，平衡性主要是通过抗变力和恢复力来界定的，二者均基于稳定平衡点存在的假设之上；而持续力和恒定力的定义虽然基于平衡假设，但是这种平衡假设因为是可以存在一定程度的波动的，所以其使用范围较广，能够覆盖到更多具有一定程度上的动态平衡的系统。

近年来，对于自然界的诸多研究显示，即使在无人工干扰的自然界环境中，也往往并不存在一个均衡状态的系统，经典的平衡范式往往不能完满地解释实际的生态现象[①]。例如 Hall（1988）曾经尝试过采用一批据称是能够支持平衡范式的实际数据的几个很有影响的生态平衡模型，即 Logistic 和 Lotka-Volterra 模型的不同演变模式，进行了一个详尽的分析，最后却发现用平衡范式下的模型预测出的数值与实际的数据差距甚远[②]。与此相似的是 Gilbert 在 1980 年所作的研究，他在大量田野调查所收获的数据中难以找到确凿的证据来全面地支持岛屿生物地理学平衡理论的预测结果[③]。因此，研究人员们在一定程度上认识到了平衡范式的这种根本上的不完善，所以开始寻求多平衡范式或是非平衡范式等其他的理论体系，来解释系统构建的逻辑。

4.1.2　多平衡范式

自然界或是人工环境中，都广泛地存在着各种生物性的或非生物性的非线性的作用，这种与演化的过程有关的复杂性和空间异质性组合到一起，呈现特征可能就是多平衡态[④]。多平衡范式是传统的平衡范式的一个扩展或者说补充，为自然和人工环境中存在的诸多种类的系统提供了令人满意的解释。举个例子，Holling 在 1973 年的研究中，利用来自于陆生和水生生态系统当中的诸多实例对多平衡范式的存在进行了一个有力的论证，他指出，存在多种随机性的气候变化以及火灾、虫害等突发性的干扰，这些因素的影响能使得一个生态系统从一个平衡的状态转移到另一个平衡状态中去[⑤]。许多生态学领域的理论和实验研究结果似乎也都支持这种多平衡态观点。除此之外，基于 Clements 演替理论的草地研究和管理中，设定草地生态系统有一稳定平衡状态，可称之为顶级群落，当顶级群落因为放牧、

① Botkin D B.Discordant Harmonies：A New Ecology fo the Twenty-First Century. Oxford：Oxford University Press，1990.

② Hall C A S.What constitutes a good model and by whose criteria？ Ecological Modelling，1988，43：125-127.

③ Gilbert F S. The equilibrium theory of island biogeography：Fact or fiction？ Journal of Biogeography，1980，7：209-235.

④ Levin S A. Multiple equilibria in ecological models. International Environmental Simulation Modeling Syposium：Tellavi，Georgia，USSR，1979：1-57.

⑤ Holling C S. Resilience and stability of ecological systems. Annual Review of Ecology & Systematics，1973，4：1-23.

火烧等一系列的干扰性因素而偏离了自身这一特定的平衡状态时，如果采取控制放牧以及减少其他干扰等方式，草地系统就会渐渐地恢复到其作为顶级群落时期的平衡状态。但是，这一传统观点从 1989 年开始逐步遭到草地生态学家的根本性否定，草地生态学中生发出了著名的“状态和过渡”模式（the state and transition model），这个模式的关键之处在于认为草地生态系统存在着多样化的相对稳定的状态，而气候变化、火灾、虫害、放牧等多种变化因素的影响能够使其从一种状态转变为另一种状态，而这一理论模式已经得到了许多的实际研究支持。

4.1.3 非平衡范式

对于自然界中诸多存在已久的生态系统，非平衡范式并不认为其存在的根由是系统内部自控和自调机制，并不认为存在一个稳定的平衡点。

种群生态学中，与密度相关理论（density-dependent）对应的就是密度无关理论（density-independent theory），这一理论认为控制种群动态的主导因素是与种群密度不相关的环境变化。当然，极端的种群密度无关观点也是难以成立的，假设种群动态完全是由环境变化决定的，那么就很难设想自然界会有什么长期存活的物种，各类生物群落对于环境的变化永远是存在一定区间范围内的适应性的。但基于种群密度无关理论延伸出来的种群密度模糊控制理论（density-vague regulation）就能够较好地匹配自然界生态群落的状态，该理论认为，种群动态在大部分的时间里面都是受密度无关因素所控制的，但是在种群的密度很小或者很大的时候，就会变得与密度有关[①]。

非平衡的这种观念注重外部环境的随机性作用，同时也强调长期性的环境变化的影响以及系统内部演化的历史因素，强调随机事件、空间异质性以及空间格局和时间演化的相互作用，强调一种开放系统的特征。

在用非平衡范式描述和解释一个系统时，前面所述的持续力和恒定力的概念就具有普遍应用性。起始于 20 世纪晚期，通过引入非平衡态热力学、非线性数学的观点，生态学中发展出了一些应用型的研究。比如 Levin 将扩散 - 反应方程（diffusion-reaction equation）进行延展，使其能够包含空间异质性，在这个延展基础之上，生态学中为解释具有一定的空间结构的多平衡现象开始具有了数学方面的理论[②]。此外，非线性系统有可能表现出重要的临界行为（shreshold behavior）或歧变（bifurcation），在一些参数经过影响域（domain of attraction）边界之时，可能会导致系统表现出非连续性的突变，例如灾变理论（catastrophe theory）和混沌理论（chaos theory）的一大核心研究问题就是预测和解释这种非连续性的突变，也即临界现象。

① Strong D R.Density-vague ecology and liberal population regulation in insects. In：Price P W，Slobodchikoff C N，Gaud W S，ed. A New Ecology：Approaches to Interactive Systems，New York：Wiley. 1984：313-327.

② Levin S A，Paine R T.Disturbance，patch formation and community structure. Proceedings of the National Academy of Sciences，USA，1974，71：2744-2747.

考察深圳历年的航拍卫星影像，我们可以很明显地识别出深圳的城市空间形态是处在不断的变化中的，虽然局部可能在发展到一定阶段之后趋于稳定，但目前城市空间总体格局还远没有达到平衡范式或是多平衡范式的程度。外部的人口、资本持续涌入深圳，城市内部的社会经济、物质空间处在不断的发展变化中，本章中强调尺度—过程—格局的观点，就是为了超越平衡范式、多平衡范式的静态视角，优先讨论不同空间尺度上，时间与空间地相互作用，这样将会基于社会经济发展的大背景，考察在人口、资本等要素持续性地从外部进入深圳这一情况下，深圳城市空间的变化、空间的异质性，探究其形态变迁和背后成因。

4.2　深圳社会经济发展历程

本节采用数据均来源于“附录二 深圳历年社会经济发展指标”。

中国城市发展停滞的窘境（图 4-1），在改革开放以后，获得了巨大的改善。通过对外开放、吸引外资等途径提供外部的刺激，促进经济和城市化的快速发展，使得我国的城市化水平在长期受到压制之后获得了补偿性的推进与发展。深圳就是把握住发展机遇，在这一爆炸式发展过程兴建起来的典型城市。

深圳建市以来，通过践行改革开放政策，凭借区位优势，资本、人口大量涌入深圳，GDP、城市建设等方面均以远超于常规的速度持续发展，经过三十余年时间，当年落后的边陲小镇已经成为全国一线城市，并且代表中国，迈入了世界城市的竞争圈层中。

总的来说，深圳发展阶段中的诸多大事件，都是围绕着市场经济的发展而发生的，整个城市的空间格局，也深深地受到了埋藏于发展脉络之下的市场因素的影响。城市大事件是城市发展历程中的里程碑，本书将与城市空间形态有重大历史关联的大事件划分为两个方面：一方面是标杆性事件，对国家和区域发展的影响广泛深远，例如 1979 年深圳建市，1994 年分税制和 1997 年香港回归。另一类是直接影响城市土地供给进而影响到城市空间形态（包括土地性质、土地规模、土地制度等方面）的标杆性事件，据此识别出较为重要的几个关键性事件，如：1987 年深圳首度土地拍卖，开启了新中国土地市场开放的大幕；2004 年，以城市规划全覆盖的方式，一举将特区外 260km^2 的农业用地转为国有土地，释放大量可建设用地；2010 年，特区范围扩大到全市等。本书根据深圳博物馆资料、深圳历版总体规划、深圳地方志等文献，整理深圳大事记，见附录一。深圳有关人口、建成区面积等指标的历年统计

图 4-1　东门老街 1982 年街景

来源：深圳改革开放 30 年图片展

数据见附录二。

人口和资本是城市发展的原动力。一个城市有了人,才生发出了供给与需求,有了资本,才生产出了价值与价格,一个城市的空间形态始终是与社会经济相伴共生的,在进行后续空间形态分析之前,本书先对深圳发展历程中的社会经济大背景进行一个总体透视,重点梳理人口、资本、建成区的发展历程。

4.2.1 人口指标

一切涉及城市发展动力的问题,都离不开人,芝加哥学派在人口流动性的研究中衍生出了现代城市史学。深圳市的人口流动和构成有着时代性,人口统计分为户籍和非户籍人口,其中非户籍人口的统计又分为暂住(后演变为居住证制度)和流动人口,暂住(居住证)人口和户籍人口统称常住人口,而流动人口是不在统计范围内的,哪怕一个人居住在深圳30年,只要没有户籍、暂住证或居住证,则不被统计在内,所以我们能获得的官方数据只有户籍和常住人口数据。深圳的常态是常住人口比例一直都远超户籍人口[①]。既然除常住人口之外,深圳城市中还长期存在着大规模非常住人口(流动人口),那么以常住人口总规模来评估深圳社会经济的发展则不甚全面。综上所述,本书将同时考察常住人口的规模增长和环比增长速度,以期能尽量全面地反映深圳地域人口的变化。一般来说,流动人口的变化速率波动会大于常住人口,但通过环比增长我们可以发现其演变规律和动态特征(图4-2)。

从图4-2中可以看出,深圳的常住人口发展在三十余年来都保持了一个增长的态势,根据增长的快慢可以大致划分为四个阶段:1979—1986年阶段,1987—1996年阶段,1996—2006年阶段,2006年至今阶段,前两个阶段为高速发展时期,第三阶段速度放缓,有所调整,第四阶段速度进一步下降,趋于稳定(注:因获取数据按每年年底即12月31日统计,故本书所有起点、终点年份代表当年12月31日,下同)。

第一阶段为1979—1986年,这一阶段环比增长总体极快,但十分不稳定,最高增长率为1983年的32.41%,最低增长率为1986年的6.14%。这一阶段深圳常住人口数量持续上升,从31.41万人发展到93.56万人,即将跨越百万大关。

第二阶段为1986—1996年,这一阶段的人口增长速度仍然很快,一般比前一阶段更为稳定,但波动较为明显,1991年出现35.15%的最高增幅,1986年出现最低增长率,为7.51%。在此阶段,常住人口已成功跨越了百万,从1987年的105.44万人增长到1996年的482.89万人,将跨过500万人口大关。

第三阶段为1996—2006年,这一阶段的人口环比增长明显放缓,总体而言较为稳定,波动幅度整体下降,最高增长率为2000年的10.86%,最低增长率为2004年的2.89%。这一时期开始,深圳常住人口已经超过500万人,从1997年527.75万人到2006年871万人,接近1000万人。

① 例如2000年全国第五次人口普查,深圳市总人口700.84万人,户籍人口仅121.48万人,占总人口比例六分之一。

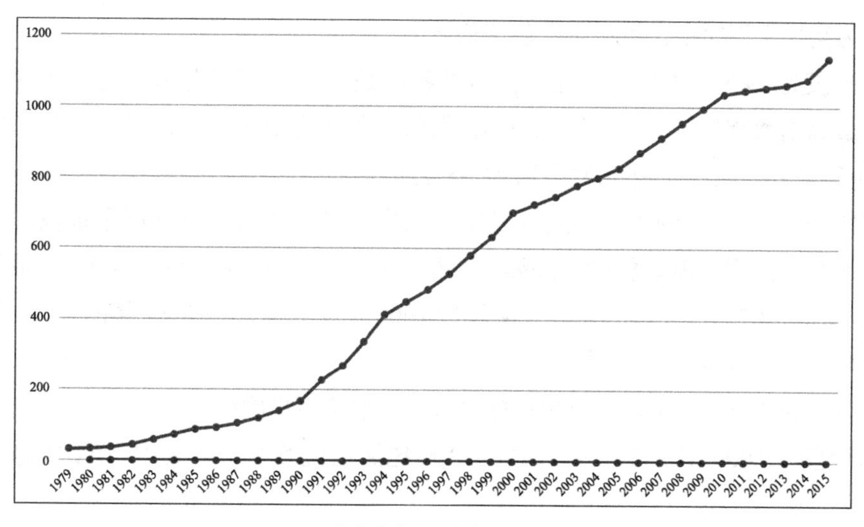

（a）常住人口规模变化

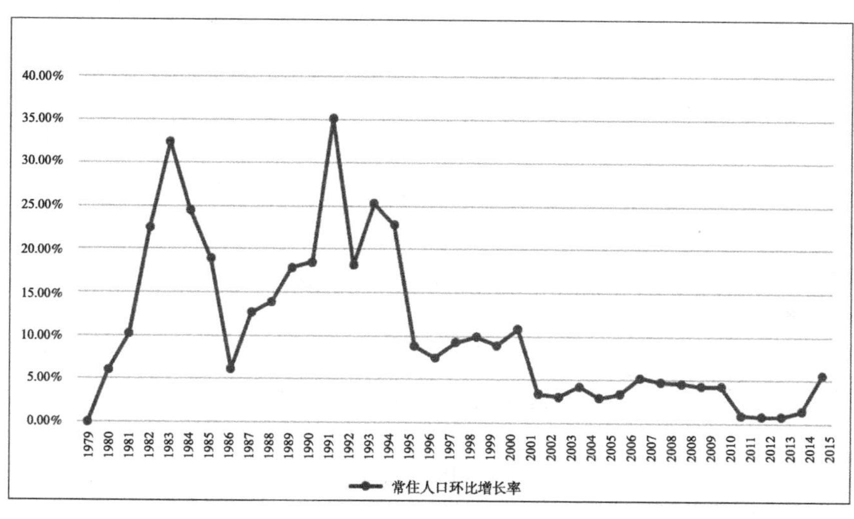

（b）常住人口环比增长率

图 4-2　深圳常住人口规模与环比增长率变化图

来源：根据深圳历年统计年鉴，统计公报等整理绘制。

第四阶段为 2006 年至今，这一阶段的人口环比增长缓慢，基本维持在 5% 以上的水平，波动幅度很窄，最高增长率为 2015 年的 5.56%，最低增长率为 2012 年的 0.76%。这一阶段中期，2010 年深圳常住人口突破了千万，成为超级巨型城市。总人口从 2007 年的 912.37 万人增长到 2015 年的 1137.87 万人。

4.2.2　GDP 指标

城市发展水平与 GDP 紧密相关。与常住人口发展类似，本节同时考察 GDP 的规模总量以及历年环比增长情况。深圳的 GDP 指标在三十余年来都保持了一个增长的态势，根据增长的快慢可以大致划分为三个阶段：1979—1986 年；1987—1996 年；1997 年至今。前两个阶段为高速发展时期，第三阶段趋于稳定。

第一阶段为1979—1986年，这一阶段的特征是GDP的环比增长率总体极快，但十分不稳定，最高增长率为1981年的83.53%，最低增长率为1986年的6.72%。这一阶段深圳的GDP持续上升，从1.96亿元发展到41.65亿元。

第二阶段是1986—2001年，这一时期的国内生产总值增长速度还是很快，一般来说比以前的增长速度慢，波动幅度已经缩小，最高增长率为1988年的55.60%，最低的增长率为1997年的23.75%。深圳GDP规模超过1000亿元大关，从1987年的55.90亿元增长到1997年的1297.42亿元。

第三阶段为2001—2009年，GDP总体稳定，增速逐步放缓。

第四阶段为2009年至今，深圳的GDP环比波动继续缩小，其中2011年总量跨越了万亿元大关。

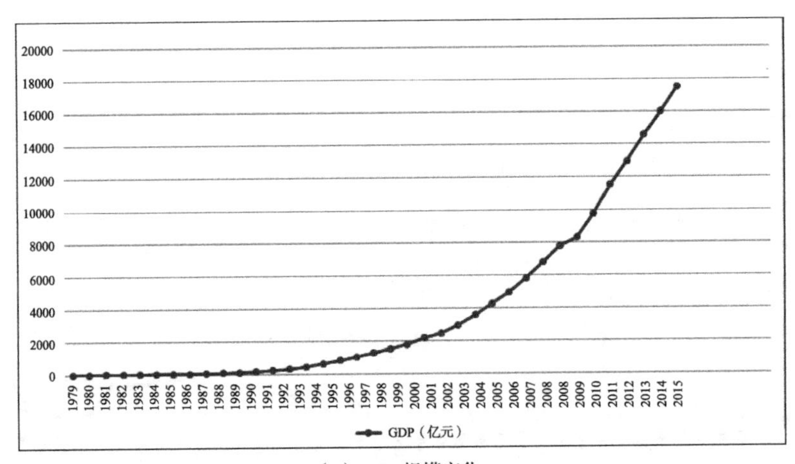

（a）GDP规模变化

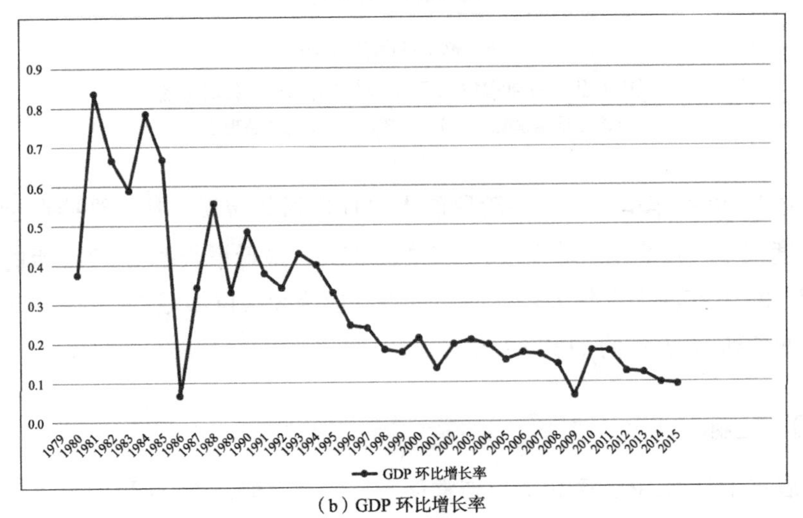

（b）GDP环比增长率

图4-3 深圳GDP规模与环比增长率变化图

来源：本书根据深圳历年统计年鉴，统计公报等整理绘制。

4.2.3　标志性阶段与节点

人口与社会经济的发展是深圳城市空间形态发展背后的动因，为理清空间发展的时间脉络，需要先界定社会经济发展的时间脉络，以此与空间发展互为印证。

以往对于城市的断代研究，因为针对历史悠久的城市，时间跨度较长，所以时间切片往往跨越了百年尺度，而对于发展时间只有三十余年的深圳而言，学者们主要采取了两种断代方法：一种方法是根据社会经济发展情况进行划分[①]；一种方法是以重大政治事件作为依据[②]。

罗佩（2007）同样以上述两种划分为基础，纳入社会人口和经济增长指标进行断代划分，然后按划分的时间节点分阶段探讨城市空间形态演进。

本书同时参考并与建成区的关系进行比对，将影响城市空间、土地制度等方面的标杆性大事件作为断代划分的关键点，综合考虑。第一步，将社会经济发展历程按阶段划分，留待其后的物质形态演变参考。综合考察人口、GDP 和城市大事件，可以识别深圳城市发展的几个重要阶段。

首先，以深圳建市为标志，深圳城市空间在建市前和建市后发生了割裂性的转变，故将深圳建市前所形成的城市空间形态作为分析的起点。在深圳建市并成立经济特区之后，1986 年，人口和 GDP 环比指标双双跌到历史最低值，故将 1986 年作为第一个阶段划分点。

随后，深圳的社会经济发展仍然保持高速，但人口和 GDP 在 1996—2001 年间的环比增长保持一种胶着状态，环比增长数量在 2001 触底后，2001—2011 年一直保持这种上下波动的盘整形态延续（图 4-2、图 4-3）。期间，1994 年的分税制改革与 1997 年的香港回归是对土地财政、区域关系等方面影响深远的历史事件，故将 2001 年作为社会经济发展阶段划分的第二个标志性节点。而在 2010 年，特区范围覆盖到全市，并且开始探索土地制度改革，在当时或是以后，都深远地影响了深圳的发展格局，故将 2011 年替换为 2010 年作为第三个标志性节点。

综上所述，深圳社会经济阶段的划分应当采取 1979 年、1986 年、2001 年、2010 年四个关键的年份作为标志点，将其从历史图景到现代城市的发展过程界定为以下四个大的阶段：1979—1986 年；1986—2001 年，2001—2010 年，2010 年至今。

---

① 如张志斌（2000）按照国民经济发展的特点将深圳发展历程分为：初创奠基阶段（1980—1986 年）、外向型开拓阶段（1987—1992 年）和调整提高阶段（1993—2000 年）三个阶段。《深圳国土空间发展与整合策略研究》将深圳 1979—2000 年国土空间发展分为四个阶段：初创和奠基阶段（1980—1985 年）、发展和成型阶段（1986—1990 年）、提高和质化阶段（1991—1995 年）、前进和整合阶段（1996—2000 年）。张勇强（2003）按照国民经济发展计划五年一个时段，将深圳 1979—2000 年的城市形态发展分为以下四个阶段：据点—触角发展阶段（1979—1985 年）、念珠式组团发展阶段（1986—1990 年）、城市走廊发展阶段（1991—1995 年）、组团网络发展阶段（1996—2000 年）。

② 例如按 1984 年和 1992 邓小平两次视察深圳为分界点划分阶段，即 1979—1984 年为第一阶段，1985—1991 年为第二阶段，1992 年以后为第三阶段。又如前任市市长李鸿忠将成立特区以来的深圳历史分为三个阶段：第一个阶段是特区初创时期，从特区创立到 1992 年邓小平南方谈话前后；第二阶段是跨越式发展时期，以江泽民 1994 年视察深圳时提出“增创新优势，更上一层楼”为主要标志；第三个阶段是楼市科学发展观时期，以 2003 年深圳提出建设“和谐深圳”和“效益深圳”的发展思路为标志（金心异，2006）。

1979—1986 年，是本书所界定的深圳特区发展第一阶段，在薄弱的人口与经济基础之上，深圳以“敢为天下先”的精神和行动，实现了社会经济的超高速发展。在前述的人口、GDP 的增长之外，这一阶段的工业生产总值从 0.71 亿元增长到 34.02 亿元，三次产业结构由 37.0 : 20.5 : 42.5 迅速调整到 7.9 : 39.2 : 52.9。

1986—2001 年，深圳社会经济继续高速发展。在这个阶段，深圳开始向大规模城市基础设施“铺摊子，打基础”转变，以“把握生产、水平、效益”为目标，以行业为主导，社会经济快速发展，经济高速增长。在这个阶段，城市开始显现出“点”、“线”、“面”的形态。深圳经济保持高速增长，1997 年金融危机前经济环境依然良好。产业结构多数非常暴利的行业继承，非农业趋势明显。2000 年，三大产业结构调整为 1.2 : 50.5 : 48.3，接近发达国家水平。从“点”、“线”到“表面”填充，实现了空间格局初始化。

2001—2010 年，社会经济进入相对稳定的阶段。GDP 从 2482 亿元增长到 9773 亿元，三产结构调整为 0.1 : 46.1 : 53.8，城市建设面积增加到 2010 年 83000km^2。“九五”期间，完成了机场航站楼扩建、盐田港二期工程、东江水源工程，兴建机荷高速公路、盐坝高速公路 A 段，形成了现代三维综合运输系统。

如果说前一阶段的发展以“在工业带动的高速增长中壮大经济实力”为特征的话，该阶段的发展则明显表现出“在结构调整优化中稳步提高”的特征。具体表现在以下两方面：深圳市工业结构不断优化的重要特征是高新产业迅速崛起，以 2002 年深圳高新技术产值为例，其工业总产值占比达到 47.9%，比 1995 年增长了 27.4 个百分点。工业投资重点转向高新技术产业，高新技术产业投资占工业投资的比重达 49.1%（深圳市统计局，2003）。

以物流产业为主导的现代服务业快速发展，2002 年港口集装箱吞吐量全球排名第六，吞吐量达到 7.62 亿标准箱。

2010 年至今，深圳社会经济结构优化调整后进入稳步前进时期，特区建立 30 周年前夕，《人民日报》报道了深圳改革开放 30 年的巨变[①]。2010—2015 年，深圳在若干方面顺利完成“十二五”规划要求，2016 年开始进入“十三五计划”，一些地区反映出了高科技发展的优势。例如南山区年均增长 11% 以上，2010—2016 年，国内生产总值从 2880 亿元增长到 3800 亿元。

4.2.4 建市后行政区划调整

1980 年以来，深圳掀开了城市建设新篇章。区划调整与社会经济发展水平密切相关，城市空间逐步扩张。

1978 年 1 月，国务院联合工作组调研建立宝安县外贸基地问题，建议建立宝安、珠海商品出口基地。1979 年 1 月，广东省委接受惠阳地委和宝安县委建议，以因口岸闻名的

① 2010 年 8 月 24 日，在深圳经济特区建立 30 周年前夕，《人民日报》以《开路先锋再出发》为题报道了深圳改革开放 30 年的发展巨变。当时文章这样描述深圳：“深圳是体制改革的‘试验田’，是对外开放的‘窗口’，更是全国改革开放的‘精神动力’。”在展望深圳的未来应该“再干什么”时，文章说，深圳应努力“走出一条新路”，当好科学发展排头兵。

深圳为市名，设立深圳市。1979 年 4 月，广东省委向中央建议建立“贸易合作区”，当月中央同意试办特区，1980 年全国人大批准成立深圳经济特区。1981 年 3 月深圳升格为副省级城市。1983 年设立经济特区管理线，将深圳分隔为特区内外两部分，并在进出特区的交通要道设立经济特区检查站，即为常说的二线关，对特区和非特区分割管辖，直至 2010 年特区内外合并①。2016 年 10 月，深圳市调整行政区划，国务院批复广东省政府同意深圳设立龙华区和坪山区，龙华区和坪山区成立②，至今，全市设八个市辖区，两个功能新区③。

深圳市辖区级别和街道级别行政区划新增或调整是根据城市发展情况而确定的，一般在建设重心转移到某个区域前会有行政区划调整④。行政区划演变过程见图 4-4。

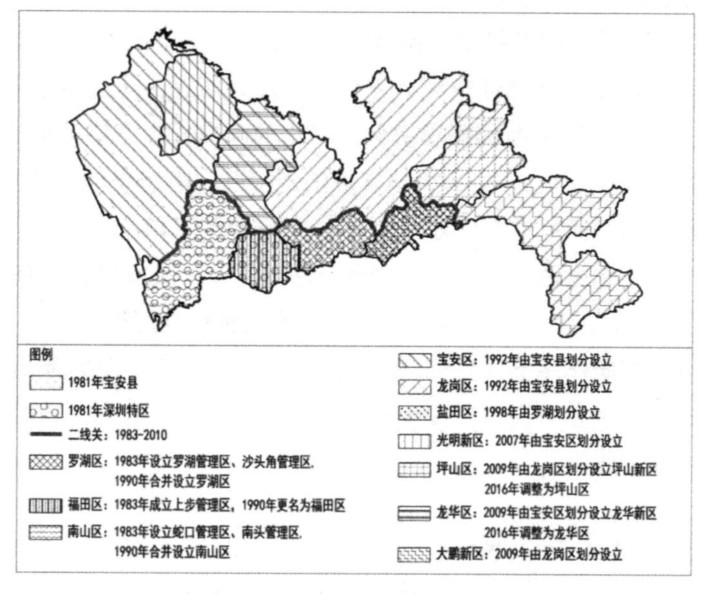

图 4-4　深圳行政区划演变示意图

来源：自绘。

① 郑小红．深圳特区范围 1 日起扩至全市解决“一市两法”．中国新闻网，2010-07-02.1988 年 11 月，深圳市在国家计划中实行单列，并赋予其相当于省一级的经济管理权限。1992 年 2 月，深圳经济特区被赋予制定地方法律和法规的权力。2010 年 7 月，深圳特区二线关淡化，国务院将整个深圳市划入经济特区范围。

② 龙华、坪山调整为行政区．深圳新闻网 .2016-10-11.

③ 罗湖、福田、南山、盐田（此四个区在原特区内）、宝安、龙岗、龙华、坪山八个市辖行政区和光明新区、大鹏新区两个功能新区。

④ 深圳继承宝安县辖区，行政区划演变如下：1979 年 3 月 5 日，国务院撤销宝安县设深圳市，下设罗湖、南头、松岗、龙华、龙岗、葵涌六个区。1981 年 10 月恢复宝安县建制，管辖深圳特区以外的地域；同时，罗湖区管辖整个深圳经济特区的地域。1983 年 6 月，罗湖区撤销，分设蛇口管理区、南头管理区、上步管理区、罗湖管理区、沙头角管理区。1990 年 1 月 4 日，由蛇口管理区、南头管理区合并设立南山区；上步管理区改设福田区；罗湖管理区、沙头角管理区合并设立罗湖区。

1992 年 12 月 10 日，宝安县再度被撤销，分立设置宝安区与龙岗区。至此，深圳市辖宝安、龙岗、南山、福田、罗湖五区，其中罗湖、福田、南山为经济特区，龙岗、宝安为非特区，并以“二线关”将“特区”与“非特区”分割管辖。1998 年 3 月，以沙头角为中心的区域从罗湖区析出，设盐田区，仍为特区范围。

2003 年 10 月 30 日《中共深圳市委深圳市人民政府关于加快宝安龙岗两区城市化进程的意见》颁布实施，原为特区外的宝安、龙岗两区转为城区，撤销镇设立街道办事处；同时撤销村民委员会成立社区居民委员会，街道办事处作为区级政府派出机构，受政府委托行使管理社会经济的职能。2007 年 5 月 31 日，光明新区功能区成立。2009 年 6 月 30 日，坪山新区功能区成立。2010 年 7 月 1 日，深圳经济特区范围扩大至全市。

2011 年 10 月 27 日，龙华新区和大鹏新区两个功能区成立，并于 2011 年 12 月 30 日挂牌成立。

4.3 深圳总体空间形态演化

在透视社会经济发展历程之后，本研究界定出了一个深圳社会经济成长的时间线，循着这一条时间线，本节展开对深圳空间形态演化的梳理。

过去三十余年，深圳经历了一个极为快速的城市化进程，一方面，在市场经济体制探索下，资本驱动城市建设的超速发展；另一方面，深圳城市管理者们仍然重视通过城市规划来有力地影响整个城市建设，通过不断对城市规划和城市发展策略进行调整，力图超前预测，规避发展滞后，通过有效手段，调整和引导城市发展过程与发展方向，选择合理的城市结构，促成符合预期的理想城市形态。

在对城市格局不断的调整升级中，突破行政区划内实体空间范围土地资源紧缺等城市空间发展瓶颈，预留城市发展弹性空间，进行长期规划研究，通过城市规划、土地政策、住宅建设和房地产开发制度不断调整和协调着城市的高速发展和空间演进，如1986年确定了深圳中心区选址范围，至2001年，该区域法定图则、街坊设计、公共空间规划设计、城市设计、建筑群布局等研究成熟后才开始建设实施。政府不断投入的基础设施建设为深圳社会、经济的全面协调发展提供了良好的硬件基础保证，从口岸、道路、高速公路、航空港、港口、地铁建设的时间序列和分期建设规模来看都恰到好处。

在政府、市场的双向作用下，深圳城市空间形态在三十年间发生着剧烈的变化，基于对历史影像图的分析，主要可提炼出深圳城市边界、深圳空间结构以及建成区与非建成区总体格局等三个方面的演化。

4.3.1 深圳城市土地边界的演化

考察深圳总体空间形态在时间这一维度上的演化，本书选择了Google Earth上所提供的深圳历年航拍影像图作为基础资料来进行分析。就资料本身而言，Google Earth上提供了从1979年到2017年几乎每一年的12月所拍摄的深圳航拍影像，其中，1980—1983年间的航拍影像数据缺失，1984年和1985年的航拍影像完全一致，并且与1986年的航拍影像极为相似，姑且认为1984年的航拍影像缺失，最终所获得的有效的历史航拍影像图涵盖时段包括1979年12月，1985年12月至2017年12月共计33个时间节点的历史航拍影像图。

本次研究深圳城市空间形态主要立足于土地，抑或称陆上空间。在对这一部分城市空间形态进行分析的时候，首先考察的城市形态要素就是城市的边界，在这里进一步限定为深圳城市土地的边界。根据几版总规中的城市用地图可以明显发现，深圳的土地在东西临海区域并没有固定的边界，仅仅在北边与东莞、惠州接壤处，及在南边与香港接壤处有固定的边界，这主要是由于深圳在发展中始终存在着填海造陆的需求与行动。

深圳河口西侧和香港地区构成深圳湾，南靠深圳河，毗邻香港，所以深圳湾、大鹏湾、大亚湾、珠江口两岸的海域构成了“三湾一口”的格局。深圳西部前海以西紧邻珠江口，后海面向深圳湾，海域 778km^2，海岸线 101km；东部大鹏半岛以西为大鹏湾，以东为大亚湾，海域 367km^2，海岸线长 156km。

整体而言，深圳的可通航海域较为狭小，但在土地利用方面却具有典型的“靠海吃海”的特征，海洋对于深圳最大的利用价值体现在填海造陆方面。2006—2010 年统计年鉴数据显示，深圳市海洋经济占比持续下滑，同时，城市填海造陆规模却不断增大，进一步体现出陆地有限向海洋要地的建设思路。

对比 1979 年与 1985 年的两张历史航拍影像图可以看出，从特区成立初期，深圳就开始沿海岸线以带状形式进行填海造陆，造陆范围主要集中在蛇口、赤湾、妈湾、沙头角以及后来的沙河西等地区。此外，这一时期，随着京港澳高速的建设，福田中心区已经将之前存在的海洋空间阶段性填平，后来的福田保税区区域在这时已初露端倪，陆上空间已经出现，但主要为农田和滩涂。

20 世纪 80 年代中期到 20 世纪末，填海造陆工程持续高热，大部分填海区域位于宝安西部岸线以及深圳湾区域，呈现带状延展的态势，赤湾以海岸线为基础向南进行了带状延伸，填海面积大幅增加。在这一阶段的早期，宝安西部岸线的填海有较大的增长并实现了大型基础设施的突破，1991 年，深圳宝安国际机场在填海造陆的基础上建成并投入使用。而在这一阶段的中后期，填海速度高速增长，在宝安填海持续进行的同时，取得的填海面积大增长主要体现在深圳湾区域。

福田保税区的填海在这一阶段正式完工，总体面积接近 2km^2，不少都是红线保护范围内的海域。早年间存在的蛇口海滨浴场在 1995 年关闭，并于 2003 年被彻底填平，昭示着深圳湾内大型填海工程的骨架大幅拉开，带动整个南山区填海飞速跃进。现今的科技园以及滨海大道区域的填海工程基本完成，大约 10km^2，南山片区在现今的登良、后海部分区域也已经基本形成。现今的欢乐海岸、超级总部这一区域的填海工程基本完成。深圳湾区域在这一阶段被填掉了约六分之一的海域。在这一阶段，东部海域虽然存在填海行为，但主要表现为填海建造盐田码头，与西部海域填海规模对比起来相当的小。

21 世纪初，深圳填海工程继续高歌猛进，从 2005 年到 2010 年，海域包括沙井、宝安机场、前海等填海区，海域面积相当于 34.65km^2 ①。目前，深圳已划定了 15 个填海区，具体项目职能和面积见图 4-5 ②。

在深圳市土地利用总规（2006—2020 年）中，规划了 33.3km^2 的近期填海项目以及 47.6km^2 的远期填海项目，填海项目面积共为 80.88km^2，至 2010 年已经完成了计划填海面积的 80%，相较于 20 世纪末填海区域大约翻了一倍。

在这个阶段，除福田红树林等少数保护区段外，经环评专家论证后，深圳湾口岸及深圳西部通道区域项目向深圳湾推进了约 5km^2 的填海造陆。此外，前海与宝安中心区域、宝安国际会展中心区域以及沙井海上田园区域等沿西部海岸的多个填海项目陆续完成。

① 深圳市海洋功能区划规定 [S].

② 深圳市规划局 . 深圳市土地利用总体规划（2006—2020 年）[S].

1979—2014 年，深圳填海区达到 74.77km^2，年平均开垦面积约 2.14km^2。在这种情况下，深圳西部填海面积约为 62.75km^2，占比填海总面积 83.9%；深圳东部填海面积约 12.02km^2，占比填海总面积约 16.1% ①。

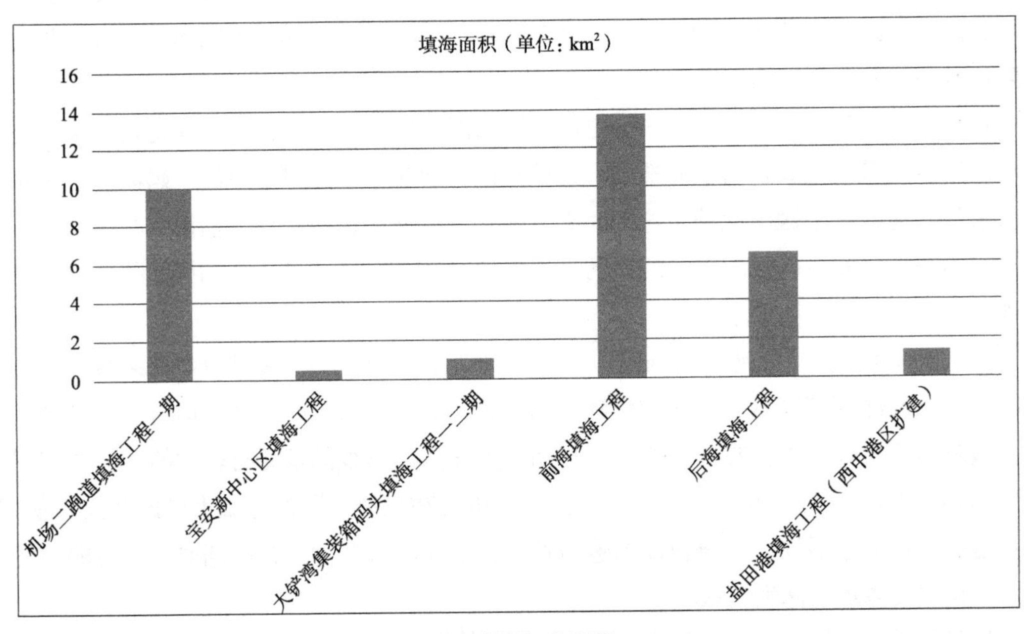

（a）近期填海项目规模

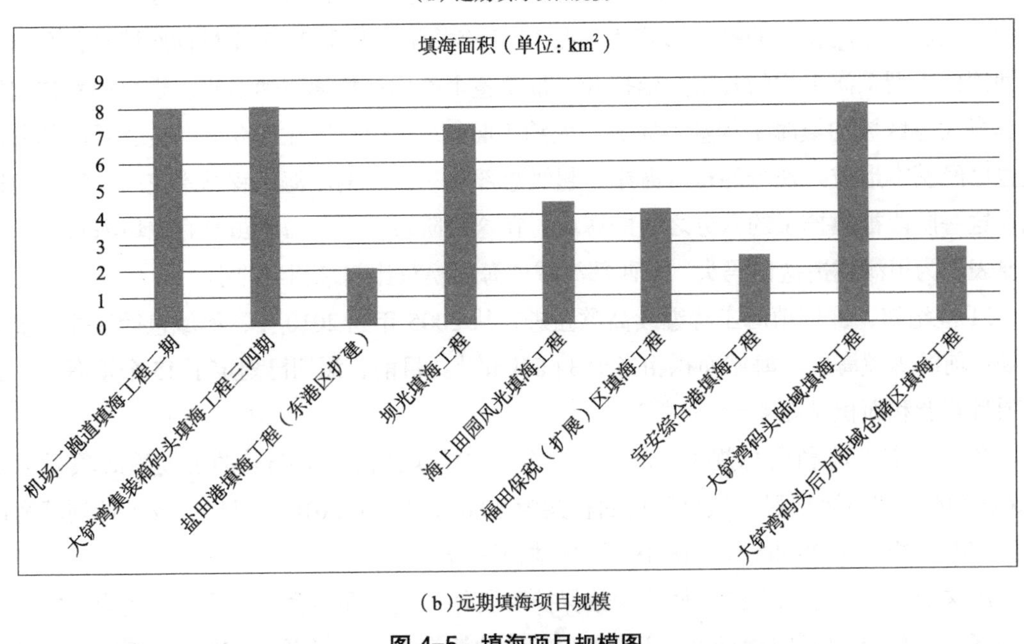

（b）远期填海项目规模

图 4-5　填海项目规模图

来源：深圳市土地利用总体规划（2006—2020 年）

① 洪宇，周余义，沈少青，周凯．基于遥感与 GIS 技术的深圳市 1979-2014 年填海动态变化及其影响因素分析 [J]. 海洋开发与管理，2016（3）.

结合深圳建成区 CAD 图纸与本书从 Google Earth 上采集到的历史航拍影像图进行定量分析，整理出深圳填海从 1979 年到 2016 年的动态演变图（图 4-6）。

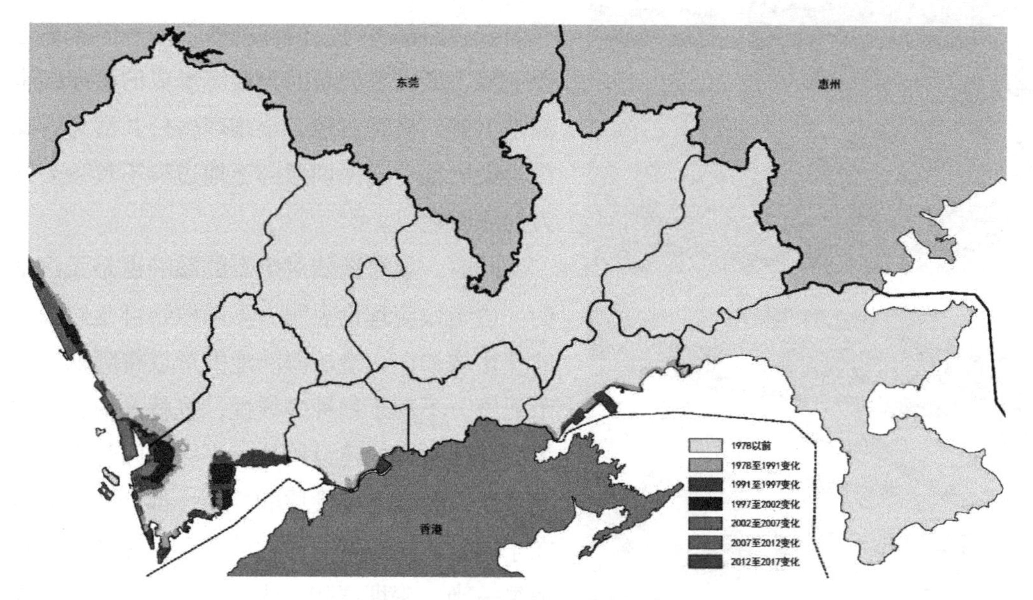

图 4-6　深圳填海造陆动态演化图

来源：根据 Google Earth 历史航拍影像绘制。

深圳城市土地边界的演化反映出了在社会经济的影响下，城市建设不得不向海洋要空间的发展态势。在“深圳速度”创造了世界经济史上的发展奇迹的同时，也带来了对于城市土地资源的大量需求，深圳因为土地狭小而社会经济发展快速，也就较早地遭遇了土地资源的瓶颈。进入 21 世纪以来，在早期“三来一补”等粗放式工业所拉动的城市化之后，以特区内为代表，深圳面临了土地资源日益紧缺的处境，而填海造陆对于缓解土地紧缺起到了不可磨灭的作用。此外，填海造陆所带来的土地价值对比海岸自然状态下水域的价值有着巨大的优势。

通过填海造陆得到的土地出让金远远高于填海工程，这种巨大的“剪刀”差也是继续扩大填海规模的重要动力。此外，由于长期没有海洋管理的有关规定，开垦一直处于无序、报酬过高的状态，也促进了深圳填海的长期和快速发展。

填海造陆所带来的深圳城市土地边界的演化对于深圳而言，值得讨论的意义主要有两个方面：一方面，毫无疑义，填海形成的土地资源大力支持了深圳的城市发展，并产生了巨大的经济收益。而另一方面，值得研究的是，这样的做法也带来了对于生态环境的巨大影响。深圳西部海岸均为开发性建设用地，难以为市民用作公共活动和生态资源亲近使用；而深圳东部海岸由于坡度大，可建设用地少，填海的动力自然不足，故生态资源和水质均较好，但与主城区距离远，平日享受海岸资源的机会不多，故每当节假日、黄金周，往东部的人流会大增，造成大量拥堵，交通都会受到流量控制，给沿线居民生活、出行带来不便。

（a）前海填海实景

（b）深圳湾的候鸟

图 4-7　深圳填海环境

来源：网络

在访问的相关学者中，不少人认为深圳作为一个海滨城市，海的感觉却很淡薄，概括来说就是滨海却不能"亲"海，近海却不能"玩"海。深圳东、西都有海，但深圳西部的海洋不靠近社会生活，最重要的是因为填海形成的海岸线也大都是工业、机场占地，很难产生公共活力。珠江口污染严重也是深圳西部土地边界不具备公共活力的原因之一。

同时，填海造陆对生态的影响也是无法估量的。边缘效应理论表明，不同植物群落边缘生物的变化增加，人造填海陆地的形成将降低边缘城市强度，不利于物种多样性，也就是说，人类的填海造陆形成的建设用地，不管是因为人类的活动还是因为其规整硬质的界面，都会造成原本存在于城市边界区域的物种的消亡。深圳红树林已消失一半，深圳湾陆地化，底栖生物和鸟类受到巨大影响。世界之窗以南的湿地，原是鸟类栖居的场所，后经填海，深圳湾范围大面积缩小，向南退缩到滨海大道以南，虽然划定了红树林保护区，华侨城也建立了生态湿地公园，但生物栖居的环境已受到严重侵蚀、破坏，这可能只是这种城市土地边界演化所带来的生态冲击的一部分（图 4-7）。

4.3.2　深圳城市规划空间结构的演化

分析描述城市形态，除了对边界进行分析之外，对于城市形态空间结构的分析也将会是重点。

在深圳之前，中国的城市建设长期滞后发展，城市建设和规划体制及理论远不能满足城市现代化的需要，深圳较早开始了现代化城市建设的探索，其城市建设和发展历来是全国的视觉焦点。在深圳的城市发展过程中，城市规划是起到很大影响作用的一个因素，1979 年 12 月，王震副总理率队考察深圳之后抽调了 100 多名城市规划设计人员到深圳，将其看作"基本按规划建设起来的城市"，运用城市规划理论指导深圳的城市空间发展结构。

1.1982 年总规的空间结构

1982 年深圳总规中界定了两个边界，一个是市域边界，总面积 2020km^2，另一个是经济特区边界，总面积 328km^2。在此版规划中，最为重要的是前瞻性、创造性地指出了深圳的总体空间结构——“整个特区为狭长带形，城市规划结构为多中心，组团式的带形城市”，奠定了深圳市空间发展最重要的基石。

1982 年经济特区总体规划还根据地理位置及环境条件，在特区内划分了东、中、西等三片 18 个区，设定不同的发展导向。东片有沙头角、盐田、大小梅沙等几个节点，总用地面积约 63km^2，主要发展旅游、住宅和商业。中片包括莲塘、罗湖城、旧城区、上步区、福田新市区、车公庙区、香密湖区及农艺院等，总用地面积为 140km^2，为城市建设的主要地段，是一个发展工业、商业、住宅、仓库和旅游等综合性的区域。西片包括沙河、后海、南头、蛇口工业区、赤湾石油后勤基地和西沥水库游览区，总面积约为 125km^2，是以发展工业、港口、仓库为主的综合性的区域。从 1982 年至今，各个片区的地名有所改变，功能也在持续演化，但这个空间分区框架基本上很好地延续到了现在，最早所划定的特区内的这部分居住区、工业区、仓库区发展至今也成为了深圳城市最为有活力的区域（图 4-8）。

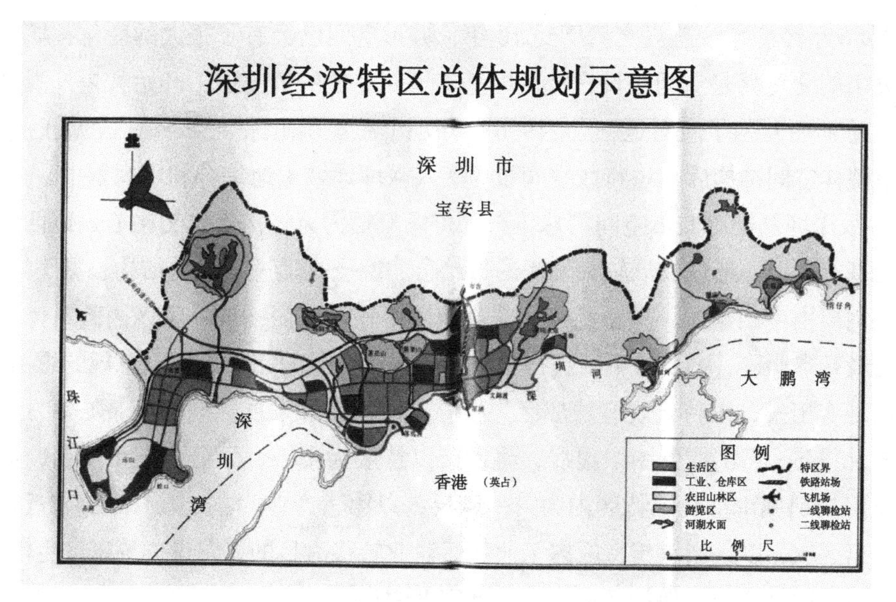

图 4-8　1982 年深圳经济特区总体规划平面

来源：1982 年深圳经济特区总体规划

2.1986 年总规的空间结构

1986 年的经济特区总体规划是对 1982 年规划的延续，这一版总体规划根据深圳市东西狭长的地理条件及城市分期分片逐步建设的特点，采用了带状多中心组团式规划结构，城市分成 6 个组团，即盐田—沙头角组团、罗湖—上步组团、福田组团、沙河组团、南头组团、妈湾组团，它们的规模大小不等，功能性质各异，有几百米宽的绿带，互相隔开，并以便捷的东西干道连成整体。各个组团都有各自的中心，避免了圈层式、大板式的城市结构中心过于集中的缺陷，将城市单一的向心的活动变为分散的多中心的活动，方便了群众生活，减轻了城市交通压力。这版规划中，除了妈湾组团在2000年以后发展为填海区之外，其他五个组团均计划于2000年之前开发。

审视这版总规的城市空间结构，我们可以明显看出，由东到西，罗湖—上步组团、福田组团、沙河组团、南头组团、妈湾组团等五大组团已经连接成片，组成了深圳城市的主体空间。而盐田—沙头角组团此时仍然类似于一块飞地，较为独立地存在于深圳东部，其之后的发展相较于主城区，也表现出了一定的滞后性。

这版总规所规划的人口分布也提示出了深圳未来空间发展的方向。规划认为2000年的城市总人口规模控制在84万人左右，各组团的人口规模根据生产、生活相对平衡，并留有适当余地的原则，作了如下的安排：南头组团规划22万人，沙河组团规划5万人，福田组团规划25万人，罗湖—上步组团规划27万人，盐田—沙头角组团规划5万人，很显然，南头组团、福田组团、罗湖—上步组团作为人口规模最大的聚集地，也将会是深圳未来城市空间发展的重点所在（图4-9）。

3. 总规（1996—2010年）的空间结构

在1986年经济特区总规之后历经10年，城市空间已经有了很大的变化，城市空间形态最为突出的变化就是空间建设在特区内基本填充完成的情况下，开始大幅外溢到特区外的片区（图4-10），为了应对这一点，1996版深圳市总规跳出深圳经济特区，真正放眼全市，考虑城市整体空间结构后，将特区空间布局融入深圳地域土地综合利用规划中。

1996版深圳总规对城市空间的总体布局可以概括为以经济特区为中心，以西、中、东发展轴为基本骨架，形成发展轴和发展的带结合、圈层式递进发展的结构，见图4-11。

特区主要由南山组团、中心组团、东部组团等三个组团构成，特区内的总体空间框架和路网已经基本明确，主要是不断进行功能的集聚和建设的完善。所以总规的思路主要是：第一，从现实出发，以特区现有建成区为核心，向特区外发展，规划三条城镇发展轴，引导深圳向北推进；再次，见图中虚线，将城市以特区为中心，划分为三个圈层，以产业分层布局思路规划城市空间。特区内为第一圈层，以第三产业为主；第二圈层靠近特区的等效交通距离区域，以适当承担特区内工业和运输业转移为目的，建设中等密度生活配套区；第三圈层通过适宜产业，保护环境，保持低密度建设。

这版规划以特区为首、轴带拉动、圈层发展的理念，首次提出了深圳地域的空间结构。虽然其后的空间发展存在一定的偏差，但总体上也遵循了这个结构。

圈层式城市形态的最大问题是处理好近远期用地的关系，否则容易造成近期用地虽然紧凑，但远期城市用地功能却混杂和相互干扰。

轴向发展结构的特征是沿着几个外部交通发展轴进行用地扩张。城市的发展轴可以解决矛盾和压力所带来的城市地区的扩张，并避免城市周边地区的传播。开发区还可以轻松地与城市交通中心衔接，可以充分利用这些条件，发挥土地的作用。

为避免城市过度无序蔓延，有效梳理城市空间结构，需要在城市边缘区打造多个新的城市中心，以疏解城市中心功能结构，同时有效组织各组团功能，但其生产、工作、生活、居住、娱乐等各项设施齐全，且具有各自的商业和文化中心，并尽可能做到就近解决日常生活问题。

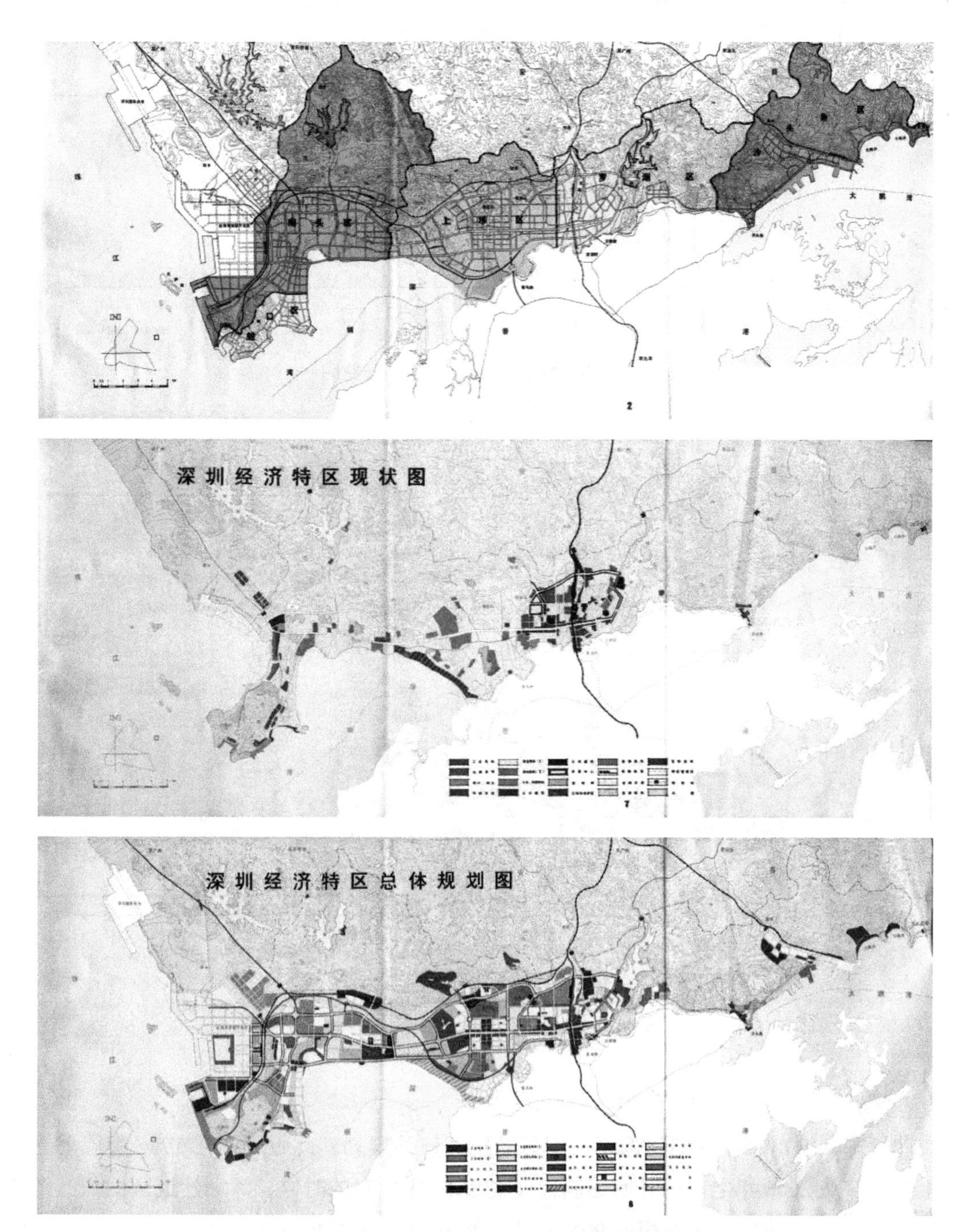

图 4-9　1986 年深圳经济特区空间规划和路网结构

来源：1986 年深圳经济特区总体规划

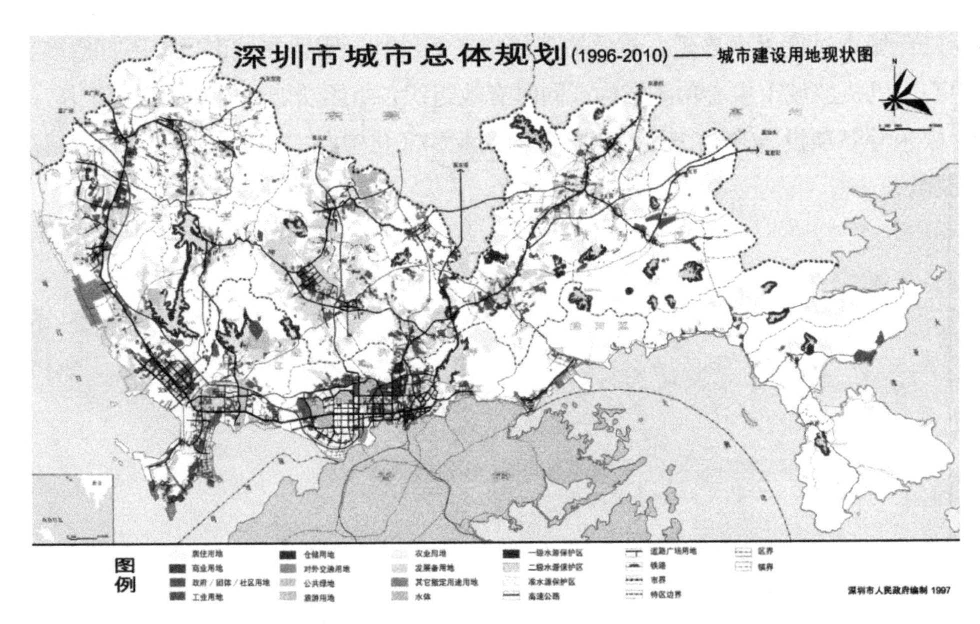

图 4-10　1996 年深圳市用地现状图

来源：深圳市城市总体规划（1996—2010 年）

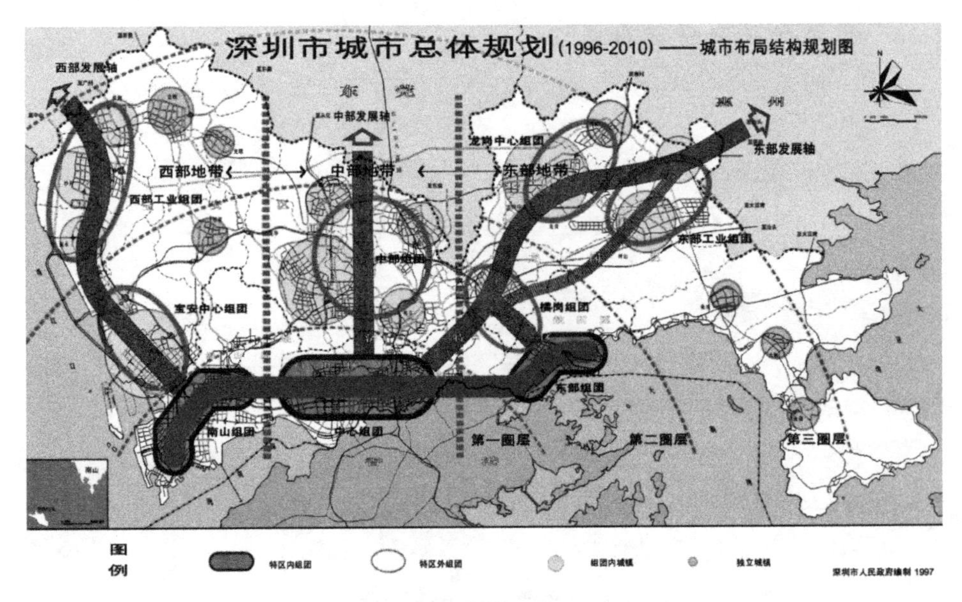

图 4-11　1996 年深圳市城市布局结构规划

来源：深圳市城市总体规划（1996—2010 年）

4. 深圳市城市总体规划（2010—2020）

此版深圳城市总体规划更像是一部区域空间体系规划。此版规划在 1996 版规划的基础上新编，从 2006 年之前即开始编制，而在 2010 年发布的时候，深圳建成区面积已经达到 830km^2，占目前建成区面积的 90% 以上，可建设用地接近用尽。对城市内部空间结构的安排指导作用有限，此版规划与 1996 版相比主要作出了两方面的延续与发展。

一是规划确定将“南北贯通、西联东拓”作为城市区域空间协调策略。贯彻南北发展轴，分别与北面的广州、东莞、惠州和南面的香港通过强化交通设施网络，例如广深港客运专线、珠三角城际轨道等。除了加强与香港的联系，加强与东岸的惠州、东莞、广州的联系，还提出了跨越珠江口，通过基础设施建设连通珠江西岸。

另一方面是继续优化城市结构，提出了外协内联、预控重组、改点增心、加密提升四个结构升级策略。这是深圳做出的意图打破行政界限，实现地区一体化的努力。通过选择重要的位置，突出矛盾的城市地区优先促进城市更新，提高建筑标准，促进周边地区的整体功能和环境质量改善，通过促进地区的密度适度及适当的区域发展强度、打破同质化空间利用模式，实现紧凑发展、土地高效和集约利用。

此版总规构筑了“三轴两带多中心”的轴带组团结构。依据区位、规模等要素，建立了“主中心—副中心—组团中心”三级城市中心体系，包括罗湖—福田城市中心和前海城市中心2个城市主中心以及龙华、光明、盐田、龙岗、坪山等5个城市副中心，8个组团中心等（图4-12）。

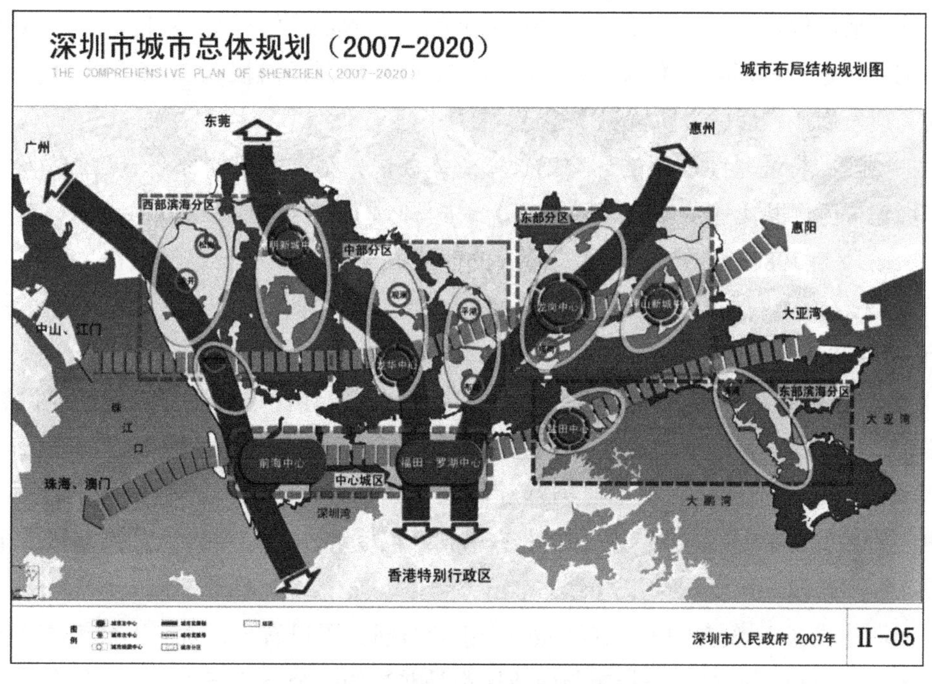

图4-12　2010版总规空间结构规划

来源：深圳市城市总体规划（2007—2020年）

4.3.3　深圳城市空间形态总体格局演化

以城市整体视角来看，整个深圳城市空间形态总体格局可描述为两个典型的、互为异质体的斑块，那就是“非建成区”与“建成区”。在最早的年代里，建成区占比明显较少，随着时间的推移，建成区逐渐外扩，直到占据深圳城市版图的40%以上，此时的建成区与非建成区互相镶嵌，一定程度上可视为对抗又交融的两大“斑块”，城市形态总体格局的演化，可以视作两者空间此消彼长的动态过程。

根据历版城市总体规划、统计公报以及对于历史地图、历史航拍影像图进行CAD矢量描绘与面积统计，本书整理得到了不同年份的深圳建成区总面积。有部分年份的数据，各资料来源给出的数值存在一定出入，这种情况下，选择几个数据中的最大值作为该年份的建成区总面积。此外，包括2017年在内的多个年份的城市建成区面积的统计数据未能直接获得，本书对于缺省年份的数据采用插值法，根据临近年份算出平均增长率来计算插入值，最终得到历年深圳建成区的面积变化情况（数据见附录二）。

建成区规模不仅是经济发展的一个重要指标，而且是关键要素指标，显示空间的变化形式，通过考察建成区的规模总量以及历年环比增长情况来评估深圳城市空间形态总体格局。

深圳城市空间形态总体格局可以简要概述为：三十余年来，城市建成区保持了一个持续增长的态势，而与之相对的是城市非建成区持续收缩。结合统计年鉴、统计公报、总规划里的数据信息，本书梳理出了深圳城市建成区的规模变化情况（图4-13）。

根据建成区规模增长的快慢可以大致划分为四个阶段：第一阶段为1979—1986年，第二阶段为1986—1996年，第三阶段为1996—2006年，第四阶段为2006年至今，前两个阶段为高速发展期，后两个阶段趋于稳定。

第一阶段的特征是建成区的环比增长率总体极快，基本上年均都在200%以上，这一阶段深圳建成区规模飞速从1979年的2.81km^{2}提升到1986年的47.60km^2。

第二阶段为1986—1996年，这一阶段的建成区面积环比增长仍然很快，总体而言比上一阶段增速放缓，但也基本处于年均100%以上。这一阶段深圳的建成区迅速扩张，在1996年达到325km^2。

第三阶段为1996—2006年，这一阶段的建成区规模环比增长明显放缓，但仍然比后一阶段表现出了更大幅度的波动性，在此阶段，建成区面积环比增长率下降到100%以内，到2009年深圳的建成区面积扩张到813km^2。

第四阶段为2006年至今，这一阶段的建成区规模环比增长率较低，波动幅度窄，在此阶段，深圳的建成区面积扩张达到934km^2。

将深圳建成区规模与人口、GDP做一个拟合分析，可以看出，就三十余年的整体趋势而言，人口、GDP等社会经济指标与建成区都是并行的一个增长态势，而在各自的时间阶段划分上，存在一定的错位。以人口、GDP等指标作为对比，建成区的规模变化既在某些阶段表现出了滞后性，又在某些阶段表现出了超前性，体现出了社会经济潜藏其后的震荡影响（图4-14）。

从深圳整体空间形态来看，建成区的扩张所带来的内部空间形态的改变是显而易见的，在建成区环比增长速度的评估之外，本书从一个形态演化的角度，对于整体空间形态也进行了一个演化分析。

深圳地域总体面积约 2000km^2，按照我们在比例尺选择中的定义，两个尺度间，更微观一级尺度和宏观一级尺度的相对大小关系，保持在 1∶2 至 1∶5 之间，最大不超过 1∶10。基于此，本书界定了一个研究范围内的形态要素选择的基准条件之一即是这个形态要素的面积需要占到总的研究面积的 10%，只有达到这个当量，才认为该要素变化被识别。因此，以深圳 2000km^2 的占地规模进行推导，面积达到 200km^2 的空间形态是可以被识别的，空间形态变化达到 200km^2 规模幅度的时间节点是切分阶段的关键点。

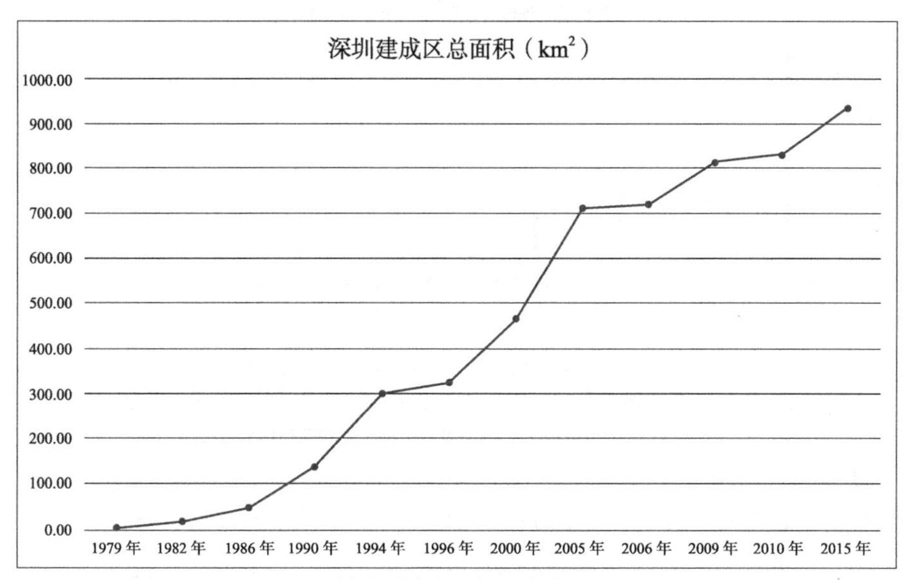

（a）深圳建成区总面积变化图

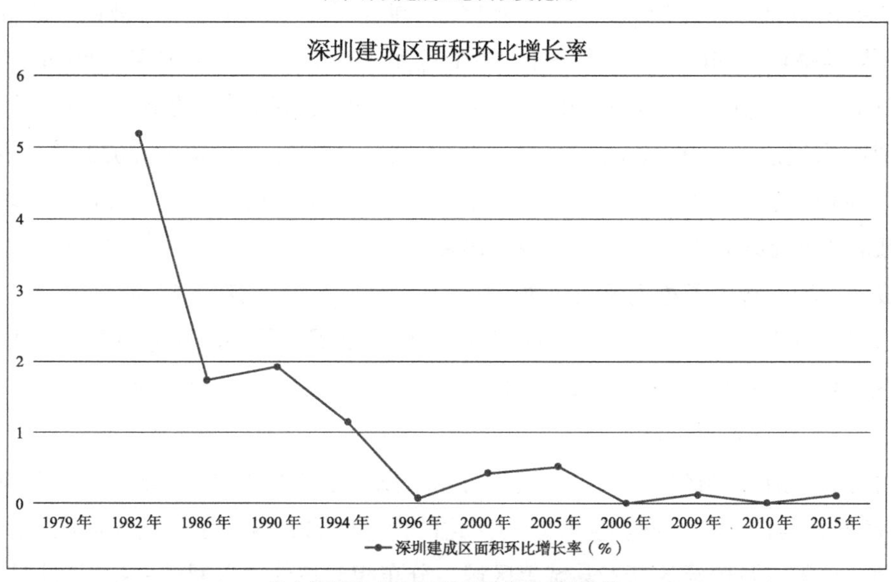

（b）深圳建成区总面积环比增长率变化图

图 4-13　深圳建成区规模变化图

来源：根据统计公报、统计年鉴、历史航拍影像整理所得。

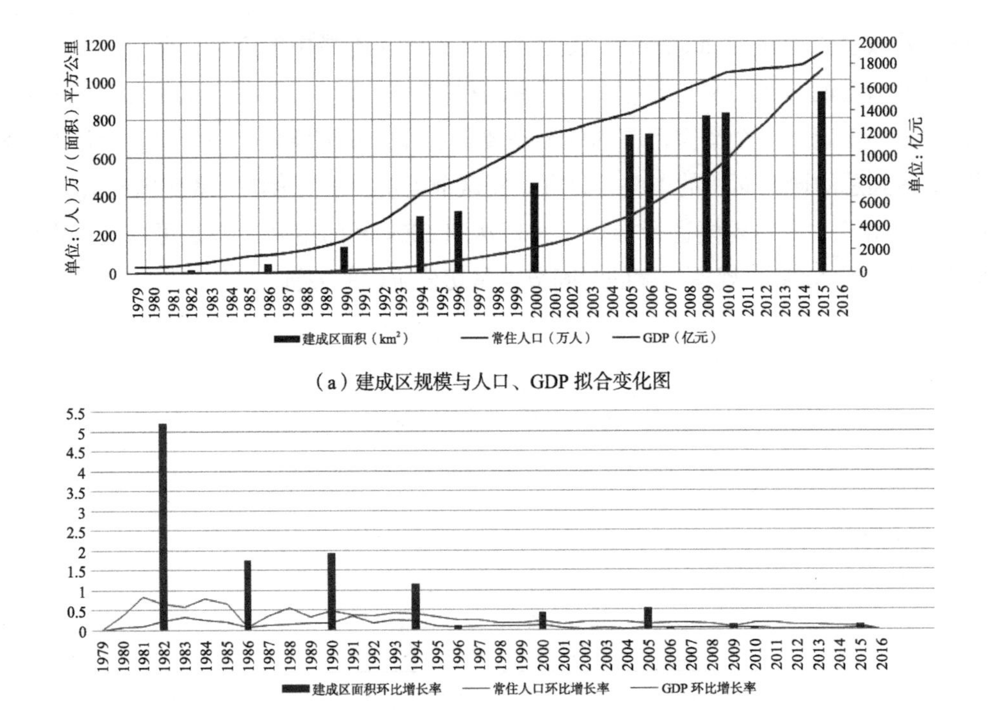

（a）建成区规模与人口、GDP 拟合变化图

（b）建成区面积环比增长与人口、GDP 拟合变化图

图 4-14　深圳建成区规模与环比增长率与人口和 GDP 关系变化图

来源：本书根据深圳历年统计年鉴、统计公报等整理绘制。

根据对统计数据的整理，深圳在 1992 年建成区面积首度达到 200km^2，在此之前，深圳维持了一个长期的非建成区的空间形态，区域内以自然的山川河流为主，在航拍影像上直观感受到的就是一大片的绿地。在 1992 年，建成区首度作为一个可被识别的空间斑块出现在深圳整体城市的内部空间形态中，并在其后，于 1999 年，面积达到 400km^2，2003 年，面积达到 600km^2，2007 年达到 800km^2，对于 2016 年的航拍影像的测量显示，深圳 2016 年的建成区面积达到了 939km^2，考虑到深圳市城市总体规划（2010—2020 年）中提出要将建设区面积控制在 900km^2 规模，所以未来建成区斑块增长达到 1000km^2 将会非常难以实现，或者以非常缓慢的状态实现。随着建成区斑块的扩张，深圳内部空间形态也由单纯的非建成区面貌，转入了建成区和非建成区几乎以 1∶1 比例共存的空间格局。基于深圳地域空间形态的改变，我们界定了空间形态发展的五个阶段：第一阶段为 1979—1992 年，第二阶段为 1992—1999 年，第三阶段为 1999—2003 年，第四阶段为 2003—2007 年，第五阶段为 2007 年至今（图 4-15）。

经由对历史航拍影像图的分析，我们可以看到（图 4-15），1992 年建成区斑块首度达到 200km^2 时，与前面关于深圳空间结构演化的论述吻合，这一阶段的建成区斑块主要分布在罗湖、福田以及曾经的新安县城等区域，分布相对集约，以罗湖—福田区域最为清晰可辨，在深圳地域整体视角下，建成区对于非建成区的侵蚀还并不明显。1999 年，建成区达到 400km^2 规模，这一阶段该区域的形态扩张趋于分散，福田的剩余区域以及南山、宝安、光明、龙华、龙岗等各个行政区在其时都完成了较大规模的建设，这个时候建成区对于非建成区的侵蚀是显而易见的，与曾经的集聚状态不同，这个时期的建成区分散扩张，明显地嵌入到非建成区中，带来了深圳整体空间形态最为显著的改变。2003 年，建成区达到 600km^2 规模，这个阶段的扩张主要是对于 1999 年所有空间骨架的增补，整体格局延续、完善了此前的发展脉络。2007 年建成区达到 800km^2 规模，这一阶段在延续格局进行填充之外，比较大的改变是龙华片区向北有了较大的空间拓展。在此之后，到 2016 年，建成区规模达到 939km^2，这一阶段最为显著的空间拓展主要发生在滨海岸线区域，经由填海造陆，深圳城市空间边界向外扩张，整体形态也发生了较大的变化。

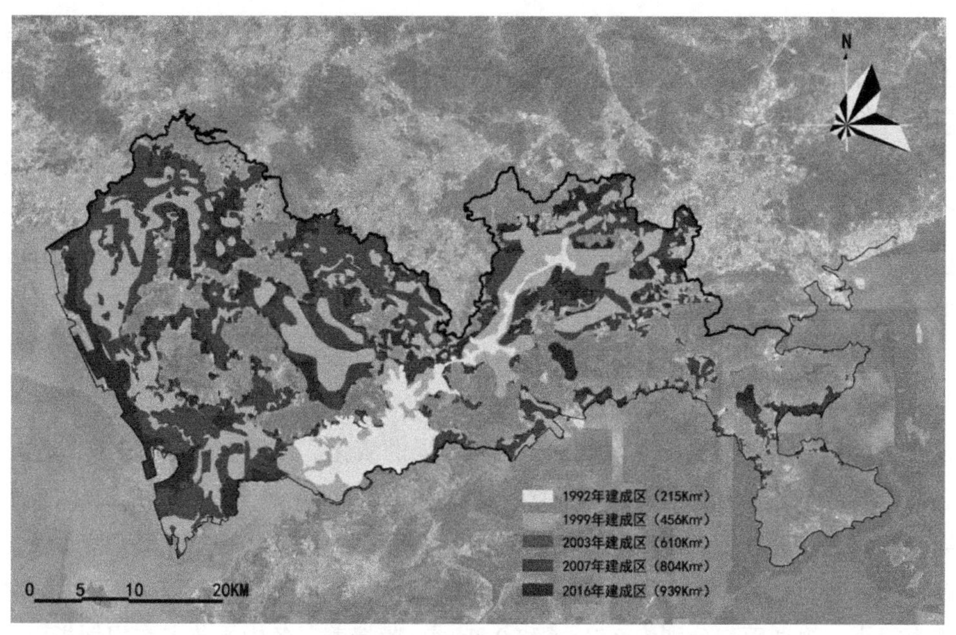

图 4-15　深圳全市范围主要时间节点空间扩展边界

来源：根据统计资料及 Google Earth 绘制。

空间形态的发展速率也表现出了较强的阶段差异性。从 1979 年建市到 1992 年的第一阶段，经由 14 年的时间完成了 200km^2 的空间拓展，到第二阶段，经由 7 年时间，到第三阶段、第四阶段均为经由 4 年时间完成 200km^2 的空间拓展，第五阶段从 2008 年直到目前，近 10 年时间里，深圳的空间拓展速率明显降低。

在此之前，本书经由对于社会经济的考察，界定了深圳社会经济发展的四个阶段，包括：1979—1986 年，1986—2001 年，2001—2010 年，2010 年至今。本书界定的空间形态发展的五个阶段：第一阶段为 1979—1992 年，第二阶段为 1992—1999 年，第三阶段为 1999—2003 年，第四阶段为 2003—2007 年，第五阶段为 2007 年至今。将这两个不同的阶段划分方式进行对比，我们可以发现整个空间形态的发展与社会经济的发展存在一定的错位，在前面两个阶段，空间形态的发展速度稍显滞后于社会经济的发展，而空间形态发展的第三阶段与第四阶段基本上能对应社会经济发展的第三阶段，在这个阶段，形态表征发展就要明显强于社会经济的表征，而形态发展的第五阶段几乎对应经济发展的第四个阶段，空间形态发展相较之下稍显提前。

4.4 深圳建成区空间形态

在总的城市层面上，深圳陆地空间边界逐步外延，空间结构不断延续和丰富，建成区和非建成区表现出了一个随时间而扩张或收缩的总体格局。在此基础之上，切入到下一尺度的研究，即对深圳建成区的空间形态作进一步分解、分析。

与大多数城市一样，深圳建成区的空间形态变化不仅有空间维度上的变化，也有时间维度上的差异，具体表现为向城市各个方向扩展的形态各异，规模、速度也各有不同。目前一般通过对建成区扩展的各个方向的分异性来对建成区扩展的空间差异进行研究，也就是通过在建成区的不同区位上，空间扩张在面积变化、扩展速度与强度方面的变化来解释建成区形态扩展的空间差异性。可以切分出横向研究与纵向研究两大方面，在纵向上比对同一区位不同时期的空间形态，探讨其演化历程；在横向研究方面，比较同一时间在不同空间的形态差异，探讨其形态特征。

4.4.1 空间形态演化历程

综合考虑深圳土地边界、空间结构与总体格局的演化，可以大致勾勒出深圳建成区空间形态在时间这一维度上的演化脉络，划分为以下多个阶段：

第一阶段为1979—1986年，深圳的城市建设基本可概括为在早期的实验实践与其后的大踏步快速推进。深圳最早试水城市建设的行动起于蛇口和罗湖火车站两个口岸附近，开发规模很小，规划面积分别为0.5km^{2}和0.8km^2。紧接着，各中心节点在规划指引下同时建设。在此之后，招商局集团、华侨城集团、华强集团、赛格集团、中航技（中国航空技术进出口公司）、南油集团、赤湾石油基地、直升机场等多家国企扎根深圳，进行成片承包开发，深圳出现了“八大金刚”各显神通的局面，城市建设得到了飞速发展。依托历史遗留的老城区和主要对外交通口岸，借助大型企业的自主开发，深圳城市空间形态很快出现了“诸侯并起”的局面，此时涌现出了城市初期的“极核”与“飞地”，包括罗湖、蛇口、南头、沙头角为代表的城市“极核”，与华侨城（沙河）、宝安县城为代表的城市“飞地”。

1982年的罗湖、上步30余平方公里的土地开发全面铺开，与此同时，南头、沙头角、沙河（即后期的华侨城）三片也相继开始“飞地”式开发。截至1996年底，城市建设用地规模达38km^2，平均每年以12km^{2}的速度扩张（王炬，1990）。

按现在城市规划界的一般共识，深圳的城市空间演进模式较大地不同于北京等“单中心”、“圈层式”城市，深圳的城市拓展具有“带状”城市拓展、“多中心”同步开发的特征，这一特征与“八大金刚”各自的拓展密不可分，并在特区第一阶段发展中即有所体现。这一阶段的深圳，有东、中、西三个立足点，即沙头角、罗湖以及蛇口——南头[①]，也出现了以华侨城为代表的城市“飞地”。

第二阶段为1987—1996年，这一时期是深圳建成区发展“极化”的阶段。罗湖、福田区域在路网层面连接成片，并且也有了极具规模的综合开发，罗湖中心区成为这一阶段深圳的城市发展极核，并且有效地带动了龙岗片区的发展。在特区带状组团式的城市空间结构初步形成的同时，特区外宝安、龙岗等区域开始出现以村镇为单位的自发扩张。在有一定发展基础的宝安县城（新安、西乡）附近，北部轴线的布吉、平湖以及东部轴线的横岗、龙岗、坪地、坪山等地，围绕已建成地区，城市用地有一定扩张。特别是宝安县城、布吉、横岗等地的扩张规模最大。广深公路沿线的西乡、福永、沙井、松岗开始快速扩张，其整体开发规模已与东部深惠路沿线各镇不相上下，发展速度明显快于后者。中西部的石岩、公明，中部的龙华、观澜，东部的坑梓、葵涌等镇也开始发展，但无论扩张规模还是速度都无法与广深公路沿线各镇相比。与此同时，中西部的光明，东部的大鹏、南澳基本上还处于尚未开发状态。

除各镇自发开发外，一些重大建设项目如广深高速公路、福永的深圳国际机场、大鹏的大亚湾核电站也开始在宝安县兴建（深圳市建设局，1991），对整个城市空间形态的影响也逐步显现。

第三阶段为1997—2006年，这一阶段属于特区外空间大发展、特区内空间填充提质的阶段。特区外以城镇为单位的外延扩张势头有增无减。1994-2000年，特区外城镇建成区面积由198.4km^{2}迅速扩张到333.9km^2，年均扩张22.6km^2。这一扩张速度略高于第二阶段，为同期特区扩张速度的4倍。其中，宝安区的扩张速度远快于龙岗区，增幅超过120%的6个镇全部属于宝安区，增幅最小（30%以下）的三镇则全部位于龙岗区。

具体到特区外的内部，各城镇因所处区域不同，空间拓展过程差异显著：①西部轴线城镇的扩张。该阶段，西部轴线城镇扩张最快。除作为宝安中心城的新安、西乡逼近增长的范围极限外，福永、沙井、松岗高速扩张，较1994年的增幅均在150%以上。各镇之间及各镇内部的空隙（未开发土地）在很大程度上得到填充，整体空间形态已从以前分布在107国道和广深高速公路两侧的轴线状向带状形态发展。②中部轴线城镇的扩张。该阶段，中部轴线增势强劲。布吉的填充和龙华的迅速开发使两镇逼近增长的空间极限，观澜、平湖较1994年的增幅均超过100%。各镇的持续扩张，令其边缘部分开始首尾相连，整体形态开始由以往平行的双轴线向环状发展。③东部轴线城镇的扩张。该阶段，东部轴线增长相对趋缓。除作为龙岗区行政中心的龙岗镇增幅超过100%外，其余各镇增幅均小于100%。此外，由于龙岗大工业区的建设，坪山的扩张相对较快。从空间形态看，各镇已连接成片，表现出完整的轴线特征。坪地距离龙岗中心城较远，值得注意的是，作为规划龙岗中心组团的重要组成部分，坪地镇的增长速度并没有达到应有的水平，在全市各镇中

① 王富海．深圳城市空间演进研究 [D]. 北京大学博士学位论文，2004.

位于倒数第三位，这也为未来坪地新区的发展预留了土地。

第四阶段为 2007 年至今，这一阶段的深圳基本上全面达到土地资源利用殆尽，特区也不再有内外之分，整体城市都仅余少量空间留待建设，包括前海区域、深圳湾总部区域等大型项目建设区域。城市全面进入城市更新阶段，“点”状更新在深圳各个区域的形态中都广泛出现。

在基于空间结构发展的形态演变之外，本书沿袭前述方法，对建成区规模增长所带来的形态改变也进行了历程研究。以深圳建成区现状 939km^2 的占地规模进行推导，面积达到 100km^2 的空间形态是可以被识别的，空间形态变化达到 100km^2 规模幅度的时间节点是切分阶段的关键点（图 4-16）。

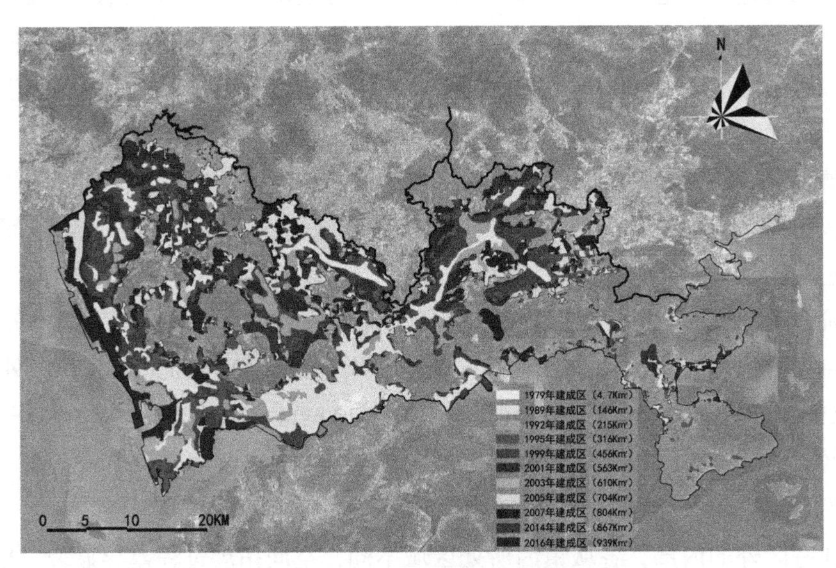

图 4-16　深圳总体建成区主要时间节点空间扩展边界

来源：根据统计资料及 Google Earth 绘制。

经由对航拍影像图的分析，可以识别出 1989 年、1992 年、1995 年、1999 年、2001 年、2003 年、2005 年、2007 年、2014 年、2016 年等几个阶段划分的标志时间点，在这些点上可以看出，空间前后阶段性变化达到了 100km^2 规模。可以明显地看出空间形态从曾经的集中布局于罗湖、福田片区，逐渐动态演变，扩张分散至整个深圳地域。

空间形态发展速率也表现出了较强的阶段差异性。在 2007 年之前以及 2014 年之后，空间扩张速度都极为快速，基本上都在 3—5 年间实现了 100km^2 规模的增长，唯有在 2007—2014 年这个阶段，建成区规模扩张大幅放缓，用了 8 年时间才实现 100km^2 规模的增长。

4.4.2　深圳建成区形态分区

深圳建成区的空间形态基本上能按照特区原管理边界、主要山体屏障等自然肌理进行划分，如图 4-17 所示，包括五个分区。

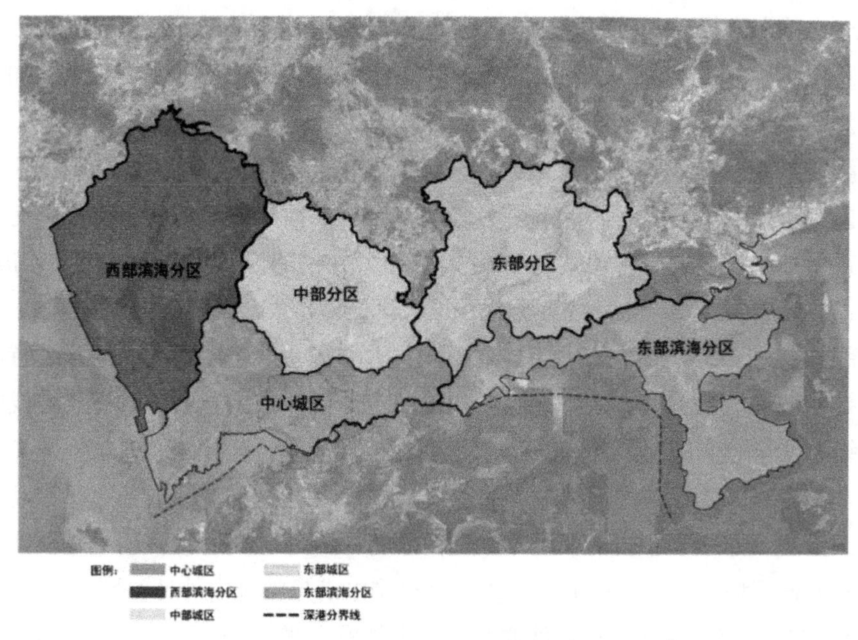

图 4-17　深圳市建成区形态分区

来源：2010 版总体规划

中心城区是深圳建成区的核心区域，也是原深圳经济特区的主体建设区，整体空间开发完成度最高，并且格局完整，完型度高。西部滨海分区受空港以及自然肌理影响，整体开发完成度也较高，形态“大疏大密”。中部分区主要受到山体肌理的影响，用地相对破碎化，形态比较自由。东部分区与中部分区类似，受山体影响，并且由于区位相对外围，所以空间开发度相对更低，形态也较为破碎。东部滨海分区山海格局优良，但也受此限制，开发建设有限，城市建成区形态较为局促（图 4-17）。

4.4.3　深圳建成区主要线性空间形态

1996 年以来，深圳陆续编制了主干道路网的规划、铁路网规划、总体交通规划和公共交通规划，并在第十一个五年计划时期启动了大规模的交通基础设施建设。深圳城市综合运输的发展取得了巨大的成就，形成了一个机场和港口为依托，高速公路和水运、铁路相互支持的航空、公路和铁路，更先进的三维综合运输系统。深圳机场和港口，近年来发展迅速，超额完成计划目标，2006 年深圳港口集装箱吞吐量为 1847 万标箱，世界排名第四，已基本确立了世界集装箱枢纽港的地位；深圳机场旅客吞吐量为 1835.6 万人次，货物和邮件吞吐量为 559300 吨，作为华南客运、货运枢纽港和区域性国际快件配送中心，也是中国大陆第一次实现土地、海洋和现代机场的航空运输。

深圳在 2006 年建立了疏港专用通道——盐排高速公路，与其他高速公路网络共同构成了深圳市的“两横五纵”的高速公路网络骨架，实现高速公路通车里程 268km，高速公路网密度处在全国大中城市的前沿。

全市道路基本形成“三横三纵”的网络布局结构：一横为滨海大道，二横为北环大道，三横为石龙公路和布龙公路；“三纵”主要为深惠（205国道）、广深（107国道）和皇岗路—梅观高速公路。

通过滨海大道的建设和轨道1号线的建设，进一步带动特区作为城市中心区的建设，罗湖、福田、南山3个组团间的联系更为紧密，居住向福田、南山逐步转移，南山和福田区的建设逐步加快。1997年福田中心区开始启动大规模建设，逐步建设完成了市民中心、会展中心、莲花山公园及一批商务办公楼和居住区，基本实现了规划的设想。

在西部轴线上，2007年宝安大道建成通车，并与深南大道相衔接，加强了特区内外的联系，引导西部轴线上宝安、新乡、西乡和沙井等地区的发展。通过轨道4号线的建设带动中部轴线上龙华片区的发展。2001年水官高速建成通车，强化了东部轴线上龙岗与特区的交通联系，促进了西部轴线沿线地区的发展。1997年机荷高速建成通车，推动了第二圈层的新安、西乡、龙华、布吉的发展。但是由于特区内外的交通联系还不是很强，导致特区内外的发展很不均衡，仅通过道路系统建设也难以满足特区内外日益增长的交通需求。

2010版总规确定了南北贯通和西联东拓两大战略，进一步推动了多条外联道路的线性发展。南北方向强化了深圳在珠江东岸城镇群空间的纽带作用，东西方向拓展深圳腹地，加强深圳与惠州、粤东地区的发展联系。

作为深圳的“城市动脉”的高速路与快速路也在持续发展中。北环大道于1995年建成通车，是深圳第一条快速路，也成为了继深南大道之后联系特区内各组团的第二条东西向道路，它的建成对加强规划各组团间的联系，缓解深圳交通紧张状况，促进特区经济发展具有重要意义。北环大道通车后，原深南大道承担的货运及过境交通逐步转移到北环大道，也带动了沿线土地的开发建设。广深高速、梅澜高速、皇岗口岸的建成使用，极大地改善了福田中心区的对外交通条件，使其辐射力不断增强，规划将其作为中心区的功能定位逐步成为现实。罗湖火车站的升级改造和准高速铁路通车，使罗湖中心区商业功能得到进一步强化。在空间分布上，特区内按照“带状组团式”大城市的规划有步骤地实施，特区内五个组团有重点地全面建设，已形成东西向带状连绵形态，并通过广深、深汕两条对外公路向外围延伸。特区外则基本以原农村体制的18个镇、1个农场和1个办事处为单位各自建设，形成了规模不等的综合型工业城镇，从初期的沿路建设逐步走向成片甚至成组团发展，特区与沿路城镇人口规模占全市的92%，以特区为中心、三条轴向放射发展的市域城镇格局已初步形成。

西方国家经历了城市化、逆城市化和城市蔓延。土地使用和交通方式密切相关，中国大部分城市在发展阶段不同于西方国家，城市化和城市蔓延在深圳没有出现，深圳采取高密度发展模式，通过公共交通导向，以轨道、快速公交、大容量公共交通系统来引导城市的发展。深圳规划建设了里程规模极大的城市轨道网，以期能一定程度上通过以公共交通为导向的开发来优化城市结构，并带动城市发展。深圳建成区县有将环绕在公共交通沿线及站点上的土地集中、紧凑、混合利用的特征。

4.4.4 深圳建成区演化的相关影响因素

就大的时间尺度而言，在前述的人口、GDP 等社会经济大格局的影响之外，深圳建成区演化受到了几个关键性历史要素的影响。首先是最初的特区范围划定，初期深圳立市之后，划定了深圳经济特区，并设置了二线关，关内、关外以两种制度进行管控。2004 年，以城市规划全覆盖的方式，一举将特区外 260km^2 的农业用地指标转为国有土地，释放大量可建设用地。随着土地市场膨胀，关外土地无序蔓延。

2010 年，深圳市特区的范围扩大，深圳提出一体化发展，包括管理一体化、城市建设一体化、公共服务和生态环境保护一体化。为了更好地整合特区内外发展，2007 年成立光明新区，2009 年成立坪山新区，2011 年成立龙华新区和大鹏新区。

至 2015 年底，深圳市城市建设用地增长至 934km^2，而 2010 版总体规划，到 2020 年，深圳市城市建设用地规模始终要控制在 900km^2。深圳城市可利用建设用地资源有限，未来的城市空间发展只能由土地增量开发向土地存量开发转换，以城市更新及二次开发、建设为动力。

2007 年之后，深圳的交通设施的建设已经进入了一个快速发展阶段。同年，深圳湾大桥建成通车，成功连接香港元朗和深圳南山，深圳湾和福田口岸开通进一步刺激了城市发展建设。2011 年，轨道交通二期工程建设完成，形成了 5 条共 178km 的轨道交通网络，大型综合交通枢纽——深圳北站投入运营，香港高速铁路交通运行。2013 年宝安机场 T3 航站楼投入使用，厦深铁路建成通车。“十一五”期间，盐二通道、盐排高速、盐坝高速、南光高速、龙大高速、沿江高速、博深高速、福龙路、南坪快速、清平快速、丹平快速等高快速公路相继建成通车。

目前，深圳已基本构建完成与 2010 版城市总体规划提出的“三轴两带多中心”的轴带组团结构发展相适应的高、快速路体系，包括：西部发展轴通过建设的沿江高速、宝安大道、广深高速、107 国道等道路引导沿线以及宝安、大空港等中心区的发展；中部发展轴通过建设福龙路、龙大高速、梅观高速等道路引导龙华新区、光明新区的发展；东部发展轴通过龙岗大道、水官高速等强化龙岗区与罗湖中心区的联系，带动龙岗区的发展；北部发展带通过机荷高速、南坪快速等道路加强外围圈层龙岗区、坪山新区、龙华新区以及宝安沙井等地区的联系；南部发展带通过深南大道、滨海大道、北环大道、深盐二通道等道路串联福田 - 罗湖中心区、前海中心区、盐田区、大鹏新区。

城市轨道线、高速路、快速路也是影响城市空间形态变化的主导要素之一。由于深圳已进入存量用地开发阶段，用地的高密度、高强度开发是土地开发的显著特征，必须通过大容量的轨道交通网络来支撑未来城市空间的拓展和重点片区的发展。

根据轨道交通速度和运量的区别，分为快速轨道和普速轨道两个层次。快速轨道线路联系珠三角城市的核心城市中心，联系发展轴带主次中心，促进区域融合，引导城市多中心空间结构形成。普速轨道线路为有通勤需要的主要客流提供服务，构筑城市公共交通骨架，缓解城市交通压力。至2040年规划建设20条共720km轨道交通网络（图4-18）。可以预见，未来建成区的空间扩展也会紧密围绕着高速路、快速路以及轨道快线进行。

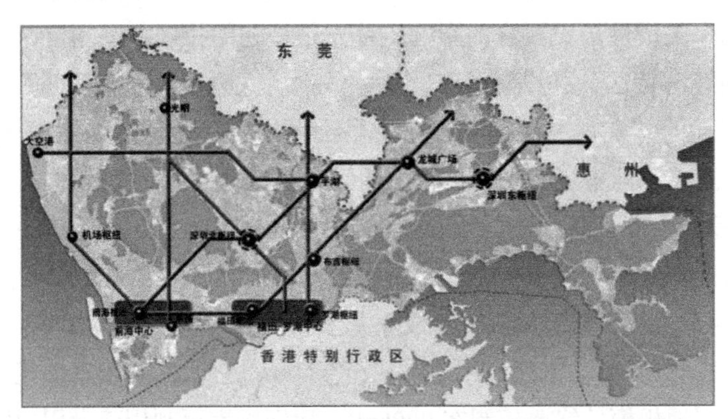

（a）快速服务线与城市空间布局结构关系图

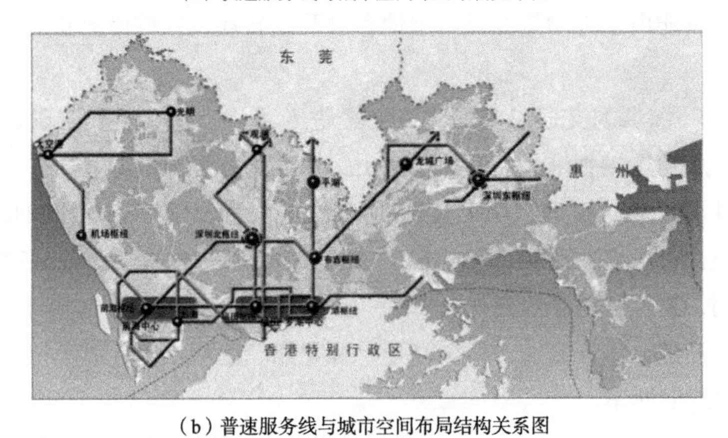

（b）普速服务线与城市空间布局结构关系图

图4-18　深圳市轨道交通结构图

来源：深圳交通研究中心

本章主要研究了深圳整个市域层面的总体空间形态，包含深圳城市全域以及深圳城市建成区两个尺度。

（1）深圳城市空间形态总体表现出非平衡范式特征。将时间维度与空间维度结合起来对深圳城市空间形态进行梳理之后，我们发现深圳城市空间形态总体有一个标志性特点，就是在过去的三十余年间，深圳城市边界、建成区边界始终处在不断的发展改变中。深圳城市作为集合了各种物质信息要素的一个巨型系统，整体仍处在开放状态中。深圳空间形态在不断演化，处在非平衡范式的状态中，尚没有达到平衡稳定，总体城市边界不断向海洋拓展，建成区边界也在不断扩张，侵蚀非建成区斑块。

（2）深圳城市形态表现出受规划影响的典型特征。深圳是改革开放之后建立的一个全新的城市，从无到有的过程中，城市规划起到了非常强的指导与控制作用，所以，从空间结构到空间拓展的时序，都体现出了相当的规则性与规律性。

（3）深圳城市空间形态呈现出扩张式发展。伴随着要素的不断涌入，从原经济特区内的空间填充，发展到特区内外共振，再到特区一体化发展，深圳总体城市尺度的边界以及建成区边界不断外延。

（4）深圳城市空间形态的边界变化幅度较小。就整体城市而言，深圳总体城市形态的改变主要体现在蛇口半岛区域，填海造陆给蛇口半岛带来了明显的形态改变，但就总体城市尺度而言，空间形态变化的幅度并不明显。

（5）深圳城市空间形态的内部变化剧烈。在边界变化不大的前提下，深圳城市空间形态内部发生了重大的改变，从 1979 年建成区斑块面积 2.81km^2，占城市总面积的比例为 0.14%，到 2016 年建成区斑块面积 939km^2，占城市总面积的比例为 47.02%，建成区斑块大幅侵蚀非建成区斑块，内部空间形态发生了剧烈的改变。

（6）深圳城市空间形态内部变化速率在持续加快后大幅减缓。从 1979 年建市到 1992 年的第一阶段，经由 14 年的时间完成 200km^2 的空间拓展；到第二阶段，经由 7 年时间；到第三阶段、第四阶段均为经由 4 年时间完成 200km^2 的空间拓展；第五阶段从 2008 年直到目前，近 10 年时间里深圳的空间拓展速率明显降低。

（7）深圳空间形态演化带来了具有不同表征的阶段划分，而这些阶段划分与社会经济的阶段划分存在一定程度的错位。

深圳建成区边界与内部空间形态都体现出了比深圳总体城市空间形态更剧烈的变化。如前所述，从 2.81km^2 到 939km^2，深圳建成区边界发生了巨大的变化。此外，相较于深圳城市总体而言，深圳建成区内部空间形态体现出了更剧烈、更快速的变化，在 1989 年、1992 年、1995 年、1999 年、2001 年、2003 年、2005 年、2007 年以及 2014 年等多个标志性时间节点上，深圳建成区实现了 100km^2 规模的空间增长。可以看到，与总体城市尺度相似，建成区的空间形态也体现出了变化速率持续加快后大幅减缓的特征。与总体城市不同的是，建成区这一更趋于微观尺度的空间形态变化可以划分出 10 个阶段，其变化频次要大幅强于深圳总体城市尺度。

（8）在平面形态分析中，深圳城市与建成区的平面中都具有明显的“线”、“面”要素，诸如边界、山水分隔、组团绿带、建成区斑块等。

第五章　城市核心区域的空间形态

城市整体尺度下，我们透视了深圳整体社会经济成长的时间线以及空间形态随之的演变，沿着这条脉络，本章将继续展开城市核心区域空间形态的透视分析。事实上，深圳三十年，成就了整个城市的主体框架，按多尺度层次分析框架，在本尺度范围，我们可将深圳全域划分出以下几个次等级尺度：①特区内为一个尺度；②西侧滨海区域从宝安前海到沙井的连片斑块；③龙华核心区；④龙岗中心城区域等。这些区域在地图上的斑块是非常明显的，对每个次等级尺度进行分析，会对总体尺度下，核心区域层次的斑块形成和发展脉络形成认识。在向中观方向演进的过程中，信息呈现出数量级递增的态势，因此，与对于深圳城市、深圳建成区的空间形态分析不同，中观层面两个尺度的分析都是选取了典型样本进行研究，即仅选取特区范围及其次等级尺度的南山区范围进行研究，并未进行全深圳的完全分析，因此对于深圳中观尺度的空间形态的讨论是必要而不充分的，但仍然能总结归纳出空间形态的典型性结论。

从历史图像中可以很明显地看出，从特区建立伊始的罗湖中心区建设，到 20 世纪 90 年代城市大幅向关外蔓延，深圳的城市生长走出了一条清晰可循的路径。事实上，三十余年的时间积累体现在深圳的方方面面，而最为集中的体现就是原来的深圳经济特区。

在深圳经济特区划定之初，特区享有开发建设、对外开放等一系列的政策制度与支持①，特区因其“特”，使得特区内外管控大为不同，也因此特区北部设有全长约 85km 的特区管理线，也就是如今仍有部分残留的“二线关”。“二线”以内的深圳经济特区，是深圳城市三十余年的积累与见证，从东至西包括盐田、罗湖、福田、南山等四个行政分区，共同构成了深圳的城市核心区，本章将对这一尺度的空间形态进行透视分析。

1979 年，招商局在南山区蛇口开发了 1km^2 的荒坡，建立了蛇口工业区，在较短的时间内建成了初具规模的现代化的工业小城。由于有港口优势，南山是特区最先发展起步的区域之一，又由于毗邻海域，所以三十余年间不断地发展填海，并在城市规划控制下非常有节奏地进行区域开发，表现出了较为多样的空间形态发展特征。因此，在深圳城市核心区内进一步选择区域进行向下尺度的空间形态分析时，本书选取了南山区来进行中观层面更细分尺度的空间形态研究。

① 钟坚 . 深圳经济特区改革开放的历史进程与经验启示 [J]. 深圳大学学报(人文社会科学版),2008(04):17-23. 包括工资制度、基建体制、劳动用工制度体制、企业体制、劳动保险制度、干部人事制度以及政府机构等方面的改革内容。

5.1　深圳经济特区空间形态

深圳经济特区范围包括罗湖区、南山区、福田区和盐田区等。① 由于这一尺度的空间形态与上一尺度的空间形态具有较多的重合性，所以本书在此就不再对深圳经济特区的发展历程进行赘述了，转而将更多的笔墨用在这个更细分尺度的空间形态拓展及具体的要素分析方面。

5.1.1　空间形态演化

与宏观尺度的空间演化有所相似又各自不同，中观尺度的空间形态演化仍然表现出了时间跨度较长的特征，以 5—10 年为一个典型周期，我们可以观测到较为明显的空间形态变化，但另一方面，中观尺度的形态变化还是体现出了比宏观尺度更快速而多样的特征。

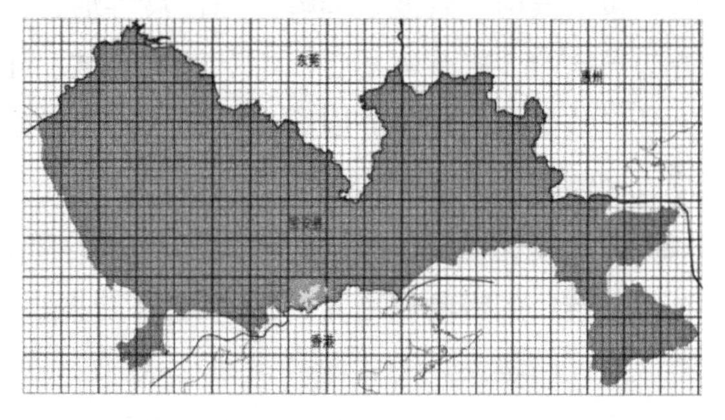

（a）1978 年建成区斑块

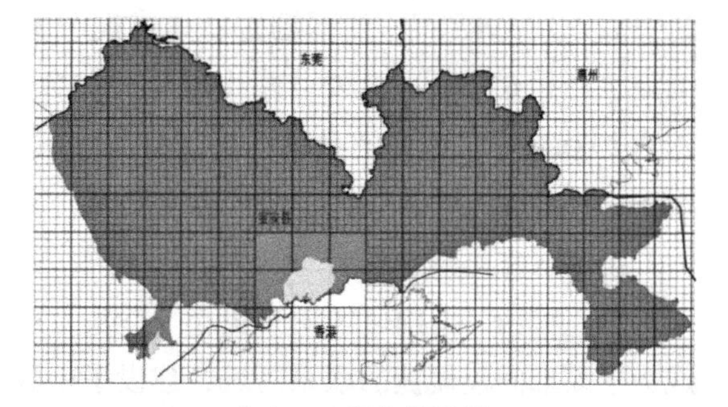

（b）1982 年建成区斑块

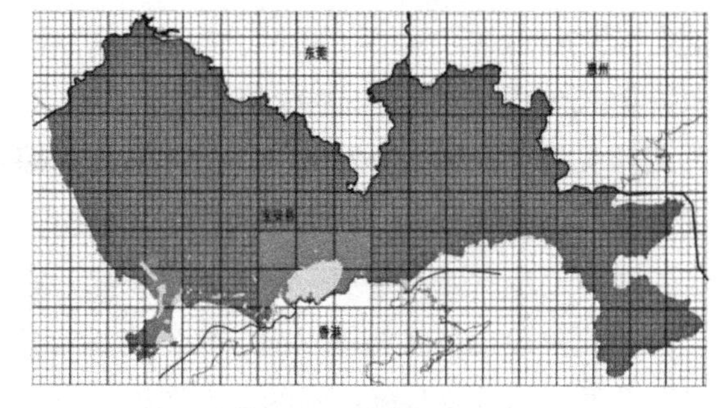

（c）1986 年建成区斑块

图 5-1　深圳 1979—1987 年建设情况

来源：Google Earth，自绘。

从空间结构的拓展来说，深圳经济特区的空间形态演化主要可分为四个阶段：第一阶段为 1979—1987 年，第二阶段为 1988—1993 年，第三阶段为 1994—2004 年，第四阶段为 2005 年至今。

1979—1987 年这一阶段（图 5-1）近 10 年的建设带来的空间形态改变是巨大的。主要完成了罗湖区主体的开发建设以及福田区（旧称上步区）东部区域的开发，这一建设范围大约为 30km²，包括了现在的华富路以东，泥岗西路以南，爱国路以西，深港交界以北的整片区域。1981 年从罗湖火车站口岸附近开始，规划了 0.8km² 的开发建设项目进行特区发展的试水，并于其后以过去宝安县城深圳镇作为罗湖地区发展的依托，在 1982—1984 年间，全面开启了上步、罗湖区域的土地开发建设。

① 深圳经济特区位于深圳市南部，前身为原宝安县的县城，经济特区范围包括罗湖区、南山区、福田区和盐田区等。开放之初，特区边界线北靠梧桐山、羊台山脉，南侧以深圳河为界与香港毗邻，东起大鹏湾，西至珠江口，特区东西长 49km，南北长 7km，总面积约 327.5km²。

罗湖区与福田区（旧称上步区）东部区域的拓展，从整体结构而言是以深圳镇老城区和铁路为发展极核，主要表现为向西沿着早期的深南路进行大幅拓展，并且沿着铁路线大幅向北进发。1982年，在罗湖核心区以西，即深南中路与上步路交口位置规划了深圳市政府，之后在市政府西侧地块规划开发建设了1.4km^{2}的上步工业区。继而，在罗湖中心区的北部区域建设了水贝和八卦岭工业区，在东部区域又建设了莲塘工业区。伴随着工业所带来的就业人口聚集，居住、服务设施的建设也迅速展开。围绕罗湖老城区、铁路沿线（主要为火车站到罗湖老城区这一段）等区域建设了大量的公共服务设施，并组织了相应的公共配套，包括滨河、碧波、园岭、白沙岭等居住区。除此之外，在深圳水库地区进行了以旅游业为导向的“旅游＋居住”综合开发尝试。随着城市建设区域的飞速扩张，1984年，除去大量已整备但未建设的用地，罗湖区的建成面积已经超过6km^2，福田区（旧称上步区）的建成区面积也已接近4km^2。

与罗湖、福田区域同时开发起步的还有南山蛇口片区，与罗湖区类似，蛇口的起步也有赖于港口的带动作用。1979年蛇口工业区获批成立，在招商局的一手打造下，蛇口作为特区这一阶段发展的西部“飞地”，也驶入了开发建设的快车道，迅速由1979年的0.5km^{2}扩大到1984年底的2.14km^2。伴随着工业区的开发，蛇口港的建设也带动了西部港区的迅速发展，到1984年，西部港区已建成投产了蛇口港、赤湾港、东角头港等多个港口，妈湾港也开始建设了。此外，南山区还有综合性开发区——南油开发区于1984年成立，面积为23km^2，以工业生产为主。在工业和港口的双重带动作用下，南山区住宅、商业、文化、娱乐、公共设施等的开发建设也迅速发展。

盐田区在此阶段也有一定程度的发展，但由于深圳东部山地地形所限，发展规模相较于罗湖、福田、南山区域明显更小。沙头角由于开发建设了“一路两制”的中英街，就此成为了深港间最便捷的联系区域，建设了中国大陆最早的加工贸易地区，而且沙头角口岸的开通促使盐田区建设了最早的成片工业区，沙头角区域可视作特区这一阶段的东部“飞地”（图5-1）。

第二阶段为1988—1993年（图5-2）。第一阶段的罗湖—福田区域、南山蛇口区域、盐田沙头角区域这三个发展片区之间安排了综合连片的开发布局，1990年特区内建设用地由48km^{2}增长到69km^2。在1986年深圳经济特区总体规划的引导控制下，特区进一步确定了东西向逐步发展，开发一片，建设一片，建成一片，再开发一片的发展思路。

在此阶段，虽然相较以前，特区内城市建设用地扩张速度有所放缓，但另一方面，城市的公共设施以及基础设施的建设取得了充分的发展。科技馆、体育馆、博物馆、大剧院、图书馆等一大批公共设施相继落成，并且深圳陆续展开了口岸、机场、车站、对外联系道路、城市主干道以及供水供电工程的大规模建设，大大增强了城市的基础设施硬件水平，为下一阶段的加速发展创造了“适度超前”的条件。房地产业在1990年起步，1992—1993年间达到了全面高潮，特区内房屋建设大量增长。此外，以二线关为界，特区外的龙华、龙岗等片区当时虽还未见大规模的建设，但已经出现了具有相当规模的土地平整。截至 1993 年，全市推平未建地总量已经达到约 200km^2，这也造成了一定程度上的资源、资金的浪费，并且引发了水土流失等生态问题。

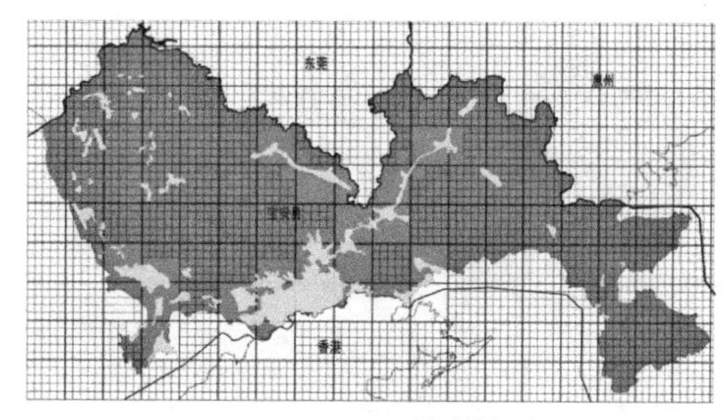

（a）1991 年建成区斑块

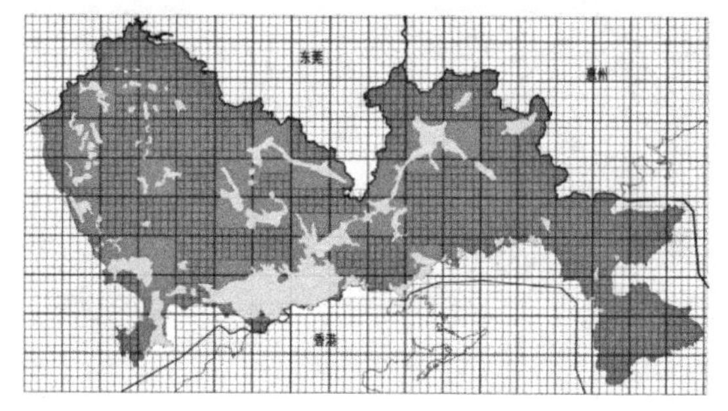

（b）1993 年建成区斑块

图 5-2　深圳 1988-1993 年建设情况

来源：Google Earth，自绘。

罗湖—福田区域在这一阶段进一步发展，此前已经成型的罗湖—福田组团的开发强度进一步加大，此前开发所遗留的“空隙”逐渐被充实，空间形态趋于完整。在上步工业区的带动下，福田区的其他空间也有所扩张。福田南的新洲下沙一带开发规模最大，香蜜湖也进行了开发，但尚未与其他片区连接构成完型区域，此外，福田西部的车公庙、景田片区也开始进入大规模开发，北环路两侧的梅林与莲花北地区基本形成，南部的福田保税区亦启动建设，土地开始进行平整。1992—1993 年间，随着地产市场的爆发，罗湖—福田区域成为全市住宅与商业办公等房地产“爆炸式”发展的主战场，通过见缝插房、蚕食绿地、拆旧建新等手段建设了大量高层建筑，确立了全市“绝对中心”的地位。这个阶段，规划中的福田中心区基本完成了路网构建，但尚未进行开发建设。可以说，福田区将中心区建设适度后延，而先进行了“中心”以外区域的建设。

南山区内随着南头、南油的大规模开发以及深圳大学也在此阶段建设完成，蛇口与南头片区基本上连成一片，整个蛇口半岛成为完型组团。受科技工业园的影响，大冲一带也有了较大的发展，并出现了与南头相连的趋势。此外，整体而言，南山区这一阶段的开发建设强度明显弱于罗湖—福田区，受塘朗山、大小南山等山体以及周边海域影响，南山区此时的空间形态还相对自由，也并不紧凑。

罗湖—福田区域与南山蛇口区域之间依次布局了福田中心区、华侨城、科技园和南油开发区，从罗湖到南山，在深南路的带动下，多个组团全面开启建设，初步形成了特区的带状组团式的空间形态。其中，以华侨城组团最为突出，1989 年锦绣中华景区和 1990 年民俗文化村开始运营，旅游业迅速崛起，在华侨城旅游开发的带动下，结合华侨城工业园、沙河工业园等产业区，华侨城片区的轮廓初步显现，并一举确立了该区域在城市功能组团中的地位。

莲塘片区依托此前的莲塘工业区而进一步发展，并作为沙头角与罗湖—福田之间的联系区域。1991 年沙头角保税区正式启用，盐田港和大小梅沙也相继开发，受此影响，盐田区的发展仍集中在沙头角一带，大幅落后于罗湖、福田、南山三区。

第三阶段为1994—2004年（图5-3）。1994年特区内人口达到147.53万，特区内建设用地达到101.0km^2，这个阶段特区的空间拓展集中在福田区、南山区，盐田区也进行了部分拓展，罗湖区主要进行了一定程度的空间结构调整转型。这个阶段的特区开始飞速发展填海造陆。

伴随着深圳的快速发展及城市产业结构的快速演进，城市开发建设也随之有所转向，除大面积房地产铺开新建之外，还进行了比较多的公共配套的完善以及工业区、旧城旧区的改造，空间的外延扩张速度进一步降低，内部更替有了较多的增长。这一阶段的市政公用设施建设取得长足进步，城市的综合服务能力有了大幅提高，并且随着内部空间的更新，城市的空间环境品质也有了长足的改善。上步工业区、水贝工业区、八卦岭工业区、梅林工业区、笋岗仓储区等传统工业区、仓储区纷纷转型。上步工业区逐渐转型为金融、办公、商贸、电子等功能复合的综合性商区，尤其以华强北商区的转型最为有特色。笋岗仓储区的主要仓储业务也转移到了特区外，并引进世界级物流企业进驻，成为了特区内的物流配送基地。1997年香港回归，华侨城世界之窗景区也为此建设运营，有效地提高了特区的旅游特色。此外，特区还进行了大规模的环境综合整治，以东门商业步行街的成功改造为标志，罗湖旧城更新取得了阶段性进展。特区在农村城市化之初所划定的旧村大部分改造完毕，以渔民村、岗厦村为代表的新村改造也拉开了序幕。

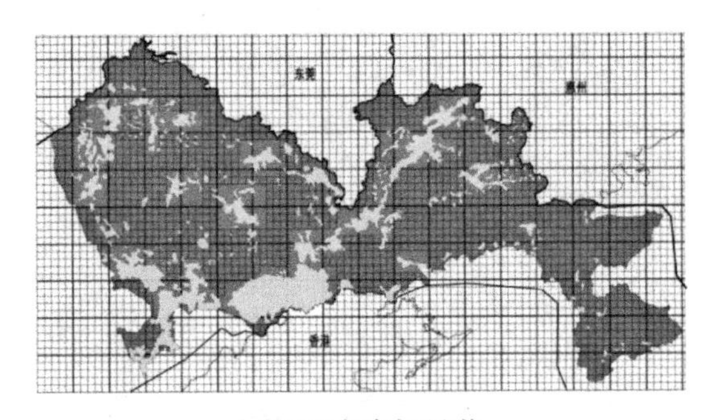

（a）1996年建成区斑块

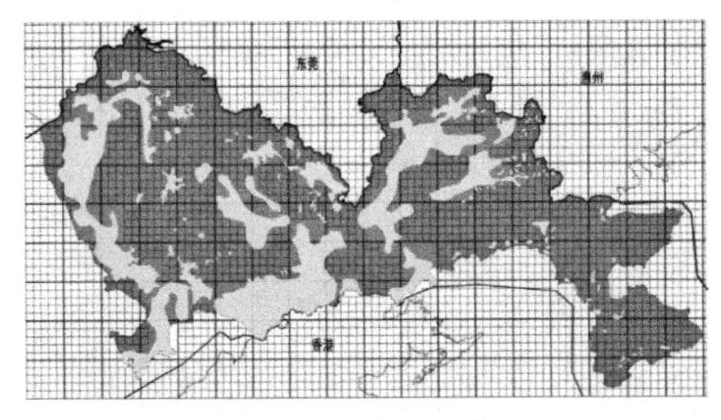

（b）1997年建成区斑块

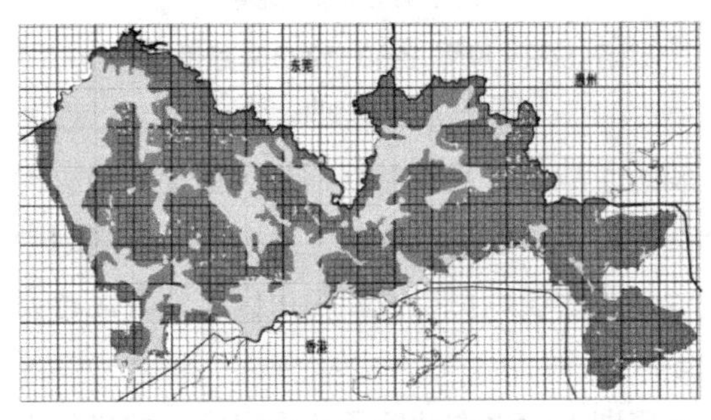

（c）2002年建成区斑块

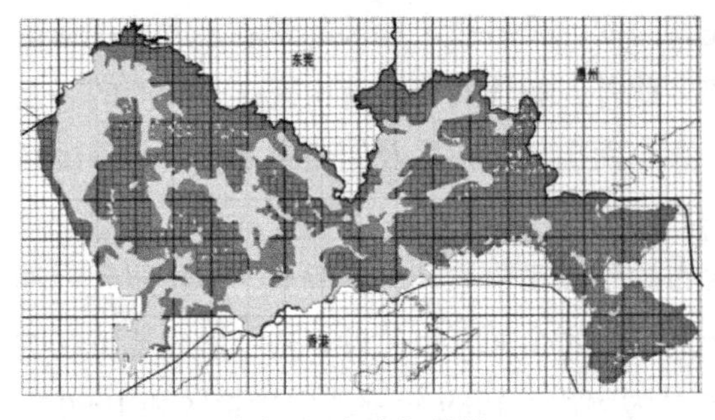

（d）2004年建成区斑块

图5-3　深圳1994-2004年建设情况

来源：Google Earth，自绘。

在此阶段，福田中心区开启了全面建设模式，基本完成了中心区中轴线空间建设。伴随着农科中心区域的迅速拓展，车公庙也开始转型，并且这二者在空间上迅速连为一体，使福田区开始形成规模较大的完型组团。福田南进一步拓展填充，已发展成为福田区这一阶段的行政中心，福田保税区也由老的加工业性质转向保税物流，发展初具规模。

南山区在滨海大道开通的影响下，启动了沿深圳湾的建设热潮。大冲一带沿沙河形成了南北向的国家级高新园区；南山西丽也开始兴建深圳大学城以及留仙洞高新技术产业园等。这一阶段南山区最为重大的形态变化是由填海造陆带来的，随着欢乐海岸、超级总部、西部通道等填海工程的完成，南山区的岸线往深圳湾海域前推了一大步，填海也带来了十余平方公里的平整土地，为南山未来的开发建设预留了新的增量。深圳湾大桥也于这一阶段建成通车，来自中国香港方面的带动作用在南山有所增强。

盐田区依托盐田港的大规模开发，也进行了建设空间的拓展，盐田区区级行政办公文化设施的建设促进了沙头角一带的发展。伴随着大梅沙、小梅沙旅游资源的开发，梅沙一带的建设空间也取得了阶段性拓展。

第四阶段为 2005 年至今。伴随着前海区填海造陆工程的完成，特区内的土地净增量基本达到饱和。这个阶段的特区属于空间增长、空间填充与空间更新同步发展进行。

自 2003 年起，罗湖区固定资产投资连续五年呈负增长趋势，没有新增产业空间，发展进入瓶颈。深圳市 1996 版总规提出罗湖区应在优化优势的商业和贸易服务的同时，推动城市更新,发展文创产业[①]。把城市更新作为罗湖新时期的工作重点。这一阶段的罗湖主要在空间更新方面发力，罗湖区"城市更新局"获得了城市更新审批管理等权限，大力推动罗湖片区内大批量的更新项目，截至目前，罗湖区已公布了 11 批城市更新计划。

福田区在这一阶段主要完成了福田中心区的开发建设，"十三姊妹楼"给城市带来了亮丽的中心区风貌。笔架山、莲花山等公共绿地也成为市民户外活动的最佳场所。在中心区之外，福田也基本上完成了其他未建用地的开发，并且迈入了城市更新的阶段，上沙村、下沙村、车公庙等若干区域都已启动了相应的城市更新项目。

南山区是唯一一个还存在显著空间增长的地区，前海区域完成了占地约 $18km^2$ 的填海造陆，这基本是特区内最后的大规模净地了，目前也已完成基础路网建设，开始进行部分开发建设。除前海之外的其他区域，从华侨城到后海，从南头到蛇口都已连接成片，南山的主体建设也已经基本完成，并且蛇口等老工业区、白石洲之类的城中村业已启动城市更新。

盐田区仍然是空间形态变化最小的一个分区，在这一阶段，盐田港进行了扩建。在盐田区的主体建成区，依托现状，向山地进行了部分拓展，建成区空间有所扩大。

第一阶段：深圳在除了罗湖、上步以外的其他广大地区都存在着农村迅速城市化的特点。以农村居民点为单位，以村民住宅和不成规模的厂房为主进行了大量的开发建设，借此城市用地持续拓展，并且在空间形态上呈现出了不连续分布的分散"斑块"的特征。

第二阶段：从空间形态层面来看，特区内各个分区的空间骨架基本形成，东西轴线形态也已出现，规划设想的多个组团也在有条不紊地发展，形成了相对独立又紧密联系的带状组团式城市空间形态。

① 深圳市城市总体规划（1996—2010 年）表述为："继续强化金融和商贸服务功能的基础上，推进商业区及旧工业区的更新，发展文化创意等新兴产业。"

第三阶段：特区的空间建设基本完成，城市能量大幅提升，城市中心职能和对外辐射能力得以全面提高。这一阶段除了填海造陆带来的空间增量外，其他区域基本上已经完成开发，并且以罗湖老城为首的部分老区已进入城市更新等空间更替的阶段（图 5-4）。

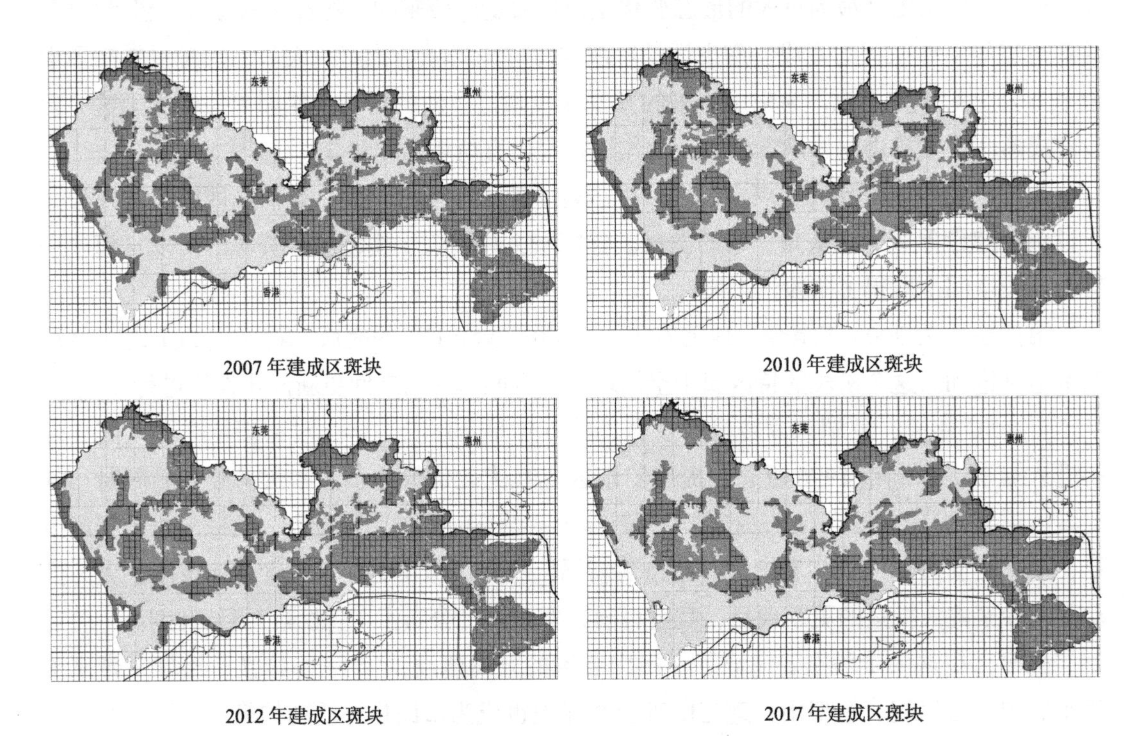

图 5-4　深圳 2005-2017 年建设情况

来源：Google Earth，自绘。

第四阶段：除了填海还存在部分增量外，特区的空间形态已经基本稳定，不同区域，多点开花，开始进行点状更新，并随之带来了整体功能与空间形态的调整。

与空间结构发展的形态演变进行对比研究的，仍然是深圳经济特区内建成区规模增长所带来的形态改变。以深圳经济特区现状 328km^2 的占地规模进行推导，面积达到 30km^2 的空间形态是可以被识别的，空间形态变化达到 30km^2 规模幅度的时间节点是切分阶段的关键点（图 5-5）。

经由对历史航拍影像图的分析可以识别出 1982 年、1989 年、1991 年、1996 年、2002 年、2005 年、2012 年、2016 年等几个阶段划分的标志时间点，在这些点上可以看出，空间前后阶段性变化达到了 30km^2 规模。可以明显看出，空间斑块从曾经集中布局于罗湖、福田的片区，逐渐西移、扩张、分散至南山、福田、罗湖三大分区，盐田区的开发建设始终较少，对于整体空间形态的影响小。

空间形态的发展速率也体现出了较强的阶段差异性。变化最快的是 1979—1982 年，1989—1991 年，2002—2005 年，2012—2016 年等四个时间段，在 3—5 年的时间内，空间规模都实现了前后阶段相差 30km^2 的变化，而在 1982—1989 年，1991—1996 年，1996—2002 年，2005—2012 年等四个阶段，空间形态演变速率大幅放缓，花费了 6—8 年的时间才实现了前后阶段 30km^2 规模的扩张。可以看出，在经济特区这一尺度上，空间形态的变化要比前述的两个宏观尺度要更为复杂多样。

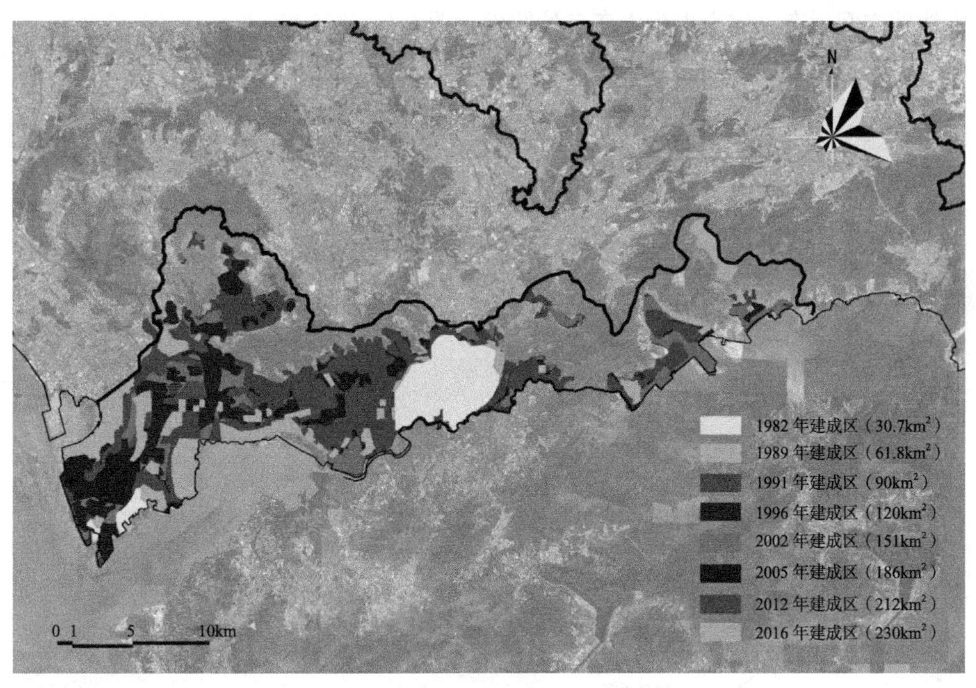

图 5-5　深圳经济特区空间形态演化图

来源：Google Earth，自绘。

5.1.2 “二线”：特区的边界

深圳经济特区成立后，为了保证特区开发建设、维护深港两地繁荣稳定，1983 年 12 月经国务院批准，划定了东起盐田区梅沙揹仔角，西至宝安区南头的长约 90km 的深圳经济特区管理线（简称“二线”），并沿“二线”设置了布吉、南头、盐田坳、沙湾、白芒、揹仔角 6 个检查站和 10 余个耕作口，俗称二线关。随着特区建设的快速发展，二线关口经过不断扩建，常用联检站共 13 个、耕作口共 24 个。常用联检站分别为：新城、南头、新区大道、同乐、白芒、福龙、梅林、南坪、沙湾、清水河、布吉、盐田和揹仔角（图 5-6）。受城市布局及自然地理等因素影响，跨“二线”的交通主要集中在南头关、布吉关、梅林关这三个关口，乘客到关口需要下车接受检查，上述关口配置了较多公交线路、公交场站等交通设施，主要服务于换乘客流及关口周边地区客流。2010 年 6 月，“特区扩容、特区一体化”方案获国务院审批通过，原特区外的龙岗、宝安纳入特区范围，二线关的存在也不再必要，因此关口的功能改造也开始提上日程。

作为深圳经济特区的管理边界，“二线”是深圳经济特区空间形态最为重要的线性要素，“二线”内外的空间在空间形态方面存在着较大的差异，而单纯考察“二线”沿线空间，也可以观察到若干微妙的差异。

“二线”约有 70.9km 位于基本生态控制线内，所处的中部低山丘陵地带是深圳最重要的组团生态隔离带，约有 52km 的绿道 2 号线是沿“二线”巡逻道进行建设的。所以，“二线”沿线的空间形态主体表现为生态自然肌理（图 5-6、图 5-7）。

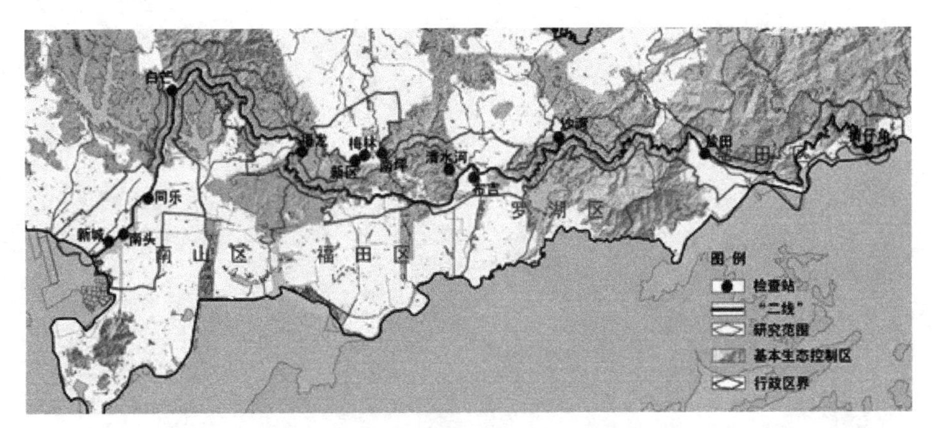

图 5-6　主要二线检查站分布及生态控制线

来源：深圳市规划国土委交通研究中心

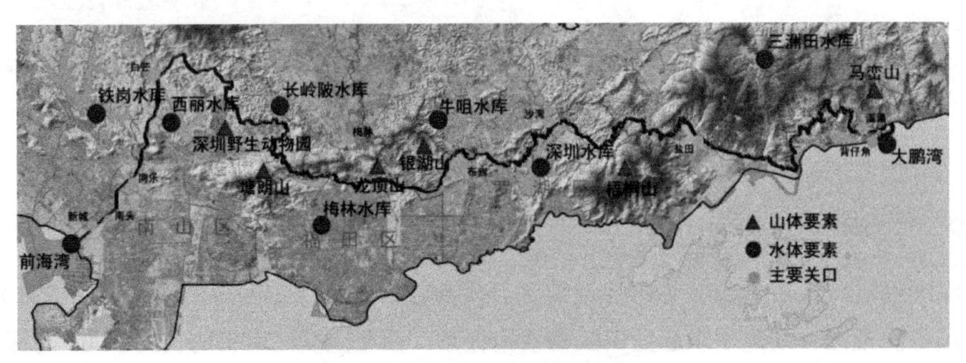

图 5-7　“二线”沿线生态特征

来源：“二线”关口用地空间规划发展策略（2014）

从西至东，“二线”沿线空间形态总体而言可分为四大类：第一类是城市建成区分布于“二线”内外两侧，第二类是“插花地”类建设，第三类是“二线”内外均为自然山体，第四类是城市建成区主要分布于“二线”内侧。

第一类空间形态中，“二线”内外均分布着城市建成区，这部分主要是指位于南山区与宝安区之间的“二线”西段，由于曾经位于罗湖的宝安县城搬迁到了目前的宝安区，并且该区域用地相对平整，因此在整个“二线”外部区域，也就是俗称的“关外”，宝安区是发展相对完善的，尤其是毗邻特区这一部分，发展建设已经相当成熟。“二线”内外两侧均是成熟的城市建成区，“二线”结合组团绿地成为了空间分隔界线，且内外空间形态存在差异。

第二类空间形态主要是由个体建设行为所塑造的，这部分主要位于中部片区各个山体范围内，如西丽水库北侧上体，塘朗山区域等。由于“二线”与各个行政区的区划边界线存在一定程度的不一致,因此形成了行政区之间在管理上的“真空地带”,即通常所说的“插花地”。这部分的空间形态呈现出整体规模较小、斑块分散、分布无序的特征,各个“插花地”斑块内建筑密集分布，权属关系复杂，主要以村民自建私房为主。

第三类空间形态主要分布于东部梧桐山区域，受山体保护控制，沿线主要为山体形态肌理。

第四类空间形态主要分布于东部盐田区域，基本体现为盐田的城市建成区域与北部山体的分界线，内外空间形态主要表现为自然肌理与人工建成区的差异。

总体来说，作为经济特区的空间边界，“二线”沿线空间形态较为多样化，并且体现出了在更微观尺度上的无规律性。

5.1.3　四大分区

深圳经济特区的空间形态基本上能按照行政分区进行划分，从东至西，盐田、罗湖、福田、南山等四个行政分区虽然在某些相连区域表现出了一定的形态相似性，难以区分，但整体而言，四大片区的空间形态分异仍然较为明显。

东部的盐田区由于受自然地理条件限制，所以虽然有港口的强力拉动，但城市开发仍然很局限。盐田区占地面积约 73km^2，其中的城市建成区比例是四个分区中最低的，整体空间形态以山体为主（图 5-8）。

图 5-8　深圳经济特区内部空间形态分区图

来源：根据 Google Earth 自绘。

东部的罗湖区称得上是特区内最早进行集中建设的区域，受限于20世纪八九十年代的建设条件与已有的老城肌理，罗湖区的空间形态整体具有一种紧凑感，小街区、窄路网，并且缺少具有一定规模的公共绿地或者公共开放空间。整体空间以紧凑的建成区形态为主。

中部的福田区用地较为平整，并且在建设前期都进行了较为完善的规划，因此，整体的空间形态较为规整，路网规则式布局，街区规模较大，并且具有笔架山、莲花山、中心公园等大规模公共绿地，整体空间体现出一种“大疏大密”，规则化布局的空间形态特征。

西部的南山区也存在较多的山体，并且依托山体等自然肌理形成了相对自由的空间形态，在华侨城、蛇口等区域也体现出了窄路网、小街区的空间形态格局。但南山区由于开发建设相对较晚，建设前也有成熟的规划作为先导，并且还经由填海造陆获得了相当规模的城市土地资源，因此南山区体现出了一种“大疏大密”，规则式和自由式组合布局的空间形态特征。

5.1.4 深南大道

深圳30年的城市和交通发展历程，反映了在城市不同发展阶段与之相协调发展的交通系统。在城市发展初期阶段，城市规模较小，港口、客运站的布局对城市发展起重要的引导作用。在城市规模逐渐扩大，工业为产业主要发展阶段时期，完善的高快速路系统是城市快速发展的重要支撑。在发展到特大城市规模，进入到后工业化发展时期，积极建设轨道交通是必然的选择。总之，城市交通系统要适应城市发展，就必须随城市规模和空间布局的变化而不断升级，从一般型路网结构向高快速路路网结构升级，从道路交通系统向轨道交通系统升级。

深南大道是特区主干道，也是特区的景观大道，东至罗湖罗沙路，西至南头关，是目前市区最繁忙的东西干道。1979年深圳市成立后，为不让飞扬的尘埃把刚跨过罗湖桥的港商“呛回去”，深圳市对原通往广州的107国道进行改造，早期取名深南路，从蔡屋围到规划中的上步工业区，共2.1km长。1985年深南路第一次扩建完工，深南路往西的界限即为目前的上海宾馆。1987年春节前，广深铁路被高架托起，全线贯通，长6.8km的深圳南路，使城市发展沿着深南大道从罗湖老城区拓展到华强工业区（图5-9）。

1986年“特区总体规划”确定了城市用地的“带状组团式”结构，同时也明确了连接各组团的“三条干道”，即中间生活性干道，两端交通性干道，成为带状城市的一种典型模式。外围地区以规模小、追求低成本的“三来一补”型工业起步，沿路建设是这类工业的必然选择。“路边资源”基本用尽后，城镇建设逐渐转向内部，总的格局还是把公路作生活性和交通性混合道路使用。如果两种功能的交通量超过公路通行能力，在城镇一侧修另一条道路，如此再建第三条。如果说特区的“三条干道”是人为选择，外围发展轴走向“三条干道”模式则为必然结果。由此，奠定了深圳中心放射发展轴结构中用地与交通协调布局的基本模式。

（a）1982 年的深南大道

（b）1984 年的深南大道

图 5-9　建设中的深南大道

来源：网络

1992 年南方谈话之后，深圳经济快速发展。上海宾馆到南头古城 18.8km 的深南大道开建，1994 年，上海宾馆到南头古城的 107 国道段全线改造完工，全长 25.6km 的深南大道至此全线贯通，路幅宽达 135m，将深圳东、西重要的组团节点联系起来。

1997 年，深圳市政府对深南大道进行全线梳理，将上海宾馆以西路段的 6 车道拓宽为 8 车道，并在道路两侧增加了灌木、乔木等多种植物，并增加了背景林的层次，进一步提升了深南大道的景观性、观赏性，逐渐将深南大道打造为深圳市的景观主轴线之一。

2006 年，针对深圳市市民提出的安全诉求和交通事故增发的事实，深南大道开始进行改造工程。改造措施包括使用高科技材料、增设自行车道、增设公交站点并设立公交专用转向车道等，此次改造体现了“以人为本”的道路设计理念，增强了行人安全，提倡了绿色环保理念，减少了环境及噪声污染。

2010 版总规将深圳中心城区的空间形态定位为“依山望海的中心之城”，深南大道连同城市中轴线构成了中心城区的“十字形”景观骨架。构建以深南大道为脊骨，集各类功能与空间景观特色于一体，以生态绿廊为间隔分段呈现的特区形象展示轴带。另外，深圳地铁 1 号线于 2004 年 12 月 28 日建成通车，从罗湖站到世界之窗站，沿深南大道东西走廊行进，长约 17.1km。1 号线的建成通车将深南大道的空间发展从地面延伸到地下，进一步增强了深南大道在深圳空间形态上的塑造与引导作用。

深南大道是东西向贯穿特区的景观主序列，沿线串联了罗湖区、福田区、南山区内各种类型的重要城市功能场所，之间以多条绿化隔离带相隔。深南大道所串联的功能组团包括科技功能为主的华强北组团、商业功能引领的蔡屋围商圈、旅游功能组团华侨城、前海深港合作区、城市中心绿核香蜜湖片区以及以行政、金融功能为主的福田中心区，众多不同功能的组团丰富了深南大道沿线城市空间形态，也提升了深南大道及沿线片区的城市活力（图 5-10）。

在深南大道沿线众多功能组团中，选取其中五个典型进行研究，从东至西，包括市民中心段、香蜜湖段、车公庙段、华侨城段以及科技园段（图 5-10）。市民中心段的沿线组团以公共性功能为主，建筑肌理的尺寸偏大，绿地空间开阔，整体空间形态规则、舒朗；香蜜湖段由于存在香蜜湖度假村、深圳高尔夫俱乐部等低密度、开放式空间，所以整体空间形态趋于舒展开阔，建筑肌理的存在感较弱；车公庙段以办公建筑为主，整体空间形态较为规则；华侨城段沿线主要为居住组团与旅游组团，所以沿线空间形态较为自由，建筑肌理的尺寸较小；科技园段主要为办公建筑，并且由于偏向于科技产业，所以也是规则式空间形态，但建筑肌理的尺寸相较于车公庙更大。

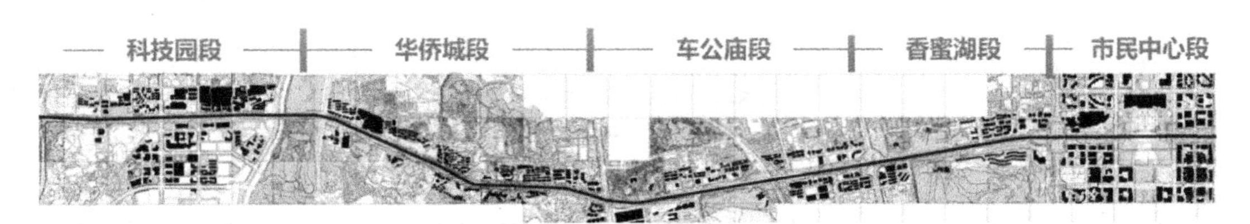

图 5-10 深南大道沿线典型空间形态分析

来源：自绘

5.1.5 “绿楔”

“绿楔”是深圳市各城市组团间的绿化隔离带，是实现其多中心组团和国际“花园”城市的重要因素。1986 版总规中首先出现绿化隔离带的概念，根据深圳市东西狭长的地理特点及城市分期分片逐步建设的特点，该规划采用带状多中心组团式规划结构，把城市分成盐田—沙头角、罗湖—上步、福田、沙河、南头和妈湾六个规模不等、功能性质各异的组团，组团之间用几百米宽的绿带互相隔开，再以便捷的东西干道连成整体（图 5-11）。

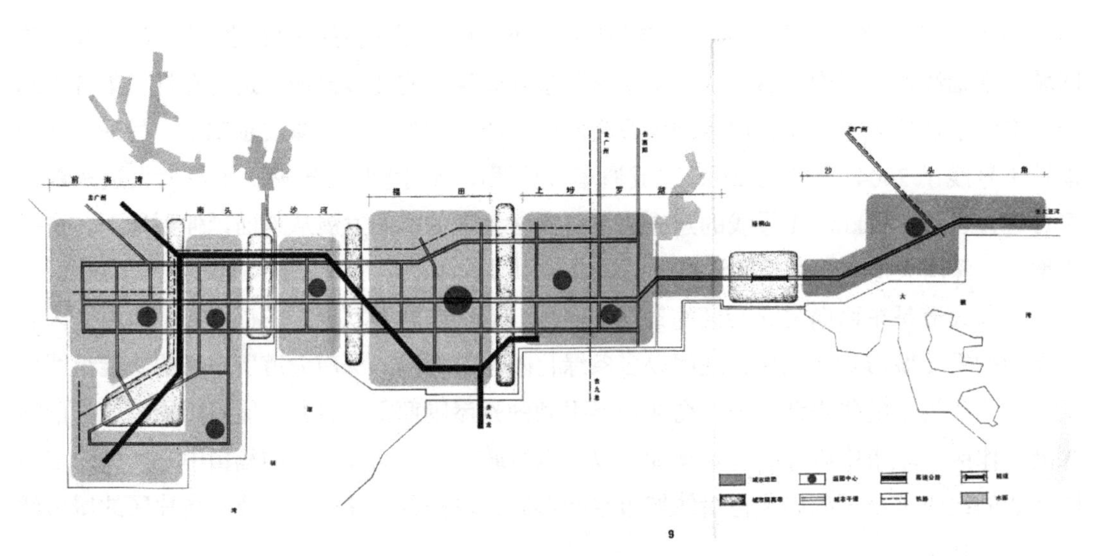

图 5-11 深圳经济特区 1986 年规划主要“绿楔”示意图

来源：1986 年深圳经济特区总体规划

组团绿化隔离带由此提出，并在随后的各版规划中加以延续和调整。1996 年的深圳市正处于高速城市化发展时期，希望严格保护组团隔离带，严控制城市建设用地规模。规划继续深化了六个功能组团和若干独立城镇的城市空间结构，对 1986 年“特区总体规划”所确定的六个组团进行功能重组，形成从东往西的三个组团，进一步完善以“带状组团式结构”为核心的城市布局，组团间的楔状绿带继续保留，楔状绿带可以维持特区内外城市生态结构连续生长，是城市环境的缓冲地带。除此之外，规划还将全市土地分为水源保护用地、组团隔离带用地、城市建设用地等八大类，按照土地分类划定各种用地的范围并制定了严格的控制和保护政策。其中，明确定义组团隔离带为阻止建设用地无序蔓延、在城市组团之间设置的绿化隔离带，可以与农业用地和城市绿地（营业性项目或人流较集中项目除外）结合安排，不但严禁其他城市建设行为的侵蚀，还要严格控制隔离带内既有项目发展并有计划地逐步清退和整理。在用地构成方面，组团隔离带用地占比高达 3.4%，共计 $68.40km^2$，其中特区内 $10.10km^2$，龙岗区 $43.03km^2$，宝安区 $15.30km^2$。

经过 10 年的发展，城市的组团结构布局进一步强化，同时发展需求与空间资源之间的矛盾亦更为迫切，组团隔离带的重要作用和保护难度均更加凸显。虽然组团隔离带的总体格局得以保持，但城市建设用地的扩张和蔓延对其的挑战越发严峻，如何利用有限的空间和有限的资源去满足不断增长的城市、人口和产业的发展需求成为难点。对此，新一版总体规划不仅将划定基本生态控制线，加强对组团隔离带的保护，还在组团隔离带的基础上提出大型城市绿廊的概念，强化其生态保护的意义和内涵[①]。规划依据城市非建设用地分布和城市组团建设要求，在全市范围内规划建设 18 条城市大型绿廊[②]。

总体而言，“绿楔”从 1986 年提出发展至今，虽然空间形态发生了变化，也受到一定程度的城市建设开发的侵蚀，但“绿楔”的总体格局基本得到了保持，通过“绿楔”对城市连片发展进行控制、改善城乡生态环境的出发点亦基本得到实现。组团绿化隔离带的存在不仅使组团式的区域空间结构得以延续，避免城市建设用地的连片无序蔓延，还对城市生态环境起着非常重要的缓冲和净化作用，并为市民群众提供休憩观赏的去处（图 5-12）。

5.2　南山区空间形态

在整个深圳经济特区内，南山区的开发从最初的蛇口到目前最热的前海，时间跨度长，也有较为完善的规划建设档案，并且已形成的细分空间形态也相当多样化，因此选择南山区作为更小尺度等级范围进行进一步研究。

① 根据定义，大型城市绿廊连接各大区域绿地和各类生态系统，承担市域组团隔离带和大型生物通道的功能，不但有利于控制建设用地蔓延、优化城市空间发展形态，还为野生动物迁徙、筑巢、觅食、繁殖提供空间，同时作为大型通风走廊，还可进一步改善城市空气污染状况，缓解热岛效应。

② 包括公明—松岗大型城市绿廊、西乡大型城市绿廊、福永大型城市绿廊、新安—南山大型城市绿廊、竹子林大型城市绿廊、沙河大型城市绿廊、笔架山大型城市绿廊、石岩—大浪大型城市绿廊、布吉—坂田大型城市绿廊、平湖—观澜大型城市绿廊、横岗—龙岗大型城市绿廊、平湖—横岗—龙城大型城市绿廊、坪山—龙岗大型城市绿廊、坪山—坑梓大型城市绿廊、坪地—坑梓大型城市绿廊、大鹏—南澳大型城市绿廊。

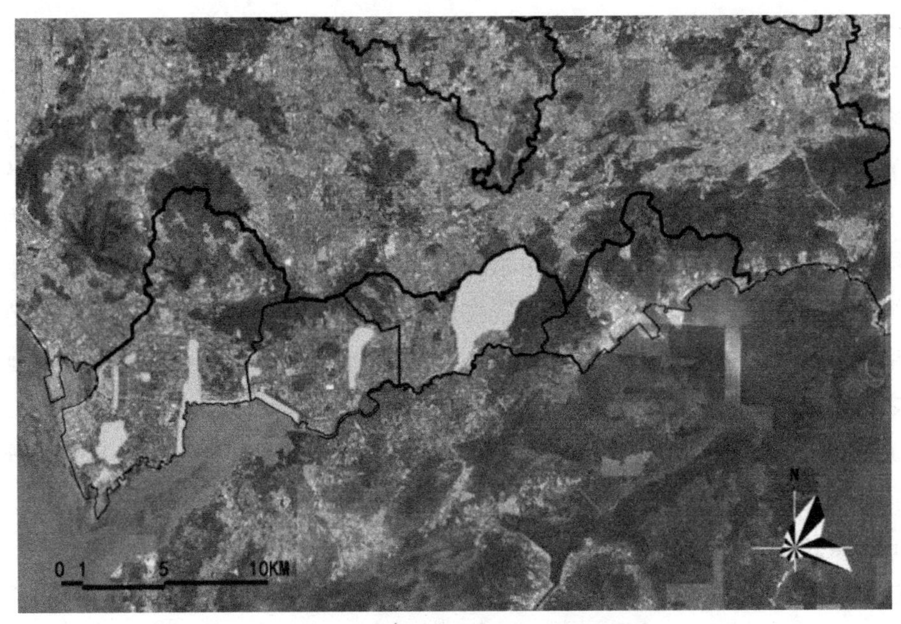

图 5-12　深圳经济特区范围内现状主要“绿楔”示意图

来源：根据 Google Earth 自绘。

南山区有大约 24.73km^2 的用地位于特区管理线（二线）以外。南山区是深圳高新技术企业的聚集地，百度、腾讯、大族激光、迈瑞医药、联想之星等企业均在此设研发中心，辖区内还有深圳大学、深圳大学城、高新园等。2016 年 5 月，南山区成为国家首批双创“区域示范基地”。

5.2.1　空间形态演化

在早期的工业区开发中，蛇口、华侨城、南油等各个开发区以其成本低的优势（包括低土地价格、低劳动力价格、低运输成本等），引进了大量的劳动密集型加工工业，之后随着城市的快速发展，各开发组团又优先进行了开发建设方式、产业等方面的调整优化，通过对传统产业进行升级，发展旅游、文创产业等。南山的公共配套、居住配套、商业配套等方面的建设也是既有老的积淀，又伴随着新的探索，体现出了不断调整优化的空间形态特征。

从 1979 年发展到 2017 年，南山区最为显著的空间边界变化莫过于填海造陆所带来的土地空间扩展。按照填海造陆的发展历程可以将南山区的空间演化分为以下阶段：第一阶段为 1979—1991 年，第二阶段为 1992—2005 年，第三阶段为 2006 年至今。

第一阶段，南山区并未进行较大规模的填海，主要沿着港口，向外进行了一定程度的基础设施建设。这个阶段南山的空间形态主要由开发区和港口构成，在蛇口、华侨城、南油等多个企业的导向下，进行了多个功能组团的开发，并且建成投产了多个港口，配套开发了居住、文化、娱乐、公共设施等。

第二阶段，南山区填海造陆包括目前的华侨城欢乐海岸、深圳湾超级总部、后海、西部通道功能区、南头大新社区等居住组团，实现了土地资源的扩展。此外，这一阶段，华侨城、南头、南油、蛇口等组团的大规模开发以及深圳大学建设完成，西丽大学城的教学基础设施建设完成，整个南山的开发建设基本上连成一片。

第三阶段，南山区完成了前海区域的大规模填海造陆，并且城市建成区域不断填充、加密，部分旧区、城中村业已完成或者启动了城市更新。

在基于空间结构发展的形态演变之外，本书沿袭前述方法，对南山区建成区规模增长所带来的形态改变也进行了历程研究。以南山区陆地面积 182km^2 的占地规模进行推导，面积达到 15km^2 的空间形态是可以被识别的，空间形态变化达到 15km^2 规模幅度的时间节点是切分阶段的关键点（图 5-13）。

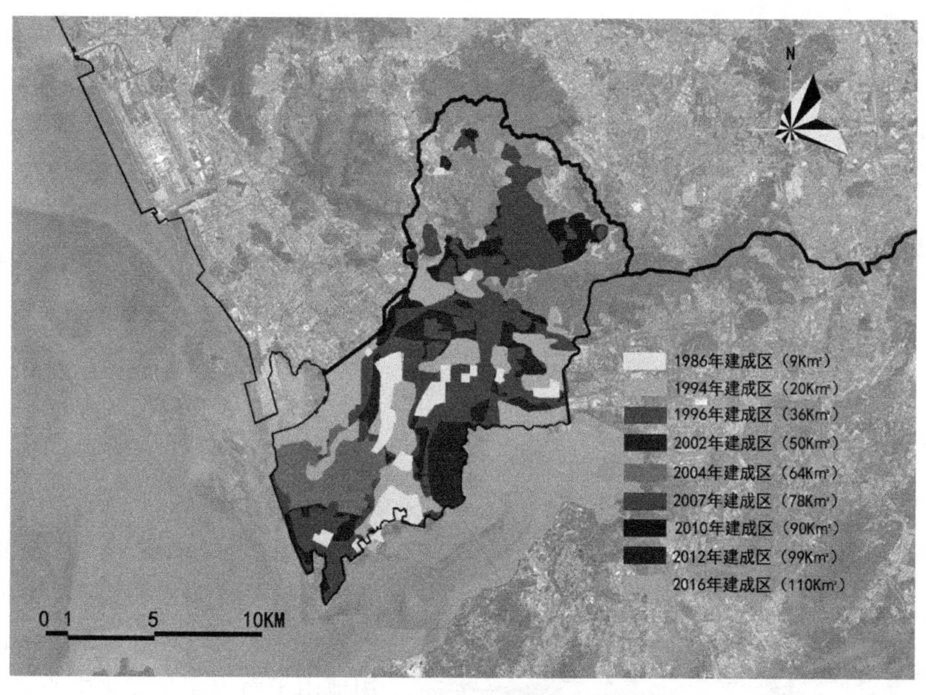

图 5-13　南山区空间形态演化图

来源：根据 Google Earth 自绘。

经由对历史航拍影像图的分析可以识别出 1986 年、1994 年、1996 年、2002 年、2004 年、2007 年、2010 年、2012 年、2016 年等几个阶段划分的标志时间点，在这些点上可以看出空间前后阶段性变化达到了 15km^2 规模。经由形态演化历程分析，可以明显看出空间形态从曾经的集中布局于蛇口、华侨城、南头等组团，逐渐动态演变，扩张分散至整个南山区域。

空间形态的发展速率也体现出了较强的阶段差异性。1979—1986 年、1986—1994 年、1996—2002 年这三个阶段的空间扩展速度较为缓慢，经由 7—9 年时间才实现前后阶段空间规模 15km^2 左右的变化。1994—1996 年，2002—2004 年，2004—2007 年，2007—2010 年，

2010—2012 年，2012—2016 年等六个阶段，空间形态演变速率大幅加快，3—5 年的时间即可实现前后阶段 15km^2 规模的改变。而这个演化历程的变迁也反映出了深圳城市发展中心在 30 余年间，从罗湖中心、福田中心逐渐发展到南山中心这一城市布局的转变。

5.2.2 空间结构

根据南山区的现状城市空间形态，认识到了南山区自身南北向布局的特殊形态特征，结合深圳市南山区分区规划（2002—2010 年）所提出的空间结构要求，对建成区空间结构和规划要求进行叠加对比，分析南山区空间结构。南山区采用了双十字的发展轴模式，打造区级中心区，进一步建设、完善片区级服务中心和社区服务中心，构筑多层次服务中心体系，并实现功能互补，引导各大区块协调发展（图 5-14）。

南山区东西向发展轴以深南大道、滨海大道为主要骨架，延续东西轴向的发展动力；南北向发展轴则以沙河西路、南海大道为主要骨架，在顺应南山区自然地理特征的基础上，将全区城市空间进行全面整合。

南山打造了前、后海两个区级服务中心，并增加了多个次区级服务中心，如海上世界、华侨城等，连同规划的居住区级服务中心，构成了南山区三级服务中心体系。多中心符合带形城市形态发展中“发展重心随发展轴轴向转移”的理论。功能上的差异性和不可替代性是前、后海两个中心得以共存的重要原因。首先，前海的物流行业中心地位无可替代；其次，后海地区的地理、人口中心地位和便利的交通条件也使其具备了分区公共服务中心形成的必要条件。同时，后海中心的发展情况也应引起规划关注，在原有分区规划中，预留了 1km^2 建设用地用于南山商业文化中心建设，但因当时发展的时机尚不成熟，1km^2 建设用地被大量用于居住，目前仅剩 21.4hm^2 尚可用于商业文化项目。而随着后海地区的不断发展，后海分区中心形成的时机也已成熟，因此，规划不仅重申了原南山商业文化中心所剩 21.4hm^2 用地的文化、商业用途，而且在科苑大道东侧预留了大规模的发展备用地，用于后海分区公共服务中心

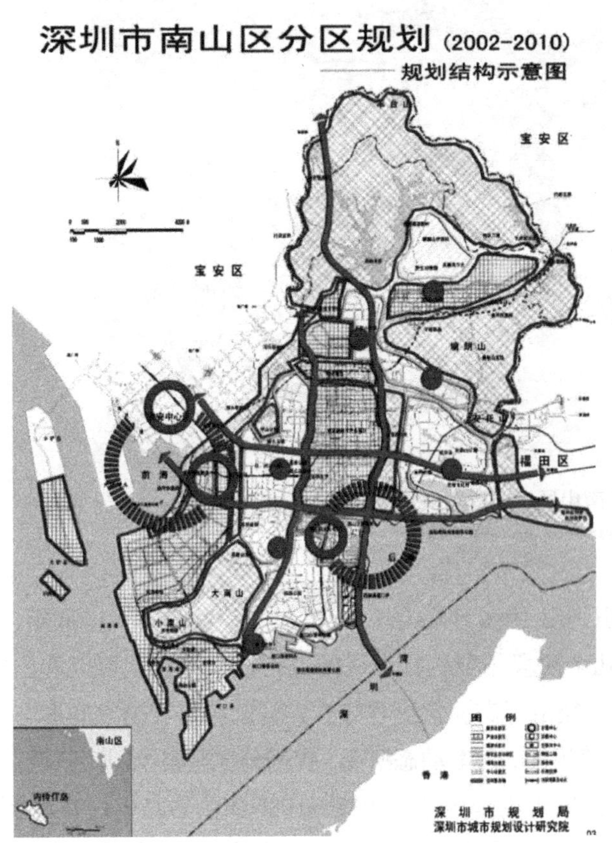

图 5-14 南山区规划空间结构示意图

来源：深圳市南山区分区规划（2002—2010 年）

和游憩商业文化中心（RBD）建设。

但是由于南山区曾放权于企业，缺乏统一的规划管理机构，几大企业在自己所有的自主开发导向下形成了相对独立的多个片区，各个片区形态各异。2000 年之后，这些权力被统一收回，原有的街区逐步开放，空间逐步融合。目前，华侨城、蛇口这些中心仍然具有较强的凝聚力，而虽然全区的一体化进程为新的区级中心的形成创造了必要条件，但由于心理定势、开发时机等因素的影响，原本规划的南山区商业文化中心并没有按照规划形成规模和影响力，几大片区仍然保持了空间发展的惯性。

5.2.3　次级斑块

在提炼空间结构的基础上，对现状的空间肌理进行识别。基于"斑块 - 廊道"的概念划分次级的面状与现状要素。结合主干道以及组团绿地等分隔要素，从东至西，南山区的次级斑块可以划分为华侨城片区、北部片区、科技园片区、蛇口片区、前海片区以及其他配套组团等（图 5-15）。

南山区的次级斑块划分具有较为明显的空间形态特征：一方面，华侨城、蛇口工业区、北部片区等区域与自然肌理结合紧密，空间形态自由；另一方面，填海形成的后海、前海、西部通道、南头等土地较为平整的区域空间格局工整，形态体现出了规则几何化的特征。整体斑块体现出了自由与规则兼具的多样化形态。

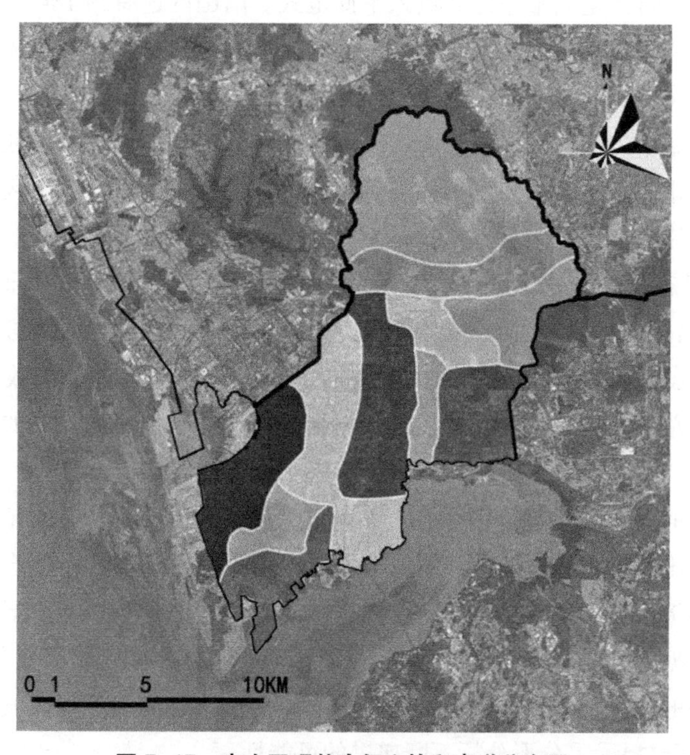

图 5-15　南山区现状次级斑块和廊道分布图

来源：根据 Google Earth 自绘。

5.2.4 主要廊道

南山区能被显著识别的廊道主要有三条：一是大沙河绿廊，作为1986年深圳经济特区中所提出建设的组团绿地，大沙河绿廊现在主要包括大沙河公园与大沙河高尔夫俱乐部两大部分，在南山区空间形态上清晰可辨。二是深圳湾滨海公园，作为滨海的线性公共空间，深圳湾滨海公园在空间形态上表现出了较为自由的边界性廊道形态。三是起始于前海花卉公园，沿月亮湾大道分布的绿廊，以公园为开端，由于月亮湾大道的等级较高，设置了宽阔的绿带，也使得这条绿廊在整体空间形态上非常有识别度（图5-15）。

与深圳总体城市尺度不同，经过三十余年的发展后，深圳经济特区、南山区这两个尺度的空间形态体现出了一定的稳定性。在剧烈变动30年后，由于经济特区与南山区的土地有限，建设用地的增长基本上达到极限值，此时的城市空间形态就表现出了一种微妙的平衡范式。这种平衡范式并不是全然稳定的，伴随着城市更新的进程，本书注意到片区内不断地有点状空间被覆盖再造，但这个进程是散点式、小规模地发生在整个区域内的，由于目前尚未有过达到15km^{2}规模的城市更新，因此可认为这部分更新斑块等级不在深圳经济特区、南山区尺度等级的观测范围内，仅为次等级尺度下的变化。

目前，深圳经济特区内已经没有达到30km^{2}的大规模未开发用地或者更新用地了，所以可认为深圳经济特区空间形态已经进入平衡范式。南山区还有约18km^{2}的前海深港现代服务业合作区这块大规模开发用地，因此，南山区未来也仅有前海这个斑块增量。南山区虽然现在还处于非平衡范式中，但也即将迈入平衡范式。

与深圳总体城市、深圳建成区两个尺度不同，深圳经济特区与南山区由于处于更为微观的尺度，并且毗邻上述宏观尺度的边界，因此，深圳经济特区、南山区的边界变化相对更为明显，南山片区边界变动尤为显著。

内部空间形态从变化剧烈到趋于稳定。深圳经济特区建成区斑块面积从1979年的2.81km^2，发展到2016年的230km^2；南山区建成区斑块面积从1979年的0.8km^2，发展到2016年的110km^2。两个尺度研究对象的内部空间形态都发生了剧烈的改变，其演变的速率也变化多样，总的来说，从初期的发展缓慢再到中期的快速扩张，到如今又进入了相对放缓的发展阶段。

时间维度上的变化也更趋于多样性。无论是从发展速率还是从空间拓展形态而言，这一尺度的空间演化在时间分维层面都体现出了更为多样化、碎片化的特征。

对于深圳经济特区和南山区，在尺度跃迁的对比中，我们可以看出不同尺度的平面演进方式的“自相似性”。中观尺度的平面形态扩张方式即“线”与“面”要素集合的生长方式，与深圳整体空间的宏观尺度是同构的，这一方面显示出了不同尺度等级城市生长的“自相似性”，另一方面也提示了分形分析不断递进的可能性。

第六章　$10km^2$综合连片区形态演进

在前述章节中，本书基于城市的视角，探讨研究了深圳全市、城市核心区多个尺度的空间形态，这些尺度无法识别建筑，更偏向于城市整体生长的研究。梳理现有的关于深圳建筑研究的文献，我们发现其中大多数也是从宏观的角度，以深圳的发展和区域开发为主线，分析各阶段的历史经济文化背景，总结各时代的建筑特色风格，如易华文（2001）的《有感深圳建筑创作》，张宇星、韩晶（2004）的《深圳建筑之综合——秩序与混沌》以及施国平（2000）的学位论文《深圳城市与建筑地域特色发展策略研究》。有的学者侧重于某一类型的建筑或城市空间，对风格、空间特征进行深入的调研分析，如胡征美（2004）的《深圳高层住宅社区模式研究》以及苏倩（2013）的学位论文《深圳近30年城市公共开放空间中景观建筑的发展研究》。在资料收集过程中，笔者发现对深圳街区与建筑的探索少于其他城市相关领域，或者遮蔽了一个片区或时期内部的分化和差异，显得千篇一律，或者缺乏建筑史学的全局观，缺乏由宏观转向微观的衔接过渡。

在深圳的地理版图中，选取多个具有代表性的综合连片开发区域进行研究，包括罗湖中心区、福田中心区、招商蛇口工业区、华侨城总部城区等四个区域。这些代表性空间区域在地理区位、功能服务和街区形态上呈现出明显的差异，同时，亦是深圳发展历程中里程碑式的节点地区，通过对这些区域空间形态的分析对比，梳理空间形态特征及造成形态差异的影响因素，可以厘清深圳形成现今格局的历程。

任何一个人类聚居地的发展都是一个历时长久的物质空间变化与人类活动的过程，其形态受人类活动深层模式的影响，下文所选取的各个具有代表性的组团、街区、村落等都是真实可感的实例，历经多年发展积淀，这些实例的空间形态可以在二维、三维甚至四维等空间和时间维度上对其网络、建筑空间或者虚实空间进行描述。

随着尺度缩小到微观视角，空间形态的庞杂多样剧增到难以一一说明的地步，因此本章采取典型案例研究法，选取与宏观、中观尺度有所衔接，同时又非常具有代表性的$10km^2$规模综合连片开发的空间区域进行案例研究，来说明空间形态在微观视角下的一些典型特征。需要补充说明的是，$10km^2$规模尺度是一个弹性区间，选取的四个典型区域的占地面积在6～$11km^2$之间不等。

选取以上四个区域进行典型研究，首先基于时间维度探讨其发展历程、空间形态演变，然后从二维平面格局的角度进行形态剖析，选取构成空间形态的自然肌理、路网构成、公共空间、次级斑块划分、典型建筑肌理等主要平面形态要素，重点分析人工建成环境之间的耦合关系以及与自然环境的互动关系。

6.1 罗湖中心区

6.1.1 发展历程

罗湖中心区占地面积约 7km^2，是深圳各组团中开发最早、规模最大、配套设施最为完整的一个[①]，复合了金融、商贸、信息、娱乐、办公等多种功能，包括东门、人民南路和蔡围屋区域[②]。作为特区最早的经济中心，罗湖中心区曾光芒耀眼。罗湖中心区三十多年的发展历程，可粗略分为如下三个阶段：

第一个阶段是 1978—1988 年，这是改革开放、罗湖建区以及深圳成立经济特区以后的黄金十年，此时的罗湖中心区是深圳经济快速发展的缩影，处于起步与腾飞期。罗湖中心区之所以能率先崭露头角，有两个方面的重要因素。首先是邻近香港的区位优势。最初，深港之间的通道[③]，只有罗湖口岸进出香港最便利。研究表明，香港对于深圳经济特区的快速发展具有决定性影响，在改革开放初期国家设立的四个特区（深圳、珠海、汕头和厦门）中，深圳的先天基础最薄弱，但凭借与香港距离最近，后来居上，远超其他三市。其次是宝安县城的发展基础。建市初期，宝安县城迁出至特区外南头半岛以西的新安镇，而留下的原宝安县城则为罗湖的发展起步奠定了原始基础（图 6-1）。

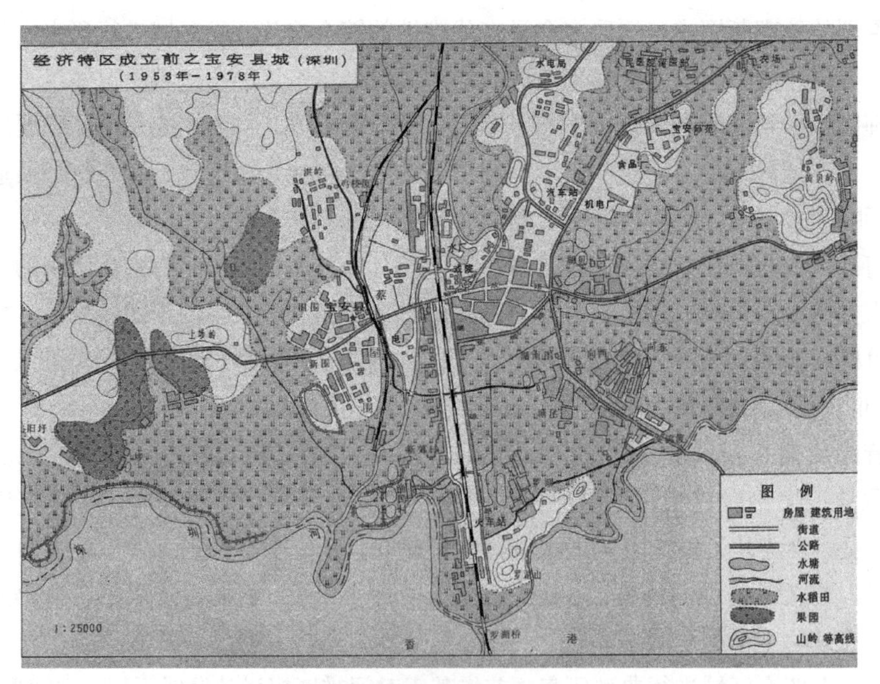

图 6-1　1979 年之前的宝安县城——东门老城

来源：深圳市自然资源与经济开发图集（1985）

① 徐忠平 . 解决“肠梗塞”问题刻不容缓——罗湖上步区交通发展策略与治理措施 [J]. 城市规划，1996（11）：22-24.

② 王如渊，李燕茹 . 深圳中心商务区的区位移位及其机制 [J]. 经济地理，2002，22（2）：165-169.

③ 罗湖、沙头角和蛇口三个通关口岸，罗湖凭借罗湖桥，陆路可连接香港。广九铁路也从罗湖经过。

这一时期，罗湖区迈开了从边防小镇向城市中心区跃进的步伐，罗湖口岸以北的人民南和东门地区迅速发展成为现代化商业商务中心，尤其是人民南地区更成为了深圳发展的靓丽名片（图 6-2、图 6-3）。罗湖口岸平均每天过境旅客人流量 20 多万人次，而人民南是必经之地，加之紧邻火车站的地理位置优势，使其商贸流通十分频繁，不仅形成了众多小商品市场，还打造了国商和国贸两家旗舰商场。其中国商被誉为当时的“国门第一商”，邓小平于 1984 年视察深圳后广为传播的经典照片就是在国际商场的屋顶拍摄的。而国贸则引进了全国第一家免税商场，销售当时国内难得一见的进口商品，吸引了大量客户，年销售额超过 5 亿元，成为深圳早期百货零售业的一段神话。此外，不少物流、金融、地产等外资公司也开始在人民南地区集中，著名的四大会计师事务所一度集中在这一地区。人民南从此异军突起，不仅成为了深圳开发时间最早、开发水平最高的国际商贸窗口和沃尔玛中国、华润万家等知名企业的发源地，更是全国著名的商业圣地[①]。在产业和人口的强力驱动下，罗湖中心区城市面貌日新月异。最具代表性的是国贸大厦的兴建，该大厦高 160m，共 53 层，于 1984 年 10 月开始兴建，1985 年 12 月即正式竣工，创造了神话般的三天一层楼的“深圳速度”。

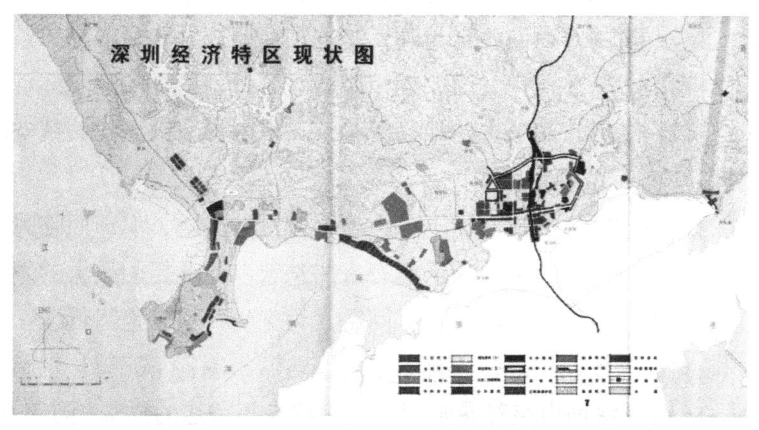

图 6-2　1986 年深圳土地利用现状图

来源：深圳经济特区总体规划（1986 年）

图 6-3　罗湖上步早期规划

来源：蒋峻涛 . 深圳城市中心区的空间演进 [J]. 城市建筑，2005（5）：22-25.

① 当时流传一句话：“北京有王府井，上海有南京路，深圳有人民南。”

图 6-4　1998 年罗湖区建设用地现状图

来源：深圳市罗湖区分区规划（1998-2010）

第二个阶段是 1989—2000 年，此时罗湖中心区面临着高速发展之后的种种问题和越发突出的土地供需矛盾，土地利用难以为继，进入改造与拓展并行发展的时期（图 6-4）。经历了改革开放翻天覆地的变化，罗湖中心区的旧城和新区却同时陷入了发展负效应的围困之中。当时的旧城区因老旧建筑质量较差、市政设施不完善以及人口和建筑的爆炸式生长而不堪重负。在此背景下，政府于 1989 年编制完成《罗湖旧城规划》，提出了保护罗湖旧城历史风貌、改善文化设施和空间环境的规划目标，并确定了地块容积率指标[①]。虽然这个规划的编制做出了积极探索，但当时的政府并没有足够的经济实力按照规划来实施大规模的旧城改造。参与改造的开发商各自为政，基本都在原规划路网不变的条件下，使容积率大幅提高到了规划的 2 ~ 3 倍，又因缺乏相应的系统规划，导致空间环境、市政、交通等处于混乱状态，最终老街风貌消失殆尽、新建筑风格各异，旧城的城镇空间不但没有提升，反而更显脏乱差。

罗湖中心区的新建城区虽然此时尚不存在亟待改造的问题，但却面临另一个更为性命攸关的难点——水患。特区发展之快超乎所有人的预料，所承担的最大的发展压力便是城市的市政设施，下水系统及相应的洪涝灾害问题尤为突出。罗湖地势低洼，城镇快速建设使得地表大面积硬化成为建设用地，而排水系统及防洪机制甚不完善，水患的危险越发急迫。1993 年 6 月 16 日，深圳市突降暴雨，形成了约 5 年一遇的洪水；同年 9 月 26 日暴雨再袭，深圳水库被迫放水泄洪，致使河水猛涨，民宅受淹，人员伤亡，交通、通信中断。1994 年汛期，罗湖区再次沦为水城，经济损失约 2 亿元。1995 年年初，市政府正式把罗湖区十大治涝工程列为全市的综合治理任务之一，防洪排涝工作成为城市环境综合治理的第一大战役。频繁的内涝只是罗湖中心区市政设施配套不足的极端表现之一，交通拥堵、视觉环境陈旧、粗放的土地利用导致公共空间质量低等问题也逐渐暴露，为罗湖中心区未来发展的困顿埋下了伏笔，同时也为其他地区的崛起提供了契机[②]。

与此同时，深圳的经济仍然处于飞速发展之中，空间扩张需求也愈发迫切，由于人民南地区和东门地区土地已经趋于饱和，新的城市功能开始向外围谋求拓展。罗湖中心区位于城市东侧山水包围之中，南部临江，向东和向北的拓展又受到山地、水库以及特区管理线的制约，新增功能只能跨越广九铁路向西寻找空间。位于行政文化中心和人民南、东门

① 中国城市规划设计研究院．中国城市规划设计研究院规划设计作品集 [M]. 北京：中国建筑工业出版社，2001.

② 深圳市规划局．《深圳市中心区城市设计与建筑设计 1996—2004》系列丛书 [M]. 北京：中国建筑工业出版社，2005.

之间的蔡围屋地区顺势而起，抓住 20 世纪 90 年代以深圳证券交易所为核心的金融机构的推动下金融业快速成长的时代机遇，逐渐形成了新的商务金融区。1995 年，蔡围屋地区的信兴广场为当时深圳土地交易的最高价，故号称为“地王”，地王大厦高 383.95m，共 69 层，是当时国内最高的建筑，取代国贸成为深圳的新地标。

和罗湖中心区的向西发展一致，深圳全市的发展重心也从这一时期开始逐渐向西转移（图 6-5、图 6-6）[①]，而罗湖—上步地区则重在“城市形态和功能的更新”。从定位来看，福田中心区的层次明显高于罗湖中心区，虽然此时福田中心区的建设才刚拉开框架，但随着建设的推进和资源的投放，必将对罗湖的中心地位造成冲击，罗湖中心区的发展开始面临严峻挑战。

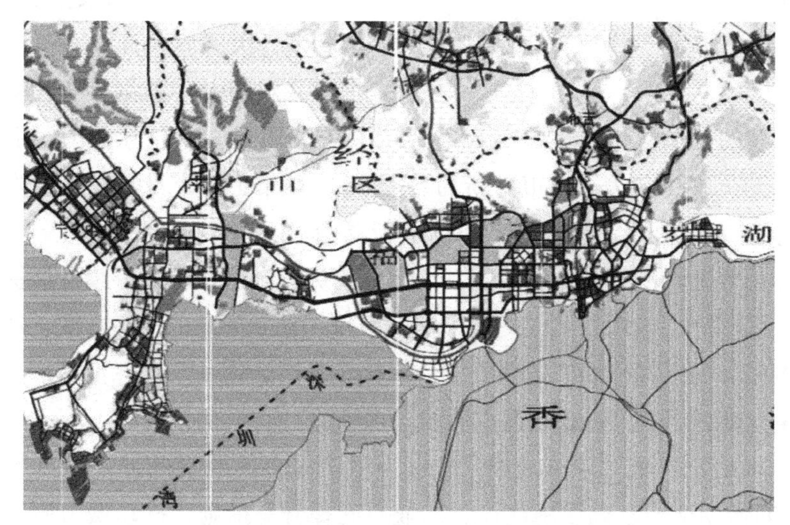

图 6-5　1996 年深圳市建设用地现状图

来源：深圳市城市总体规划（1996—2010）

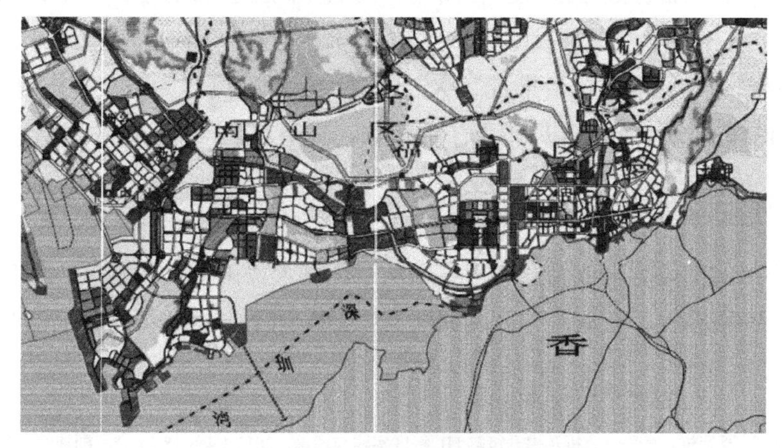

图 6-6　1996 年深圳市建设用地规划图

来源：深圳市城市总体规划（1996—2010）

① 1996 ~ 2010 年的《深圳市城市总体规划》提出：“市中心区位于福田区，是未来深圳的行政、文化和商务中心。”

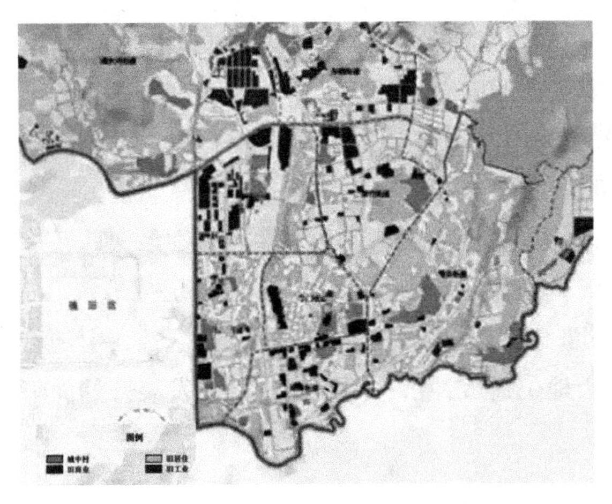

图 6-7 罗湖区罗湖“四旧”分布图

来源：罗湖区城市更新“十三五”规划

第三个阶段是 2001 年至今，此时的罗湖中心区已不见昔日荣光，上一阶段积累的问题持续发酵，在空间发展困境和资源瓶颈制约中率先进入更新与复兴期。进入 21 世纪以后，罗湖中心区的发展一度举步维艰，面临核心产业优势地位下降、公共基础设施落后、环境品质下降、“四旧”（旧工业、旧商业、旧住宅、城中村）面积巨大等诸多困难。自 2003 年起罗湖经济持续下行[①]，通过城市更新来拓展发展空间、助推转型升级的诉求日益迫切。2010 年，深圳市在城市总体规划中提出：把城市更新作为罗湖新时期的工作重点[②]。2015 年，深圳市进一步将罗湖确定为城市更新改革试点区，把“罗湖区重建局”更名为“城市更新局”，并下放城市更新审批管理等权限，希望借助体制机制的创新为罗湖的更新改造工作创造新局面。《罗湖区城市更新“十三五”规划》应运而生，作为全区城市更新发展的纲领性文件，为罗湖区城市可持续发展提供空间框架和发展路径（图 6-7）。该规划不仅提出了消费引领、创新开路的战略方向，还明确了“一核一圈一轴两带”的空间格局，把罗湖中心区确定为“金三角”国际消费核，并作为城市更新发展的重点地区予以投资和政策方面的合理倾斜。

此外，深圳确定实施“东进战略”[③]也为罗湖中心区的发展带来了重大良机，将在“十三五”期间借助交通基础设施建设、产业空间提升等措施，推动城市服务功能、产业要素和人才资源东进。罗湖地处深圳东、西部区域连接的“咽喉”，正是实现“东进战略”至关重要的桥梁和纽带，战略地位不言而喻。按照罗湖区公布的工作计划，未来五年将投入 4200 亿元推进 194 个“东进战略”重点项目，涵盖交通建设、产业提升、城区建设等众多领域。罗湖中心区借此机会推进二次开发建设，不仅可以为全市“东进”做出贡献，还有望提升自身的金融中心和国际消费中心地位，重塑“金三角”的辉煌。

6.1.2 空间形态演变

罗湖中心区的空间生长依循发展历程中从东门到人民南再到蔡围屋——自北向南、从东往西的重心前移路径，在新建与改造双线交织的作用下，体现不同时期的开发重点和风貌特征。

① 杨刚勇，杨友国．罗湖核心竞争力分析及提升策略 [J]. 特区实践与理论，2012（4）：18-21. “罗湖连续五年社会固定资产投资负增长，几乎没有新增产业空间，也没有重大项目落地。”

② 总规提出：罗湖区应在“继续强化金融和商贸服务功能的基础上，推进商业区及旧工业区的更新，发展文化创意等新兴产业”。

③ 2016 年，市政府审议通过《深圳市实施东进战略行动方案（2016—2020 年）》及相关配套方案，提出将东部地区打造成深圳发展新的增长极。

第一阶段：起步与腾飞期（1978—1988 年）。这一时期罗湖中心区的空间开发主要集中在东门和人民南片区，这两个片区分居深南大道两侧，以不同的生长模式形成截然不同的空间形态。其中，东门片区依托宝安县城的基础，延续以东门老街为核心的传统空间框架，整体保留了沿十字街展开的高密度小街区形态，通过功能置换、局部更新等方式不断增加商业空间，由一条石板古街逐渐演变为街街成市的繁荣商业区。而一路之隔的人民南片区则完全不同，该片区原本的建筑并不多，以整体新建为主，在规划的引导下进行开发建设。在空间组织上，人民南片区采取了现代都市的高效率方格网形式，又顺着现状的道路保留了一些斜交和弧线，同时考虑到人民南作为罗湖站入城、深港连接的第一通道，承担形象展示和功能集聚的作用，重点在道路两侧的黄金地段进行高密度开发，汇集了商贸、金融等重要功能和重大项目，可以找到许多深圳建筑发展史上的“第一”和“之最”。整个人民南片区可谓高楼林立，至 1987 年底片区已建成高层建筑 39 幢，1988 年续建 19 幢，构成了以高层建筑为主的空间布局特征[①]。

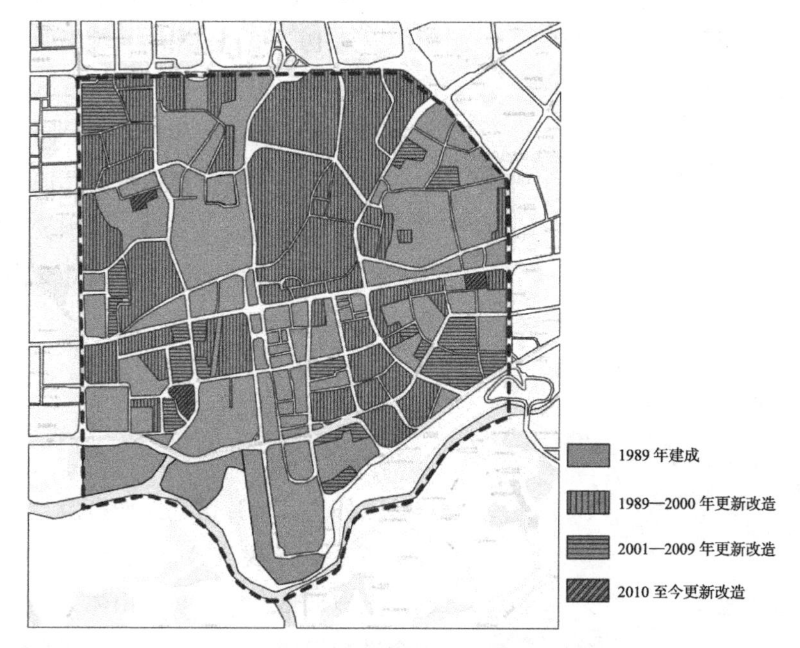

图 6-8　罗湖区中心区空间拓展历程

来源：根据地图影像资料及实地调研自绘。

第二阶段：改造与拓展期（1989—2000 年）。这一时期罗湖中心区的空间建设主要包括以东门片区为主的旧城改造和以蔡围屋为代表的新区拓展两个方面。一方面，以东门片区为代表的旧城区因建筑密度不断增大、城市景观破碎而推进旧城保护与改造工作，但由于社会资本的涌入和规划控制的乏力，许多改造工程无序进行，缺乏对片区整体肌理的考量，在空间尺度、建筑风貌上都与周边格格不入，出现拼贴式的空间景观。另一

① 司徒中义．深圳罗湖城的规划及建设 [J]. 城市规划，1988（5）：32-34.

图 6-9 罗湖中心区主要自然景观分布

来源：自绘。

图 6-10 人民南片区路网规划

来源：司徒中义

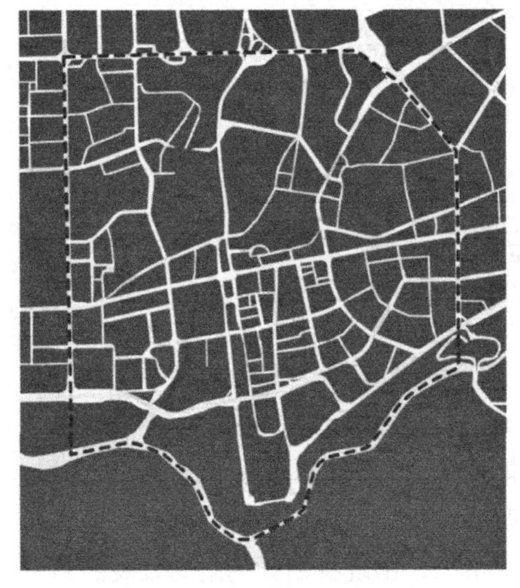

图 6-11 罗湖中心区路网构成

来源：自绘。

方面，罗湖中心区开始向西寻求新的发展空间，将蔡围屋的部分村落拆除，新建高层建筑作为金融商务办公楼，形成了一片高密度的金融商务区。

第三阶段：更新与复兴期（2001 年至今）。这一时期罗湖中心区的土地开发已经基本饱和，以局部地块的城市更新项目为主，即便是万象城这样的重大项目建成也只是对两个街区的空间形态进行了重塑，在片区尺度上、空间形态上并没有显著变化。

6.1.3 自然肌理

罗湖中心区的自然肌理呈现出一带多点的特征。罗湖中心区南侧深圳河蜿蜒而过，沿河保留带状的绿化空间，并在渔民村东侧靠近人民南路的中间位置形成了面积较大的公园，形成了蓝绿互动、局部放大的自然条带。其他点状空间则为散布在地块内的公共公园，面积较大的有笋岗东立交桥南侧的人民公园、雅园立交南侧的深圳儿童公园等（图 6-9）。

6.1.4 路网构成

罗湖中心区的路网结构，除人民南片区较为规整以外，其他片区均线形自由、未成网或网格大小不一。人民南片区因是整体开发的新建区域，土地平整，没有自然山体，采用了方格网的理念进行规划，并延续至今，如今依然呈现出路网平顺、地块尺度合理的特征（图 6-10）。

其他片区的空间建设以局部更新为主，由于土地权属的限制和小规模、自下而上的开发模式，导致道路走向曲折多变，出现很多丁字路口、锐角路口，甚至多条路交叉等情况，路网结构不尽合理。尤其是深南大道以北区域最为突出，城中村穿插其中，至今仍有不少断头路尚未打通（图 6-11）。

6.1.5　公共空间

罗湖中心区的公共空间主要有两类：一类是充满活力的商业空间，包括以东门老街为代表的传统商业步行街、以人民南为代表的现代商业商贸街区以及以万象城为代表的大型商业综合体；另一类是规模较大、与游憩设施相结合的公共公园，包括人民公园、深圳儿童公园、深圳工人文化宫等（图 6-12）。

6.1.6　次级斑块划分

罗湖中心区的次级斑块有两种类型：一种形态较为规整，比如人民南片区的各个斑块以及万象城等局部开发的地块；另一种受土地权属和路网结构所限，形态自由且规模差异较大，比如深南大道以北的城中村（图 6-13）。

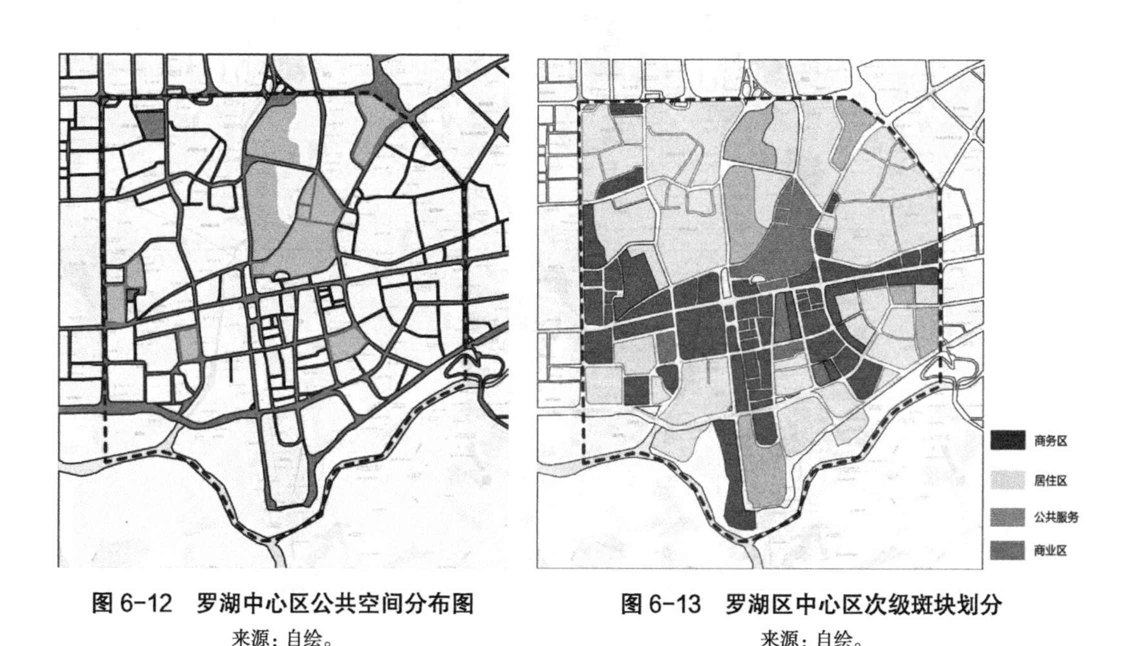

图 6-12　罗湖中心区公共空间分布图
来源：自绘。

图 6-13　罗湖区中心区次级斑块划分
来源：自绘。

6.1.7　典型建筑肌理

结合上述分析，把罗湖中心区的典型建筑肌理分为商业商贸和居住两大类，并分别选取典型，对这两种空间形态进行提取与识别（表 6-1）。研究发现，即便是同一类功能的空间，因兴建时期不同、开发模式不同，也呈现出巨大的分异。商业商贸类建筑包括大型商业综合体、现代商业商贸街区、传统商业步行街三种，居住类建筑则包括城中村和居住小区两种，且这两种往往混杂在一起。

罗湖中心区典型建筑肌识别（来源：根据 Google 影像及实地调研自绘） 表 6-1

类别	建筑平面布局	说明
传统商业商贸类		罗湖老街周边区域，建设路和深南东路东北、百货广场区域
现代商业商贸类		南洋大厦及周边，万象城及周边
居住类		湖贝村周边区域

6.2 福田中心区

福田中心区位于中部山系以南，深圳河以北的台地的地理中心，由于为市政府所在地，故一般被称为中心区或深圳中心区。中心区总占地面积约 $6km^2$，其中南片区 $233hm^2$，北片区 $180hm^2$。此外，还包括北侧中心区的主山，$194hm^2$ 的莲花山开放性城市公园，是市民休闲游憩的主要场所。南片区主要包括金融业、商业、酒店、购物中心等业态。北片区主要为行政和文化中心[①]。

福田区位于深圳带形城市的地理中心，以福田区为城市行政、文化、金融中心的规划

① 主要建筑有深圳市政府、工业博物馆、深圳书城、深圳图书馆、深圳音乐厅、少年宫、关山月美术馆、深圳博物馆等行政办公与文化艺术等大型公共设施。

早已有之，但相比罗湖，福田中心区缺少现有的城市建成区基础，而相比蛇口工业区，也没有其独特的工业所需的港口资源。但经过 1979—1998 年这 20 年特区飞速发展的原始资本积累后，罗湖老城区已趋饱和，新区的建设便水到渠成。有了罗湖区建设的经验和前车之鉴，城市开始思考新区的发展方向。

回看 80、90 年代的高层建筑，作为特区改革开放的排头兵，高层建筑除了提供自身的功能外，还是特区改革、创新的精神载体①。每一栋建筑都想跳出街区的背景，成为标志物，设计者费尽心思，大胆地突破传统建筑的高度、跨度、材料及色彩，其并置的结果便是使深圳成为"国内高层建筑博览会"②。今天，漫步在人民南路以及深南大道东门—地王段，就能看到那个建筑博览时期的作品。罗湖区是深圳特区规划最早的商业中心，依托旧城建成，自建设之初就作为一个独立、完整的城市区域进行规划，因此区域功能涵盖了居住、办公、商业、金融、工业等，功能的多样化不可避免地造成了建筑形式的多样化。最突出的例子便是深南东路南侧的深业中心、证券交易所、深圳发展银行大厦以及深圳金融中心大厦四栋并置的建筑，因其造型风格、立面色彩差异巨大，形成了非常独特的城市景观，被市民赋予"四大金刚"的称号（图 6-14）。

图 6-14　深南东路"四大金刚"

来源：自摄。

① 罗昌仁. 深圳的城市建设与建筑 [J]. 建筑学报，1986. 承担"形成良好投资环境"、"吸引客商来特区投资"的"光荣使命"。

② 深圳市建筑设局，深圳市城建档案馆. 深圳高层建筑实录 [M]. 海天出版社，1997：序.

随着建造技术的不断进步、审美观念的日益革新，人们慢慢意识到“英雄主义”建筑不仅令城市空间及视觉环境混乱、失控，也令建筑与建筑之间形成很多消极的城市空间[①]，建筑的立面、风格、入口处理，甚至退线等的差异，导致连续的街道被打断，街墙围合的行人空间无法形成，行人对街的印象模糊。同时，高层建筑消耗大量资源，建成后对街区环境影响深远，来自规划层面的建筑控制日益迫切。因此，福田中心区在建设伊始即树立了高远的建设目标，在提供最佳工作环境的同时，也要为区内各类人员的活动提供舒适、优美的空间环境。最关键的是，深圳市政府将被规划在这里。

6.2.1 发展历程

福田中心区的发展基本上可视为历经了五个阶段（图 6-15）。

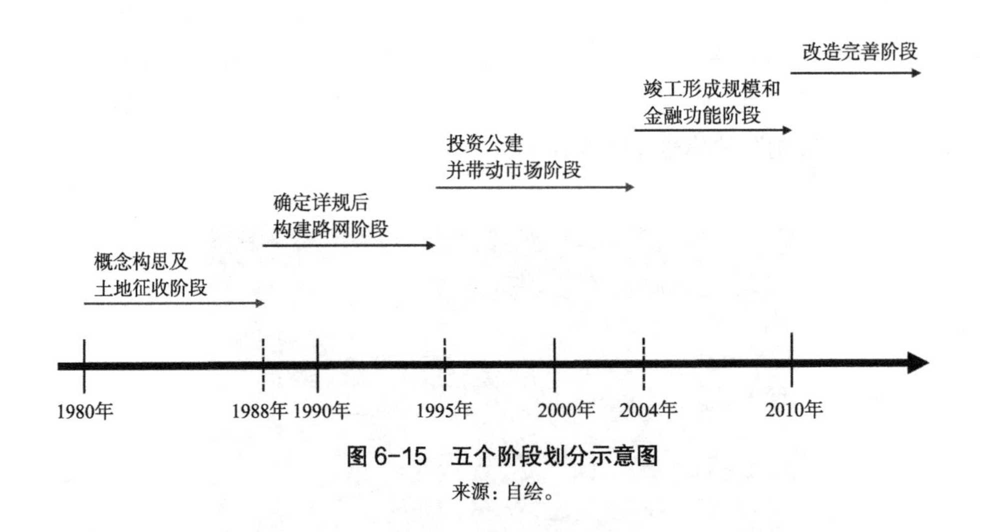

图 6-15 五个阶段划分示意图

来源：自绘。

1980—1988 年为第一阶段，主要涉及两个重要成果。一是 1984 年确定了中心区的选址，1986 年深圳经济特区总体规划中对福田中心区进行了超前规划，准确定位，预留出土地，保证持续发展。1987 年末全市常住人口 105 万人，1990 年人口 167 万人，1990 年末深圳特区已建成 8 个工业区、1 个科学工业园、50 个居住小区、6 个港口、5 个出入境口岸，全市建成区面积 139km^2。1990 年 1 月成立福田区，年末深圳经济特区内建成区面积达 69km^2，特区内人口超过 100 万人，在这样的城市基础上，深圳开始准备建设福田区新的城市中心。二是 1987 年率先确立了福田中心区的轴线景观，其后的设计多轮调整，也一脉相承地沿袭了中轴线公共空间城市设计[②]（图 6-16）。

1989—1995 年为发展的第二阶段，规划深化研讨，政府开始投入市政设施建设福田中心区，并在确定详细规划后构建路网。1989—1991 年，深圳市福田中心区经历了两次规

① 施国平. 深圳城市与建筑地域特色发展策略研究——深圳城市形态实地踏勘报告与城市特色塑造的几点建议 [D]. 深圳大学，2000.

② 深圳市规划局.《深圳市中心区城市设计与建筑设计 1996-2004》系列丛书 [M]. 北京：中国建筑工业出版社，2005.

划设计竞赛，提交的七个方案都在延续陆爱林·戴维斯规划公司的南北向景观中轴线设计的基础上，对莲花山脚下明确的中轴线景观形态、跨过深南路的标志、中心广场的界面与尺度以及深南路的界面等详细设计层面的问题进行了多种设计方案尝试。

1992 年编制完成了《福田中心区控制性详细规划》，基本确定了路网格局，并为市政设施预留了充足的容量（图 6-17），1994 年又完成了《福田中心区城市设计》。

这一阶段除了不断深化规划设计工作之外，还建设完成了较为完善的路网结构，建成的路网达到中心区主次干道的 80%。

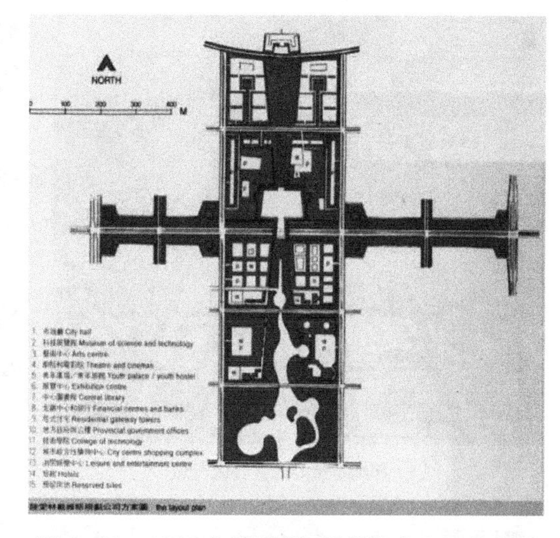

图 6-16　1987 年陆爱林·戴维斯中心区方案图

来源：《深圳市中心区城市设计与建筑设计 1996—2004》系列丛书

1996—2004 年为发展的第三阶段，设计深化到多个公共建筑层面，政府投资公共建筑的建设并带动市场。1995 年，举行了中心区核心地段（沿中轴线 1.9hm² 范围）及市民中心的城市设计国际咨询，这次国际咨询旨在解决进一步推进的过程中须解决的四大问题，包括：中轴线公共空间的景观概念设计、市民中心方案、水晶岛枢纽标志方案（当时为地铁换乘站）以及 CBD 公共空间概念设计。这次的国际咨询可谓众星云集：李名仪 / 廷丘勒事务所方案（最终优选方案，图 6-18）、黑川纪章设计公司方案、德国 Obermeyer 公司方案等多个优质方案脱颖而出。

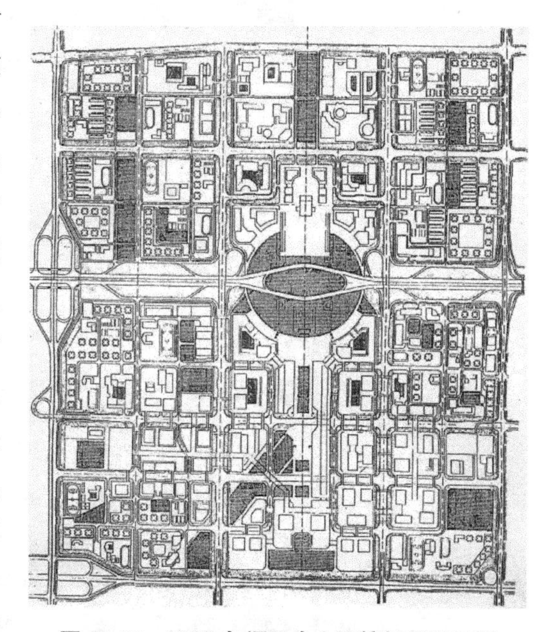

图 6-17　1992 年福田中心区控规总平面图

来源：《福田中心区控制性详细规划》（1992 年）

李名仪 / 廷丘勒事务所方案的亮点是采用复合地表，将中轴线基面抬升到二层，贯穿南北，为人行步道。在 1998 年，黑川纪章延续了李名仪 / 廷丘勒事务所方案的上述设计理念，通过采用多功能、多空间层次的设计手法，将绿化休闲、地铁交通、停车、商业等多种功能集中在地面一层、地下二层、屋顶广场等构成的复合并且立体的轴线空间中，不仅集约用地，还创造了良好的生态环境及商业、交通等配套服务，以增加中轴线的活力。此外还构建了更为人性化的人车分流交通系统，之后轨道交通线路的设置不仅使中轴线成为了深圳的交通枢纽中心，也使中心区成为了重要的金融贸易商务中心和行政文化中心。尤其是中心区完整步行系统的规划和建设，为市民

（a）深圳市中心区核心区鸟瞰

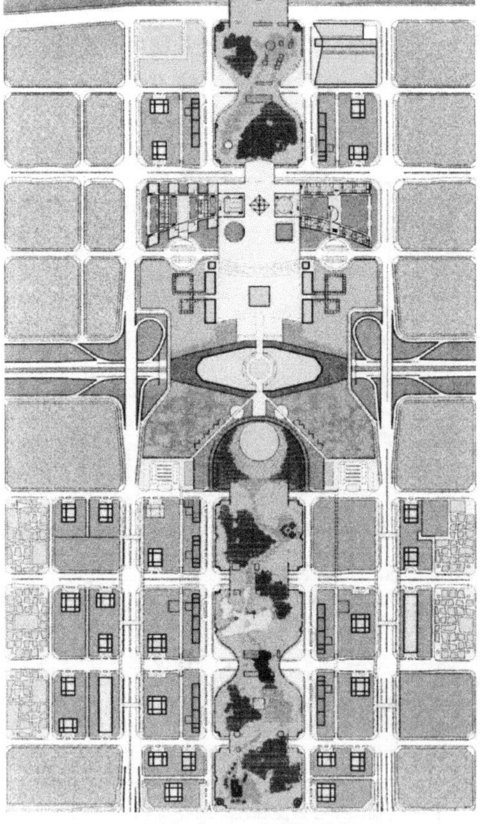

（b）深圳市中心区核心区平面图

图 6-18　市民中心的城市设计优选方案

来源：

（a）《深圳市中心区核心区城市设计及市民中心方案的国际咨询（1996 年）》；

（b）《深圳市中心区城市设计与建筑设计 1996—2004》系列丛书

提供了更加便利的活动空间，将中心区空间轴线景观开放共享给全体市民①（图 6-19）。

1998 年，投资大厦周围街坊被划分为 12 个地块，确定开发建设单位。2000 年 1 月，批准了福田中心区法定图则（第 1 版）。由 1999 年 9 月 23-1-4 地块上的国际商会大厦的方案设计开始，在 1999 年即确定了中心区规划和主要建筑及中轴线景观方案，并开始建设。期间，中心区又经过数次规划、城市设计和国际设计咨询、竞赛，如 1999 年，为更好地指导中心区的城市建设，深圳市规划国土委组织了“深圳市中心区城市设计及地下空间综合规划方案国际咨询”，2001 年，在 1999 年国际咨询和法定图则的基础上，深圳市规划和国土资源委员会组织对国际咨询方案成果进行整理，编制形成《深圳市中心区详细蓝图》（图 6-20），以进一步落实国际咨询的规划方案和法定图则。

2004 年以后福田中心区土地出让已达八至九成，剩余少量储备用地将发展金融业。经过 20 多年的规划与实施，最终规划所确定的长 2.5km、宽 250m 的中轴线已基本形成，莲花山是轴线的起点，也是轴线的背景（图 6-21、图 6-22）。中轴线通过大体量的公共建筑以及公共绿化景观空间塑造出强大的视觉冲击力，并通过整个中心区中轴线上的高潮和焦点——市民中心、会展中心、深圳图书馆等公共建筑赋予轴线政治、文化、商务等功能，使轴线充分体现出深圳现代化、充满创新与活力的城市形象。

2005—2010 年是发展的第四阶段，在中轴线基本建设完成之后开始对其余地块进行建设填充，到 2010 年 1 月，中国联通大厦落成，福田中心区的主体建筑业已竣工②。

① 罗军，李小云 . 深圳市中心区空间轴线景观的形成机制研究 [J]. 华中建筑，2014，12.

② 陈一新 . 探究深圳 CBD 办公街坊城市设计首次实施的关键点 [J]. 城市发展研究，2010（12）.

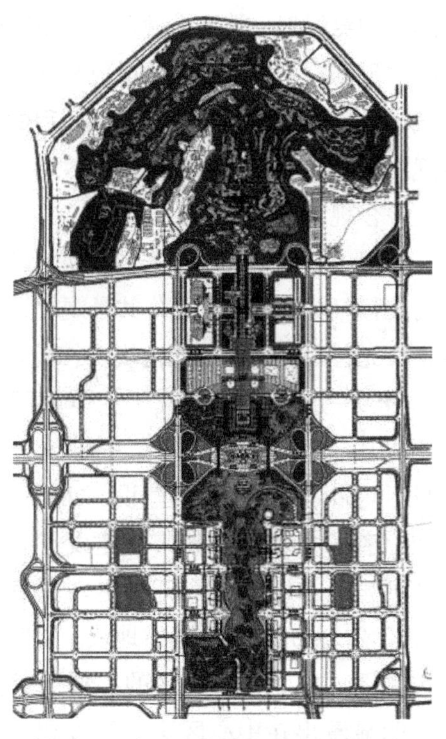

图 6- 19 中心区中轴线黑川纪章方案
来源：深圳市规划局

图 6-20　深圳市中心区规划总平面图
来源：《深圳市中心区详细蓝图 (2001 年)》

2011 年至今是发展的第五阶段，在福田中心区原有大部分空白地块几乎建设完成之后，福田中心区开始了对于东南区域城中村的改造更新，对紧邻西北片区、紧邻莲花西地铁站处的零星地块进行开发，对中心区南区西侧的预留地块也进行了开发，包括 599m 高的平安创新金融中心和国信证券、招商证券大厦等部分金融机构的总部大楼相继落成。

图 6-21　1999 年 6 月中心区建设工地
来源：《深圳市中心区城市设计与建筑设计 1996-2004》系列丛书

在福田中心区的发展历程中，非常重要的一点是重视规划设计，但是城市设计并不是“一张蓝图”管到底的，而是根据发展的需要与时俱进地调整，其中，充分利用整体景观轴线与大型公共建筑的规划设计，来进行总体城市设计的调整，动态完善城市规划与设计也造就了福田中心区不断演进的现有面貌。中心区设计咨询历程见图 6-23。

图 6-22　2004 年莲花山顶广场俯瞰中心区
来源：自摄。

6.2.2　空间拓展及中轴线形成机制

深圳中心区几乎完全遵循规划设计建造，其相关规划的形成是结合了深圳实际并反复论证后提出

图 6-23 福田中心区设计历程

来源：自绘。

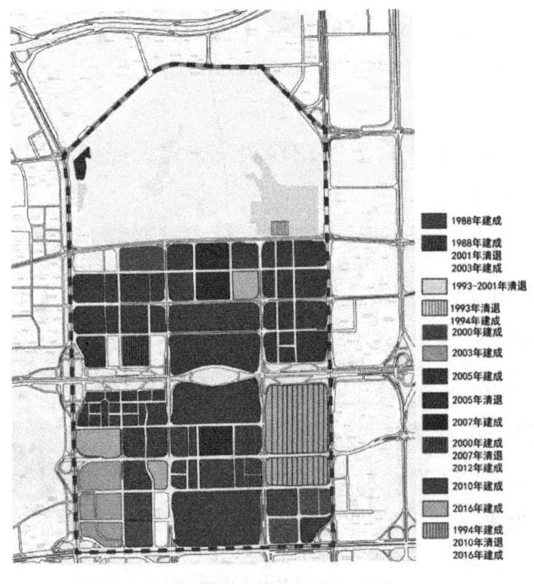

图 6-24 福田中心区空间拓展历程

来源：根据地图影像资料自绘

来的，相关规划也在整个城市建设中得到了很好的贯彻。福田中心区的形成与演变是整个城市发展的缩影，贯穿其发展历程的是多版规划、设计、咨询，最终建成效果也几乎完全符合规划设计蓝图。

福田中心区生长脉络非常简明清晰，可以简要概括为：优先中心公共景观轴，沿轴线生长完善两侧商务功能地块。

1989—1995 年间完成了主体路网的构建，1996—2004 年间完成了中轴线公共建筑与两侧多个商务地块的建设，2005—2010 年间完善了中轴线景观带的建设与剩余地块的开发。2011 年至今开始更新原有的城中村区域，并开发零星预留地块。空间拓展历程见图 6-24，在中心区的扩展历程图上可以明显看出在中心区这个等级和街块等级的扩张、更迭以及收缩。原高交会街块完整的扩张 + 收缩 + 扩张形成的更迭从 2000 年到 2012 年持续了 12 年，完成了一个街块的更迭周期，而岗厦片区也是同样的过程，只不过一个是完全新开发地块的更迭，一个是城中村的更迭。由此图我们可以发现，莲花山的斑块在 2001 年完成清退，我们从图 6-19 所示的黑川纪章的方案中看到的是保留了莲花山原来的建筑斑块，而图 6-20 所示的实施方案并未保留这些建成斑块。为保证理想中的深圳中心区形象，莲花山原建成区斑块被清退了，无论何种原因，我们都可以从空间拓展图中找到清退的记录。从空间拓展历程图斑块的变化中我们可以找到空间演进的线索，无论什么原因造成斑块的扩张、收缩、更迭，也无论形态地图是否完全反映了空间演进的所有信息，都可以任意假定，无论任何假定，都和最终的结果关系不大，我们唯一可以依据的就是最后各种合力作用形成的斑块。城市发展中所有合力中某个分力的力量特别强大，就会对斑块演化起主导作用。为论证本论点，简述本尺度层次以下等级一处斑块的演变。莲花山公园内，西北坡有深圳下沙村黄氏家族深圳一世祖黄默堂墓，此为南宋古墓，在中心区如火如荼的建设过程中，经黄氏族人努力，该墓在 2002 年 9 月被公布为广东省文物保护单位。下沙黄氏族人为保护祭祖习俗，申请将传统祭祖习俗列为广东省非物质文化遗产，2007 年获批准。祭祖地点有两处，一为村内祠堂，一为莲花山黄默堂墓，后该墓经程建军教授修缮设计，并在市规划展示厅公示，目前已修葺一新。

深圳中心区的建设隐含着对传统的继承和对未来现代化城市的想象。与传统城市具有悠久的历史文化底蕴相比，作为中国改革开放 30 多年来的重要窗口，深圳中心区空间轴线景观的形成既非历经长时间的更替而不断明晰或变迁，也不像建筑单体的建设可以一蹴而就。

罗军（2014）将中心区中轴线景观形成机制归纳为以下三点：政府主导下的设计先行；交通引导下的多功能复合；传统生态哲学下的现代建构[①]。前两点已有论证，本书将继续从传统生态哲学方面对第三点的形成机制进行必要的补充。

受地理环境和中国儒家思想的影响，中国传统城市中心区空间轴线往往居北面南，并将众多的重要建筑布局在中轴线上，中心区的布局也呈现出严格的左右对称，形成了以建筑群体、客观空间物质为载体的实轴。同时，轴线的空间序列也隐含了人类对大自然的敬畏，追求与自然的沟通与和谐[②]。从 80 年代确定中心区建设位置开始，有关中轴线以及市政府名称的讨论就开始了。20 世纪 80 年代，深圳弥漫着对未来这座城市的美好憧憬，从市民到政府官员，满怀浪漫主义情怀，充满建设未来中国新城市的激情，对即将建设的新城市、新生活充满期待。市政府建筑名称确定为市民中心，中轴线开放为市民休闲交通廊道，市政府前广场称为市民广场，为举行庆典、集会提供场所。

中心区的空间轴线采用了传统城市中轴线的空间意象，借鉴了因地制宜、天人合一、整体有序等生态思想，对现代城市的空间布局具有丰富的启迪和借鉴意义。改革开放以来，大多数城市中心区的规划建设在套搬西方现代城市规划理论体系，强调现代化城市、建筑特征，追求几何构图的同时却忽略了对地方特色和传统文化的保护与传承。深圳城市中心区空间轴线的规划建设，既继承了中国传统城市空间轴线构建的传统理念和空间格局，也符合现代城市中心区的功能组织与景观营造，实现了传统生态哲学下的现代建构。

图 6-25　中国传统城市轴线布局特征

来源：根据理想风水模式图叠加 Google 地图绘制。

深圳市中心区空间轴线的规划设计将中国传统空间轴线组织方式与现代城市设计手法、空间轴线布局与自然环境有机结合，因地制宜，顺势自然，整体秩序充分反映了“背山面水，负阴抱阳”的中国传统生态哲学思想（图 6-25、图 6-26）。位于轴线中央的重要公共建筑物的规划，都力求反映中国

① 罗军，李小云 . 深圳市中心区空间轴线景观的形成机制研究 [J]. 华中建筑，2014，12.

② 武前波，万珍 . 中国古代城市规划的生态哲学：天人合一 [J]. 现代城市研究，2005（09）：47-51.

文化的内涵。如市民中心在设计时汲取了中国院落式布局的特点：造型设计似一只大鹏展翅，暗喻了地理属性，因大鹏湾、大鹏所城及地理环境所致，深圳又称鹏城；优美的曲面屋顶隐喻着鲲鹏展翅，又象征着中国传统建筑大屋顶。同时，轴线两侧两条高层建筑形成的城市天际线犹如双龙飞舞，成为周围山脉轮廓线的延伸以及中心通透、复合利用的开敞空间格局，人车分流、二层步行系统南北贯通等构思则反映了现代城市设计理念。总之，深圳市中心区空间轴线景观已经融合了传统与现代、西方与中国的多种元素，不仅体现了生态的整合与延续，也通过丰富的空间景观序列，展现了深圳现代化和国际性的城市功能和形象。

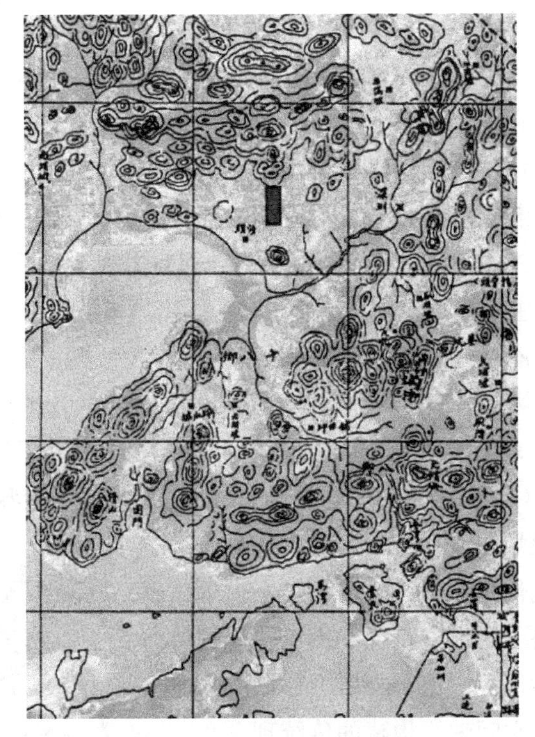

图 6-26　中心区与山系关系

来源：叠加于 1866 年地图绘制。

传统城市轴线，有营造纪念性景观空间的需要。随着现代城市生长和规模的扩大，轴线在城市生长过程中更关注城市的动态发展以及轴线拓展带来的空间影响，城市轴线是一种在城市中起空间结构驾驭作用的线形空间要素，是具有生长性的城市功能轴，比如巴黎星形广场放射性的"无限"延长的城市轴，费城中轴线等。深圳中心区中轴线并没有选择这样一种动态的方式，它只是在中心区范围，南至会展中心，北至莲花山山顶小平同志铜像的 2.5km 长的静态轴线。中规院在 2007 年的中轴线整体设计中作了一个大胆的设想（图 6-27），这也是中心区从 1984 年选址后，多次规划设计中最后一次整体设计。由于市中心区中轴线建设完成，而中部山系北侧的龙华腹地的建设已提上日程，期望以此轴线控制深圳的城市生长，南至深圳河与香港对接，北至龙华新区，将中心区中轴线南拓北展，作为城市生长主轴。此规划未获批准。南拓并没有采取轴线延伸方式，而是采用了 1998 年黑川纪章的方案，仅将中心区绿道延伸至深圳河，并向西与深圳湾公园连通。龙华新区并没有延伸中心区中轴线，而是作为独立区域规划设计。北部，轴线维持原状，止于莲花山。

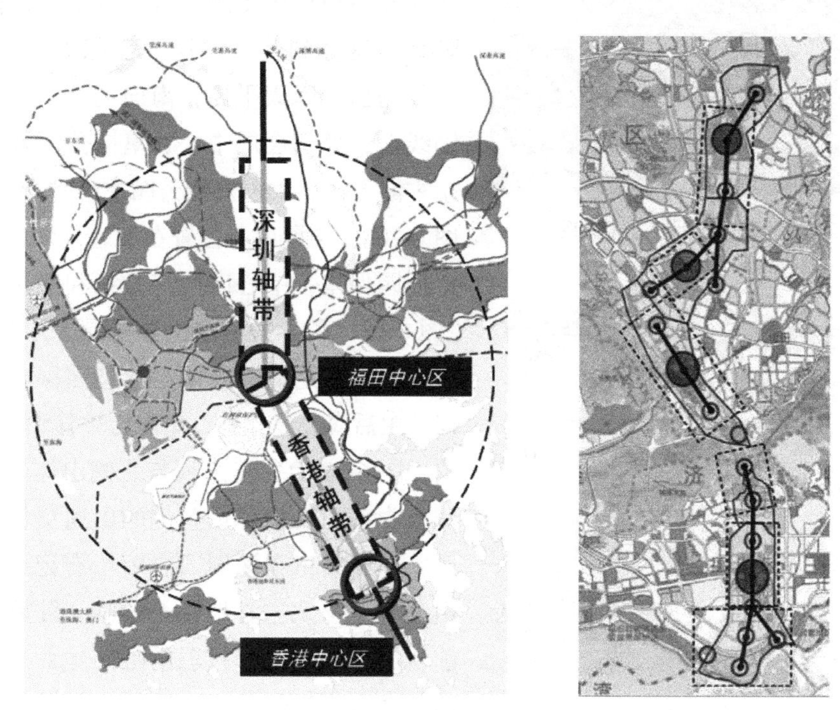

图 6-27　深圳市中轴线整体设想

来源：中国城市规划设计研究院 . 深圳中轴线整体设计研究. 2007.

以上轴线规划未获实施，与深圳地形关系密切，深圳的中部山系将深圳分隔为特区内外两部分，特区内以东西横向联系为主，特区外龙华与中心区产生刻意的几何关系会给城市生长带来限制，城市生长并不需要超越人的视觉感知的人工南北向轴线。再者，顺应自然与中国传统空间观念有关，人工环境与自然相协调，通过自然山体关系控制空间意象，意象轴线通过山体关系而被感知，视线可超越任何实际的人工轴线。

自然界中各种变化都影响着人们的生活，古代中国人很早就察觉到人和自然的密切联系，并努力遵循人和自然的和谐关系，在长达几千年的建筑环境选择和规划设计中逐渐形成了比较完善的理论体系，包括用于实践的操作规程，对古代建筑营造影响深远，明清皇宫规划就是这种风水理论的典型反映①。中国传统规划思想及风水思想是否对深圳中心区规划产生影响，目前未见公开的报道，我们可根据建成环境和规划历程的对比，研究中心区建成建筑与环境的关系、传统理论体系和操作规程的关系。

① 程建军 . 风水解析 [M]. 华南理工大学出版社，2014：1-2，43-52.

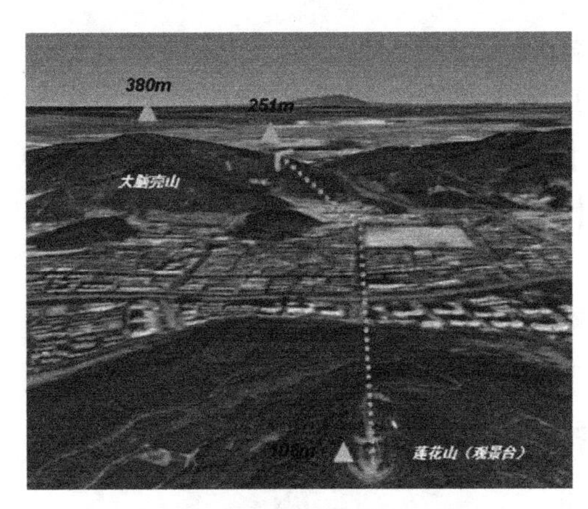

图 6-28　莲花山与北侧山体关系

来源：深圳市规划局，2007

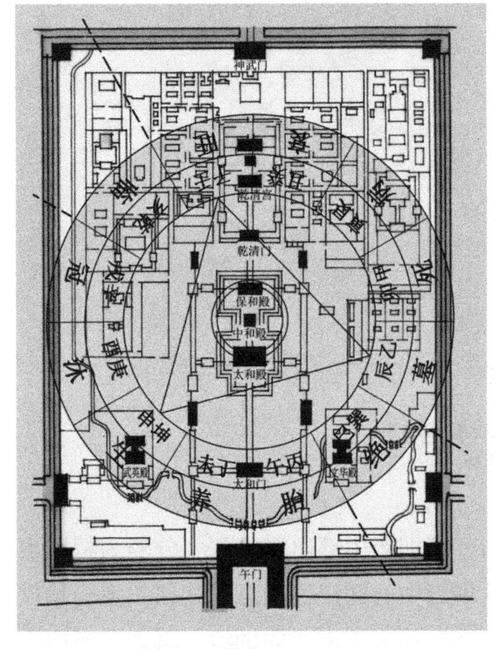

图 6-29　故宫水口格局

来源：程建军《风水解析》第 157 页

传统风水观念很讲究山川形式，注重“来龙去脉”。第三章对深圳龙脉——莲花山系的“千里来龙”以及进入惠州、深圳地区的变化进行了分析。莲花山北侧为深圳莲花山系中路支脉，在莲花山顶可感受到这种呼应关系，向北空间意象可延伸到前文叙述的莲花山系北路分支、东莞的白云障大平山，南向的朝、案关系有中轴线上近处的会展中心、皇岗公园及深圳河对岸香港大帽山大榄郊野公园主峰呼应（图 6-22、图 6-26）。会展中心位置在实施规划之前作为山体公园保留，中心区优选方案和黑川纪章方案（图 6-18、图 6-19）中山体公园（原为皇岗山）清晰可见，之后会展中心选址因国家领导人建议，由后海改建此处，皇岗山被移除。

图 6-28 为莲花山顶与北侧山体的关系。北侧为中部山系梅林坳两侧的山岗黄竹园和大脑壳，梅林坳口在深圳旧志中[①]有记录，为中部山系南部与北方谷地联系的唯一陆路通道，目前也为特区与龙华接驳的唯一地面通道，其他两处通道为近年建设的隧道。这种自然表征完全符合风水理论的驳换形态，中部山系龙脉在梅林坳经黄竹园由西向东过峡，大脑壳山峰峦突起，随后自南向北蜿蜒曲折，形体由大到小，高度逐渐由高变低束气，最低矮处仅为 20 余米的土包。中部山系整体规划为塘朗山——梅林公园，而此最低矮处即为首先建设的公园芳香区，在寸土寸金的中轴上得以保留。大脑壳山自北向南，经由蜿蜒多变的束气，向南即为地面凸出的莲花山，为中心区的座山。由莲花山山顶广场与大脑壳山的连线大致呈 330 度的关系，按风水罗盘地盘的七十二龙分金，其入首龙脉为五行属木。

自然环境总是山水相依，除了山体的关系，还讲究建筑选址、规划与水的流向关系。程建军教授分析了北京故宫的水口关系（图 6-29），故宫风水格局与杨筠松的风水理论和技术一脉相承。深圳中心区选址是否符合传统水口理论？下文试分析之。

① 张一兵 . 深圳旧志三种 [M]. 海天出版社，2006.

6.2.3 中心区环境格局与水口关系

中心区位置的确定，我们从规划历程中可以找到一些线索，但我们无法确定是否参考了中国传统营建理论。第一版即1982版总规由时任国家建委主任的谷牧亲自组织。周干峙院士主持第一版并参与了后面深圳若干的重大规划。《钱学森建筑科学思想探微》一书提到了周干峙与吴良镛院士有关中心区的书信往来，主要讨论议题：一是是否需要建设一个中心区，二是选址问题和如何营建。至今，为什么中心区选择目前这个位置未见公开的资料和报道。1982版规划确定了深圳、上步、蛇口、沙头角等四个地方作为开发的起点，未见中心区的内容。中心区的概念在1984年首次提出，1986年政府即确定了选址。1994年中心区一些土地曾经拍卖给港商，政府旋即又收回了土地，在中心区周围都是建成区的情况下，中心区坚持了十余年的规划研究，严格控制所有地块的建设，直到1998年才首先建设了政府投资的儿童医院和投资大厦。从1987年第一个方案开始，到历次国际咨询、论证、国际竞赛、城市设计，中轴线和市政府的位置没发生变化，只涉及其他地块和路网的调整。这种情况在深圳其他区域的建设中是不多见的。

福田中心区范围不大，区域内用地平坦，自然肌理主要保留了北侧莲花山并打造为城市公园。中轴线上现会展中心位置原为低矮山丘，在历次规划中均保留为山体公园，1998年决定将拟建于后海的会展中心建设于此，皇岗山山体随后被平整。对于深圳罗湖、福田的空间区域，从Google影像图上，我们可明显地看到，福田中心区处于深圳中部山系与深圳河谷地的中心位置，与深圳平原、山体、水系呈相互呼应的关系。站在莲花山顶，在视线上能感受到中部山系、莲花山、滨河路以南的深圳湾、香港大冒山的联系，中轴线南延伸段，皇岗公园保留了部分山体，拓展了空间意象。

传统建筑和城市非常重视建成环境和水口的关系，水口就是水的来源和流向，认为其相对关系与事物的发生发展存在联系。本书将中心区范围红线叠加于故宫现状地图，以对比两者尺度关系（图6-30）。故宫是按杨公风水理论人为规划出来的，通过尺度关系对比，可以看出，人工堆砌的景山尺度远小于莲花山尺度，故宫太和殿的尺度也远比中心区市民中心现代建筑体量要小。故宫内的水系为按故宫太和殿尺度人工布局的水口格局。

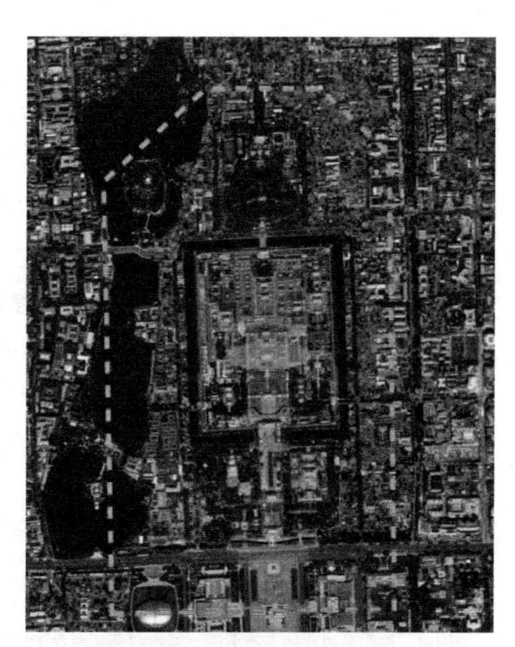

图6-30 中心区与故宫尺度对比

来源：叠加Google地图自绘。

水口虽有来水与去水，建筑朝向与位置却以出水口方向确定。出水口忌多头，而入水口可以有多支汇流。水口关系的判断有双山三合五行长生十二宫的定位方法[①]。本书以此方法识辨中心区水口格局，如图 6-31 所示。

深圳中心区由自然山水构成其环境格局，在莲花山顶，可一览特区内自然环境，堂局尺度广阔，明堂水深圳河从皇岗公园南侧环抱而过，曲流至深圳湾入海，而水口的西南向，南山半岛大南山和深圳湾对岸屯门山互为对峙，两山之间有深圳湾西部通道大桥连接，加强了出水口的关锁。按双山三合五行，水口在丁未方位，属木局水口的"墓库"，为木局水口。

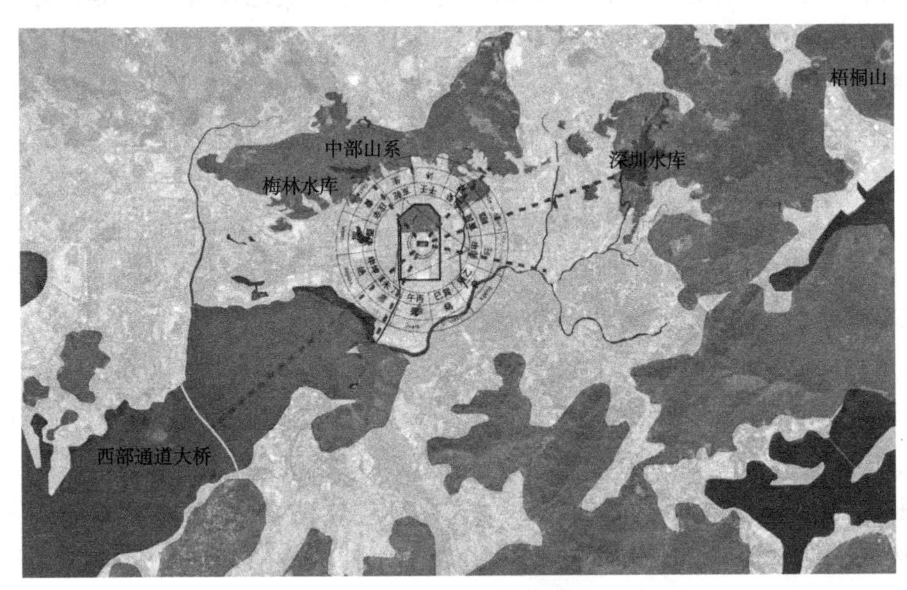

图 6-31　中心区水口格局

来源：叠加 Google 地图，自绘。

第一处来水为中心区西侧的新洲河，新洲河水源来自于西北侧梅林水库。中心区建设过程中河道改道沿新洲路布置，与深圳河在深圳湾入海口汇合。其来水方位在辛戌位，为随龙水"长生"水，入海口归于墓库。在东侧则有三条河流，紧邻中心区西侧的为福田河，福田河流域由北至南为永久性绿带，北侧紧邻笔架山公园，向南的绿带延伸到滨河大道，长度与中心区一致，也为 2.5km，在制定中心区中轴线方案的 1998 年，政府将此处建设为福田中心公园，建成后不久，国家领导人参观后给予高度评价。福田河由北至南汇入深圳河，深圳常年治理水质，目前福田河道可见小鱼群。福田河亦为随龙水，来水方位为"冠带"水。东侧还有布吉河和沙湾河两条河流，沙湾河注入深圳水库，与东江来水从深圳水库溢流为深圳河主要水源。来水为"临官"位。深圳的地形特征决定了深圳河流的特点：雨源型河流，

① 见程建军教授著《风水解析》第 140 ~ 162 页："天关地轴，可验富贵之速迟。""所贵者五户闭藏，所爱者三门开阔。""水口之砂，最关厉害。"这里提到的天关、三门就叫来水口，又叫天门、玄关，即来朝堂之处；地轴、五户即出水口，又称地户，即本龙周身水流出处。来水要开阔，去水要闭藏，所谓"天门开，地户闭"才能富贵应验。《葬书》说："以水为朱雀者，衰旺系乎形应……朝于大旺，泽于将衰，流于囚谢，以返不绝……顾我欲留，其来无源，其去无流。"其中旺、衰、囚谢、绝等是风水的专有名词。看水口是用罗盘天盘缝针来进行的，以罗盘天盘双山五行来确定水口属于金、木、水、四局中的何居来论的。……对水口的勘察、评价与利用，涉及风水专有名词、理论和技法，包括缝针双山五行、三合、四大水口、长生十二宫和七十二龙等。详细介绍见程建军教授《风水解析》论述。

地表径流小，没有大江大河作为源头活水。深圳水库建设改变了深圳的水源来源。1963 年，周恩来总理特批东深供水工程，引东江之水为香港供应淡水。1996 年，深圳启动东江水源工程，并于 2001 年 12 月建成。干线全长 136km，横穿深惠两地，进入深圳后被送往各调蓄水库，包括梅林水库。目前，深圳主要用水都通过东深供水工程和东江水源工程从境外引东江水解决。目前深圳河主要源流来自经深圳水库泄流的东江水和沙湾河水。另外，还有一条前文介绍过的香港的来水，在罗湖联检站附近汇合注入深圳河，此为甲卯“帝旺”水。所有来水归集深圳河后，去水口均不变，皆为深圳河在深圳湾的入海口。深圳湾入海口为深圳红树林保护区，海鸟翱翔，水天一色，是市民休闲的好去处。按风水理论，深圳中心区来水有长生水、冠带水、临官水和帝旺水，皆为六秀水，其中三处为三吉水，可谓“来水生旺”，而去水皆归于墓库，乃“去水休囚”，故合生旺墓三合局。以上，完全符合传统风水格局“木局水口”三合之局，这不能不说深圳中心区的选址存在与自然环境的巧合。

6.2.4　路网构成

福田中心区由于地处城市中心，用地平坦，整体路网格局呈方格网形态，北侧沿莲花山道路呈现出了一定程度的自由曲折，但并不影响整体的规整性。路口基本呈十字交叉形态（图 6-32）。

6.2.5　公共空间

福田中心区的公共空间形态体现出了两大特征：一方面，公共空间规模较大，保留了莲花山公园，并且中轴线及周边商务区域都具有强烈的公共性，所以现状公共空间规模较大；另一方面，公共空间同时体现出了与自然肌理的结合以及人工化的痕迹，莲花山公园保留有自然要素，又加以强烈的人工修饰，中轴线及周边商务区公共空间都体现出了明显的人工塑造氛围（图 6-33）。

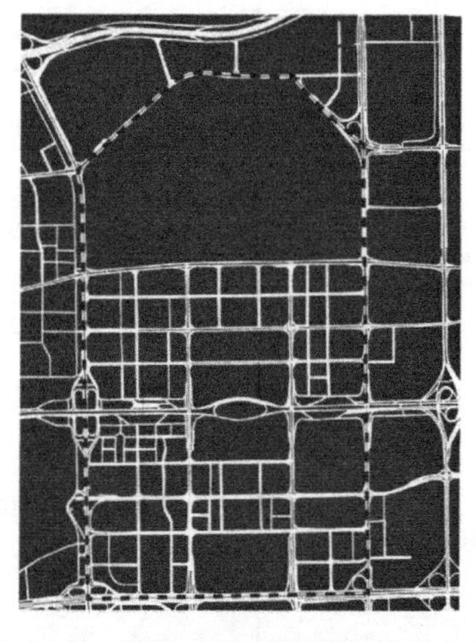

图 6-32　福田中心区公共空间分布图

来源：自绘。

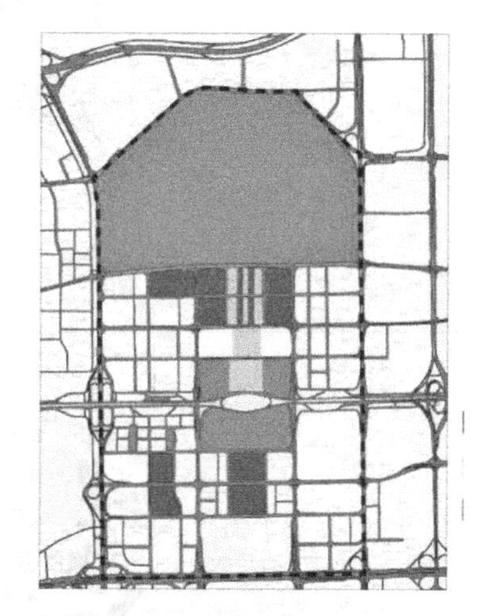

图 6-33　福田中心区公共空间分布图

来源：自绘。

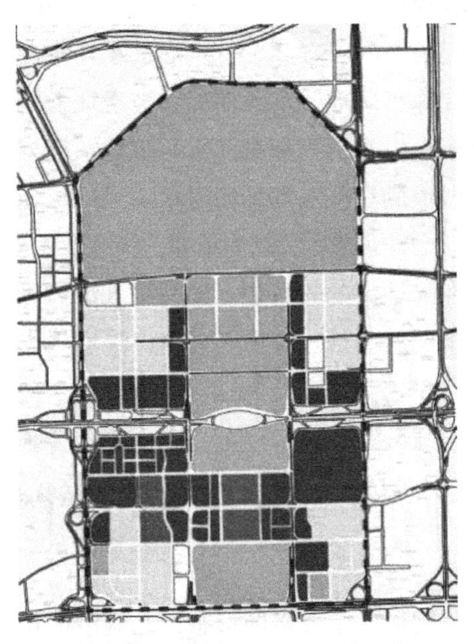

图 6-34　福田中心区次级斑块划分图

来源：自绘。

6.2.6　次级斑块划分

主要根据路网和功能分区来划分次级斑块，整体而言，在不考虑莲花山公园这一斑块的前提下，福田中心区的次级斑块划分具有明显的均质性。一方面是由方格网道路所划定的均质地块决定的，另一方面也是由于福田中心区内功能主要为公共配套以及商务，整体功能较为单纯，所以次级斑块形态也较为统一（图 6-34）。

6.2.7　典型建筑肌理

结合上述对于次级斑块的划分，把福田中心区的典型建筑肌理分为以下三大形态类型，包括配套、商务、居住等，选取典型，对这三大类型的空间形态进行识别提取。总体而言，公共配套类建筑在规模、形态以及建筑组合布局形式方面与商务、居住两类建筑存在着巨大的不同，而商务、居住两类建筑互相存在一定的相似性。

福田中心区典型建筑肌理识别（来源：根据 Google 影像及实地调研自绘）　　表 6-2

类别	建筑平面布局	说明
配套类		市民中心及市民广场、文化配套建筑
商务类		投资大厦街区 十三姐妹楼平面肌理

续表

类别	建筑平面布局	说明
居住类	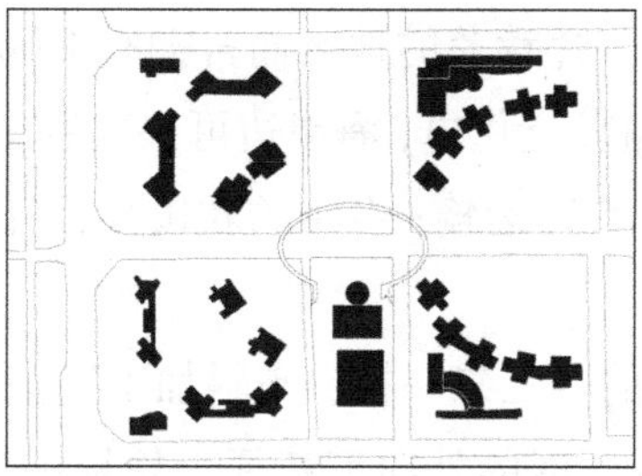	黄埔雅苑 住宅小区

6.3　招商蛇口工业区

在深圳地图的另一端头，距离罗湖中心区 20km 外的蛇口港，特区以另一种姿态起步了。罗湖的开发依靠的是与香港和大陆极方便的陆路交通，是两岸人员、资金、货物流动的物质基础；而老城聚集的人流和较成熟的生活圈，则是特区建设最早的内部循环。蛇口则是截然相反的一派景象。蛇口与香港隔海相望，一直是大陆居民从水路逃往香港的“黑点”，所谓的海运也只是一些走私的小船。但优良的天然港口条件以及与香港亲密的地缘关系，改革开放的春风吹来，蛇口便扬帆起航。

蛇口工业区总占地面积约 $11km^2$，招商局一直扮演着产业运营、社区运营的角色，在蛇口工业区投入了大量的资金，兴建了海上世界、女娲补天、盖世金牛等一批功能各异的新项目。

6.3.1　发展历程

蛇口工业区的开发主要由招商局集团主持。19 世纪 70 年代，鉴于清末对外战争失利，航权丧失，为了避免运输命脉为外人垄断，李鸿章上奏慈禧太后，创议招商成立轮船公司。1873 年 1 月，在李鸿章的主持下，上海成立了官督商办的轮船招商局。招商局组建了中国近代第一支商船队，开办了中国第一家银行（中国通商银行）、第一家保险公司（仁和保险公司）、第一家电报局，修建了中国第一条铁路（唐胥铁路），发行了中国第一张股票，经历了洋务运动、辛亥革命、抗日战争、新中国成立等国内外的政治经济动荡和多次的改组，到 20 世纪 70 年代末，百年招商局的业务几乎停顿，当时已全体迁往香港的招商局只从事单一的航运业务，在香港影响甚微[①]。

1978 年，在招商局力求变革、重新崛起的紧要关头，时任招商局第 29 代掌门人的袁庚以极大的热情和敏锐的嗅觉，察觉到了中国南部省份正在酝酿的改革风暴，带领招商局从香港渡海而来，向国务院提出建立招商局蛇口工业区，工业区早于深圳市数月诞生。在

① 百年巨舰与深圳特区同歌而行——招商局创办蛇口工业区系列报道 [Z]. 深圳特区报（数字期刊）.http: //sztqb.sznews.com/html/2008-09/01/content_321338.htm（2008/9/1）

蛇口创业者的努力下，从1979年到1980年不到两年的时间，这个昔日荒滩发生了翻天覆地的变化。

早期的蛇口相较深圳其他同样一片荒芜的地区而言拥有下列优势：附近有水库可解淡水供应；近处有发电厂修建计划，可就近供电；海岸边可兴建码头，便于船舶通航；与连接广州的107国道仅8km车程，便于汽车运输；占用的农田少，补偿费用不高；离香港只有27海里的航程。

蛇口工业区功能上以外商投资的“三来一补、来料加工”企业为主，大部分为附加值低的劳动密集型企业。考虑到蛇口片区的外向型特征，规划中单独开辟了供外商使用的商住区，但整体的功能配套仍然是围绕着工业这一支柱产业进行，区域内功能较为单一。1983年，蛇口工业区和广州远洋公司签订合同，以300万元买下了原为法国建造的豪华游轮“明华轮”。同年8月27日，明华轮抵达蛇口码头，内部经过改造后的明华轮成了集酒店、餐饮和娱乐于一体的商业旅游项目，成为了中国第一座海上旅游中心。1984年1月26日，邓小平及夫人等一行视察蛇口时下榻“明华轮”，并为旅游项目题词“海上世界”。从此，“海上世界”成了蛇口工业区最高等级的宴会场所，成了接待国内外政要的指定场所，更是一个展示蛇口工业区发展成绩的窗口。

工业的先行发展为金融、物流、货运以及房地产等行业在蛇口的开拓提供了充足的“养料”，原本单一的工业局面一点点在改变，招商银行、平安保险、招商地产、友联船厂、重机集团等企业先后从蛇口孕育孵化成长。高尚住宅区及高档写字楼如雨后春笋般在蛇口拔地而起，海上世界周边因配套设施完备而出现了高档写字楼及住宅区用地供不应求的情况。与此同时，工业蓬勃发展，南海大道为对外联络的唯一交通干道，沿线厂房建筑如雨后春笋般生长，实力不强或污染企业只能选择靠近大南山，相对落后的沿山路一带建设。而此后的发展证明，沿山路为蛇口高尚住宅聚集区，土地价值远高于南海大道主干道。物流业、仓储业以及轮船企业的高速发展坐实了蛇口物流中心的地位，蛇口港以15%～20%的年吞吐量迅猛增长①。

蛇口工业区创造了多项国内率先尝试：第一个在全国实施工程招标；第一个在全国建立职工聘任制；第一个尝试住宅商品化；成立了全国第一家股份制保险机构（平安保险公司）；开办了全国第一家由企业组建的银行（招商银行）；建立了国内第一家中外合资深水港（赤湾港）。蛇口还率先搞民主直选，甚至准备发行自己的货币。

从建区伊始，“蛇口工业区”只是一个企业，不断向政府“要权”，国家让渡掌控和调配主要社会资源的权力，最后形成了一个企业管着一方行政的局面，这在中国企业史上是绝无仅有的，从户口审批，边防证发放，到公、检、法设立等，蛇口工业区成为当时深圳经济特区下辖的一个“行政特别区”②。

1979—1992年可视作蛇口工业区发展的第一阶段，由“飞地”型开发区模式起步，蛇

① 何姝.深圳市蛇口片区旧工业地段更新策略研究[D].哈尔滨工业大学，2009.

② 谢孝国，宋毅.蛇口，“还政”未了[N].羊城晚报，2008-6-18. http://www.ycwb.com/ePaper/ycwb/html/2008-06/18/content_237911.htm

口工业区驶入发展的快车道。由于吸引了大批国外资金和先进技术，蛇口培育出了一大批颇具实力的企业，如中集、南玻集团等。港口方面，工业区发展了我国最早的对外通航海港，并日益壮大，占据了深圳港口吞吐量的半壁江山。金融贸易方面，蛇口培育发展了一批以招商银行、平安保险等为代表的重量级企业。城区建设方面，开发区非常重视“规划先行”，以全局的眼光来统筹各项建设，并明确了以南海大道—南油大道为骨架的空间发展轴，有效指导了城区建设。

南山区于1990年成立，深圳市政府开始逐步收回蛇口工业区集团对蛇口片区的管辖权，蛇口片区正式纳入整个深圳市统一管理、统一规划的范畴，蛇口的先锋色彩也逐渐褪去。蛇口工业区风云15年的标志性人物袁庚在1992年退休，蛇口工业区有限公司登记注册，蛇口便并入南山区管理。随着福田区作为深圳市中心区的地位得到巩固和加强，特区东部城市空间开始以福田为据点向西发展。罗湖区经济商业金融中心地位的确立，福田区行政中心，南山以高科技产业为支柱，加上宝安、前海中心的快速发展，多中心发展模式，让蛇口在后续发展上，相比轻盈起步的其他片区显得步履沉重而缓慢。实际上蛇口工业区由于前期规划缺乏经验，加上发展速度始料未及，工业用地比例大且布局分散，土地利用率低，土地权属混乱，后续拓展用地受限；在城市支柱产业向第三产业转型的过程中，随着各项用工成本的提高，利润单薄的加工制造业已经不堪重负，企业搬迁转移造成了“空心化”，原有产业链随时可能经受“断链”的考验；工业区遗留的污染和工业建筑与居住、医疗、学校等建筑混杂造成整体环境“宜工不宜居”的局面。蛇口孵化出的平安、招商、中集等企业也纷纷出走。从“先锋”到“边缘”的称谓变化，或许是对蛇口工业区的变化最为唏嘘的概括。

1992—2000年可视作蛇口工业区发展的第二阶段，在这一阶段，蛇口工业区面临外部城市发展形势的转变，并未完全成功跨入新潮流之中，发展陷入困顿。蛇口首先面临的是产业升级转型的诸多问题。蛇口半岛曾经的辉煌与政策和土地及劳动力优势是密不可分的，然而仅仅凭借廉价的土地和劳动力，而缺乏持续的产业核心竞争力，注定会成为蛇口发展的硬伤。大批依靠廉价地组合廉价劳动力发展的企业外迁，加快了这一进程。招商银行走向全国，平安保险出售，一批全国性的科技企业外迁，也从某种角度说明了蛇口这个舞台本身的局限性。

同时，由于蛇口半岛具有多个建设管理主体，城区空间得不到协调整合，各种资源也不能有效共享，种种“各自为政、小而全”的弊端逐渐显露出来。在这种局面下，在半岛范围内蛇口工业区和南油集团、南山区进行了一系列城区空间融合的有益尝试，但收效甚微。

2008年，《珠江三角洲改革发展规划纲要》发布，提出珠三角合力发展的目标；2009年国务院正式批准了《深圳市综合配套改革总体方案》，深港合作作为重点项目提出；而深圳湾口岸建成使用、西部通道和沿江高速建成通车、港珠澳大桥项目落实开工、地铁蛇口线建成通车和深圳北站投入使用，蛇口作为未来深港更紧密合作的重要据点以及华南交通枢纽的地位逐步奠定，蛇口再一次成为人们关注的焦点。

2010年年中，为了给蛇口工业区产业转型升级提供指引，蛇口工业区创新产业发展中心编制的《“再造新蛇口”基本构想》正式出台。一场包括了具体产业链的打造升级，还有诸如公共交通等公共领域改造升级的发展浪潮，在蛇口掀起。

《构想》提出了“一轴一心三核”的产业布局设想。依托原有设施，打造城区活动中心，发展产业集聚区[①]（图6-35）。

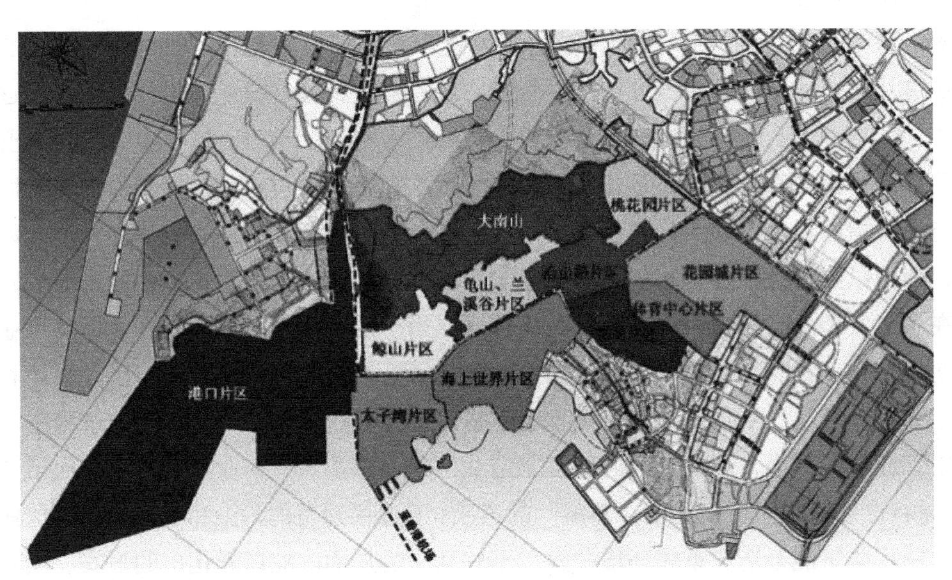

图6-35　蛇口工业区“一心一轴三核心”规划

来源：深圳市规划和国土资源局

太子湾片区总面积75万㎡，具备优良的港口区位，通过将原蛇口客运码头升级换代，成为集客运、商务和滨海休闲活动于一体的综合性现代客运区和深圳的海上门户。2011年12月22日，能容纳22万吨级大型国际邮轮停靠的母港填海工程已开工，目前一期工程已经完成，接下来还将新建蛇口邮轮中心，接收现蛇口客运码头的所有业务。

海上世界片区一直是蛇口工业区发展最为成熟的片区，近年来填海区域持续扩大，原明华轮周边已完全内陆化。明华轮周边已建设为独具滨海特色的商业中心，高端商务办公楼、酒吧、音乐、新媒体等业态一应俱全，文化、创意产业聚集，成为蛇口最具活力的公共休闲区。招商地产携手槙文彦、SOM、AECOM等世界一流的设计团队，改造升级，打造了全新的海上世界，项目于2015年全面完工，目前已建成投用[②]。

① 蛇口工业区创新发展中心：《“再造新蛇口”基本构想（讨论稿）》。《构想》提出，蛇口工业区至2020年的总体目标：一个在国内具有产业领先、服务配套完善、容纳国际各方人士、传承改革开放文化底蕴、充满活力、环境绿色的特色城区。同时，《构想》还提出了“一轴一心三核”的产业布局设想。“一轴”是以蛇口交通的大动脉——南海大道为园区的发展主轴。“一心”是以蛇口体育中心、四海公园为中心的区域，通过改造、提升原有设施，打造城区的体育、社会活动中心。“三核”是以沿山路、海上世界、太子湾为重点核心的三个产业发展集聚区域和主要空间载体。

② 围绕明华轮的海上世界城市综合体项目，包括海上世界广场、太子广场、金融中心二期、招商局广场、伍兹公寓、希尔顿酒店、15公里滨海长廊、艺术文化中心和高档住宅等项目。

沿山路片区原来厂房众多，该片区 52 万 m^2 产业用房于 2010—2015 年全面转型升级。作为深圳互联网及相关产业发展基地的“蛇口网谷”，沿山路片区最重要的项目，一期 12 万 m^2 已引进客户 70 多家，2011 年产业规模达到 35 亿元；二期总建筑面积约 20 万 m^2，全部是对旧厂房建筑的更新改造，包括原来的宝耀厂房、华益铝厂等，于 2014 年底全部完工；三期超过 10 万 m^2 的研发型办公楼也全部建成。

“再造新蛇口”的口号一步步落地、实现，蛇口工业区许以未来美好的诺言招徕了精明的投资商和野心勃勃的企业家。而 2013 年以“城市边缘”为题的深圳 / 香港双城城市 / 建筑双年展则引起了学术界、设计界和普通市民对这已渐渐淡出视野的 11km² 土地 30 多年变革的关注。

将第五届双城双年展主题确定为“城市边缘”后，作为其组织者和发起人的深圳市规划和国土资源委员会城市设计处处长张宇星开始物色一些远离市区的地方，相继考察了龙岗、宝安等地区。恰逢招商局蛇口工业区土地规划发展部也在思考蛇口工业区废弃工厂何去何从的问题。双方来到蛇口考察后，一拍即合，确定了以原浮法玻璃厂和蛇口客运码头旁的旧仓库为展馆的双展馆模式（图 6-36）。

本书无意就双年展的细节和布展进行描述，这里对该展览案例进行研究，力图思考 20 世纪 80 年代深圳留下来的大量工业遗产的保护和活化。A 馆“价值工厂”，是中国玻璃工业史上最大、最现代化的浮法玻璃厂，深圳特区报称其为一个奇迹[①]。该厂于 1988 落成运营，由于区域的转型升级，2009 年即停产（图 6-37）。

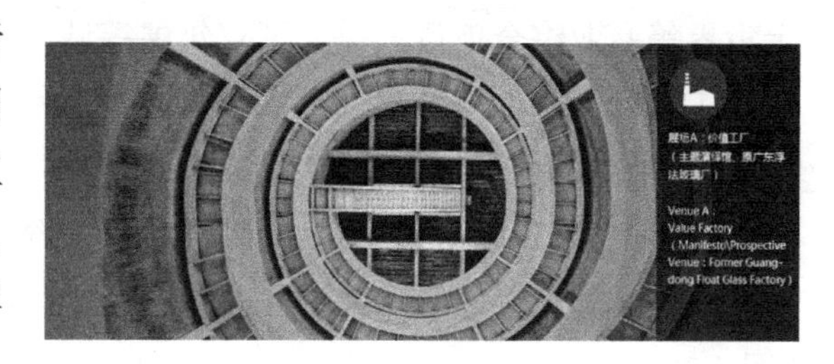

图 6-36　筒仓

来源：双年展官网

图 6-37　A 馆价值工厂

来源：自摄

B 馆“文献仓库”落成于 1984 年，为蛇口客运码头旧仓库，总建筑面积约 4000m²，是蛇口工业区当年最早开发建设的仓库之一。这是一个抒发策展者和工业文明关注者对工业遗产的理想和立场的展览馆，关注城市边缘的时间与理论研究。

双年展的目的并不单纯地只是一个展览，而是“成为试点的平台”，一次让参与

① A 馆“价值工厂”，即原广东浮法玻璃厂，位于蛇口湾畔，毗邻蛇口港口码头片区，为中、美、泰三国合资项目，总投资近 1 亿美元。工厂 1985 年 8 月动工兴建，占地面积约 12.2 万 m^2，建筑面积 4.3 万 m^2；1986 年 7 月开始安装设备，主要生产设备在意大利制造，并由意大利国际玻璃工程公司（INGLEN）负责安装。该厂引进美国 PPO 公司的宽流槽浮法（LB）工艺，采用先进生产设备，生产过程全部实现自动化和机械化，是当时国内兴建的最大规模的现代化浮法玻璃厂，堪称中国玻璃工业史上的一个奇迹。1988 工厂落成运营，并获得该年度中国国家建筑工程最高奖“鲁班奖”。直到 2009 年停产前，这里生产的玻璃被广泛地应用于中国的建筑和汽车之上，其中 50% 以上的产品销往国际市场，促成了深圳和蛇口的生长，把深圳和中国带向繁荣，为世界提供“中国制造”的产品。

图 6-38　前海蛇口自贸区范围示意图
来源：自绘。

者产生思想碰撞，引起社会对蛇口未来发展的探讨的公共事件。从 2013 年 3 月开始，到 2014 年 2 月 28 日，第五届双年展落下帷幕，对于蛇口再出发，这只是一个开始。

双年展、蛇口网谷和南海意库以及再造新蛇口的种种尝试，蛇口这座存储改革开放史的“文献仓库”，正试图成为一座新的“价值工厂”。

2001—2014 年可视作蛇口工业区发展的第三个阶段，在此阶段，蛇口工业区通过多样化的新项目投入，改造更新，逐步向多功能、多元化的综合性城区迈进。保留原有的港口功能之外，招商局对于工业业态进行了一定程度的升级，投入文创元素，打造南海意库等新型产业园区，并开发了太子湾、海上世界等商业综合项目，引入了双年展等城市活动，为原有工业区注入了城市活力元素，蛇口工业区也由此逐步摆脱了“工业区”这一形象，而转变为深圳最有活力的综合性城区之一。

在 2013 年“城市边缘”双年展之后，深圳前海蛇口自贸区于 2015 年 4 月 27 日挂牌，划定深圳前海蛇口片区总共 28.2km^2，包括前海区块 15km^2，蛇口工业区区块 13.2km^2（图 6-38）。

2015 年至今的发展可以视作蛇口工业区的第四个阶段。在蛇口工业区被划入新的前海蛇口自贸区范围内这一区域重大利好要素的影响下，蛇口工业区的未来空间形态发展将主要集中在前海自贸区的形态扩张以及蛇口老片区的城市更新方面。新老如何融合，区域如何连接，如何在深港澳合作、金融创新和开放、深港两地港口组合等方面成为共建 21 世纪海上丝绸之路的重要枢纽和门户，都值得关注和期待。

6.3.2　空间形态演变

到目前为止，蛇口工业区前后共编制有五版总体规划。五版总规都制定出了一个清晰而有迹可循的土地利用方式，并且都已经发展出既成事实，可以根据蛇口工业区的现状空间来比对、观察蛇口工业区发展历程中的结构性变迁，进一步理清空间形态演化脉络。

1986 年，第一版总体规划对蛇口工业区范围内约 10km^2 进行了设计，其中城市建设用地为 6.5km^2，规划年限至 1994 年，人口为 5 万人。该规划基本明确了工业用地沿南海大道的布局形式，同时以三个突堤作为货运港；交通方面，靠铁路和沿山路、南海大道疏散主要的货运交通，南海大道以东的生活用地形成以四海公园为社区服务中心、以海上世界为金融商贸中心的城市布局（图 6-39）。该版规划基本奠定了蛇口工业区的用地格局，在规划的实施过程中，保留了部分重点地段用地作为建设备用地，为工业区的可持续发展预留了空间条件[①]。

1991 年，蛇口工业区进行了第二版总体规划修编。在当时人口 4.8 万人的基础上，规划提出的人口控制规模为 9 万人，规划年限至 2000 年。所确定的规划性质为：将蛇口工业区建为一个国际性的现代化转口贸易港口、工业城区，深圳特区西部的金融、贸易、消费中心和南海石油开发后勤服务的重要基地。从规划布局上进一步明确了以南海大道为界，西部为工业区，东部为商贸中心区和居住区的布局。虽然这次编制的规划考虑了蛇口工业区与蛇口镇和南油开发区的衔接和与南山区的总体联系，然而从规划的实施效果看，当时提出的蛇口片区作为特区西部商业中心的目标并未实现，相反，以蛇口海上世界为中心的商业区却日益衰落。另一方面，此版规划未能就蛇口滨海城区的环境特色提出规划性建议[②]。

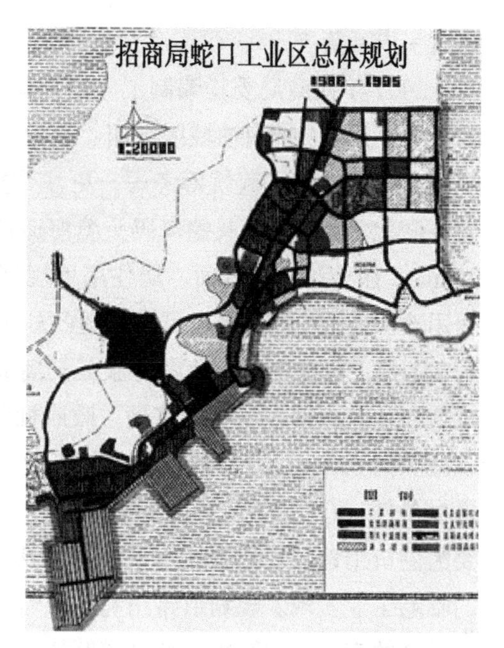

图 6-39 1986 年蛇口工业区土地利用规划图

来源：招商局蛇口工业区总体规划（1986-1995）

1996 年，蛇口工业区进行了第三版总体规划修编。较之 1992 年版规划，该轮规划强调了滨海环境，扩大了共享的生活岸线，然而在工业八路以北，南海大道以东及六湾一带仍存在工业区与居住区混杂的布局，事实上，这种布局带来的不良影响不仅表现在城市景观上，也表现为交通上的人车混杂。同时，该轮规划并未解决交通与用地布局方面与蛇口镇的联系[③]。

1999 年，蛇口工业区进行了第四版总体规划的修编。规划提出的人口控制规模为 12 万 ~ 13 万人、用地规模 8.69km²，确定的规划年限与《深圳市城市总体规划》和《南山区分区规划》保持一致，远期为 2010 年，远景为 2011 年以后。规划提出蛇口工业区未来发展目标为建成国际化特征明显的滨海社区，主要包含以下四个方面的城市功能：以大型集疏运港口为依托的区域性现代物流中心；滨海特色高品质居住社区；高新火炬创业园；商贸信息中心。规划对工业区的功能和空间布局进行梳理和整合，明确了沿山路片区工业发展组团，进一步强化了蛇口海上世界商贸中心的定位。在规划编制过程中仍未能摆脱“画地为牢”的局限性——虽然这次编制的规划考虑了蛇口工业区与蛇口镇和南油开发区的衔接以及与南山区的总体联系，然而规划的实施效果不理想。以蛇口海上世界为中心的商业区

① 招商局集团公司 . 招商局蛇口工业区总体规划（1986-1995 年）[S].1986.
② 招商局集团公司 . 招商局蛇口工业区总体规划（1991-2000 年）[S].1991.
③ 招商局集团公司 . 招商局蛇口工业区总体规划（1996-2005 年）[S].1996.

也进一步衰落①。

2007年招商局委托编制了《招商局蛇口半岛总体发展规划》，这版总体规划较之以往的最大不同是：把南油城区组团、南山、赤湾港、妈湾港等工业区之外的区域也纳入总体规划，与工业区一起统筹考虑，更注重整个蛇口半岛区域协调。从蛇口工业区的范围看，主要变化为：一突堤及蛇口码头填海造地增加约47hm^2，蛇口港码头改造增加港口用地约30hm^2。在土地利用方面，居住用地规划少量增加，主要由蛇口一突堤改造、工业区内工业用地功能置换和少量发展备用地的利用来实现。商住用地在本次规划中单独划分为一类，约35hm^2，主要用于商业零售服务。商业服务设施用地规划增加约44hm^2，主要由一突堤改造和片区内部旧城更新实现。政府社团用地基本增加约20hm^2。工业用地规划面积比现状减少约65hm^2，并将规划保留的工业用地主要集中在沿三路片区，为发展新型工业园区提供条件。仓储用地：该类用地减少约13.6hm^2，主要布局在港区后方。对外交通用地：主要为港口用地，规划增加约130hm^2。因范围增加约30hm^2，其余由发展备用地和清理原来的临港工业实现。规划道路用地面积略微增加而比例稍微降低，主要是由规划封闭部分路段带来的道路面积减少与部分道路拓宽带来的面积增加实现平衡。经过社区更新、用地整合、部分道路路段梳理之后，绿地面积相应有所增加②。

从历版规划的土地利用中可以发现四个明显的空间形态演变特征：一是从北至南，空间呈线性拓展，与道路关系紧密，沿南海大道逐步生长填充沿线空间板块；二是空间明显分异成港口物流区、居住配套、综合服务三大板块，最北部片区布局相对规整、规模更大的居住组团，中部片区城市综合服务功能丰富，次级斑块形式多样，南部片区用于港口物流，相对单一；三是商业功能逐渐由沿南海大道发展转变为集聚于滨海岸线发展；四是通过填海工程实现了陆上空间的扩张。

三十余年的空间生长脉络可以基本概括为：沿南海大道进行空间拓展，优先填充道路两侧空间，再补充完善外缘空白地带，同时，通过填海工程来实现港口区的不断扩展。

结合历史航拍影像，将蛇口工业区三十余年的生长历程划分为四个阶段，第一阶段为1979—1990年，第二阶段为1991—2000年，第三阶段为2001—2010年，第四阶段为2011年至今，对四个阶段的空间生长进行平面分析，可以明显看出蛇口工业区拓展的建成空间与港口及城市道路有密切的联系（图6-40）。

作为起步期的第一阶段，空间拓展主要依附于南海大道，蛇口工业区在此阶段形成了沿南海大道分布的工业园片区以及为工业园配套的居住组团的构建，并填海形成了现在一湾、二湾以及蛇口港区域的港口。

第二阶段的空间拓展延续了第一阶段的空间骨架，沿着南海大道，基本完成了沿线空间的建设，并对一湾、二湾区域的港口进行了填海扩张。

第三阶段的空间拓展在延续前两个阶段空间骨架的基础上，向大南山方向进行了部分

① 招商局集团公司.招商局蛇口工业区总体规划（1999-2010年）[S].1999.

② 招商局集团公司.招商局蛇口半岛总体发展规划（2007-2020年）[S].2007.

扩张，形成了少量沿山居住区，工业区少量的剩余土地得到开发。一湾、二湾区域的港口的填海扩张继续进行。

第四阶段的蛇口工业区基本发展成熟，由空间拓展阶段一定程度上转向了空间更新阶段。依托原有蛇口港在此阶段进行了填海扩张，形成了太子湾邮轮母港区域。各阶段空间拓展历程见图 6-40。

6.3.3　自然肌理

蛇口工业区位于南山大沙河绿廊西侧的组团，自然肌理的关键要素在于山与海。蛇口工业区注重对于自然肌理的延续，工业区西侧边角邻接小南山，西侧边界深入大南山区域，但并未进行过度开发，仅沿山脚开发了少量的居住小区和工业地块。工业区西南的赤湾山、微波山以及左炮台区域的山体都得到了很好的保留。沿山区域结合山体肌理发展出了非常自由的边界形态。

而沿海区域与之不同，受多次填海工程的影响，沿海岸线人工化痕迹明显，边界体现出非常规则式的，有别于自然的形态特征（图 6-41）。

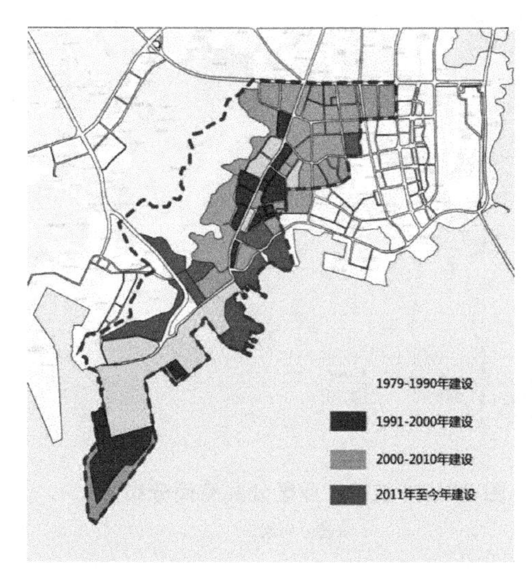

图 6-40　招商蛇口工业区空间拓展历程

来源：根据地图影响资料自绘。

图 6-41　蛇口工业区自然肌理

来源：自绘。

6.3.4　路网构成

从路网结构的角度来透视蛇口工业区的空间形态，可以简要归纳为以下四个特征：尽端路特征明显；南海大道主导地位明显；道路线形遵循自然肌理形成曲折自由的形态；T 形或 Y 形路口较多。

蛇口工业区由于位于蛇口半岛的最南端，偏居东南角，面朝大海，并且有西侧大南山、小南山的阻隔，所以主要道路行至此处均为尽端路。南海大道作为工业区最重要的主干道，是工业区人流、车流的主要承载道路，由南海大道向东、向西生长出支路。由于受山体影响，蛇口工业区支线路网较多地采用了生态型格局，路网设置遵循自然肌理，西侧片区道路沿大南山、赤湾山、左炮台公园形成曲折自由的线形，且路口形式也受此影响，基本为T形或Y形路口（图6-42）。

6.3.5 公共空间

蛇口工业区的公共空间形态体现出了两大特征：一方面，公共空间主要为街巷式形态，区内建筑密度较高，除了大南山区域外，不存在较大规模的公共空间，公共空间主要分布于临街区域，或者各个小区、工业区内部；另一方面，公共空间与自然肌理有一定结合，大南山偏居西侧，是市民活动的公共性场所，海上世界、太子湾等其他面海分布的商业区域也表现出了较大的公共活力（图6-43）。

图6-42 蛇口工业区路网图
来源：自绘。

图6-43 蛇口工业区公共空间分布图
来源：自绘。

6.3.6 次级斑块划分

识别这一尺度的次级斑块划分这一形态要素，一方面，次级斑块由路网体系中最小等级的道路——机动车支路所界定，另一方面，通过现场踏勘来识别居住区、工业园区等不同功能分区的边界，进一步细分次级斑块组成。

蛇口工业区的次级斑块划分具有两个典型特征。一是次级斑块的形态较自由，受自然肌理、城市主干道与不同城市功能的影响，沿山各个斑块的边界都是曲折自由式，并且由于尽端路的限制，非常多样化的功能被挤压于线性空间中，使得不同功能的次级斑块的划分非常局促与不规整。二是各个次级斑块的规模差异较大，这主要是因为蛇口工业区内具有相当多样化的城市功能，尤其是港口功能，与其他的居住、产业、商业等不同功能组团的规模分异非常大（图 6-44）。

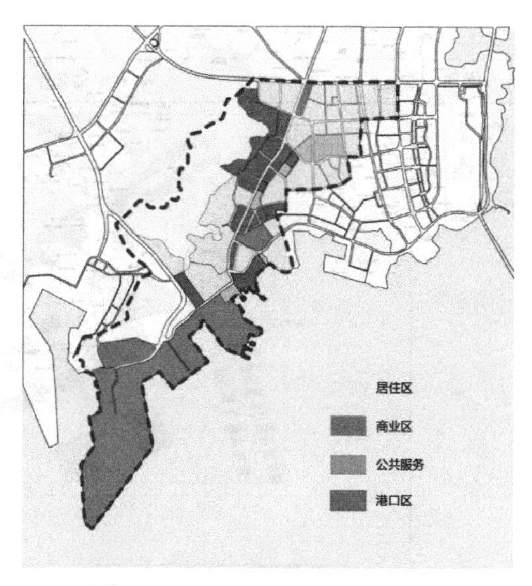

图 6-44　蛇口工业区次级斑块划分

来源：自绘。

6.3.7　典型建筑肌理

结合上述对于次级斑块的划分，把蛇口工业区的典型建筑肌理初步分类为以下五大形态类型：港口、产业、商业、居住、配套等，选取典型，对这五大类型的空间形态进行识别提取（表 6-3）。总体而言，各类建筑肌理在规模、形态以及建筑组合布局形式方面，都随着自然肌理以及自身功能而表现出了明显可辨的空间形态分异性。

招商蛇口工业区典型建筑肌理识别（来源：根据 Google 影像及实地调研自绘）　　表 6-3

类别	建筑平面布局	说明
港口类	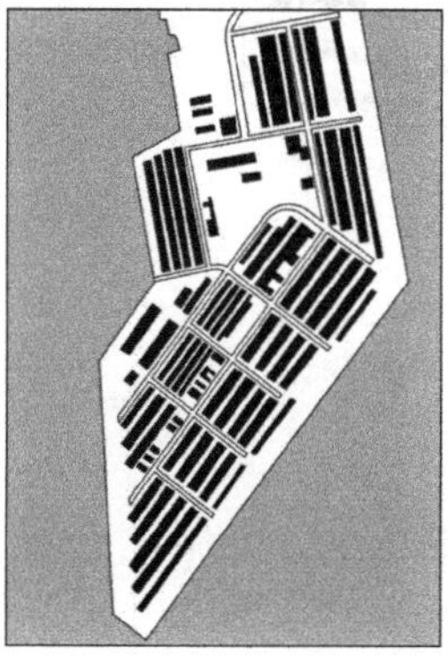 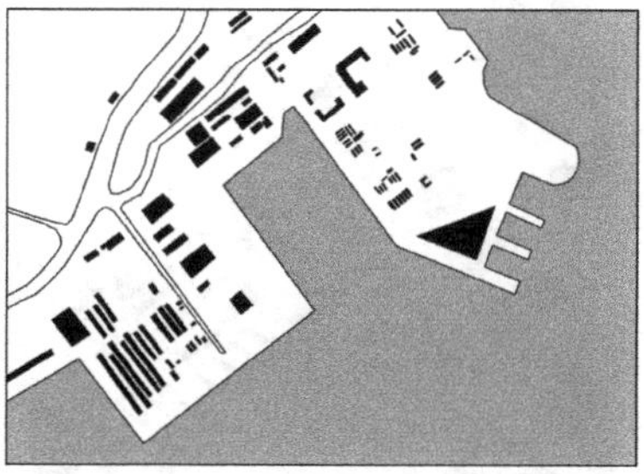	蛇口集装箱码头，蛇口客运码头
产业类		科技大厦二期及周边

续表

类别	建筑平面布局	说明
商业类	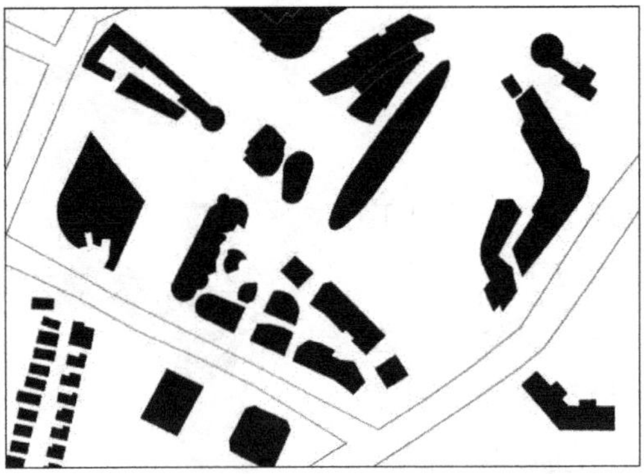	海上世界
居住类理	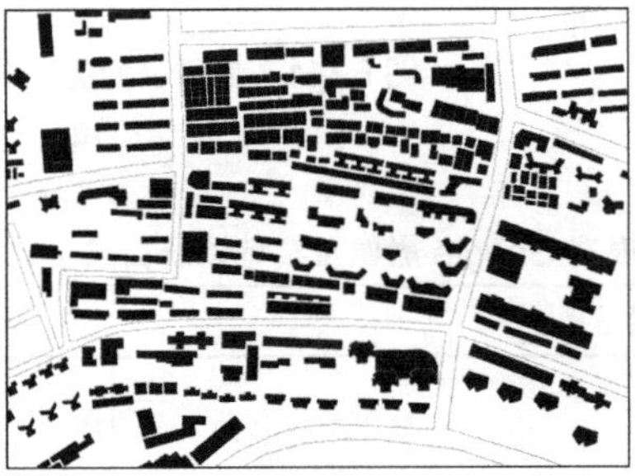 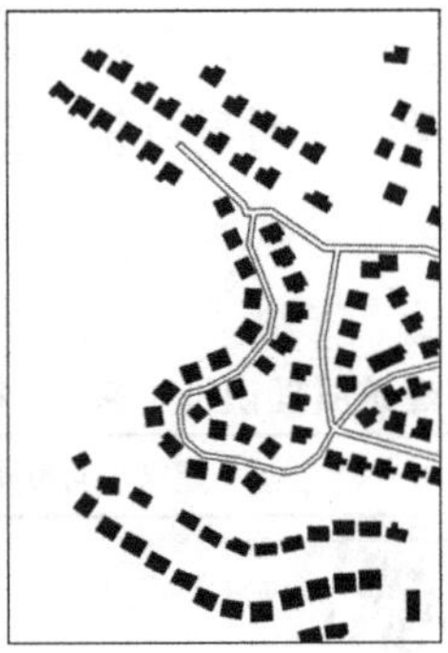	南水村及周边区域，鲸山别墅
配套类		蛇口体育中心及周边区域

6.4 华侨城总部城区

华侨城总部城区位于深圳湾畔，北至侨香路，南至滨海大道，东至侨城东路，西侧毗邻白石洲，总占地面积约 6km^2。整个片区由华侨城集团开发运营，也是华侨城集团公司所在地，通常被深圳市民称为“华侨城”。

华侨城前身是加工工业区，华侨城集团[①]最初由深圳湾畔的一片滩涂起步，逐步发展成为一个跨区域、跨行业经营的大型国有企业集团，而当年的滩涂也逐步成长为如今的华侨城总部城区（图 6-45）。

图 6-45 华侨城历史照片

来源：华侨城集团公司

最初，华侨城总部城区以工业为拉动，实现了快速发展，旗下康佳、华力、华盛、兴华拉链、金利丝绸、大通等企业出口创汇一度全国领先。随后，华侨城集团从零开始投入旅游业，随着 1989 年锦绣中华、1990 年民俗文化村、1994 年世界之窗相继开业，华侨城总部城区也成为了深圳以旅游著称的特色片区。

6.4.1 发展历程

考察华侨城总部城区的空间形态，尤为值得注意的有两方面。

一方面，华侨城总部城区是由华侨城集团一手打造出来的，在 2000 年之前，这个片区从规划到建设，再到城市管理，其操作者和审批者都是华侨城集团这一单一主体。可以说，在华侨城总部城区范围内，华侨城集团同时承担了“准政府”与开发商的双重身份。因此，华侨城总部城区既有自身空间形态的统一性，又有相较于其他城市空间形态的特殊性。参考 1986 年的深圳总体规划，我们可以看到，当时深圳市的城市规划者们对华侨城采取了一种方格式路网的布局，而这在其后的建设中，几乎是被彻底推翻。华侨城集团，作为华侨城总部城区的实际控制者，结合自己的企业业务，发展出了有别于其他城市空间的一种自由式空间形态（图 6-46），在下文将进行详细分析。

① 1985 年 8 月国务院侨办及特区办批准由香港中旅参照蛇口模式发展“三来一补”加工业，最初定位以“工业”为主，主要吸引海外侨胞投资。1985 年 11 月 11 日，华侨城集团成立，是隶属于国务院国资委管理的大型中央企业之一，培育了房地产及酒店开发经营、旅游及相关文化产业经营、电子配套包装产品制造等三项国内领先的主营业务。

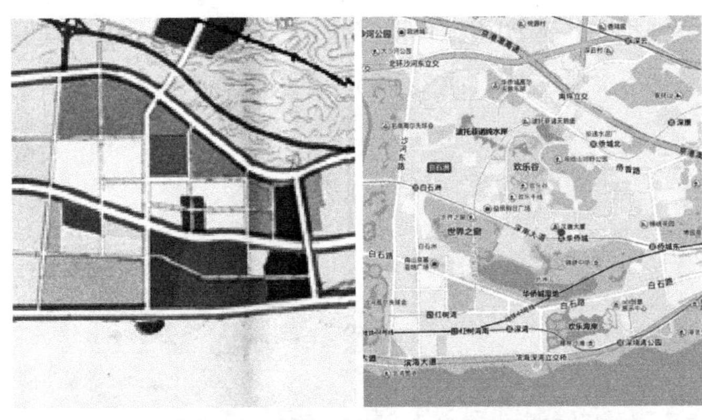

（a）深圳总规华侨城片区规划　（b）华侨城片区现状地图

图 6-46　华侨城现状路网与总规对比图

来源：（a）1986 年深圳经济特区总体规划；（b）百度地图

另一方面，华侨城总部城区是严格遵照规划与设计的指引而建设起来的。基于“准政府”角色，华侨城集团掌握有总部城区的规划审批权，且集团本身也相当重视城区总体规划，在此后的建设中，华侨城集团采取了每十年编制一次城区总体规划来指导建设的做法，这种做法在全深圳，乃至全国都几乎称得上是具有唯一性的。《华侨城建设纲领》提出“规划就是财富”的口号，坚持以高标准规划作为发展的指引，是成功开发建设的重要法宝。华侨城规划理念先进，勇于创新，具有高度的前瞻性；规划作为城区开发建设的统一行动纲领，具有高度的权威性，三十余年间，华侨城的历版总体规划都在指导华侨城总部建设中起到了纲领性作用。本书按历次规划的时间线索对华侨城的建设历程进行回顾。

1.1986 年规划

华侨城是丘陵地带，大小山包、土包连绵，建设初期已开始土地平整，1986 年请来了新加坡的孟大强先生做规划顾问，孟先生给出的建议是停止土地平整，顺应自然环境，依山就势建设。第一版城区总规保留了原有的山地、溪水、湖泊、树林等地形地貌。

总规将工业区、商业区、旅游区、住宅区进行了合理安排。空间上，以深南路为界，南部片区安排游憩、文化交流设施和别墅区；北部片区，在目前的洲际酒店，即前文所说深圳湾大酒店的对侧布置了带状线形的商业中心；工业区在最东侧和西北部，远离居住区和公共活动区。

2.1996 年规划与城区建设

1996 年编制了第二版总规，这版规划充分考虑了当时深圳的城市发展情况，结合华侨城产业发展情况，作出“顺应趋势、结合产业”的思路调整，适应了这一阶段的发展。

将之前西北部工业用地调整为居住用地，开发房地产项目，杜鹃山和燕晗山得到了开发，建设了沃尔玛、汉唐大厦等商业和商务性项目。总体而言，这版规划在上一版规划框架下，以房地产作为主导产业，加强了公共配套标准，削减了工业用地规模①。

3.2006 年规划与城区建设

2006 年总部城区编制了第三版总体规划，面对建设拓展空间已经逐步减少的总部城区，这版规划主要着眼于内外空间的融合与拓展，并提出了“上山下海，西通东联”的规划思路。

① 华侨城集团公司 . 华侨城总部城区总体规划（1996-2005 年）[S].1996.

2006 年，华侨城整体建设情况如下：一是剩余建设用地极其有限；二是旅游用地占比大，存在整合空间；三是居住用地需求旺盛、用地增长很快；四是工业用地占据良好区位，有改造空间；五是华侨城经长期建设，公共空间具有很强的活力和吸引力。

华侨城此时提出了更高的发展目标①，明确的职能定位包括以下四个方面：深圳市最重要的旅游服务基地之一；环境优美和文化特色鲜明的大型居住社区；全市重要的文化、娱乐和休闲活动场所；城市次区级商业服务中心。

截至 2016 年，华侨城总部城区的文化、旅游、地产三大核心功能基本已经发育成熟，并且形成多个主题景区及以波托菲诺为代表的地产、创意园等多个备受赞誉的标杆项目。经过 30 年的建设，总部城区约 $6km^2$ 的用地已基本完成开发建设，仅余西北片区、天鹅湖片区、华侨城大厦、LOFT 公馆等零星地块处在在建或待建的状态。由于总部城区主打旅游地产，围绕主题公园进行高品质的地产开发，范围内有大面积的主题公园、湿地等，所以整体而言，平均容积率约 0.8。

本书将华侨城现状与 2006 版规划进行叠加分析，以洞察规划和现实建设的拟合情况。

目前，华侨城被深南大道、白石路等多条主干道分为相对独立的北、中、南三个片区。中部片区以旅游用地为主，主要是几大主题公园及文化设施、酒店配套，而北片区已经成为以居住为主，旅游、文化、商业、工业等组成的复合型功能城区。除此之外，欢乐海岸位于南片区，华侨城实际上成为了互相分隔的三大空间板块。总部城区“旅游 + 地产 + 文化”的功能定位使得其交通同时具有大规模的综合型城市交通特征和旅游交通特征。作为一个约 $6km^2$ 的综合开发区，总部城区的发展既得利于高等级路网所带来的交通便利，也受限于高等级路网所造成的区域割裂（图 6-47）。东西向的侨香路、深南大道、白石路、滨海大道承担着总部城区的主要对外交通，这四条主干道交通量大，车速快，路面宽，过街人行较为不便，道路两侧板块的互动难以实现。目前北、中、南三大片区均在较为独立的情况下各自发展出各具特色的功能，如北部的综合性、中部的旅游功能、南部的大型综合商业服务。随着三大片区的功能发展相对成熟，四条主干道的割裂影响使得三大片区功能难以互补与相互促进，明

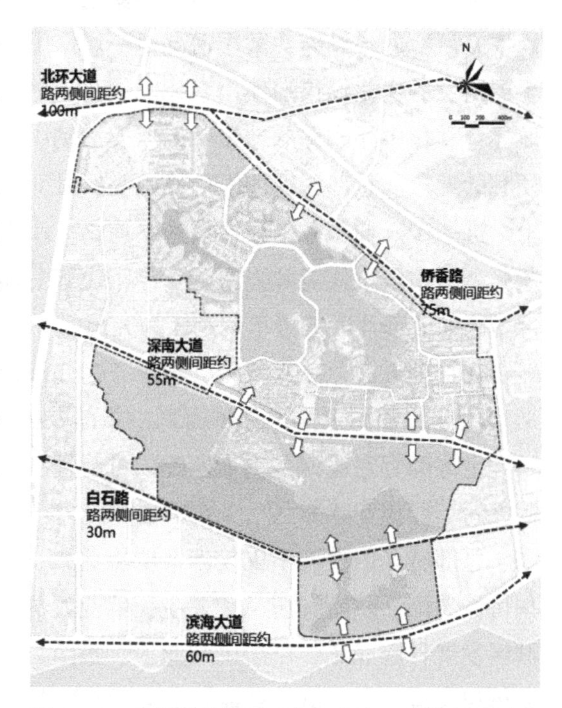

图 6-47　华侨城总部城区东西向主干道的割裂影响

来源：自绘。

① “建设代表 21 世纪中国人居环境特色和水平的人文生态示范区，打造具有国际水准的旅游城。”

显制约未来总部城区的整体提升。除了主干道的割裂影响外，封闭式管理的主题景区也对总部城区的全局互通有所阻碍。中部片区包括世界之窗、锦绣中华两大主题公园以及华侨城湿地这一保护型公园，这三个均为封闭式管理的园区，并且主要服务于区外游客，与总部城区大规模的居住、就业人口以及市民缺少联系。

总部城区的空间建设保持了良好的景观生态结构，大部分的山水资源得到了保留与延续。“山”的方面，以燕晗山为核心，形成了北部片区的生态绿核，并结合道路，延伸绿化骨架。“水”的方面，保留湿地公园以及燕栖湖、天鹅湖等湖泊水体，提升水体品质，塑造滨水景观。当然，在不同的视角下进行分析，总部城区景观生态也存在诸多问题。宏观层面，南北方向的山 - 城 - 海的生态联系性较弱，生态网络存在断裂，中途缺乏连续性的为迁徙类鸟类提供栖息觅食的歇脚点。中观层面，各类绿地建设水平高，环境优越但缺乏联系，生态斑块形式较为单一，大生境类型下的小生境较为单一，难以满足物种多样化的需求。树木品种较单一，以人工林为主，难以满足各类动物的觅食环境和繁殖条件等。微观层面，绿化本底优良，但特色有待提升。灌木或地被难以开花，整体色调偏暗。部分区域乔灌木过密过高，影响林下植物生长，植物长势不佳;部分乔木品种老化现象较为严重;植物品种单一，绿地及街道绿量足，但特色不鲜明。

华侨城文化设施丰富，但利用度不高。总部城区品质较高的文化设施包括何香凝美术馆、当代艺术中心、华美术馆、华夏艺术中心以及南山区图书馆华侨城分馆等五处，空间规模充足，但各设施的利用情况不一。南山区图书馆华侨城分馆的利用度较高，而其余四个展览性的文化场馆的使用者相对较少。体育设施的需求量较大，总部城区现状拥有华侨城体育文化中心、保龄球馆和老年人活动中心等体育设施，主要分布在北部片区交通相对便利的地段。总部城区的医疗设施主要针对社区居民进行服务，未来的发展应针对居民需求，进一步延伸服务。教育设施不均衡，小学相对紧张，总部城区现状社区小学学位相对紧张，初中学位仅能勉强匹配。停车设施总体缺乏，停车分布与功能不匹配问题突出，总部城区的北部片区的停车问题较为突出。

在管理方面，总部城区各项事务主要涉及华侨城集团以及业主、居民、访客、商家等形形色色的各类主体，总体而言，总部城区已经变为一个信息纷繁、主体庞杂的信息体。不同主体间存在着许多供需匹配的可能性，但目前真正实现供需匹配的较少，因为许多供需之间不能相互感知。

总部城区的发展不仅仅涉及功能业态、空间本底和智慧建设等主要内容，同时还涉及华侨城集团、政府、居民和业主、就业人群、游客和访客等众多主体的利益与权利。随着城区发展日趋成熟，以居民和业主、集团、政府、就业人群、游客和访客为主的五大利益主体相应地产生了错综复杂的多重利益诉求。

4. 2016 年规划与展望

立足于国家与深圳城市转型的机遇，研判现状形势与问题，最新一版总体规划，即华侨城总部城区总体规划（2016-2025）不止步于传统意义上的空间规划，更重视探索新形势下的价值增长点与华侨城综合连片开发的新标准，为实现城区可持续发展提出更具针对性的策略与方案，“以人为本”的开发理念从城区建设伊始贯彻到该规划中，又有了新的进步与发展。

最新版总规为总部城区制定了一个长远目标：“一个全球可持续发展的示范城区，深圳文化旅游的核心区。”这里将是城市旅游的必到之地，是城市节庆的举办之所。这里为居民和游客提供丰富的休闲场所和前沿的科技体验。这里有多样化交流空间，为青年提供创业平台，也是新思想萌发的摇篮，是永不落幕的文化嘉年华，是深圳最为靓丽的一张城市名片。规划描绘了四大未来愿景：首先，总部城区是深圳的文化地标，既是创业设计的策源地与时尚文化的发布平台，同时还是传媒演绎的引领者与公共艺术的体验区。其次，总部城区将成为智慧城市的先行示范，华侨城集团智慧中枢的实验场。再次，总部城区将形成从宏观到微观等多个尺度都具有高品质的生态系统，打造具有国际引领性的生态景观意象。最后，总部城区会成为功能融合、社群紧密的和谐城区。

为实现规划目标和愿景，规划提出了“开放”、“提质”、“整合”三大战略理念。在三大战略理念指导下，强化操作性，规划从文化、智慧、生态、和谐等方面提出了四大发展策略。

文化方面：做大做强，特色发展，打造支撑深圳软实力的文化侨城。规划建议进一步强化华侨城总部城区的文化艺术氛围，加大力度培育创意文化、演艺文化、时尚文化、传媒文化等文化产业，并通过顶级艺术场馆打造，国际设计学院引进，形成规模集聚的文化地标馆群，从书画、雕塑等艺术品展览，到音乐、演艺等表演艺术，未来市民们将在此享受到深圳最高水准的国际化的文化艺术服务。

智慧方面：整合资源、高效运营，打造融入大数据时代的智慧侨城。划分近期、中期、远期三个阶段，成立“智慧华侨城”工作领导小组，构建“智慧华侨城”执行机构，统一“智慧华侨城”外部接口，构建内部数据与管理平台，以期打造集团内部智慧管理中枢，并于城区进行应用推广。未来居民将能通过线上平台享受到家政、物业、购物等多方面的智慧化社区商业服务，游客也可以方便快捷地得到在线解说、景点导引、服务指示等信息，甚至包括城区的就业人员未来也将拥有线上线下一体化的企业管家服务。

生态方面：景观优化、低碳运营，打造实践绿色可持续的生态侨城。预留生态廊道，衔接深圳湾公园、园博园、安托山公园、大沙河城市绿地等，更好地融入深圳城市生态系统。内部梳理，打造4个景观廊道+8个景观节点+5个口袋公园，并设置“繁茂”、“热烈”、“灵性”、“明亮”等四大主题，打造各具特色的绿化环境，为市民贡献出更具特色与人文气质的侨城景观意象。同时，推动包括公共自行车租赁在内的绿色交通项目、城区雨水回收项目、创新垃圾处理项目等，进一步优化城区的生态基底（图6-48）。

和谐方面：以人为本、合作共赢，打造凝聚多元推动力的和谐侨城。延续多元格局，在现阶段城区整体混合、局部独立的板块划分基础上，界定公共、私密等不同空间属性，进行不同方式的管理，更好地适应各方需求。此外，强化活动组织，促进城区各个社群之间的交流，构建更为密切的城区交流网络，并预判未来人口需求，升级面向社区居民的公共服务，植入面向就业人群、城市访客的公共服务等。

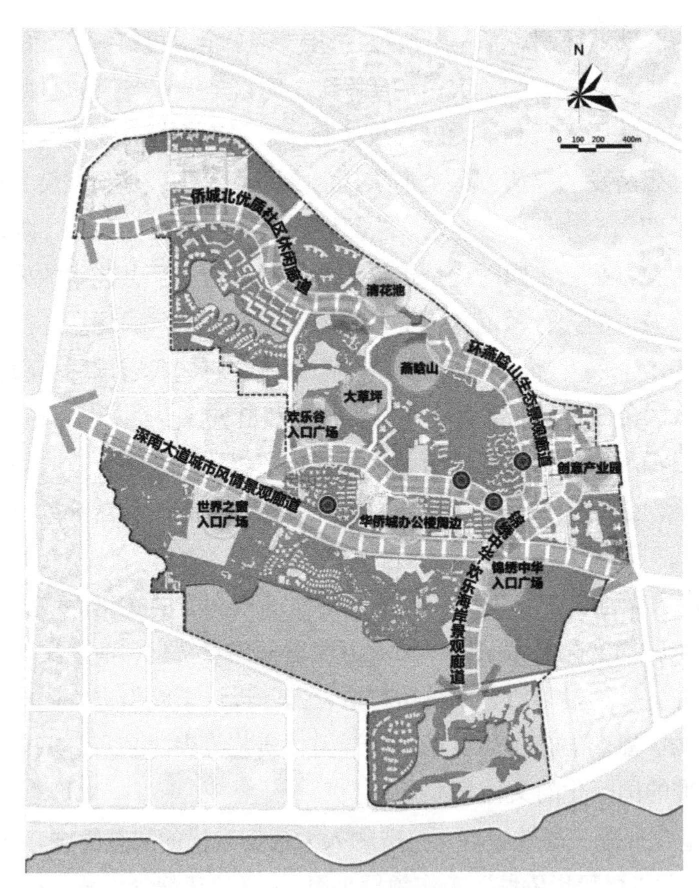

图 6-48　华侨城总部城区景观规划图

来源：华侨城总部城区总体规划（2016-2025）

作为指导华侨城区未来 10 年发展的总体规划，还制定了指导未来 10 年建设行动的空间方案。以“缝合”、“重构”、“提升”、“外拓”作为空间布局的宗旨，规划搭建出近期、远期两个阶段的空间构架。

把控空间结构的基础上，“缝合”是在空间格局基本固化的前提下，通过公共空间体系的完善与优化，改善慢行系统体验，营造良好步行氛围，尽可能地引导与促进各空间板块的联系和互动。南北板块主要通过公共空间的联系，实现有机串联，通过植入特色化廊桥，从而带动南北两侧的人流共享，实现特色商业、商务功能、文化功能以及演绎功能等板块的良性互动。在东西方向上注重更新与公共空间的匹配，主要通过更新改造、功能置换等方式，进行总部城区资源的整合与重组，从而在优化深南路沿线的土地利用的同时强化板块之间空间的串联。

“重构”是对现有空间与功能进行总体评估与盘点，对于空间功能进行整合重组，实现动静分区与主题化构建。构建都市娱乐、时尚休闲、运动游憩、社区示范等四大主题片区。针对重点的功能板块进行更新改造，植入新功能，活化空间利用。以锦绣中华、世界之窗等主题公园为例，规划考虑对其进行局部开放与功能置换，植入文化功能，增强文化特色的商业服务功能，通过循序渐进、逐步开放的方式，将主题公园重塑为更为开放的深圳“文化森林”，为市民创造国际化的以文化艺术为特色的都市娱乐休闲体验。

“提升”，本次规划尤为重视服务民生，在兼顾文化性、形象性的基础上，本次规划对公共空间服务系统进行了大幅优化。优化总部城区对外展示的形象界面，提亮总部城区门户形象，构建世界之窗门户、锦绣中华门户、欢乐海岸门户、康佳门户、侨城东门户、电厂门户、沙河东门户等高品质的门户节点，形成或优化市民公共活动的品质节点。在微观尺度上，优化公共空间系统，选取具有一定示范性的公共空间节点进行重点改造，塑造城区内部公共文化形象。丰富公共空间类型，选取生态广场A区与湖滨花园南侧小游园进行改造提升，塑造以儿童活动为导向的优质公共空间。对生态广场B区进行改造，构建以运动为导向的特色公共空间。以服务社区为导向，进一步加密城区的公共空间节点。选取了五个潜力地块进行空间整治，打造五个各具主题的口袋公园。

此外，规划提炼了各类公共空间的构成要素，置于总部城区整体视角下通盘考虑，经由具体的专项设计，形成空间要素提升方案，整体优化空间品质。通过详细调研与评估，本次规划梳理出了有效提升空间品质的八大要素，包括智慧设施、景观系统、标识系统、艺术照明、流动零售、街道家具、便利设施、环卫设施等。为总部城区注入智慧系统，实现公共空间wifi全覆盖，建立智慧导览，布置智慧终端。提升景观系统，强化界面艺术要素，进行绿化景观专项规划。打造特色标识系统，创造引领国际的彩色路面标识、艺术路牌等，结合灯光完善夜间导引。构建艺术照明系统，进行夜景灯光整体设计，构建国际尖端的艺术化夜景。引入临时零售，选取公共空间，布置流动零售设施、临时商铺，增补商业界面，活跃空间氛围。提升街道家具，塑造艺术化的休憩设施、运动设施等街道家具，打造华侨城品牌。注入便利设施，选取重要公共空间节点，加入水龙头、充电口等便利设施。完善环卫设施，适当补充公共洗手间、垃圾桶等设施。

“外拓”，立足城市发展，规划建议华侨城积极介入总部城区周边开发。重点将总部城区西南侧的超级总部片区作为外拓整合对象，主动介入地块开发，联动世界之窗，进一步吸纳文化产业入驻，扩大文化产业规模，提高文化产业质量，实现打造具有国际影响力的超级文化核心“环”。

在近期空间发展中，重点考虑贯通南北，激活东西，构建“T”形城市文化核心区。以特色廊桥为纽带，辐射燕晗山公园、创意园、锦绣中华、深圳湾公园，实现从北至南的舒适步行交通，未来市民将可以在便捷舒适地体验到燕晗山、深圳湾等公园的优质生态的同时，还能享用到创意园、锦绣中华的人文氛围与优质商业服务。

远期积极外拓，引入国际文化传媒企业，介入深圳湾超级总部基地，并打通从世界之窗到超级总部的联系廊道，最终形成以华侨城湿地公园为生态绿核，世界之窗、锦绣中华、

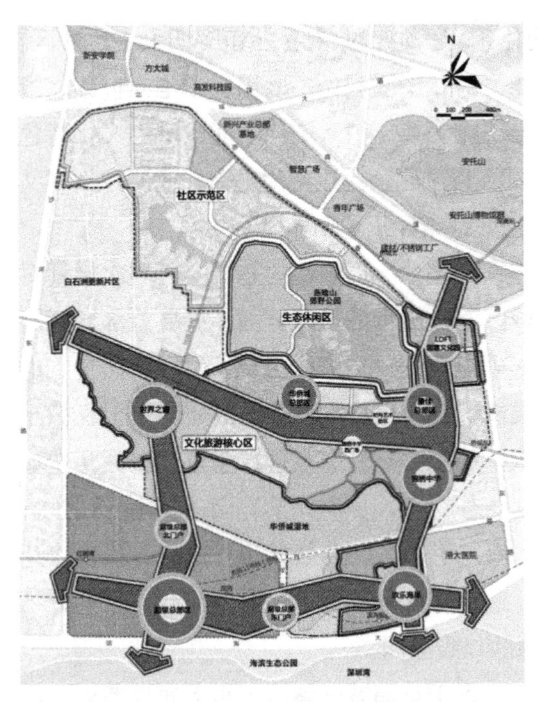

图 6-49　华侨城总部城区空间结构规划图
来源：华侨城总部城区总体规划（2016-2025）

欢乐海岸、超级总部环绕的一个超级文化核心"环"，布局世界级城市文化旅游核心区[①]（图 6-49）。

6.4.2 空间形态演变

四版总规都制定出了一个清晰而有迹可循的空间结构，其中前三版都已经发展出既成事实，我们可以根据华侨城的现状空间来比对、观察华侨城总部城区发展历程中的结构性变迁，进一步理清空间形态演化脉络。

从历版规划空间结构中，我们可以发现两个明显的结构变迁：一是从北往南，空间逐渐拓展，逐步生长，形成了北、中、南三大空间板块；二是纵向轴线，逐步从洲际大酒店—生态广场—波托菲诺轴线演变为欢乐海岸—洲际大酒店—生态广场—天鹅堡轴线，随着城区空间拓展，轴线南北端点都发生了不同程度的位移。

30 余年的空间生长脉络可以基本概括为：优先发展深南大道两侧空间，沿深南空间骨架继续生长，逐渐完善北部板块，最后填充外缘地块。

为考察平面形态单元的时空相关性，本书结合总体规划，将华侨城总部城区 30 余年的生长历程划分为三个阶段，第一阶段为 1985—1995 年，第二阶段为 1996—2005 年，第三阶段为 2006—2015 年，对三个阶段的空间生长进行平面分析，可以明显看出华侨城总部城区拓展的建成空间与城市道路有密切的联系。

作为起步期的第一阶段，空间拓展主要依附于深南大道、侨香路、侨城东路，华侨城总部城区在此阶段形成了深南大道南侧的主题公园片区以及东部工业区和居住组团的构建，并保留燕晗山打造了山体公园。

第二阶段的空间拓展延续了第一阶段的空间骨架，沿着深南路，建成了汉唐大厦周边的商办组团以及西组团居住小区，在燕晗山公园山脚，建成了生态广场与欢乐谷主题公园，并向西北进一步拓展，建成了波托菲诺住宅区。

第三阶段的空间拓展在延续前两个阶段的空间骨架的基础上，继续生长填充总部城区大协议范围内的剩余土地，西北片区剩余土地得到开发。较之以往有所变化的是，随着深圳填海的进展，总部城区的土地边界往南推进，在填海区域造就了欢乐海岸项目，保留形成了华侨城湿地。

① 华侨城集团公司 . 华侨城总部城区总体规划（2016-2025 年）[S].2016.

本书将华侨城总部城区各时期建设叠加，绘制空间拓展历程，并与历次规划进行比较，如图 6-50、图 6-51 所示。

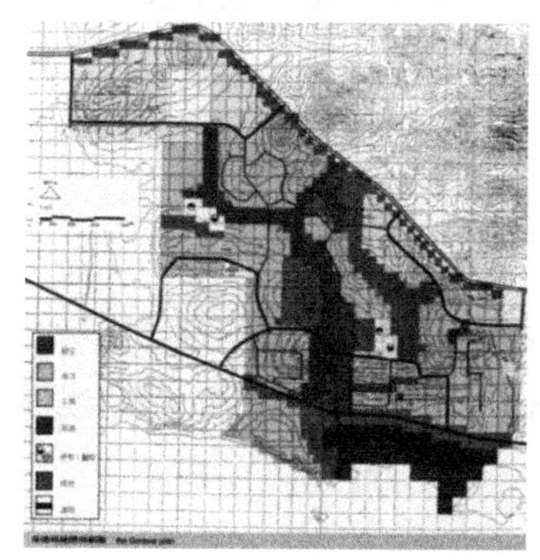

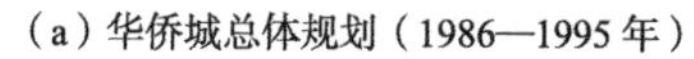

（a）华侨城总体规划（1986—1995 年）

（b）华侨城总体规划（1996—2005 年）

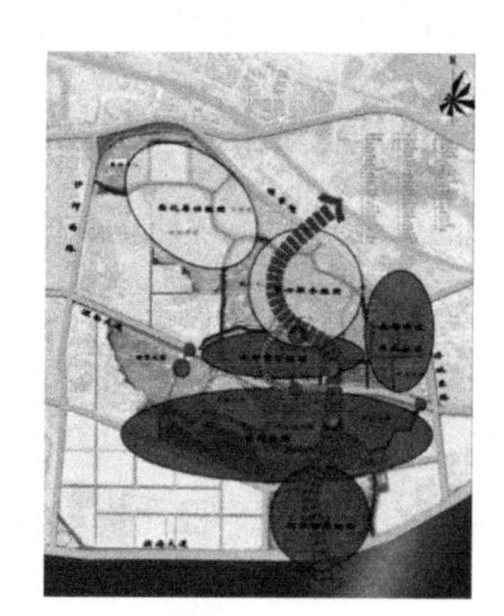

（c）华侨城空间结构（1996—2005 年）

图 6-50　华侨城规划演变

来源：华侨城集团公司

6.4.3　自然肌理

深圳市早期规划即确定了特区带状组团式空间布局结构，组团之间以绿化隔离带进行区分。华侨城总部城区位于南山组团，而南山组团受到沙河绿带的分隔，又形成了西、东两个次级组团。西侧次级组团包括南山区的大部分，东侧即华侨城组团，则是以华侨城为核心，由安托山、深圳湾、沙河绿带所围合的区域。华侨城总部城区由于受到外部山体、大海和组团绿带的隔离，相对封闭，所以较少地受到周边地区的干扰，比较好地保持了自身特色，独立性是华侨城总部城区的一项重要特征（图 6-52）。

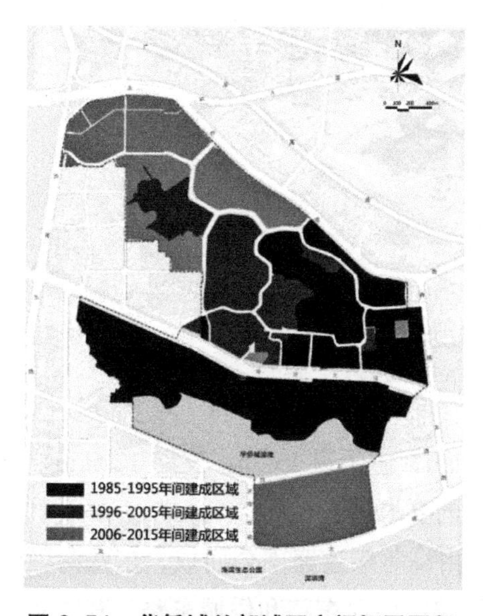

图 6-51　华侨城总部城区空间拓展历程

来源：华侨城总部城区总体规划（2016-2025）

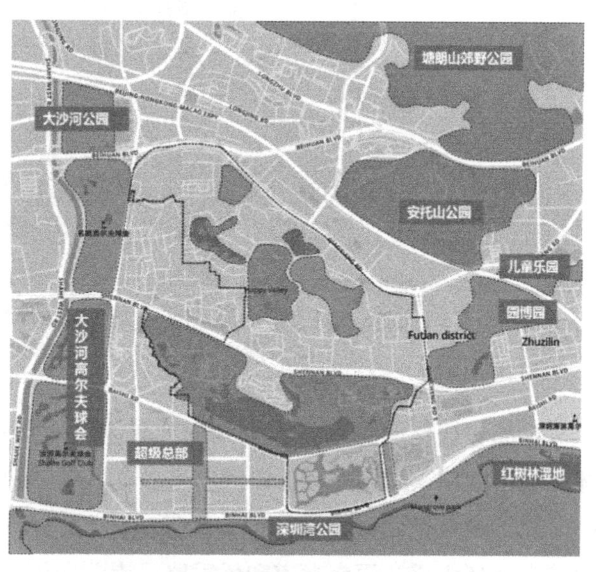

图 6-52　华侨城主要自然景观分布

来源：自绘。

华侨城总部城区在开发建设过程中，很注重对自然肌理的延续，很好地保留了内部的浅丘地貌，比如依托燕晗山塑造山体公园，世界之窗主题公园对麒麟山的保留以及锦绣中华结合原有浅丘塑造长城微缩景观等。地形地貌对于总部城区的空间形态产生了决定性的影响，我们可以认为，是在遵循自然肌理的基础上，华侨城总部城区才最终发展出了这种自由式的路网、多样化的空间布局等形态特征。

6.4.4 路网构成

华侨城路网现状如图 6-53 所示。从路网结构的角度来透视总部城区的空间形态，可以简要归纳为以下四个特征：路网密度低；路网总体布局表现出“强边活心”特征；道路线形遵循自然肌理形成曲折自由的形态；T 形或 Y 形路口较多。

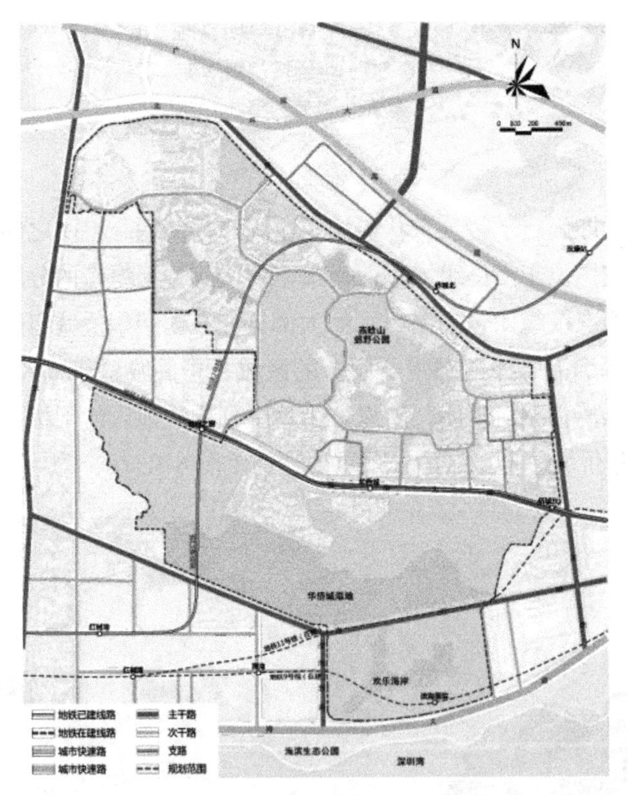

图 6-53 华侨城道路交通现状图

来源：华侨城总部城区总体规划（2016-2025）

总部城区路网总里程达 26.4km，其中快速路 0.9km，主干道 13km，支路 12.5km，总体路网密度达 5.87km/km^2，路网密度较低，低于深标的要求（表 6-4）。

总部城区道路网总体特征为“强边活心”，外围由高等级道路围合而成，东西向围合道路有北环大道、深南大道和侨香路，南北向围合道路有沙河东路和侨城东路，其中北环大道为快速路，其余道路均为主干道。

华侨城路网密度　　　　表 6-4

等级	里程（km）	密度（km/km²）	2004 版深标（km/km²）
快速路	0.9	0.2	0.4 ~ 0.6
主干道	13	2.89	1.2 ~ 1.8
集散性支路	8.5	1.89	6.5 ~ 10
服务性支路	4	0.89	8.1 ~ 12.4
合计	26.4	5.87	

城区内部道路采用生态型路网，路网设置遵循自然肌理，北部片区道路沿燕晗山形成曲折自由线形。内部道路横断面均为双向 2 车道，路口形式基本为 T 形或 Y 形路口。

城区内外衔接节点有 12 处，其中灯控路口 3 处，其余均为右进右出路口。内外衔接节点主要分布在深南大道和侨香路上，其中深南大道上有 6 处，侨香路上有 4 处，沙河东路和侨城东路各 1 处。现状灯控节点为沙河东路—香山西街路口、侨香路—香山西街路口和深南大道—侨城西街路口，其中深南大道—侨城西街路口为右进右出路口，其余 2 个路口为全转向路口。华侨城路网络表统计见表 6-5。

华侨路网统计表　　　　表 6-5

类别	名称	等级	车道数
外围道路	北环大道	快速路	双 8 主道 + 双 4 辅道
	深南大道	干线性主干道	双 8 主道 + 双 4 辅道
	侨香路	干线性主干道	双 6 主道 + 双 4 辅道
	沙河东路	主干道	双 6
	侨城东路	主干道	双 6
内部道路	侨城西街	集散性支路	双 2
	侨城东街	集散性支路	双 2
	汕头街	集散性支路	双 2
	香山西街	集散性支路	双 2
	香山中街	集散性支路	双 2
	香山东街	集散性支路	双 2
	杜鹃山西街	集散性支路	双 2
	杜鹃山东街	集散性支路	双 2
	兴隆西街	服务性支路	双 2
	兴隆街	集散性支路	双 2
	光侨街	集散性支路	双 2
	开平街	集散性支路	双 2
	恩平街	集散性支路	双 2

6.4.5 公共空间

华侨城总部城区的公共空间形态体现出了三大特征：首先，公共空间规模较大，由于华侨城总部城区建筑密度较低，且保留有山体公园，所以现状公共空间规模相较于上文蛇口工业区街巷式的公共空间而言要更为充足；其次，公共空间与自然肌理的结合度高，燕晗山公园既是城市的“绿肺”，又是市民活动聚集的公共空间，以燕晗山为公共核心，生态广场、创意园街道等其他公共空间蔓延覆盖周边地块；最后，公共空间与城市主要道路结合度高，例如深南路沿线的多个居住小区便为开放式住区，宅间绿地、宅间道路等均表现出了城市公共空间的特征。此外，道路沿线步行空间也是城市公共空间的重要组成。公共空间整体形态为依托燕晗山形成的面状空间形态以及依托主要道路形成的现状空间形态（图 6-54）。

6.4.6 次级斑块划分

华侨城总部城区的次级斑块划分具有两大形态特征：一是次级斑块的形态较自由，受自然肌理影响，沿山、沿水分布的各个斑块的边界都是曲折自由式。二是各个次级斑块的规模差异较大，这主要是因为华侨城总部城区内具有相当多样化的城市功能，旅游、产业、商业、居住等不同功能组团的规模分异较大（图 6-55）。

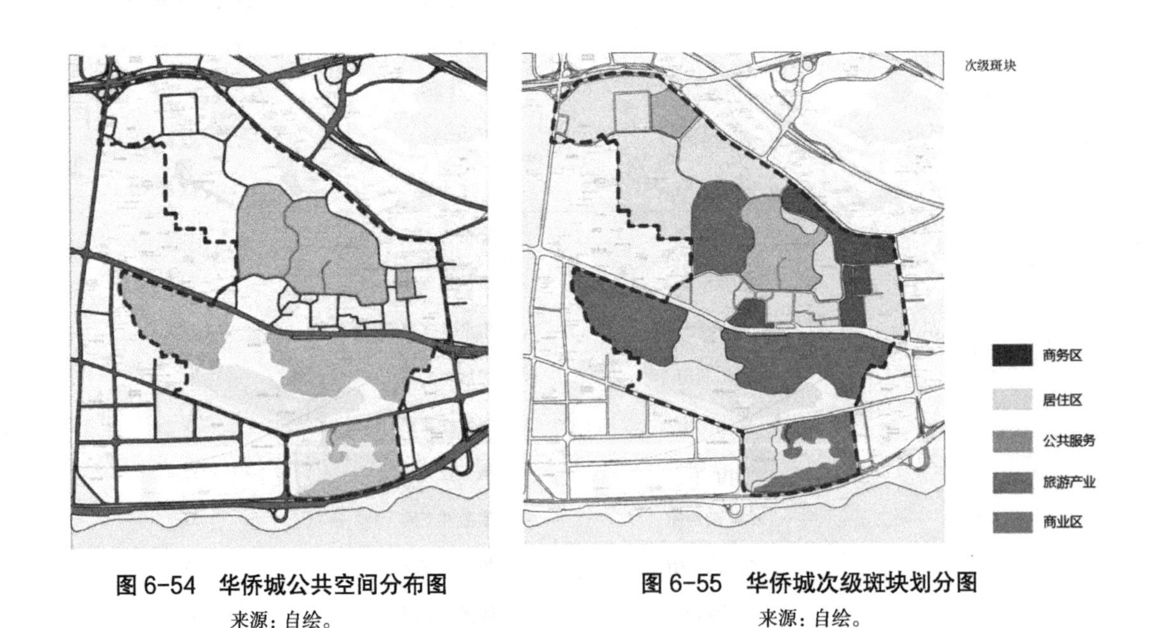

图 6-54 华侨城公共空间分布图
来源：自绘。

图 6-55 华侨城次级斑块划分图
来源：自绘。

6.4.7 典型建筑肌理

结合上述对于次级斑块的划分，把华侨城总部城区的典型建筑肌理初步分类为以下五大形态类型：旅游、产业、商业、居住、配套等，选取典型，对这五大类型的空间形态进行识别提取（表 6-6），总体而言，各类建筑肌理在规模、形态以及建筑组合布局形式方面，都随着自然肌理以及自身功能而表现出了较大的分异性，更进一步的分析留待后文在更小尺度层级进行。

华侨城典型建筑肌理识别（来源：根据 Google 影像及实地调研自绘）　　表 6-6

类别	建筑平面布局	说明
旅游类	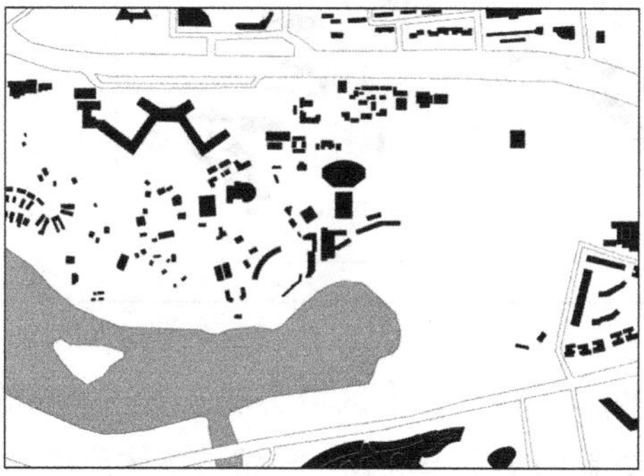	洲际酒店区域
产业类		创意园北部区域
商业类	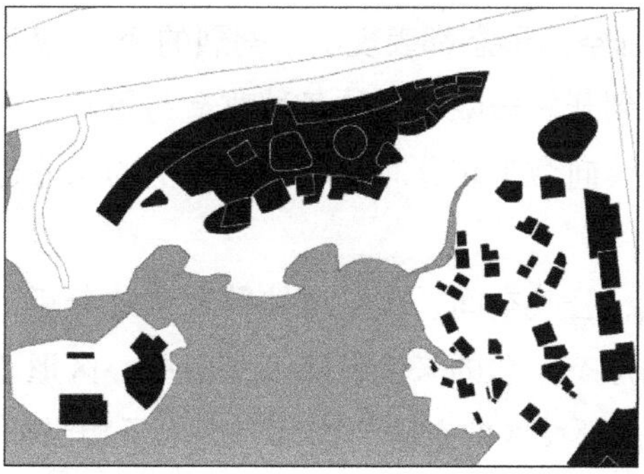	欢乐海岸区域
居住类	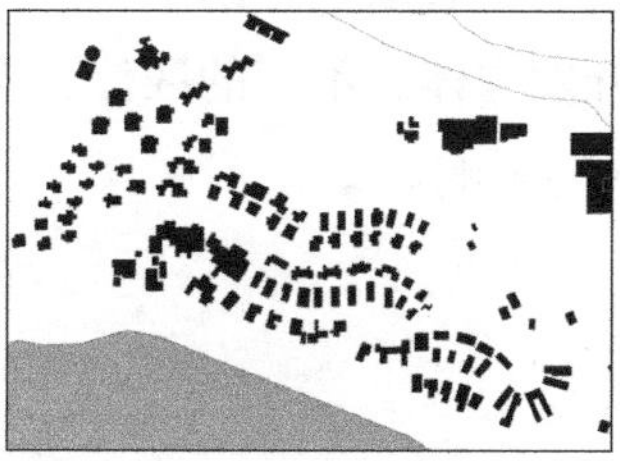 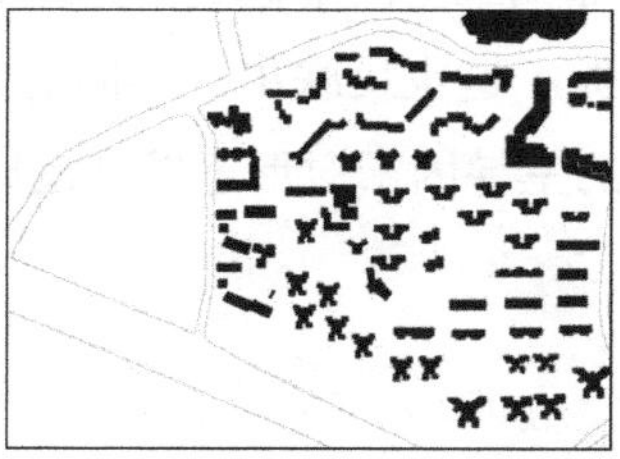	东方花园，华侨城西组团

续表

类别	建筑平面布局	说明
配套类	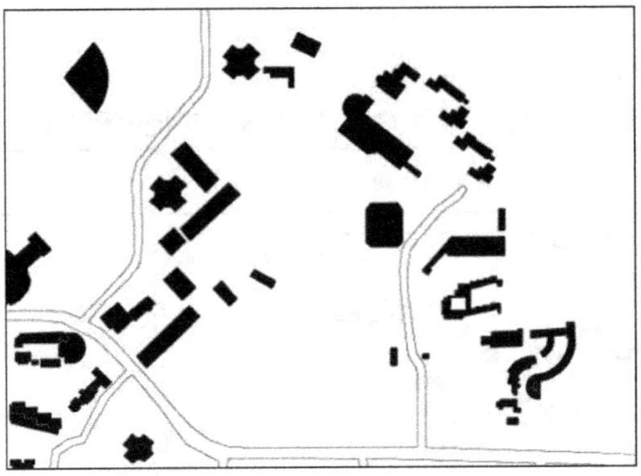	生态广场区域

三十余年的时间可以供 10km^2 尺度的综合区域实现从飞速增长的不平衡范式发展到阶段性的平衡范式，再转向滚动更新的多平衡范式。与城市整体尺度、城市核心区尺度不同，在这个 10km^2 规模的空间尺度上，各个综合连片开发区的建设开发指标基本上已经达到上限，在规划不发生改变的情况下，空间增量在此基本上达到了极限，各个研究样本的自身边界内也都开始了可被识别的区域性更新。

虽然由于基础资料有限等方面的原因，并没有按照前面城市整体尺度、城市核心区尺度的逻辑，梳理出这四个样本内部每个占比十分之一的斑块的发展变化历程，但是从整体区域由非平衡转向平衡再到多平衡范式的这样一个整体转变，可以有效推测出这一尺度的空间演变要比宏观、中观尺度都要快速、剧烈，充满变化性。

从空间边界形态来说，这四个区域因为都存在城市规划的红线限制，所以基本上空间边界可视为缺乏变化。但其内部空间形态都表现出了剧烈的变动，从新建的各种商业、居住、工业、旅游等不同的功能组团到开发极限之后的各种改造与更新，内部空间处在持续的变动中。也因此，在这个尺度继续向微观切分时，时间维度上的划分也变得更加趋于微小与琐碎。

对于自然肌理、路网构成、公共空间、次级斑块等要素的分析，我们可以看出，四个片区发展出了各具特色的空间形态。总的来说，除了福田中心区形态规则之外，罗湖中心区、招商蛇口工业区、华侨城总部城区的空间形态都表现出了相当的自由度。整体结构上，福田中心区、华侨城总部城区空间形态更为开阔，疏密有致，罗湖中心区与招商蛇口工业区的空间形态都较为局促。这也反映出了不同的开发主体、不同的区位、不同的性质等多个隐藏于空间形态背后的主导因素对形态发展造成的影响。

第七章 $2km^2$ 复合区域形态要素分析

在此之前，我们选取了 $10km^2$ 的综合连片开发区域进行典型案例研究，来作为与城市整体空间、城市核心区域的衔接，本章节将延续尺度下推的分析逻辑，进一步往下切分，选取约 $2km^2$ 规模的复合区域进行空间形态分析，同样地，$2km^2$ 规模尺度是一个弹性区间，选取的典型区域的占地面积在 $1 \sim 2km^2$ 之间不等。

本章区域的选择主要考虑几个方面的因素：一是兼顾城市各个类型的功能组成，覆盖居住、产业、商业、旅游、公共配套等多种类型；二是重点选取内部空间形态具有较多分异性的区域，如白石洲与波托菲诺区域；三是选取多个不同时间阶段产生的新型空间形态，如改造后的华润大冲村与此前的白石洲城中村对比就有巨大不同；四是选取此前多个已论述过的尺度所包含样本内的区域。最终，选取的典型样本包括白石洲与波托菲诺区域、大冲村区域、后海区域、科技园北部区域、华强北商业街区等。

对于 $2km^2$ 规模区域的空间形态，本次研究除了继续进行时间维度的空间形态演变研究之外，还选取了图底关系、次级斑块划分、路径、边界、节点、标志物等平面形态要素，重点分析建成环境之间的关系。

7.1 白石洲与波托菲诺区域

白石洲位于深南大道沿线，被深南大道切分为上白石、下白石两个片区，是深圳最大的几个城中村之一。与白石洲比邻而居的是华侨城波托菲诺居住区，这是建成于 2001 年的高档住宅，包括别墅、联排、多层和高层等多类型的建筑，与白石洲的空间形态大不相同。

本次选择研究范围，囊括了包括波托菲诺高档住区、白石洲村在内的多样化空间形态，研究范围约 $1.6km^2$。

白石洲和华侨城总部城区基本上可视为由两大企业开发所形成的建成空间[①]，但由于根源主体的不同，最终发展形成了空间形态上巨大的差异。

华侨城高端小区模仿意大利 Portofino 海港小镇风情，在意大利语中，Portofino 的本意是边界小港口。由建筑大师和能工巧匠精心雕琢的杰作使 Portofino 蜚声世界，吸引了世界各地许多非常著名的政界要人、金融巨子、明星名流。波托菲诺小区结合华侨城旅游文化、自然山水的资源特点，以天鹅湖、燕栖湖为灵魂，建筑依地势而建，形成了迥异于周边的空间形态。

① （据华侨城集团资料）白石洲最早是由几个自然村组成，当地村民主要是靠出海打鱼、养蚝、种地为主。1959 年白石洲及附近一带组建了沙河华侨农场，占地约 $12.5km^2$，村民都转为农场职工。20 世纪 80 年代中期沙河华侨农场东部近 $5km^2$ 的土地成立了一个大型国有企业和经济开发区，即后来的华侨城集团公司。20 世纪 90 年代中期开始，分割后的沙河华侨农场成了沙河实业集团公司，1999 年后沙河集团逐步将一些社会管理职能归还政府。

7.1.1 空间形态演变

从本书掌握的有限资料来看，研究范围内空间形态也经历了一个逐渐生长、填充的过程。从 2005 年发展至 2012 年，波托菲诺西北片区、侨城馨苑逐步建造完成，整个区域最终完成建筑空间拓展。因为缺失其他时段的航拍影像图，故在此不再展开更多分析，但至少我们能清晰地判断出，空间形态是随时间维度而逐渐演化的（图 7-1）。

（a）2005 年研究范围航拍影像图

（b）2007 年研究范围航拍影像图

（c）2012 年研究范围航拍影像图

图 7-1 白石洲与波托菲诺区域卫星影像图

来源：Google Earth

7.1.2　图底关系

研究范围内的图底关系表现出了极为戏剧化的空间形态分异。东部区域波托菲诺部分图底关系较为舒朗，虚空间部分略微多于建筑实体；东南和西南两个角部的居住小区图底关系相对均衡，虚空间部分与建筑实体规模相当，建筑具有较强的整体感，建筑占据的实体空间之外的部分也有精心的设计；白石洲沙河工业区的图底关系稍微倾向于建筑实体，对于虚空间缺乏设计，建筑实体规模略微多于虚空间，这一肌理向西延伸，也影响到了天河花园、明珠花园等居住组团；而南部和西北角上白石洲村各个街坊的图底关系表现出了巨大的不均衡感，建筑实体是整个图底关系中占比最大的构成要素，虚空间规模受到明显压缩，明显弱于建筑实体规模，空间形态表现得较为局促（图 7-2）。

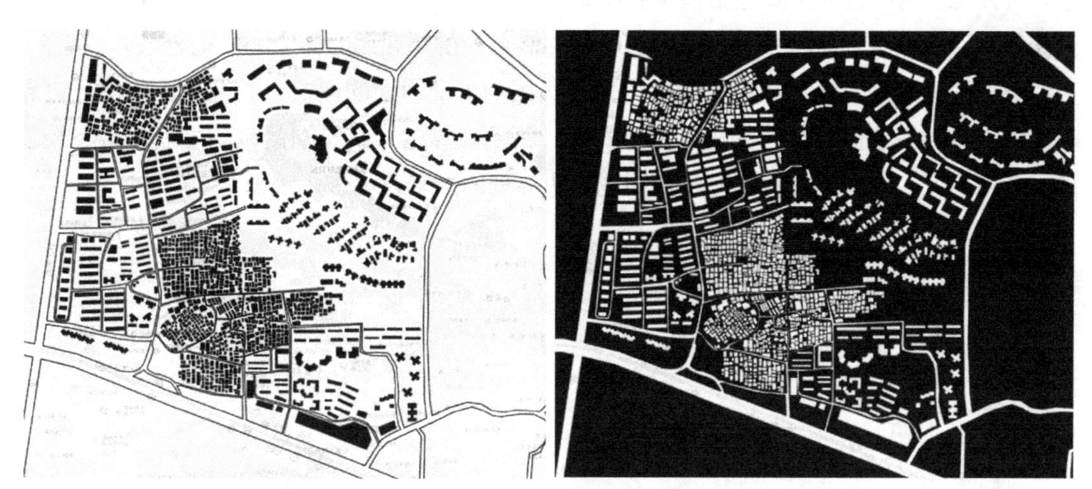

图 7-2　白石洲与波托菲诺区域图底关系

来源：自绘。

7.1.3　次级斑块划分

一方面，次级斑块由路网体系中的几条主要通过路径所界定，另一方面，通过现场踏勘来识别各个小区、综合商场与工业园等不同功能区域的边界，细分次级斑块组成。

研究范围内次级斑块划分具有两大形态特点：一是次级斑块的形态较自由，这主要是由历史因素决定的，受华侨城集团、沙河集团最初边界划定曲折的影响，白石洲与波托菲诺本就分隔成了边界曲折的两大板块。在其后白石洲的建设中，又受到村民个体自发建设的随机影响以及工业、居住、商业等多种功能混合的影响，次级斑块的形态就变得更加破碎，呈现出非常强烈的不规则性。二是各个次级斑块的规模差异较大，这主要是因为上述历史因素以及功能多样的影响，既有规模较小，空间形态与周边明显不同的“插花地”，也有占空间形态主导的成片村民自建房区域或者高档住区。

7.1.4 路径

研究范围的外部交通主要由外围包括沙河东路、深南大道等在内的城市机动车道所提供，内部交通主要包括多条能通车行、人行的巷路以及各个次级斑块内网络般通达的步行道。在此通过现状踏勘识别车行或人行的主要路径进行形态研究。

路径最为明显的形态特征就是多样化，各个次级斑块内的路径形态差异较大。波托菲诺内的路径形态体现出了一种经过设计的回环曲线形态，白石洲村内的路径则是自发生长出的枝杈形态；沙河工业区内的路径又反映出了一种规整的格网形态（图 7-3）。

7.1.5 边界

研究范围内的边界主要包括多个封闭式小区外围围墙或安防关卡所形成的界面①，包括波托菲诺、假日湾、美加广场、深圳湾畔、祥祺苑、侨州花园等多个小区的外墙。

值得注意的是，笔者在现场踏勘中发现，因为历史因素的影响，研究范围内部分边界表现出了互相嵌套的特征。如进入侨州花园，需要在穿过祥祺花园的南门之后，步行经过祥祺花园小区，再穿越祥祺花园与侨州花园边界处的关卡才可进入（图 7-4）。

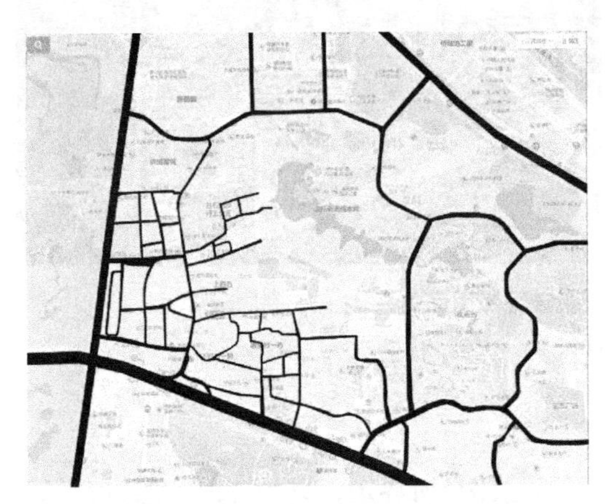

图 7-3　白石洲与波托菲诺区域路径

来源：自绘。

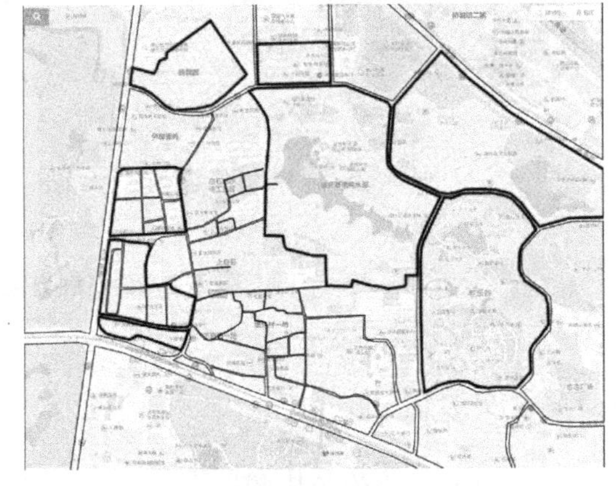

图 7- 4　区域非连通界面形成的边界

来源：自绘。

7.1.6 节点

节点是各种人群活动的聚集点，或是交通组织的转折点，起到空间聚合及转折的作用，经由节点，空间形态变得错落有致。研究范围内的节点包括两大类型：一类是街道交叉口、广场、绿地以及街道局部扩大形成的小型开放空间等公共性人流都能进入的公共空间；另一类是小区核心景观、游园等特定人群才能进入的半公共性空间。

① 由于形态要素分析认为，边界不被观察者用作或视为路径的另一种线性要素，故边界单独作为形态要素列出。

波托菲诺的沿湖景观节点与世界花园的中心游园就具有形态和规模两方面的巨大不同；白石洲村内的空间节点都非常狭小，较多是由道路接口区域放大所形成，体现出了自由自发的特色（图 7-5）。

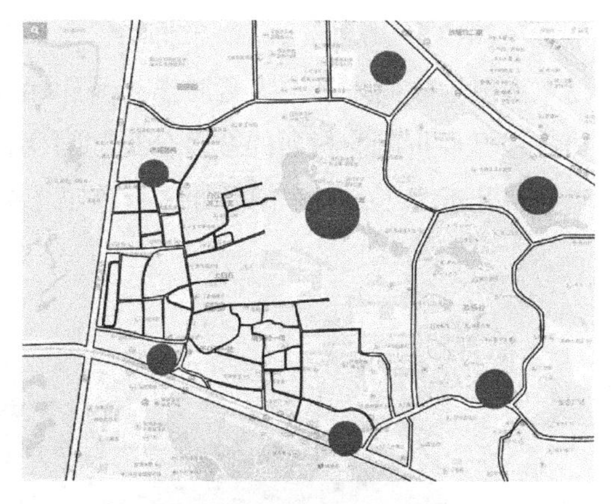

图 7-5　白石洲与波托菲诺区域空间节点

来源：自绘。

7.1.7　标志物

标志物是另一类的参照点，指建筑物、构筑物、景观形象等空间实体，经由现场踏勘进行识别。研究范围内的标志物包括：益田假日广场、世纪假日广场等规模、体量、空间形象明显区别于周边的商业建筑；结合景观与小广场，建筑形象突出于周边环境的波托菲诺会所；中海深圳湾畔花园、侨城鑫苑、假日湾、美加广场等位于边角位置、高度突出的高层住宅（图 7-6）。

（a）益田假日广场世纪假日广场

（b）世纪假日广场

（c）波托菲诺会所

图 7-6　白石洲与波托菲诺区域主要标志物

来源：网络

7.2　大冲村区域

大冲村位于白石洲区域以西，与白石洲隔大沙河相望，高新园最东侧，仅邻深南大道。本书选取的大冲村典型研究范围占地约 1.2km²。

7.2.1　空间形态演变

2005 年南山区确立了大冲村推倒重来、整体开发的模式，将大冲村改造成为新型现代化高尚居住社区为园区配套。

2010 年下半年，旧改项目开始推进。大量农居被清空，但尚未拆除；国惠康百货、大冲股份大楼等建筑仍在使用。2011 年年底，大冲村的大部分民房已被拆除，大冲股份大厦仍在使用，大王古庙得以保留，但古庙四周的建筑物几乎被拆除完毕，村西部分项目开始施工。2013 年，股份公司尚未拆除，大王古庙得以围挡保护。村西、村东北地块开始施工，村东南侧地块尚未开工，暂时作为一片绿地。2014 年下半年，大王古庙得以保留，股份公司大楼已经拆除。村西的众多公寓、写字楼正在建设，商业区已经初具规模，村东北的住宅楼也几近完工，村东南开始进行施工（图 7-7）。

（a）2010 年

（b）2011 年

（c）2013 年

（d）2014 年

图 7-7　2010—2014 年大冲村研究范围照片

来源：原载南都网 http://sz.house.163.com/14/1021/08/A92L2MPU00073T3P.html

总体来看，大冲村改造在政策引导下从一个居住、工业片区逐渐转变成为一个产业园区的配套片区，在推倒重建改造模式下，大冲村的空间形态也从村落、工业片区的密集形态演化为现代居住形态。整个改造过程可以分为两个阶段：

第一阶段为拆迁整理阶段，时间为 2005—2012 年，村庄及工业企业大量外迁，并整体推倒、平整土地。

第二街道为建设阶段，时间为2013年至今，建设从村西的商业区入手，逐步开发建设大冲城市花园小区、华润城润府、华润城万象天地等项目（图7-8）。

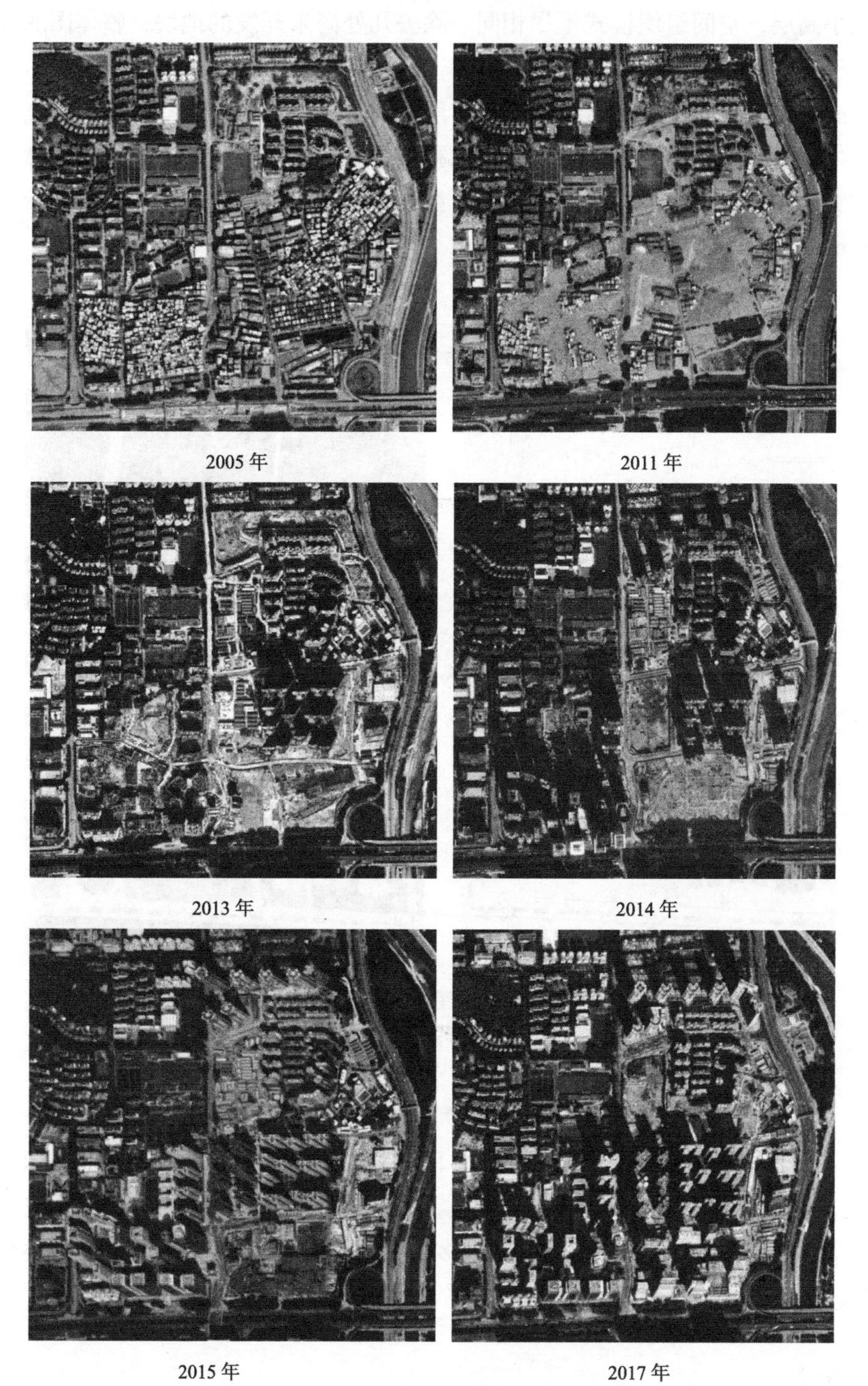

图7-8　2005—2017年大冲村卫星影像图

来源：Google Earth

7.2.2 图底关系

大冲村片区作为产业园区的配套区，建筑多为点式高层居住、商住建筑，东北分布部分多层或小高层，空间组织模式不尽相同。除去几处尚未开发的地块，整体图底关系上的虚空间多于实空间。

南侧商业区建筑密度较高，采用众多高层建筑围合开放空间的空间模式。高层居住建筑区由于考虑日照间距，建筑较稀疏，实体建筑排布较灵活，虚空间远大于实体空间。部分保留下来的多层建筑区域建筑密度较大，建筑采用行列式整齐排布，实、虚空间规模相当（图 7-9）。

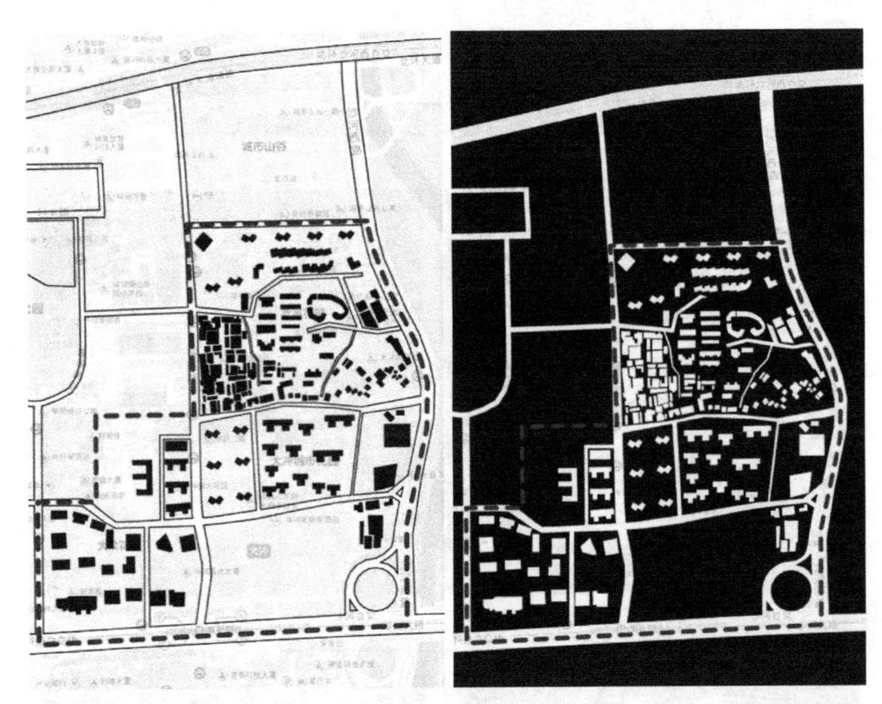

图 7-9　大冲村图底关系（2015 年）

来源：自绘。

7.2.3 次级斑块划分

深南大道北侧、铜鼓路西侧地块延续深南大道商贸公建带，承担商业、办公及公寓等多种功能，是片区的商业性公共设施斑块。其余地块多为住宅功能，但根据空间形式不同，又可将铜鼓路东侧地块分为中北部的多层住宅斑块以及北侧和南侧的高层住宅斑块（图 7-10）。

7.2.4 路径

片区路径包括沙河西路、深南大道、铜鼓路、科发路等城市道路以及地块内部道路。

路径走向基本保持横平竖直，但由于考虑与周边道路的衔接以及尚未施工完毕等原因，现状路径局部出现曲线线形。

7.2.5　边界

深南大道和沙河西路作为城市主干路，是大冲村在南、东两个方向上与周边地块的限定边界，其临街城市界面也是认识大冲村城市形象的重要来源。另外，由于众多地块尚未施工完成，因此，围挡成为目前大冲村的重要边界（图 7-11）。

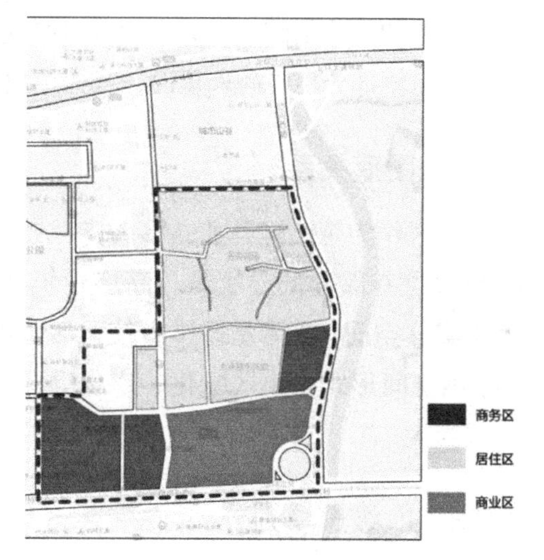

图 7-10　大冲村次级斑块

来源：自绘

7.2.6　节点

大冲片区节点空间主要是各道路交叉口及建筑、小区入口小广场等，节点空间较少，空间尺度较小。

7.2.7　标志物

大冲商务中心位于大冲片区的主要出入口，是改造后大冲的重要标识物。另外，大王古庙作为大冲村保留下来的历史见证，也是彰显大冲片区历史文明的标志物。

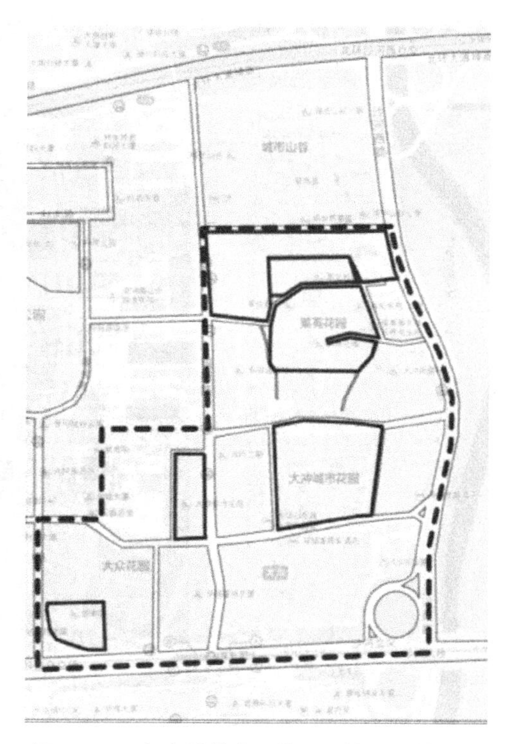

图 7-11　大冲村道路及施工围挡形成的边界（2012-2015）

来源：自绘。

7.3　后海南部西区

本次选取的研究区域仅为后海南部西区区域，西区用地面积约 1.3km^2 ①。

7.3.1　空间形态演变

西区从填海开始到填海完成，并进行建设，逐步按照规划形成了目前的空间形态。从 2000 年至 2007 年，西区完成填海，为下一步建设提

① 后海湾填海区位于南山蛇口东部，深圳湾与珠江出海口交汇处，全部填海造陆而成，由后海滨路以东、滨海大道以南和深圳湾围合而成，地形平坦，大致呈南北短、东西长的长方形状，总面积 537.06hm^2。后海湾填海区以东滨路为界分成南、北两个区，南区为蛇口东填海区，主要功能为居住和口岸用地；北区为后海中心区，业态为商服旅游休闲。其中，南区又以西部通道口岸红线（大致沿科苑路）为界分为东、西两个区。本区域为延续蛇口独特风情的、代表深圳门户形象的滨海生活区。

供了完善的土地基础。2008 年从卓越维港开始进行建设，随后逐渐向南北、向西推进。目前，除东侧部分用地尚未建设，其他地块基本形成了稳定的空间形态。

7.3.2 图底关系

西区作为生活区，建筑多为点式或者以板式高层居住、商住建筑为主，沿支六路及科苑大道有部分低层建筑。高层建筑区域由于考虑日照间距，建筑较稀疏，虚空间远大于实体空间；实体建筑排布较灵活，沿街通过沿街商业等形式获得连续的街道空间界面；虚空间形式为小区绿化、广场等。低层建筑区域密度较大，排布规整，实虚空间规模相当。

7.3.3 次级斑块划分

根据空间形态，可通过南北向的带状公园及曲线形支六路将西区细分为西、中、东三个层次的条状次级斑块。西侧区域主要为高层建筑区，中间区域兼有高层和低层建筑，东侧区域主要为低层建筑以及大片现状绿地（图 7-13）。

图 7-12　后海图底关系（2017 年）
来源：自绘。

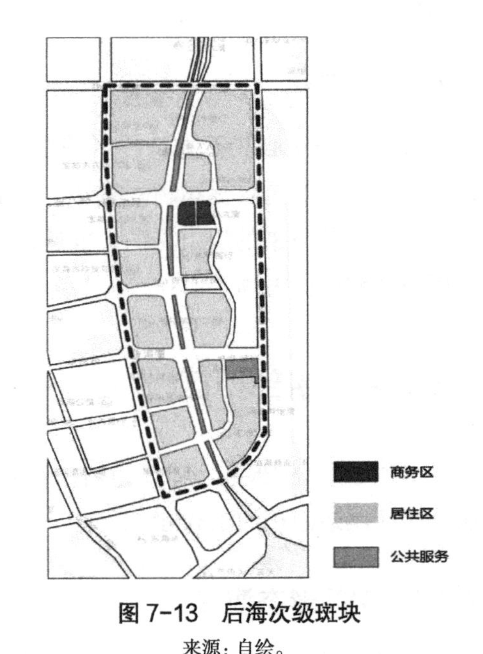

图 7-13　后海次级斑块
来源：自绘。

7.3.4 路径

区域内城市道路发达，路网密度较大，街廓长度约为 150 ~ 250m，城市干道南北或东西向，线形基本呈直线，科苑大道在南部形成环路。支六路线形蜿蜒曲折，增添了整个区域的灵活性。另外，区域内的路径还包括小区内部道路及滨河步行道（图 7-14）。

7.3.5　边界

区域边界元素较为丰富，除了道路绿化带以外，还包括中心路沿线的人工河及带状公园，带状公园中央为向南入海的河流，还包括区域东侧的城墙公园以及南侧滨海绿地（图 7-14）。

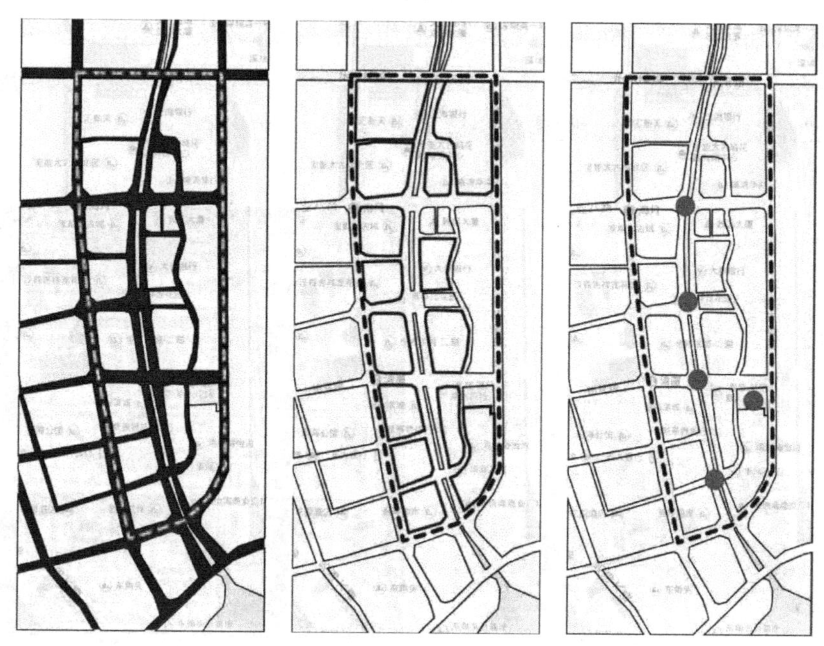

图 7-14　后海路径、边界、节点

来源：自绘。

7.3.6　节点

西区的主要节点包括各居住小区及商业建筑入口广场、道路交叉口及街头绿地以及跨越河流的多座桥梁（图 7-14）。

7.3.7　标志物

西区主要标志物包括宝能购物中心以及小区入口的构筑物等。

7.4　科技园北部区域

本次选取由北环大道、南海大道、宝深路、科苑路四条道路所围合的区域进行空间形态研究，研究范围内共包括 21 个地块，约 1.2km²。

7.4.1　空间形态演变

所选研究范围的空间形态在近 10 年间没有太大的变化，除了科陆大厦等几个地块有建筑的拆除和新建外，整体的空间格局、路网、建筑形态都是在保持原有肌理的基础上进行局部的修补。

7.4.2 图底关系

研究地块整体图底关系清晰，呈现“密路网、小街廓”的布局形式。每个地块 1 ~ 2 栋建筑，通过 U 形及 L 形建筑形态或多个建筑组合，形成部分停车空间及院落空间。由于产业功能需要，建筑体量较大，建筑形态方正。大部分区域建筑填充空间大于虚空间，密度较大；局部地块虚空间较大，院落较开敞（图 7-15）。

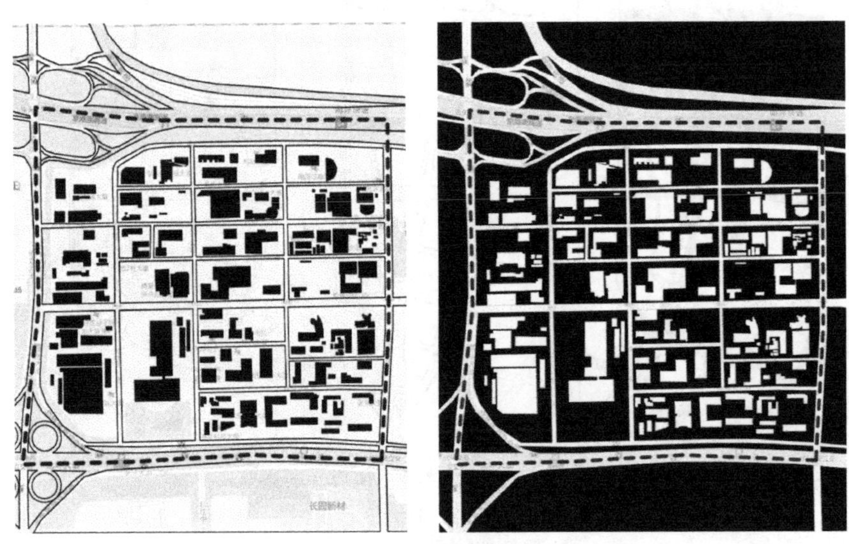

图 7-15 科技园北区图底关系（2017 年）

来源：自绘。

7.4.3 次级斑块划分

各地块功能及形态类似，空间形态均衡，但较为单一，空间效果略显乏味。其中，朗山路、南海大道、北环大道、科技北二路围合的两个地块，在建筑体量和空间组合上与其他地块明显不同。另有朗山路北、朗山一路东的一片绿地公园，对于打破单一的空间形式起到一定的作用，活化了周边区域封闭、规整的空间效果（图 7-16）。

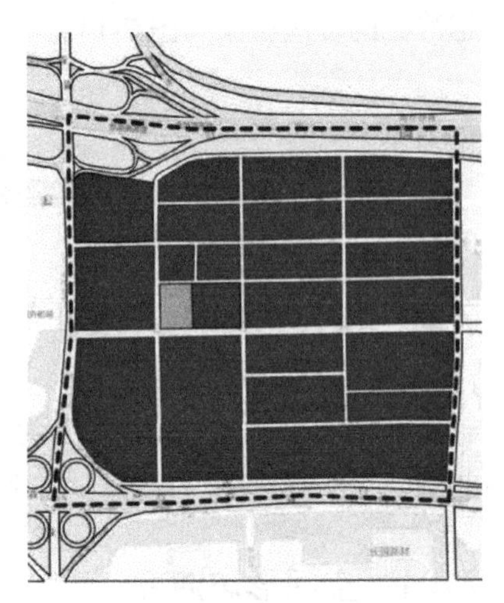

图 7-16 科技园北区次级斑块

来源：自绘。

7.4.4 路径

所选区域呈现“密路网、小街廓”的布局形式，路径主要为城市道路，南北、东西道路十字相交，呈现网格状路网形式。地块内部道路非常简单，多为进入地块内部的端头式道路（图 7-17）。

7.4.5　边界

北侧为京港澳快速道路，南侧为北环大道，西侧为南海大道，三条干路及其绿化带强烈限定了该范围内的地块与北、南、西三个方向上的相邻地块的联系，东侧边界亦为院墙及道路绿化，但道路较窄，隔离作用较弱。

由于大部分地块都是独立企业，因此，在功能的影响下，内部边界多为院墙、围栏以及沿路绿化（图 7-17）。

7.4.6　节点

所选区域内的节点包括绿地公园以及交叉口及其街头绿地广场。作为科技园区，各地块多有院墙，较为封闭，因此节点空间较少，空间缺乏节奏感（图 7-17）。

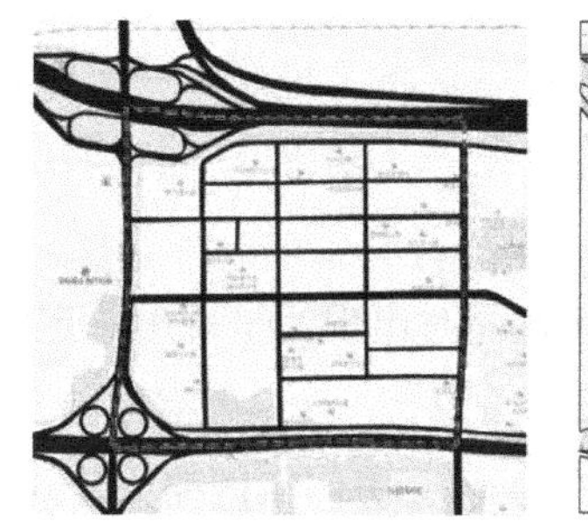
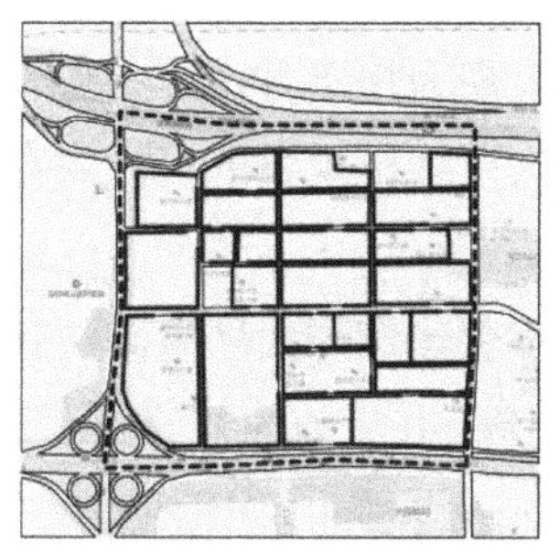
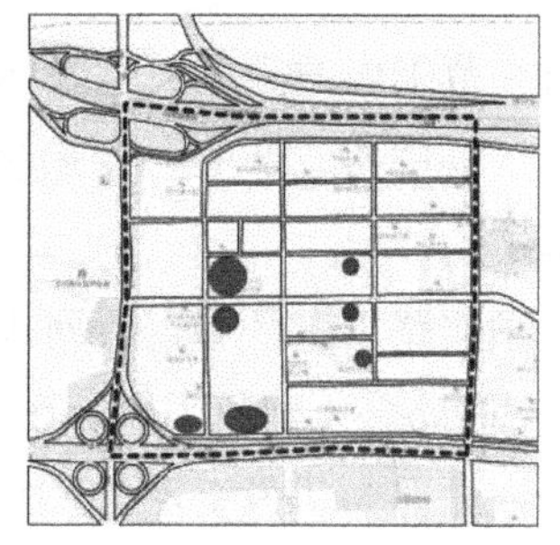

图 7-17　科技园北区路径、边界、节点

来源：自绘。

7.4.7　标志物

科技北三路与朗山二路交叉口的街头绿地及海王生物工程股份有限公司的建筑形式较为特殊，成为地区标志；另外，科陆大厦作为所选片区为数不多的高层建筑，亦可标志地区所在（图 7-18）。

海王生物工程股份有限公司

科陆大厦

图 7-18　科技园北区标志物

来源：百度图片

7.5 华强北商业区域

华强北商业区域前身为工业区，位于福田区，随着工业外迁，20 世纪 90 年代末期成为福田知名的商业街区和中国最大的电子市场。

7.5.1 空间形态演变

所选研究范围的空间形态在近 15 年间没有太大的变化，主要的城市更新集中在振华路、华富路、深南中路、中航路所围合的地块内。另外，近两年，振华路两侧的几个地块开始进行更新。除此之外，研究范围内的整体空间格局都是在保持原有肌理的基础上进行局部的修补，但建筑形态的变化趋势从多层向高层转变。

7.5.2 图底关系

研究范围内的图底关系整体表现为规矩方正的态势，但各区域又呈现出一定的空间形态分异。其中西北部的上步工业区呈现出规整的行列式布局形态，实虚空间相当，图底关系均衡。

华发北路以东区域，行列式多层建筑与大体量高层建筑同时出现，呈现出一定的杂乱感，虚空间略多于建筑实体，但用于公共活动的开放空间较少，整体来看，虚空间缺少设计。

华强北路与华发北路之间区域及华强北路以西地块的南部，实体空间略大于虚空间，建筑排布规整、较密集，尤其是华强北路与华发北路之间的区域，体现出了一定的整体设计感，从实虚空间的布局上体现出了各地块之间的联系与线索（图 7-19）。

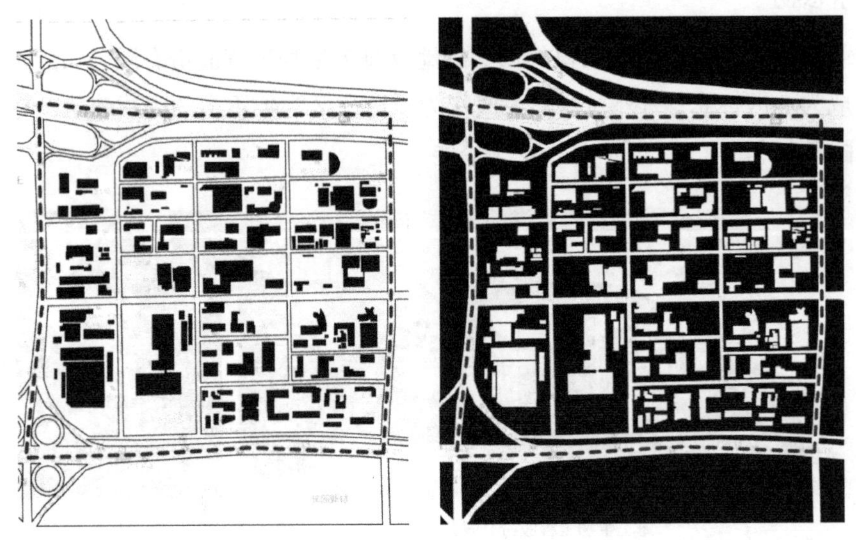

图 7-19　华强北图底关系（2017 年）

来源：自绘。

7.5.3　次级斑块划分

根据功能及形态空间特点，可将华强北区域细分化为三个次级斑块：华发北路以东斑块，西北部的上步工业区斑块，西南部及中部的商业办公斑块。

华发北路以东多为居住区，其中东北部的红荔村、中南部的桑达小区等居住小区以多层建筑行列式形式布局，玮鹏花园等高层居住建筑则呈现出点式布局形式。

西北部的上步工业区内，实空间部分，建筑方正，行列式布局，整体布局规整；工业区中部设街头绿地公园，有效地打破了略显死板的空间格局，使上步工业区整体呈现出内核聚集的规整式布局。

其余部分多以大体量的高层商业办公建筑为主，建筑点状布局，略显散乱，缺乏整体化设计考虑。

7.5.4　路径

研究范围的外部交通主要由外围包括华富路、红荔路、深南中路、上步中路等城市机动车道所提供，内部交通主要包括华强北、华发北、燕南、振华路等城市道路，另外还包括各地块内部的道路。

从整体来看，北部区域城市道路路网密度略低，南部区域地块较小，路网密度较大。路径形态较一致，均为直线型、南北向路径，南北道路十字或丁字相交（图 7-20）。

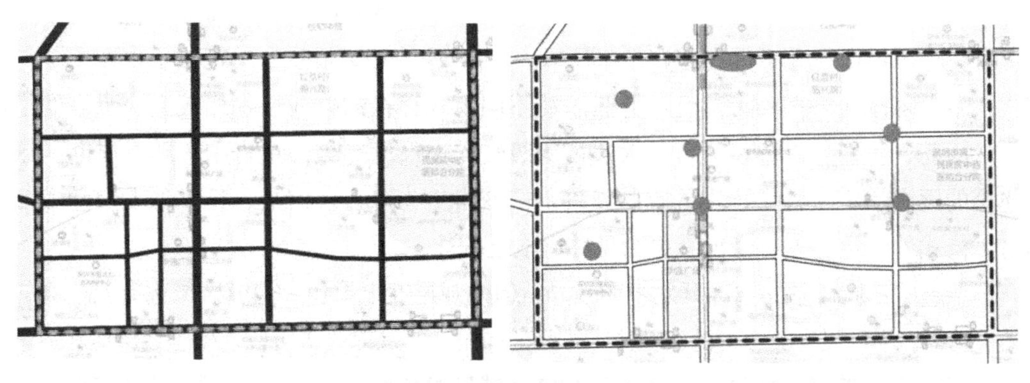

图 7-20　华强北路径、节点

来源：自绘。

7.5.5　边界

华强北区域的西侧、北侧主要以道路及其隔离绿带为边界，形成了与相邻地块的天然屏障，隔离作用强；南侧及东侧主要以建筑为边界，较多的底商，使华强北区域南侧、东侧与相邻地块联系较为亲密，呼应关系更加强烈。

内部边界主要为各小区及学校的院墙、围栏，其他斑块联系密切，边界影响较小。

7.5.6 节点

节点是各种人群活动的聚集点，或是交通组织的转折点，起到空间聚合及转折的作用。华强北区域的节点主要包括道路交叉口、街头绿地公园、建筑入口广场等。但是，总体来说，该区域缺少大型的、特征明显的节点空间，导致整体空间缺少一定的节奏感（图 7-20）。

7.5.7 标志物

华强北的标志物包括赛格电子配套市场、华强电子世界、华强广场等建筑以及各种标志区域开始、转折的构筑物及景观等。

本章采取典型分析的方式，对约 $2km^2$ 的五个样本进行了采样研究，包括时间维度与平面维度七个方面形态要素的研究。

对白石洲与波托菲诺、大冲村、后海南部西区、科技园北区、华强北商业区域不同样本的空间形态统一采用形态要素空间投影的平面格局分析方法，对图底关系、次级斑块划分、路径、边界、节点、标志物等要素进行了分析。从中我们可以发现，各个样本在空间生长方面体现出了各具特色的空间形态。总的来说，在小尺度范围内，空间形态的多样性爆发式增加，在“线”与“面”要素之外，一些“点”状要素在这个尺度上开始可被识别。

从发展范式的角度来说，与前述不同的是，这个尺度上的空间演变范式表现出了多样性。在所挑选的 $2km^2$ 的建成区中，不到 30 年的时间内，建设开发早已完成，在开发完成后，部分样本保持了很长时间的平衡范式状态，部分区域开始了多平衡范式状态，由于城市更新在这个尺度上并不具备普遍性，所以，$2km^2$ 这一规模尺度上的范式也表现出了平衡范式、多平衡范式等多种可能性，并且这些不同范式存在的时间往往相较上一个尺度稳定持久。因此，我们可以归纳说，从大尺度等级转向小尺度等级的过程中，随着研究区域尺度规模的逐渐缩小，各个样本的空间发展范式变得更为多样。但是，具体到某个样本个体而言，范式的变化比上一个尺度更为单纯而缺乏变化。

虽然这些不同样本的空间开发主体各异，但微观尺度上的各个研究区域都有其独立的空间演进脉络，在大尺度等级下的区域形态扩张的同时，小尺度等级可以发生土地清退和形态更迭现象；当大尺度等级扩张到饱和状态后，研究区域只能发生内部的形态更迭或向外扩张；同时，从小斑块扩张为大斑块，从旧的形态更迭为新的形态，空间形态的演化过程贯彻了时间的一维线性。从空间边界形态来说，样本区域因为都存在城市规划的红线限制，所以基本上空间边界可视为缺乏变化。各个样本内部空间形态都表现出了变动与稳定共存的状态，因为 $2km^2$ 这一规模在该地区所需求的开发周期较短，所以，从新建转向稳定，往往不用经历持久多样的变化，在这个尺度上进行时间维度的划分，时间更趋向于离散状的分段，而非一条连续的曲线。

第八章　建筑与街区尺度空间形态分析

新兴城市因建设周期短，呈现出建筑形态及功能单调、一致，甚至景观平庸的特质；而历史悠久的城市时常因各时期建筑过于随意的拼凑，压缩了舒适的公共空间，造成城市拥堵和紊乱。深圳，这座年轻却高度浓缩多个发展阶段的城市，则是上述两种现象的复合产物。时代选择了深圳作为经济文化和意识形态的实验室，而建筑和街区无疑是这场实验中最活跃的反应物。

深圳的建筑创作始终走在时代前沿。特别是进入21世纪后，更开放的市场竞争，对城市前景的信心及大胆的创想，更让深圳成为世界建筑师们钟爱的"游乐场"。可以说，在浓缩的三十余年内，深圳城市建筑的演变之快超过了地表上的任何其他地方。渔村和农田已是无处可寻的遥远记忆，超高层建筑以越来越快的速度刷新着城市天际线，世界各地涌入的建筑风格和规划思潮挑战着人们的传统观念。即使在建成区增长瓶颈到来的当下，这个年轻的城市又通过新一轮的旧城改造和更新来持续进行街区与建筑的再塑造。

与城市建设这种近乎疯狂的极速发展相反，对于深圳街区与建筑的系统性研究文献却是凤毛麟角，人们似乎很难从现有的风格体系中找到恰当、精确的语汇对其进行概括表述。本土的客家文化，虽然还保留着若干围屋形式的建筑，但在现当代深圳的发展中已不起任何作用。从地理位置看，虽然深圳位于五岭以南的广东地区，但岭南文化在大规模移民潮中并不突出。深圳建筑的"表征文化是深圳的当代文化"（施国平，2000），这需要我们变换一种思路，以全新的角度去审视这座城市的建筑现象。

在本章将会加入对三维空间的实际感受，将观察者置身于空间环境中，选取大鹏所城，人民南街区，华侨城LOFT创意文化园，华强北街区，福田中心区22、23-1两个街坊等街区作为典型案例，结合实地踏勘，进一步分析建筑与街区尺度的空间形态。

8.1　大鹏所城

该街区即大鹏新区鹏城村，占地面积约11hm^2，全称"大鹏守御千户所城"，深圳别称"鹏城"即由此而来[①]。

本节在延续前面章节对于空间形态的平面分析之外，还进一步加入了对"点"状要素

① 大鹏所城始建于明洪武二十七年（1394年），在明清时期抗击葡萄牙、倭寇和英殖民主义入侵的斗争中曾起过重要作用，是我国东南沿海现存较完整的明代军事所城之一，在古代军事发展史和我国城镇建设史上有着特殊的研究价值。"大鹏所城"之名源自当地的自然环境，县志载："……（新安城东）120里曰大鹏山，由罗浮逶迤而来，势如鹏然。"大鹏所城起初选址在大鹏半岛最南端的西涌（位于今南澳镇西涌新屋村西100m处）。明洪武二十七年（1394年），广州左卫千户张斌相度形势，在大鹏半岛险要处筑立所城，即今天的大鹏所城。

的分析，即进入到对单体建筑的分析。

8.1.1　保护现状评述

大鹏所城是本章也是本书选取形态分析中唯一的历史遗存。深圳的历史建筑和历史街区整体性保存下来的不多，而且从 1983 年开始，市政府将所城建筑分期列为文物保护单位，2001 年所城被列为全国重点文物保护单位，由于政府资金支持，所城内外的环境、建筑、街巷、古木都保护得非常良好（图 8-1）。有关所城的历史沿革、规划、建筑形制、街巷布局等均有大量学者进行了充分的研究，本书根据现场调研和所城区域历年 Google 影像图的变化，对所城现状进行评述。

图 8-1　大鹏所城城门及古粮仓
来源：网络

所城近百年来，由于不再作为海防的军事据点，均为当地村民使用，“文革”期间免遭毁灭性破坏，是因为有大量居民在使用所城内建筑，所城经历的只是自然风化和老化，目前这座“中国历史文化名村”原居民几近悉数搬迁至城外居住，原有老民居和现代建筑部分租给经营者作为商业设施、民宿等经营，其他部分民居长期空置，而文物建筑仅作为“标本”收取门票进行展示。作为深圳市民评选的“深圳八景”之首的大鹏所城应该更多地被市民使用，仅作为旅游景点，其使用价值和保护价值都未得到完全体现。在所城西南，隔鹏飞路相望的较场围村是中国最大的民宿集群，年营业额逾 10 亿元，所城应当融入市民的生活圈，也能被市民融入。深圳文博、文创产业发达，一些历史建筑和民居可适当利用，对如何活化利用、如何保持所城的生活气息还可进行适当的探索。

近 30 年来，由于道路和周围的建设，所城基地外围的地平面有所抬高，而且由于硬化地面面积增加，所城周围原始自然环境变化较大，环境蓄水、排水能力下降，有学者提出增加所城挡水设施以防止内涝。所城紧邻大鹏湾，作为海防哨所，近海、临海是其城址独具的地域特色，因此对所城城壕、周边池塘应当恢复排水、蓄水能力，鹏飞路旁的海岸线也应当纳入保护范围。保护区外新建的道路和建筑需要控制场地标高，特别是鹏飞路以南海岸线区域。

总的来说，大鹏所城作为重要的文保单位，空间形态得到了较好的保护，所城外自然环境格局应适当控制。

8.1.2　平面形态要素分析

由历年卫星影像图可以看出，2000 年后大鹏所城及红线保护范围形态斑块均未发生变化，如图 8-2 所示。历史记载[①]的平面布局和街巷肌理得以大部分保留。

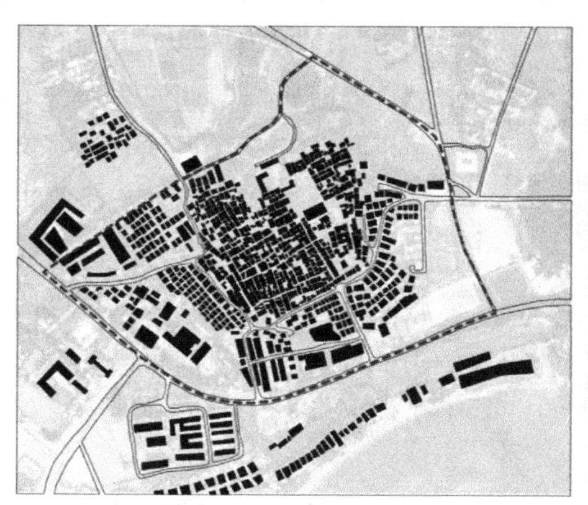
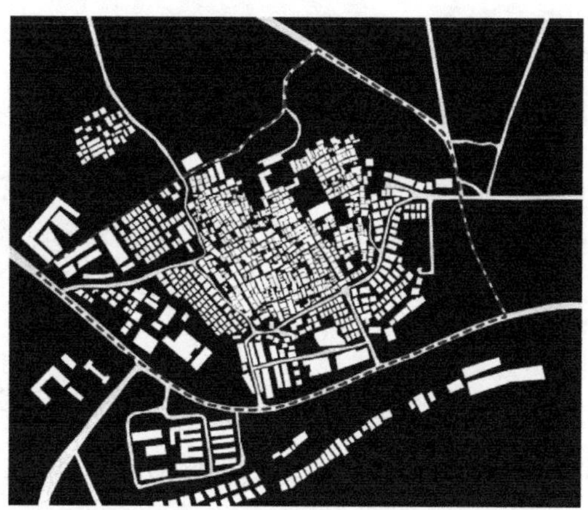

图 8-2　大鹏所城保护范围图底关系

来源：自绘。

大鹏所城基本遵循《周礼・考工记》所提倡的规则方正的网格城市原型。从图底关系图及街巷图（图 8-3）上可以看出，所城在规划布局上基本体现出了中轴对称的四方城格局，但又根据地势地形等用地情况有所调整。

所城十字街主导平面格局，轴线明确，南北向主街在北侧并不直通北门，而是经过文庙、关帝庙和火药局围合的院落，平面布局体现了军事防御功能。

建筑布局方面，大鹏所城内建筑以民居为主，其中包括 11 栋将军府第；普通民居多以天井式建筑为主，建筑尺度较小，多个建筑联排布局，建筑密度较高；将军府第尺度稍大，多以合院式布局。建筑遗存统计如图 8-3 所示。

所城街巷大多依随地势及建筑而设，布置较为灵活，但整体连续。由于建筑并非整齐划一，因此街道随前后错落的建筑而呈现出宽窄不同、凹凸不一的街道空间，加强了街巷的节奏感及趣味性。其余街巷狭窄，宽高比均小于 1，密集的沿街建筑可为步行者提供足够的阴凉，提升步行舒适度。

就公共空间而言，大鹏所城城内公共空间主要位于南门、北门附近，另外还包括街角

① 清康熙《新安县志・地理志》记载，大鹏所城“内外砌以砖石，沿海所城，大鹏为最，周围三百二十五丈六尺，高一丈八尺，面广六尺，址广一丈四尺，门楼四，敌楼如之，警铺一十六，雉堞六百五十四，东西南三面环水，濠回三百九十八丈，阔一丈五尺，深一丈”。

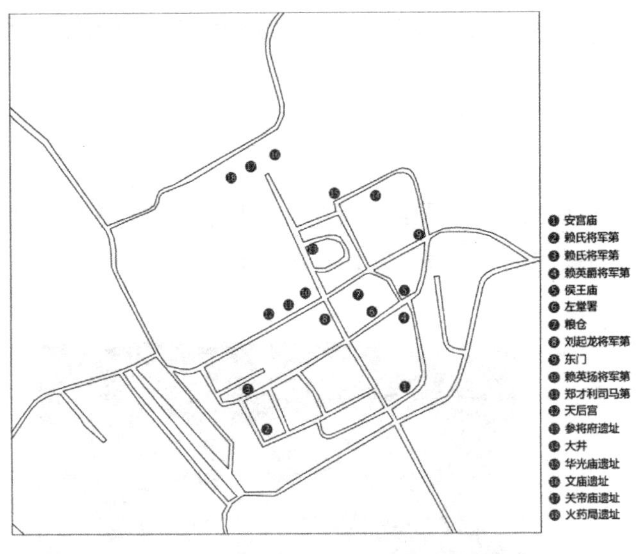

图 8-3　大鹏所城街巷关系及建筑遗存

来源：自绘。

及建筑门前广场等，整体而言，公共空间主要体现在密布的街巷上，广场规模并不大。

根据空间形式和路径、边界的界定作用，可将大鹏所城分为六个次级斑块：古城西北和西南区域建筑以东西向布局，街巷呈南北走向；西城中部以及东城东北区域，建筑则以南北向布局，街巷呈东西走向；东城南部区域将两种建筑组合方式相结合，建筑主要以南北向布局，但沿南门街的建筑东西向布局，以形成积极的沿街立面，并在两种布局区域的夹角处形成绿地；东城北侧区域主要为形制较大的将军府第、祠堂以及广场、绿地等，建筑形式、空间尺度及氛围与其他区域不尽相同。

道路是大鹏所城的主要空间路径，通过各类道路之间的比例控制和精细化衔接，使得古城的空间结构更加合理，过境交通得到有效分离，各类建筑之间的联系更加富有弹性①。

古城内干路功能更加丰富，"两横一纵" 的干路网络不仅承担古城主要的交通集散功能，也需要保证道路两侧建筑之间的生活交流。南门街作为古城的纵轴线，连通南北，其两侧也是古城的核心片区。

环城路沿城墙铺设，距离城墙内侧约为 10m，连通古城内大多干路、巷道，起到很好的路径转换作用，弥补了方格网状路网对向联系不便的缺点。另外，在环城路建设初期已经考虑环形道路的合理形态，其转弯半径、线位走向均与当今道路设计的基本原则一致。

丁字街是古城路径的一大特色。古城建设起于军事防御，为有效降低破城后敌军的冲撞，丁字街增强了古城内部建筑防御能力。

窄巷也是古城路径中的一大典型，受地形条件限制，古城内建筑较为集聚，同时为了保证居民的正常通行，又不至于过多占用土地，便弱化了街道的其他功能，屋檐相触，形成了窄巷。

城墙是大鹏所城的实体边界，是对所城的限定作用最为强烈的一道边界。目前，西城墙已遭毁坏，北城墙的东段和西段以及南城墙近西南角还都存留有一段土垣。城门作为城墙的附属结构，是所城与外界相联系的重要通道，城门的开启、关闭直接关系到所城的道路交通和军事防御能力。大鹏所城的节点空间包括街道交叉口、广场、古树、绿地以及街

① 肖海博 . 大鹏所城研究 [D]. 河南大学，2007.

道局部扩大形成的小型开放空间（图 8-4）。标志物包括遗存的公共性建筑以及空间形态与普通民居大为不同的将军府第等。

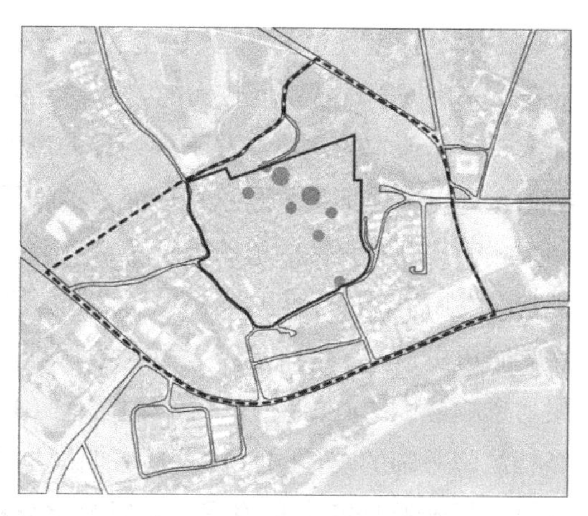

图 8-4　大鹏所城边界及节点
来源：自绘。

8.1.3　典型建筑

“振威将军第”与杨氏大宅是大鹏所城内两大标志性建筑物。

“振威将军第”位于大鹏所城南门东侧，其形制、梁架等均有大量学者研究，本书不再赘述。其平面布局特点是：在进深受地形限制无法施展时，横向拓展空间，以“左堂右寝”取代传统的“前堂后寝”模式，以过厅、月门、花园过渡，组成了一个大的有机体。

杨家大宅为晚清建筑风格，位于东城门附近，建筑为二进砖木结构，平面近似梯形，自北向南逐渐内收。北面为正房，坐北朝南，与其相对的是倒座。宅院大门布置在西侧稍南的位置，直接面向街道。正中是一个小天井，解决了通风、防潮、采光及交通联系等问题。

图 8-5　赖恩爵将军第平面图

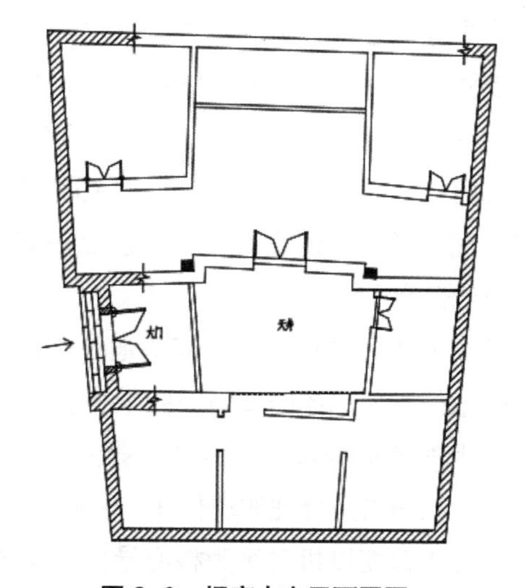

图 8-6　杨家大宅平面图图
来源：以上均为《深圳大鹏所城将军府第建筑群体特征分析》

8.2　人民南街区

8.2.1　发展历程

人民南街区是最早成熟的地区之一，也是近代深圳墟所在范围。虽然与东门片区仅是一路之隔（深南大道），但人民南片区与东门片区依然呈现出截然不同的街区形态和功能业态。东门囿于现状密度较大的建筑物，整体仍保留了沿十字街展开的高密度小街区形态；而人民南路原本的建筑物并不多，且人民南是从罗湖站入城后第一条具有形象展示作用的街道，还更多地承担了昭示特区面貌的作用，因此，其规划采取了现代城市的高效率方格网形式，又顺着现状的道路保留了一些斜交和弧线。在人民南路的两侧，可以找到许多深圳建筑发展史上的“第一”和“之最”,包括罗湖最早的大商场——深圳国际商场（1983 年），罗湖区历史最悠久的五星级大酒店（罗湖香格里拉，1992 年建成），曾是国内设备最先进、票房影响最大的电影院——南国电影院（1988 年落成，2002 年拆除），深圳最早的专营中高档品牌服饰的友谊城百货以及深圳最早的儿童乐园“为食欢乐城”，国内首座隐框幕墙建筑，落成于 1992 年的发展中心以及承载着特区记忆的国贸大厦。

1987 年 10 月，特区第一家国营免税商场在国贸大厦开业，年销售额超过 5 亿元，成为深圳早期百货零售业的一段神话，当年，手里提着有钻石标志的“深圳国营免税商场”塑料袋在街上行走，是让不少人感到骄傲和自豪的事情。免税商场内各层围绕着中庭形成错落的退台，而中庭中央的音乐喷泉是当时国内的“先进设施”，吸引了大批购物之外的观光游客，挤满了商场的各层走廊。在纪念特区建立 25 周年的“十大历史建筑”评选中，国贸大厦的颁奖辞为：她是诞生“神话”的地方，她的“矗立”本身就是神话。自建成起，国贸大厦至今仍是人民南路上最重要的建筑。

作为深圳开发最早的区域，人民南街区不可避免地也成了最早面临衰退问题的片区，并出现楼宇闲置、租金下跌、交通拥堵和商业客源流失等问题。进入 21 世纪以来，随着东门、华强北商圈的崛起，人民南商业区的竞争力开始下降。2002 年，位于深圳大酒店旁的柏林商场关门，成为人民南商业区最早关闭的一家商场；2005 年，曾被誉为“国门第一商”的国贸时代广场宣告停业；百货广场、深房广场空置率一度达到 80%。一时之间，人民南似乎被时代抛弃了。

2002 年初，政府对人民南实施改造，其主要策略为以下四个方面：一是强化罗湖口岸、国贸、东门三位一体的城市空间结构。二是建立多时空的现代综合服务产业圈。使用者这种时空上的叠加是人民南地区产业活力的源泉，城市设计将片区细分为 17 个街区分别进行改造。三是构建合理的现代化、多样化综合交通体系。应对人民南地区交通拥堵的问题，其核心在于改变以机动车为核心导向的交通模式。首先，建立轨道交通方式为主的出行模式，配合深圳地铁的建设，对地下空间进行合理的开发利用；其次，将佳宁娜广场、友谊城、金光华广场、国贸大厦、天安国际大厦、百货广场等 10 个知名商场的二层通道连接成深圳第一条空中步行商业街。地下通道与空中连廊共同形成了人民南的“全天候步行系统”。而在罗湖口岸的改造中，设计率先实践了以公交为主导的交通模式，有意识地限制了私人机动车的道路和停车空间，为地铁和公交提供了充足的交通空间。局部城市支路路口，以广场铺装取代红绿灯，提高车行效率，营造人车混合的慢行交通网络。四是城市景观环境升级改造。人民南路的早期建设缺乏对城市空间环境的整体考虑，导致视觉上的混乱拥堵以及公共空间的支离破碎。

2006年，人民南一期工程竣工；2007年，人民南后续延伸工程竣工。城市更新计划改变了人民南地区过去散漫发展的模式，客流量平均增长为50%，营业额增长约30%。走过了特区建设之初的大风大雨，经历了繁华落尽的意气消沉，又见证了更新后的容光焕发，历史的沉淀造就了人民南片区的成熟与活力。城市历史的积累使“一无所有”的空间变为了“人类经历过”的空间，而这为人民南的空间资源注入了最为可贵的内涵——多元混合[①]。特殊的历史地位与地理区位，赋予人民南城市发展策略上的重大意义，这是人民南片区保持发展和活力的外在动力；从最初以拥有完整的城市功能为目标的开发，到更新对这种多样性的保留与延续措施，丰富的城市形态和市民生活，使得人民南拥有了更为难得的源自街区内部的维护和促进力量[②]。

8.2.2　街区分析

如同深圳其他早期开发的地段，人民南街区给外来者的第一印象往往是视觉上的“混乱”。混乱多是由于建筑物的“时代”风格造成的，而其背后掩不住的则是功能上的“混合”。从调查数据来看，人民南片区存在住宅、商业、办公、酒店等多种主导功能，其中两种或以上功能并存的建筑占到了几乎18%的比例，数量最多的居住类建筑（约33%）也基本都是带有配套的底层商业。另一个惊人的数据是酒店（含宾馆）的数量，在调查的所有106栋（组）建筑中，18栋为酒店建筑，加上与商业、办公混合的建筑，人民南片区有大大小小、等级不一的22个酒店（或宾馆）。

功能的有效混合使得街区在不同的时间里均有不同目的的使用人群，而同时，不同时间段的使用人群之间又存在着一种延续和关联。清早是学童和上班族的通勤时间，街区广场上则满是晨练的中老年人；白天商务办公的人员占据了大部分的街道和沿街的咖啡馆、甜品站，邻近火车站和深港口岸以及大量的酒店设施，为这里带来了各色商务、旅游、迁移、中转的外来人口；傍晚又是学童和上班族返家通勤的时刻，所有的商招灯箱渐次亮起，照见各处觅食的人群；晚饭后是欣赏街头艺人表演、参与交谊舞、遛狗或只是散散步、吹吹风的时机，高雅的露天酒吧抑或嘈杂的街边大排档都人头攒动，街道和广场甚至比白天还热闹；到深夜时分，作为深圳最早的声色犬马之地的人民南继续在酒吧的低音炮和泡吧人群的嬉笑中清醒着；凌晨三四点，街道上是远比白天繁忙的的士车队，候在路边等待醉态万千的顾客；天微亮，清道夫的大扫帚再一次将还没来得及闭眼的城市唤醒。连续的人流以及使用人群的多样性，反过来又进一步促进了街区功能多样性的深化。街道使用者同时充当着街道的“监视人”，无意识地照顾着街道的安全。

---

① 吕晓蓓．大都市中心城区城市空间资源整合的初步探索——深圳“金三角”地区城市更新的系列实践[J]．国际城市规划，2010，25（2）．

② 罗军，郑敏瑜．快速城市化过程中“新型旧城区”空间形态分析及更新启示——以深圳市人民南片区为例[J]．华中建筑，2016（2）：76-79.

8.2.3 建筑类型与年代

除了功能的多样性，占了特区建设先机优势的人民南片区林立着不同时期的建筑。因依老城建起，人民南片区最早存在的、迄今还保留的是一所小学（现罗湖小学）和医院（现深圳市第五人民医院），虽然都已经历过几次的翻新和重建，但其位置则基本没有偏移。随后是改革开放初期最早建成的、具有昭示意义的住宅区、办公楼和商场，比如国贸大厦、国际商场等。20 世纪 90 年代，人民南片区的建设达到了高峰，调查中的 106 栋（组）建筑超过 40% 在这一时期建成（44 栋 / 组）。进入 21 世纪，由于土地资源基本饱和，建设脚步放慢，但随即开始的城市更新，使得人民南片区仍有不少新建筑拔地而起。调查的建筑中，2001 年以来建成的建筑就有 4 栋是在原建筑拆除后建起的。截至调查结束，人民南路南段接近火车站地块，仍有一个酒店、办公、商业超大型综合体在建。有关人民南街区建筑情况见图 8-7 及表 8-1。

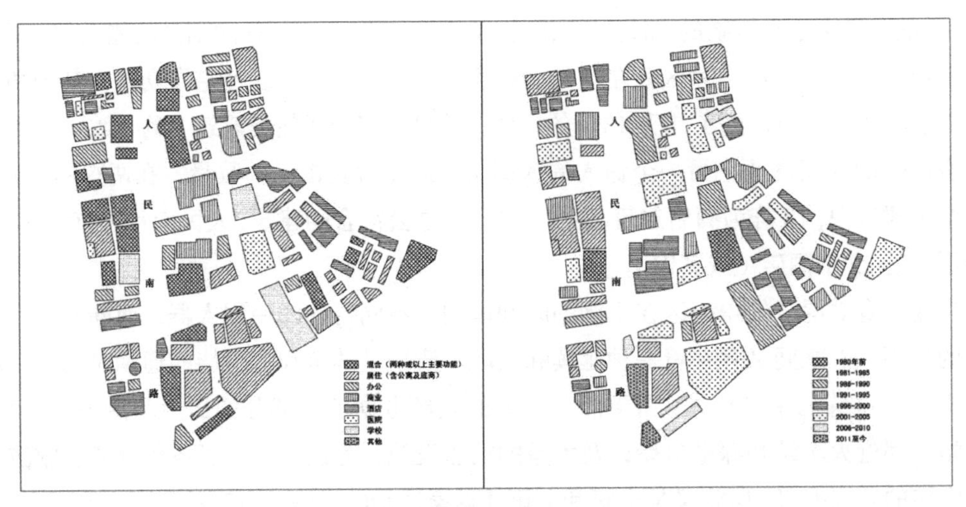

图 8-7 人民南片区建筑类型及建设年代

来源：根据调研绘制。

人民南片区建筑统计表（来源：根据调研绘制） 表 8-1

建筑类型	数量	比例		建成时间	数量	比例
混合（两种及以上主要功能）	19	17.92%		1980 年前（含后期重建）	2	1.89%
住宅（含公寓及底商）	35	33.02%		1980-1985	17	16.04%
商业（不含建筑底商）	7	6.60%		1986-1990	21	19.81%
酒店	18	16.98%		1991-1995	18	16.98%
办公	19	17.92%		1996-2000	26	24.53%
学校	3	2.83%		2001-2005	16	15.09%
医院	4	3.77%		2006-2010	4	3.77%
其他	1	0.94%		2011 年至今	2	1.89%
合计	**106**	**100%**		**合计**	**106**	**100%**

新老建筑的混合提供了不同租金的办公、居住和消费场所。高中产出的企业可以在这里找到高档、体面的甲级写字楼，而低产出甚至没有产出的企业也能在这里找到办公条件较差但是租金低廉的老建筑。高档的公寓住宅楼吸引了不少深港两栖的白领以及一批有罗湖情结的“老深圳”在此生活置业，而中低收入者也可以在这里的旧小区和城中村找到廉租房。

以金光华为代表的大型商场提供了周边主要的奢侈品消费，地铁便捷地将城市其他地区的消费者带来；而传统的商业街以及无处不在的底商，则解决了大部分人日常的生活购物需求；熙龙大厦以及国商大厦底层连续的商业界面，甚至形成了深圳最早的港式餐饮风情街，虽然现在已混进了来自中国各地以及世界各地的菜系餐馆，但人流依然络绎不绝。多层次消费场所的共存造就了人民南的多元包容性，这就为人民南片区创造了一种开放的多样性：这里聚集了深圳最早的一批有“罗湖情结”的开拓者，他们见证了街区的死与生；有在此暂居的来深务工者，他们慢慢融入这座城市的当下；还有每天都在抵达的“新人”，人民南以一种开放包容的姿态将他们纳入城市的未来。

除了建筑的多样性外，人民南街区的街区尺度及密度均达到了一种宜人的趋近饱和状态。人民南路、南湖路以及嘉宾路和春风路将片区划分为9个大街区，每个街区进一步细化，形成了密集的小巷系统，极大地扩充了沿街商业的界面。不同于面向主街的商业，小巷子里的商业主要是服务地块内居住和办公人群的小餐馆、日用百货、五金店、凉茶铺、照相馆等，商铺店面狭小，但却有很高的人气。由于服务人群比较固定，个别开业较久的商铺，如果店主也是附近小区的居住者，就会形成一个非正式的社区交流热点，成为街区居民的心理纽带。

8.2.4 城市更新

在更新完成之后，这里形成了以便捷的公共交通为主导、人车和平相处的街道系统。对私人汽车的限制是人民南片区非常重要且效果显著的措施之一。人民南片区因建设年代较久，早期的办公建筑的停车位配置远远满足不了今天的需求，加上道路宽度设计的不足，改造前的人民南与深南大道、嘉宾路两个路口均是交通拥堵的重灾区，停车位不足也导致许多硬地广场变成杂乱的临时停车场。因此，交通也是导致人民南片区衰退的原因之一。更新中对进入罗湖火车站的私人汽车的限制以及公交线路的调整增设，地铁的开通，滨河滨海大道全路段建成完善，使得人民南片区虽然不在城市的地理中心，却是深圳交通最为便捷的地区之一。与新区规划中人车严格分流的思路不同，人民南片区因为街道狭窄，采取的是一种人车慢行混合的道路设计。除干道交叉路口设置红绿灯之外，支路路口均不设信号灯，而是通过特殊铺装和人行道，对驾驶员发出慢行信号，提高了通车的效率和灵活性，渐渐地也培养出了汽车主动礼让行人的风气。对于停车问题，除了新建建筑加大停车位配置，在个别公共广场建设地下车库以及地面广场重新规划设计，形成停车与公共空间结合的铺地广场外，通过铺地的变化允许个别街道个别路段形成临时停车区，满足街区商业的

图 8-8 人民南路街景
来源：自摄。

停车需求。与传统规划中将汽车如同恶魔那样隔离不同，有效地疏导和融合，营造了一个人车共存的街道环境（图 8-8）。

人民南街区的几番更新皆主要针对人民南路两侧，其东侧靠近文锦渡的街区与建筑现状却不甚理想，其改造意象也并不明朗。随着文锦渡口岸的开通以及莲塘口岸的动工，人民南片区与深圳东部的衔接作用将日趋重要，街区的改造升级也显得意义重大，所面临的问题也将更为零碎与复杂。深圳这座年轻的城市从不缺乏高效率的集中功能产业区，但人民南片区作为少有的多元混合活力街区，其丰富性与自组织是其后续发展的动力，应予以足够的重视与呵护。

除了人民南片区外，以市级商业中心定位的东门商业街、以金融中心定位的蔡屋围片区也先后进入了更新程序，“金三角”地区的三个组成片区更进一步加强联动作用，试图扭转早期粗放开发导致的割裂形态，形成一个共振的核心。

8.3 华侨城 LOFT 创意文化园

8.3.1 发展历程

20 世纪末，因生产成本的增加，华侨城内大量企业外迁甚至倒闭，工业结构单一化，至 2004 年为止，华侨城拥有的 36 万 m^2 工业建筑用地中仅有 9 万 m^2 用于生产。在废旧厂房得不到充分利用、第三产业还有巨大发展潜力的情况下，华侨城将发展的触角伸向了文化产业。

2004 年华侨城启动 LOFT 改造项目，促进其东部工业区厂房向创意产业转移。2005 年 1 月 28 日何香凝美术馆下属机构 OCT 当代艺术中心（OCT-Contemporary Art Terminal，简称 OCAT）正式成立，2006 年 5 月 19 日，文创园在 OCT-LOFT 正式挂牌；2007 年 1 月 28 日 OCT-LOFT 首期改造完成，隆重开园，二期项目启动，同年承办规模更大的第二届深圳城市建筑双年展；2011 年 5 月 14 日，OCT-LOFT 二期完工，整体开园。

20 世纪 80 年代，美国建筑师提出了“城市设计触媒”的概念①，金广君（2006）发展了城市触媒的定义②。华侨城的规划设计中就充分利用了城市触媒作为促进因素，通过触媒

① 陈一新 . 探究深圳 CBD 办公街坊城市设计首次实施的关键点 [J]. 城市发展研究，2010（12）.
② 金广君，陈旸 . 论“触媒效应”下城市设计项目对周边环境的影响 [J]. 规划师，2006（11）.“能够促使城市发生变化，并能加快或改变城市发展建设速度的新元素，即通过某一特定触媒元素的介入，引发某种‘链式反应’，促成城市建设客观条件的成熟，从而推动城市按照人们的意志持续地、渐进地发展。”

元素的引入塑造环境，反过来刺激后续的开发。

同许多其他片区一样，建设高潮过后（华侨城项目开发时序见图 8-9）面临的就是用地存量不足以及部分功能生产力降低的问题。通过吸纳新的土地增加建设用地是解决途径之一，而通过更新改造释放土地价值则是更为可持续的选择。但转型的方向呢？华侨城选择了创意产业这一国际公认的朝阳产业来作为更新的触媒。如同北京的 798 艺术区、上海的莫干山路 50 号（M50）、广州的红砖厂和杭州的 LOFT49 等，OCT-LOFT 随着深圳首届双年展的开幕进入人们的视野。从华侨城的开发时序中我们可以发现，自 2005 年起，华侨城建设的项目多以改造重建为主，除了 OCT 创意园外，还有同样由厂房改造的华·美术馆以及深圳湾大酒店的重建项目华侨城洲际大酒店。不难发现，面对用地不足的困境，华侨城引入“创意产业”作为新一轮发展的触媒。深圳长期都因其经济奇迹为人所称赞，同时也以其文化沙漠为人所诟病。21 世纪后，国家“十一五”规划把深圳作为我国文化体制改革综合试点地区之一，同时，深圳市政府于 2003 年率先提出“文化历史”的发展战略，并出台一系列促进产业发展和完善知识产权保护的政策①。

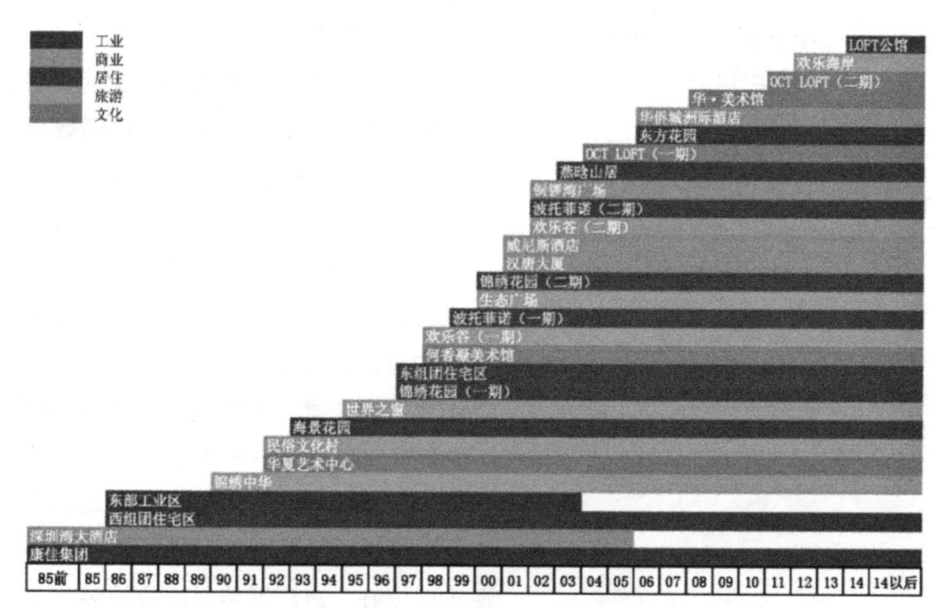

图 8-9 华侨城项目开发类型及时序

来源：作者整理制作。

8.3.2 街区分析

发展至今，华侨城 LOFT 创意文化园总占地面积约 $10.0hm^2$，公共空间主要为其中的街道空间，目前是华侨城核心文创板块，是深圳市的文化名片。本书采取实地踏勘的方式，对创意园的区位、人群、景观、设施等方面进行了三维层面的全面调研。

① 包括《深圳市文化产业发展规划纲要（2007-2020）》、《深圳文化创意产业振兴发展规划（2011-2015）》等政策文件。

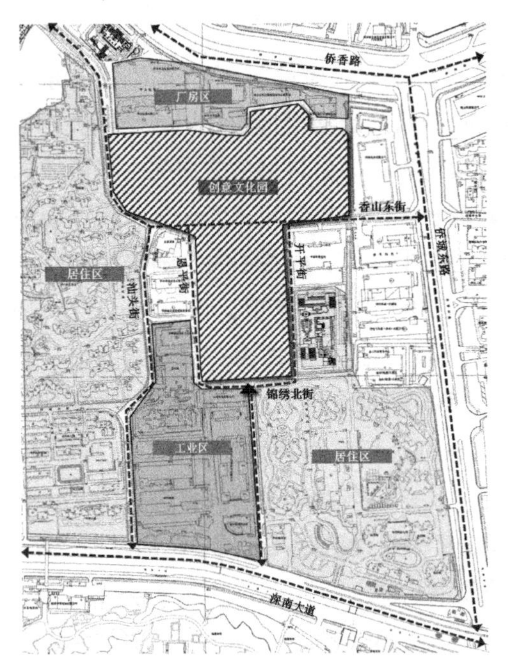

图 8-10　创意文化园区位分析图

来源：自绘。

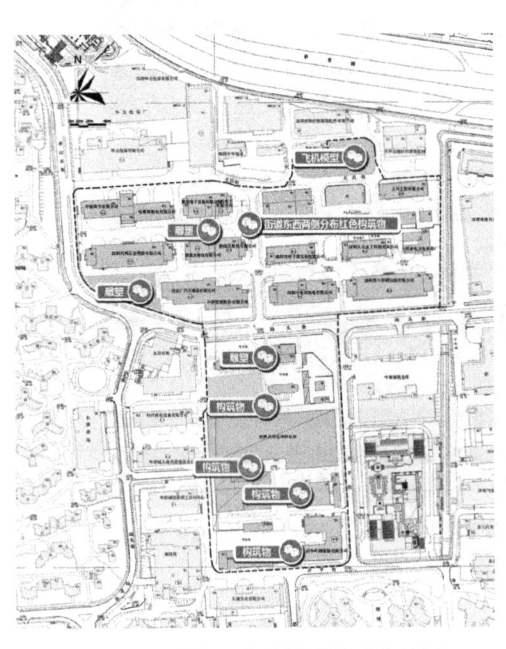

图 8-11　创意文化园景观构成分析图

来源：自绘。

创意园北边主要为尚未改造的厂房区，周边其余地块主要为居住区、工业区。交通出入口主要位于锦绣北街上，标识性不强。人流、车流主要由汕头街、香山东街、开平街而来（图 8-10）。

在创意园活动的典型人群以区外访客和区内工作人员为主，工作日和非工作日的来访人群差异性不明显，主要为区外访客和区内工作者，年龄结构相对年轻，以中青年为主，具有一定的商务、文化特质。人群活动沿街道分布，与沿街商业关系紧密，缺乏大面积的活动场地，街道是活动进行的主体空间，沿街商业向外辐射出一定范围的半公共空间，是人群休闲活动的主要区域。活动人群主要沿南北向主路行进，向东西向道路辐射。

活动类型有一定的商务、文化特征：聚会主要包括围绕沿街商业进行的休闲聚会、商务聚会、结婚派对等；游憩主要包括带小孩游玩、散步、骑车等；文娱包括摄影、录像拍摄等。

人群的活动给周边带来了较大量的车流，区域交通拥堵，停车位紧张，创意文化园本身空间有限，而又吸引了大量区外的人流车流，因此片区内交通容易拥堵，停车位非常紧张，不少街道空间遭到停车挤占。

空间景观方面总体以街道景观为主，沿街商业自发进行外部景观塑造，街道空间整体景观质量较好。地面铺装以硬质铺装为主，结合一定软质铺装，铺装形式包括普通铺砖、少量木质铺装，北部有少量草坪，人群活动主要在普通铺砖和木质铺装上；草坪未见有人维护，使用度不高。绿化植被包括乔木、灌木等多种类型，搭配设置，沿街商业自发进行外部景观塑造，增加了竹林、花草等植被。有多个焦点，包括雕塑、构筑物、模型等多个景观小品，北区中部街道两侧小品有一定吸引力，其他小品吸引力不强。（图 8-11）

高宽比（D/H 值）不大于 1，但主要是街道空间，两侧是建筑山墙界面，所以整体围合感不强，虽然空间界面较封闭，但并未产生强烈的围合感。

对内的空间界面友好，底层有较多餐饮业，整体界面较为活跃。建筑年代较早，但整体感觉较好。外部界面较为沉寂，与外围区域缺少互动。部分街道遭到停车挤占，体验较差。部分建筑正在施工改造，对周边存在噪声、垃圾等不良影响。

从空间设施方面来看，创意园内部的设施整体情况较好，较多服务设施是由沿街商业供给，部分区域存在一定的照明问题。大量休憩设施由沿街商业提供，完全公共的街道休憩设施较少，游人不购物也可小憩。缺乏运动场所，原厂区篮球场已被改为停车场。商业设施方面，没有零售点，沿街有底商，主要为餐饮，客流较多。环卫设施方面没有单独存在的公厕，部分建筑内有公众能使用的厕所，游客如厕需求主要由沿街商业满足。垃圾桶充足。部分缺乏底商的街道夜间照明缺乏，北区照明问题较为明显（图 8-12）。

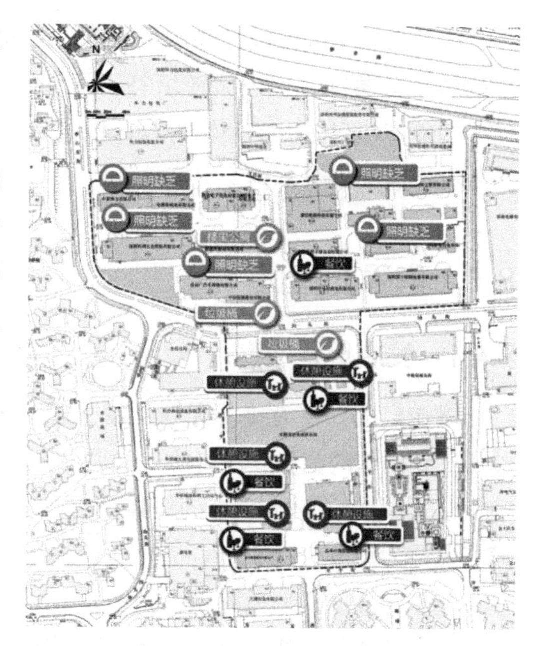

图 8-12　创意文化园设施分布图

来源：自绘。

8.3.3　建筑空间研究

华侨城经过多年发展，其环境质量、区域休闲旅游氛围早已为人们所认可，早期建设的华夏艺术中心和何香凝美术馆为文化创意产业的进驻打好了基础，加上深圳城市 / 建筑双年展作为“时间触媒”的推动，时间空间和事件因子的叠加，使得 OCT-LOFT 与深圳同期建设的其他创意产业园，如宝安 F518、田面“设计之都”和南海意库相比，都更具吸引力。在华侨城 2004 年编制的《华侨城总体规划（2005-2015）》中，规划将 OCT-LOFT 一期北面的（即香山东街与侨香路）厂房作为住宅建设用地，但在一期大受欢迎的基础上，还是保留了厂房，作为创意园的二期用地，并于 2012

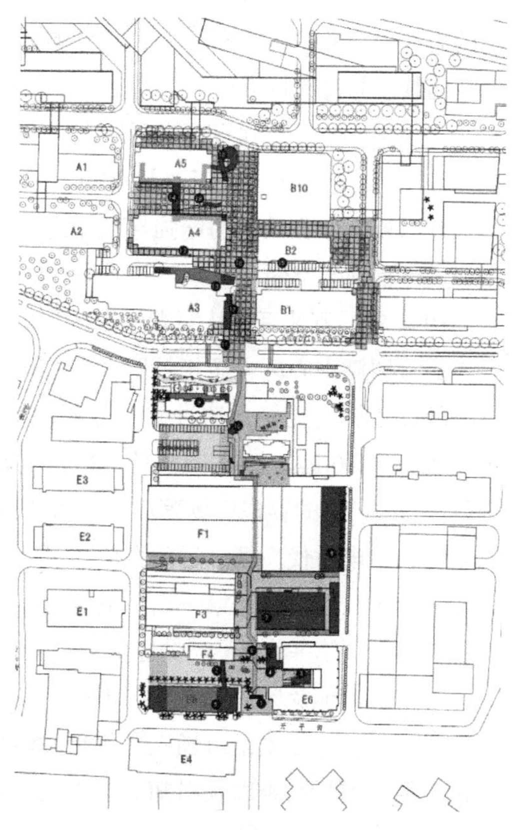

图 8-13　创意文化园平面图

来源：华侨城创意文化园改造 [J]. 世界建筑，2014.

年完成改造，全园开放，并取得了巨大的成功。OCT-LOFT 的成功不单单是华侨城工业区华丽转型的象征，也极大地填补了深圳本土文化的空缺。2014 年 9 月，依托 OCT-LOFT 而生的地产项目 LOFT 公馆开盘，以艺术家豪宅为噱头的 LOFT 公馆甚至被媲美巴黎左岸艺术家生活区（图 8-13）。

8.4 华强北街区

8.4.1 发展历程

以蛇口的开发为鉴，深圳开始了工业区开发的城市建设模式，从西部的蛇口、南油、沙河，到中部的上步、八卦岭、水贝工业区，再到东部的莲塘工业区等，都是“筑巢引凤”建设模式最早的范例,现今的华强北商业街区曾经作为上步工业区而存在,就是“筑巢引凤”模式中最为突出的例子。

上步工业区规划道路笔直，地块划分均匀，是典型的工业街区，并以厂房出租方式引入工厂。工业如同特区引擎，掀起深圳第一轮发展高潮，1982—1985 年，工业总产值连年翻番。但不同于蛇口工业区，上步与城市开发中心罗湖旧城有更亲密的地缘优势，随着深圳行政中心搬迁至上步区（今科学馆片区），城市西移的趋势愈发明显。伴随工业建设生长的居住与商业功能渐渐完善，与老城区的联系更加便捷与频繁，上步工业区功能单一的工业园状态并没有持续很久，就走上了转型的道路。

上步工业区厂房建设高潮后不久，深圳电子行业蓬勃发展，深南大道地段价值急剧抬升，华强北逐渐出现了电子交易市场。1993 年后市政府停止在特区内发展工业企业，同期，华强北因商业服务功能的增强导致了房租等营商成本升高，工业外迁，为商场和其他商业企业进驻置换出空间。

1994 年，万佳百货从罗湖中心区的友谊城搬迁至华强北。当时的华强北相对于远郊而言更靠近罗湖中心区，而相较罗湖中心区又有着绝对的租金优势，加上高挑开敞的工业建筑空间，华强北无疑是这种新型商业模式的理想场所，万佳百货的面积也从原来的 1500 ㎡扩大至 7000 ㎡。1999 年 9 月，华强北新地标，亦是世界最高的钢管混凝土架构大厦，主体高度 292m 的赛格广场落成。进入 21 世纪，华强北作为深圳商业中心之一的地位已基本确立，中电时代广场、远望数码商城、都会电子城等电子交易市场相继开业，更是为华强北冠上了“中国电子第一街”的称号，并成就了“四个全国第一”: 销售额全国第一；商业覆盖率全国第一；电子产品经营面积全国第一；电子产品经营总类全国第一[①]。

与城市其他片区的发展情况不同，华强北是深圳这座“依规划建成的城市”中一处规划的失控点，可以说是市场主导下自发转型的典型案例。与规划的停滞、观望相比，由市场催生的发展虽然难以预料却非常强大。功能的快速转型，加上过程中以市场自发改造为

① 刘浩 . 深圳旧工业地段更新规划编制对策研究 [D]. 哈尔滨工业大学，2010.

主导，缺乏有力度的规划管理，在“中国电子第一街”光环下的华强北片区，表现出了公共空间拥挤脏乱、人车交通矛盾尖锐和用地饱和等多样化的问题。

8.4.2　城市更新

以工业街区为设计蓝本的交通系统难以适应转型后的电子商业业态运作需求。其中矛盾最显著的是南北贯穿片区的华强北路。华强北路全长 900 余米，机动车和人行空间狭窄，远不能适应高强度土地开发的要求。作为街区内唯一连接深南大道与泥岗路的城市主干道，华强北路承载着沟通街区南北的城市功能，外围交通量大，同时街区内的次级道路也需要通过华强北路进行串联和分流，使得交通处于超负荷状态。而原本以汽车为主导设计的华强北路，因为两侧用地的转型，成了华强北片区最繁华的商业步行街，每日商业客流量达到 50 万人次，大量跨越道路两侧的人流造成了尖锐的人车矛盾。停车场地不足导致大量机动车辆停放在建筑两侧空地、小区道路、消防通道甚至人行道上，静态交通严重干扰了本已超负荷的动态交通。

工业街区公共空间单调乏味的品质并没有随着街区功能的转换而改变，甚至因管理缺失而无序蔓延的商业活动、广告挤占了原本就不充裕的公共空间，绿化空间甚至只是一排完整的遮阴行道树更是显得奢侈至极。原有的厂房建筑大部分经过内部及立面改造而得以保留，但与新建的超高层建筑之间还是形成了不协调的景象。由于地块容积率大幅提高，地块之间的道路也显得过于拥挤和阴暗。生活区的菜肉市场与商场的卸货区、市政垃圾处理厂在这些次级街道随意扎堆，互相成为制约因素。在“中国电子第一街”的光鲜招牌下却是低品质的生活、工作环境和缺乏人文关怀的公共空间，极大地阻碍了华强北形象及地位的提升。

华强北特殊的现状亟须创新型的更新发展模式。深圳相较全国的其他城市，更早地进入了城市更新的规范化时代，陆续已有若干片区完成城市更新，包括渔民村、皇岗村、蔡屋围等。但不同于这些城中村改造案例，其地块基本采取大部分拆除的方式以实现功能、市政配套和容积率的全面升级转型，华强北的功能转型已基本完成且处于发展的盛期，大规模的拆建只会破坏 30 年发展累积的商业生态平衡，而建筑年代、功能的差异也使得大动作难以施展。华强北等待的是一种“针灸式”的细致而精准的更新手段。

2009 年 12 月市政府出台了《深圳市城市更新办法》，确立实行更新单元规划、纳入城市更新年度计划为前提条件。在长期以市场为主导自发生长的华强北，“城市更新单元”或许是一个规划介入引导的可行策略（图 8-14）。

在华强北城市中心区系统更新策略中，首先对其空间容量进行评估，在建立了科学的空间增量分配机制的基础上，针对现状存在的人车交通矛盾、工业建筑转型升级、综合商业服务活力空间营造和环境品质等具体问题，结合正在进行或已经改造完成的单元和项目，相关规划部门、设计单位以及商家对此进行了探讨和实践。

2005 年规划部门组织的更新设计（图 8-15a），提出通过盖板将华强北变成地下二层、

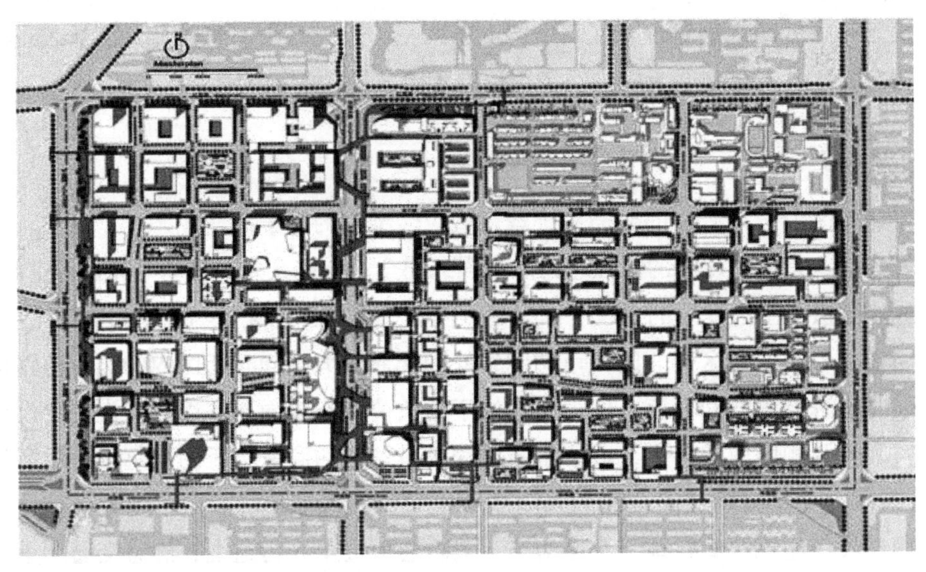

（a）上步片区更新规划总图

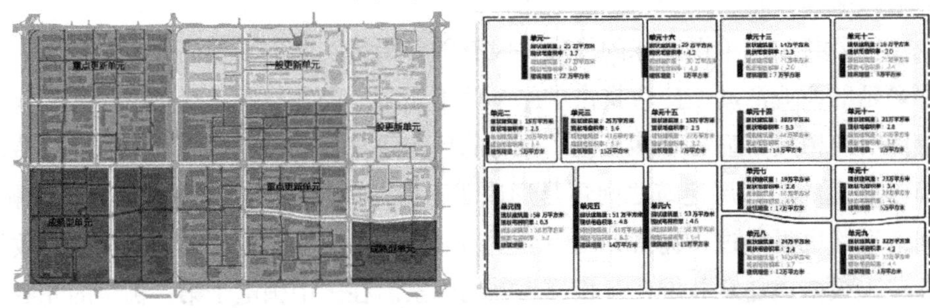

（b）更新单元分类　　　　（c）单元容量分配

图 8-14　上步片区更新规划

来源：深圳市城市规划设计研究院《上步片区城市更新规划》（2008）

地面和地上二层的立体步行街系统，将人和车在水平和垂直方向上进行剥离。2009 年年初，规划局联合福田区政府共同组织“华强北路立体街道城市设计方案国际咨询”，最终由筑博 +WORK 的方案“六个灯笼”赢得竞赛（图 8-15b）。该方案中，设计师更倾向于以建筑的方式解决城市问题，将提议的大板以六个跨街节点建筑取代。通过这些造型夸张的、具有功能的小建筑来延展过街天桥，将改造对街道运作的影响降为最小，新元素的注入带来了街道的识别性，并引导产生更多新的活动。

针对街区的改造策略可以总结为以下五个方面：一是保持华强北现有的小型街区的空间组织形式，通过疏导、分流、重建区域交通秩序来为机动车和人流提供更多的交通选择机会，避免人车争路的情况。二是借助多样化的开发方式实现同等容量的空间开发需求，避免大体量巨岛型综合体建筑，同时也要规避封闭式住宅小区对城市公共空间的挤压。三是通过功能在三维空间的混合组织来引导丰富的城市生活，通过功能构成、增量比例的控制和调整，保障业态秩序的稳定。四是开发地下、地面、地上多层次的交通空间来组织人流、车流和物流，兼顾功能的效率性和可达性。五是通过建筑单体、构筑物、建筑组群、公共空间环境等方面的内容来加强城市地区的环境认知。六是利用奖励机制赢取公共空间与功能，借助联合开发平衡公益与非公益。

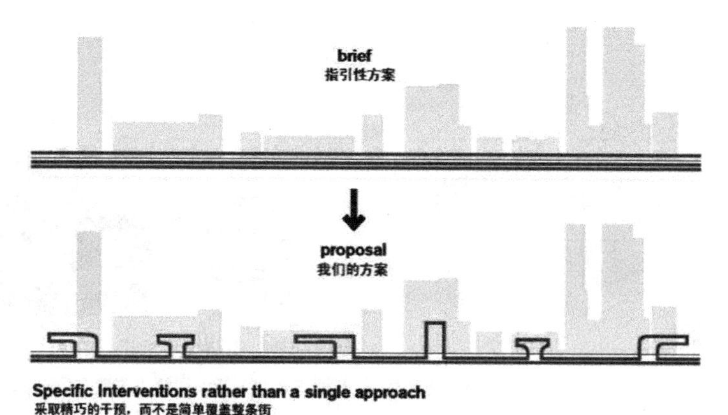

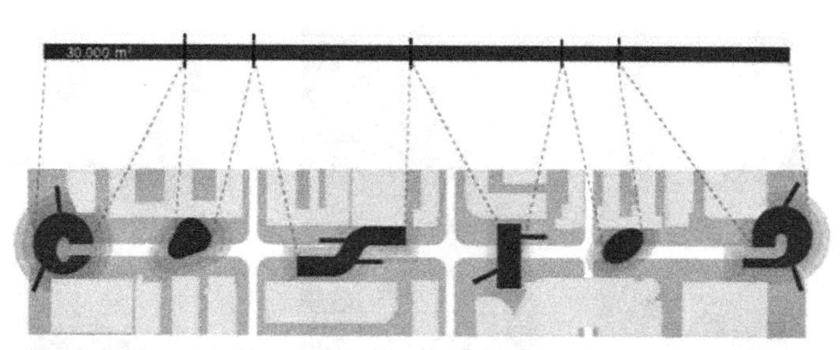

（a）《街道，街道！华强北》　　（b）华强北改造竞赛获奖方案（WORKac+Zhubo）

图 8-15　华强北立体街道城市设计方案

来源：黄伟文博客；筑博华强北改造方案文本

8.4.3　更新改造建筑研究

2013 年 2 月 27 日华强北路正式开始为期 3 年的封路改造和地铁施工建设，第一、第三、第七、第十四单元的更新规划陆续完成并通过公示，大大小小的改造、新建项目在华强北各地块渐次启动、竣工。在都市实践主持设计的"回"酒店改造中，设计师通过对"酒店"这一"城市遗存"（Genetic City）的代表性场所的深刻解读，抱着为政府和市民提供一个旧厂房改造范例的意愿和信心，结合基地条件、甲方诉求形成了一个极具时尚感的炫目建筑（图 8-16）。

同样出自都市实践的重点综合楼改造项目则对新旧建筑结合的可能性以及功能空间组合的可能性进行了实验性的探索。新建建筑骑跨在旧有建筑之上，一、二层为价值最高的商业空间，三至七层为多层立体车库，并通过连廊与周边建筑衔接，顶层为旅馆，扭曲的金属穿孔板表皮将这一切统一包裹，形成一座同时容纳最大量物流、车流和人流的"超级容器"。业已落成的中航城和世纪汇则给出了截然不同的更新方案，城市综合体的打造更多地考虑了市场需求和开发商的利益，也填补了华强北片区高端商业和办公空间的缺口（图 8-17）。

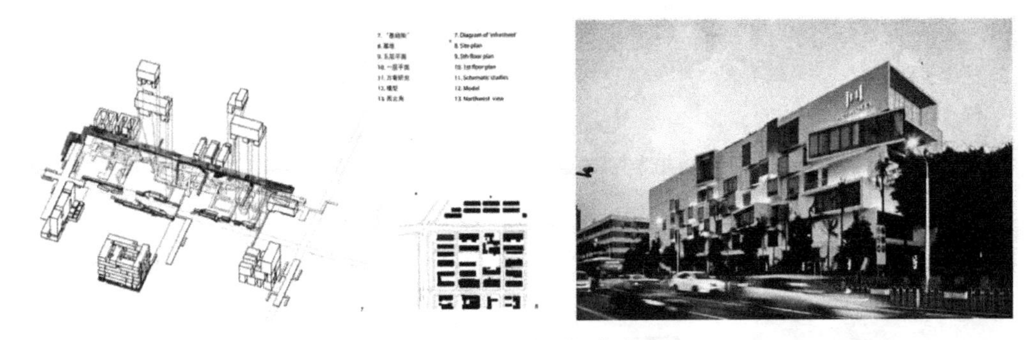

图 8-16　华强北“回”酒店

来源：刘晓都 . 从深圳华强北更新到回酒店改造 [J]. 时代建筑，2014.

图 8-17　中电综合楼“超级容器”

来源：都市实践《中电综合楼设计方案》

除了城市规划与建筑设计的探索，围绕《深圳市商业网点规划（2011-2015）》中华强北市级商业中心的定位，综合开发研究院对华强北提出了规划构想。除了巩固中国电子“第一街”的龙头地位，完善和提升零售、餐饮、娱乐等服务外，还将建设创意商务空间，引入“诺科拉”工场（No-collar Workplace），引入新型电子产品商业业态 Power Center，编制中国电子市场华强北指数，策划开展主题盛世活动等，提升华强北商业服务的能级，推动华强北向电子产业链高端跃进。

今天的华强北因封路和各处施工，人气明显大不如前。但在华强北路两侧，商店的高音喇叭依然不断，行色匆匆的消费者和商家若无其事地在工地脚手架之间穿梭。城市建设导致的停滞阻挡不了市场的步伐。街区自身的强大生命力时刻在与规划的调整和引导相互抗衡，也相互适应。精英式规划已跟不上时代的脚步，政出多门的规划协调、政府主导的更新改造是否成功还需要时间的检验，这是理性与市场的一次碰撞。

8.5　福田中心区 22、23-1 街坊

8.5.1　街区设计

福田中心区是具有典型特征的空间形态区域，其中中心区 22、23-1 街坊由 SOM 整体规划，是深圳对中心区形象的一次典型的实验和尝试，在此选取这两个街坊展开小尺度空间场所的空间形态探讨。中心区 22、23-1 街坊位于福田城市中心商务区、深南大道南侧的极佳位置处，游人路过此处时能看到 13 栋依当年规划建成，造型和谐、相互衬托的建筑，石材立面，形体退台，窗墙比例以及特殊的屋顶处理，甚至让人联想到曼哈顿商务区，深圳市民亲切地称之为“十三姐妹楼”。

福田中心区在整体规划中将中心区“十三姐妹楼”街坊定位为商务区，共划分为 13 个地块[①]。规划局对其中六七个项目提出了设计要点并征询了设计方案，征询的结果是每个方案都造型独特，但可以明确看到，这些方案同时呈现在地块中时并不和谐（图 8-18）。1998 年 7 月，市规划局委托经验丰富的 SOM 团队进行设计[②]。

1998 年 10 月 21 日至 22 日，在深圳市建艺大厦，SOM 设计事务所对街坊设计（图 8-19）构思进行了汇报。当设计成果放在眼前时，与会者恍然大悟，原来城市设计这么“简单”，通俗易懂，然而各种关系却处理得十分自然，仿佛原来就该如此。总结 SOM 所作的城市设计特点，可归纳为如下四个方面（图 8-20）：

一是对原有地块的面积进行调整，缩小了项目用地，提高了建筑覆盖率，将调整出来的土地在两个街坊中各设计了一个街心公园。原有地块划分方案是一个典型的均质化结构[③]，建设项目地块大，四周退线多，导致退线的用地性质模糊，建筑远离街道，与行人亲和关系弱，很难形成商业氛围。这也是深圳早期用地规划的普遍特点。SOM 对地块的重新划分延续了传统城市街道的塑造，十三姐妹楼均采用岭南传统商业街的“骑楼”形式，街道尺度宜人，建筑沿街而建，使相邻的建筑保持通行的连续性。土地的集约化利用和地块的均好性，创造了更多的城市公共空间，整个群组变得疏密有致。

二是调整增设了两个公园，这是该调整方案的最大亮点，是街区的生长核心（图 8-20）。街道依照与公园的关系形成了主次两级系统；建筑出入口设置找到了空间指引；塔楼位置

① 22 号街坊 6 个地块面积合计 5.31 万 m^2，23-1 号街坊 7 个地块面积合计 5.66 万 m^2，除投资大厦已建成外，总开发量约 55 万 m^2。

② 韩晶，张宇星．尝试城市连续设计方法研究——以深圳市中心区 22、23-1 地段城市设计为例 [J]. 建筑学报，2004（5）.

③ 曾真，李津逵．工业街区——城市多功能区发展的胚胎 [J]. 城市规划，2007，31（4）.

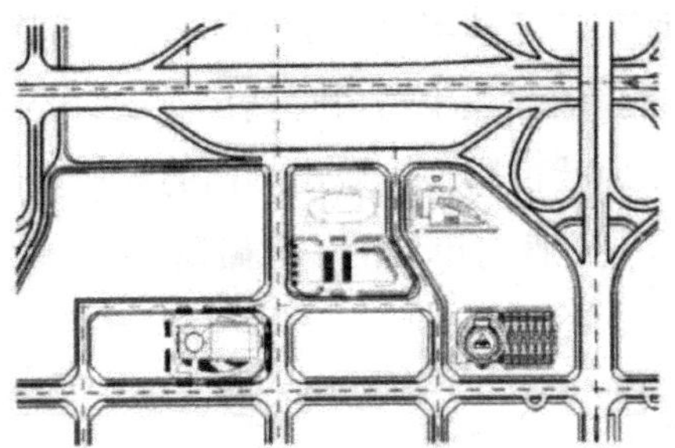

四个拟开发项目总图

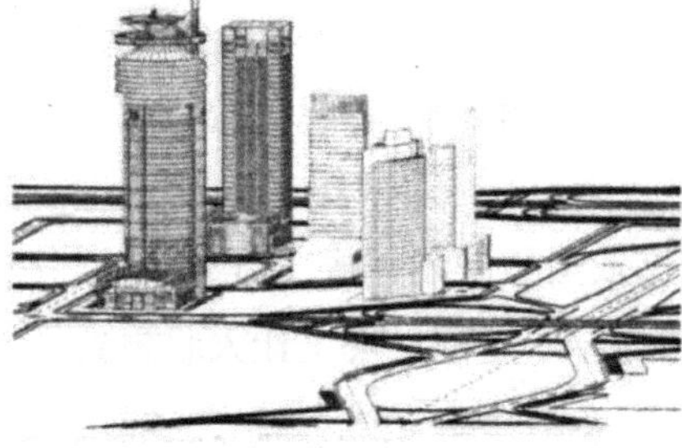

四个项目前期设计并置的效果之一

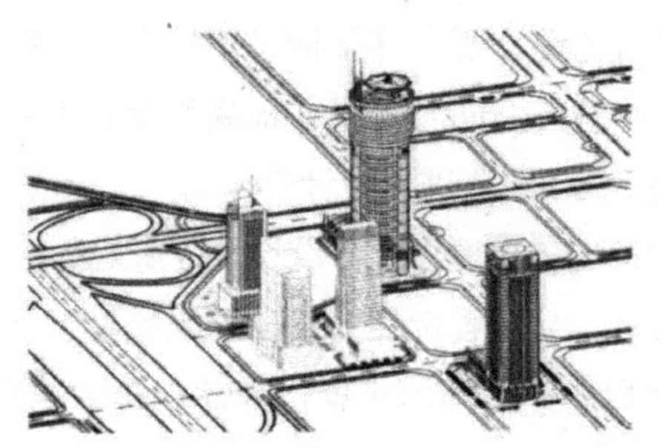

四个项目前期设计并置的效果之二

单体设计一

单体设计二

单体设计三

图 8-18　中心区 22、23-1 街坊初期征询建筑设计方案

来源：深圳市中心区城市设计与建筑设计（1996-2002）

——深圳市中心区 22、23-1 街坊城市设计及建筑设计

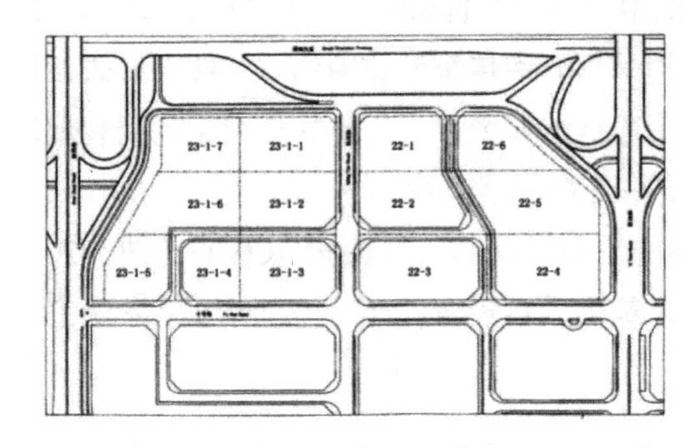

（a）原有地块划分平面　　（b）确定的地块划分图

图 8-19　中心区 22、23-1 街坊城市设计（SOM 方案，实施）

来源：深圳市中心区城市设计与建筑设计（1996-2002）

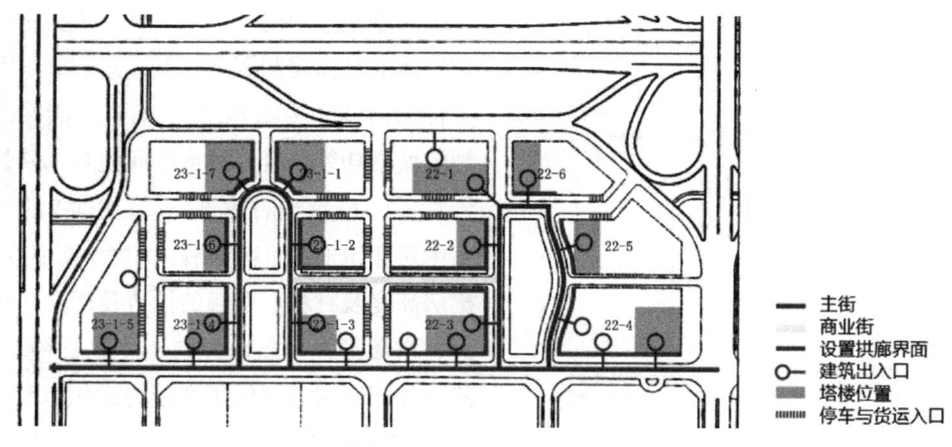

图 8-20　中心区 22、23-1 街坊规划分析图

来源：作者根据 SOM 设计图纸整理。

也以形成环绕公园的围合形态为设计目标。两个社区公园的设置改善了建筑群组的空间质量，使整个地段形成了简单而有效的聚合力和层次感，也使原本不临主要街道、缺乏卖点的中间地块因面对公园而大大提高了开发价值。

三是面对现代化汽车交通产生的问题提出了主街、辅助街的概念，对街区的功能进行区分（图 8-21）。规划提倡利用街道和人行道使人车分流，主张每条街既是车流通道又是开放空间，一方面让车辆通行使得环境充满活力，另一方面同时保证行人安全和通畅无碍。街坊南侧的福华一路是街坊的车行、人行主街，东、西两个公园外围环绕的道路是人行主要通道，是各建筑的大门和人流面临的大街，主街上不设置机动车入口通道，商场和建筑的大厅沿主街设置连续的拱廊，结合立面的设计形成 40m 高的街墙。拱廊式人行道（骑楼风格）是中国南方城市供人们夏日避暑乘凉的传统，在现代城市规划中加以运用，是使街头气氛活跃、面向行人的一个重要措施。街坊中间规划一条主要供行人使用的、连通东西区公园的商业街，沿街排列着带有开敞空间的餐饮店和轻型商业等，建筑沿街依旧设置拱廊，为附近的办公室人员、市民提供充满活力而有生活氛围的环境。机动车辆通道则使用那些面临建筑侧面或后面的辅助街道。

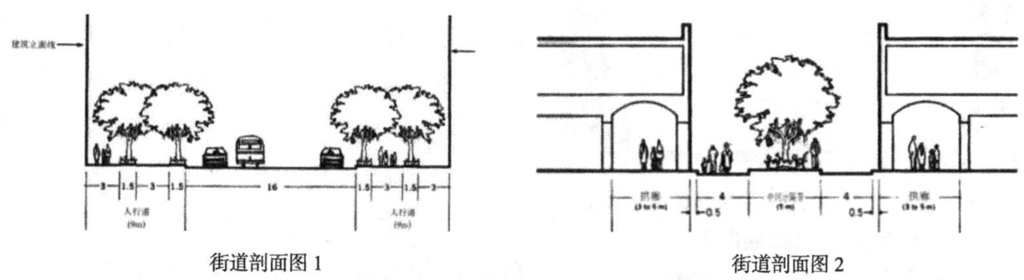

图 8-21　中心区 22、23-1 街坊街道设计

来源：深圳市中心区城市设计与建筑设计（1996-2002）

——深圳市中心区 22、23-1 街坊城市设计及建筑设计

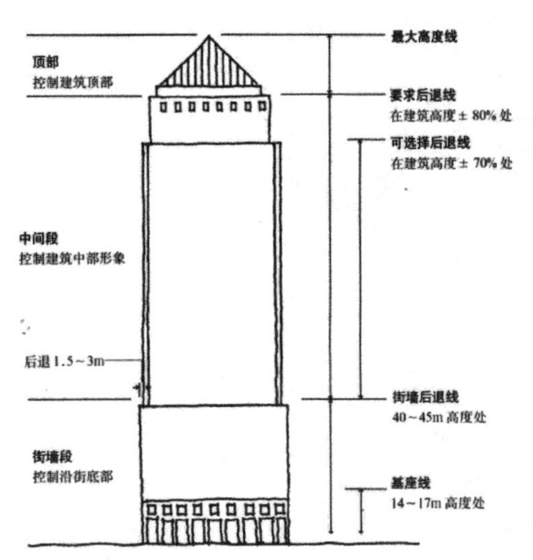

图 8-22　SOM 对塔楼体积变化部位的控制
来源：深圳市中心区 22、23-1 街坊城市设计及建筑设计

图 8-23　纽约 1916 分区法对建筑体量的限定（Hugh Ferriss 绘制）
来源：Delirious New York，1994

四是在规划的基础上，进一步提出了对建筑形体的具体控制要求，重视建筑群组间的整齐性和协调性（图 8-22）。街道只能在平面上划定城市功能分区，城市空间视觉体验最终得依靠每一栋参与的建筑完成。SOM 的规划方案中对建筑退线、容积率、高度、街墙立面线、裙房高度及材料、拱廊的设置及用途、塔楼位置、塔楼形体及顶部控制、建筑材料及色彩，甚至外部照明等都作了详细的量化指引。

纽约曾在 1916 年为防止建筑体量过大遮挡了街道日照和空气流动而出台了一部《1916 分区法》，该法则对建筑形体作出了详细的随高度变化的退线要求，将这些条文量化后，得到每个地块所允许的建筑最大体量（图 8-23）。为了将单块土地价值最大化，建筑师们必将想方设法地使建筑形体无限接近这个体量“封套”（envelope）①。对照这一美国传统，就不难理解 SOM 所作的详细规定，虽然不免让人觉得有些束缚了设计者的手脚，但却是对当时盛行的英雄主义建筑风格的一个很好的管束，确保按此建成的建筑之间的协调和统一。

城市设计更多时候是对过程矛盾和多样性的控制。当时，对于深圳乃至中国而言，十三姐妹楼街坊这样在详细设计指引下进行设计的情况，对于设计单位和规划部门来说都是首次。在整个街区从无到有的 10 年中，深圳福田中心区亦在按部就班地发展完善，22、23-1 街区作为城市这一大棋盘中的一步亦逐步与周边地块、建筑建立起关系，承担起其自身的职责。建设的结束正是对其检验的开始，街坊后期建设的实施均遵循了城市设计以上四个方面的内容。在以速度著称的深圳，幸运的是在相对较短的时间内就可以对规划及设

① Rem Koolhaas. Delirious New York[M]. The Monacelli Press，1994.

想进行验证，为相关从业者提供了当下最鲜活的教材。

8.5.2　建筑空间形态特征

在阅读了大量街区建设相关的文献和图纸后，笔者多次走访了建成的中心商务区，对空间形态进行实地观察（图 8-24），总结出如下六点形态特征：

一是规划中的地块及道路结构得到了完整的实现。与早期高层建筑门前大而无当的广场、入口台阶、人行道相比，集约紧凑的用地体现出了尺度宜人的楼间距和人行道，空间形态较为亲近人。

二是街墙和拱廊也严格按照指引设置，建筑立面风格高度统一，但色彩、材料、体块组合及细节处的差异，使整个街区的空间效果呈现出一种干净明亮而不至于呆板的气息。

三是街区公园的设置在整体紧凑的空间体验中提供了一处供人休憩的空间，然而公园的设计并没有使其成为聚集人气的地方。东区公园以成片的草坪及高大树木为主，仅有两条供人行穿越的小道，太密的树林造成视线的遮挡，走在公园一侧道路上基本看不到公园另一侧建筑，使得首次来的行人难以定位。西区公园则是开阔的绿地和硬地广场，仅在边缘设置遮阳构架，夏日白天基本空旷无人。由于更细节尺度上的空间形态设计出现了问题，公园的人气不足。

四是与原规划设想差异最大的是街区活跃的商业氛围的营造，方案中强调的连接两边公园的“灯笼街”商业主街完全没有形成。究其原因，首先是骑楼临街商铺的业态，由于商务办公区对金融服务业的需求极高，而且银行也比餐饮普遍能承担更高的租金，商业骑楼店面不同于规划的以餐厅、咖啡馆和俱乐部为主，反而多数为银行占领。其次，原设想的“骑楼—路面—绿化—路面—骑楼”的街道模式，由于中间绿化带过宽且无中断导致街道两边

（a）连续街墙现状效果

（b）骑楼空间

（c）灯笼街设计意向图
来源：SOM 规划方案

（d）灯笼街现状

图 8-24　中心区 22、23-1 街坊现状
来源：除注明外，作者自摄。

被完全隔离，绿化带植物过密也使原本亲切的街道尺度变得阴暗拥挤，完全沦为路边停车场。还有建筑没有按照指引要求在骑楼设置店面，而是以带有设备出风口的石墙面向骑楼，也大大降低了骑楼的吸引力。也有商家曲解骑楼意图，将骑楼圈为自己店面的延伸，阻断了骑楼下步行空间的连续性。种种原因导致街区的骑楼空间质量参差不齐，商务区常见的“空城”现象依然没有解决。

五是由于过于注重街区的内向性而忽略了与外围环境联系的问题，街区设计尚是纸上谈兵，而在现状周边基本建设停当之时，建成的空间形态也表现出了明显的不足。22 与 23-1 街区之间南北向的民田路承担着深南大道两侧的沟通功能，交通量较大，原规划的“灯笼街”交叉穿过的想法在现实中基本不可行。而在着力打造街区内部环境的同时，对于北侧面向深南大道的界面形象和人行道却缺乏考虑和管理。由于濒临城市干道，深南大道亦是地铁及公交站点所在道路，北侧是大量市民搭乘汽车或公交到达街区的重要界面，但许多建筑却没有做出相应的欢迎态势，而是设置为后勤及车库出入口，随意停车现象严重，局部甚至荒草丛生。

相比起规划缺失的罗湖旧城，福田中心区（包括商务区、市民中心以及文化组团片区）多了一分秩序和严谨，但也不可避免地少了一分自生长的活力和人情味。权衡二者的空间形态塑造的得失，尚有许多值得探讨的空间。

本章进入比前述更为微观的街区尺度，探讨多个街区的多样化的空间形态以及置身于建筑空间中的体验。基于街区尺度探索，本书试图提炼归纳出街区与建筑尺度空间形态的启发性要点。

首先，从范式的角度来说，这一尺度的空间范式具有更多的不确定性，在本书所选取的样本里面，既有如大鹏所城这样，作为全国重点文物保护单位，如标本一般 20 年也没有变化的区域，也有如同福田中心区 22、23-1 街坊一般，快速建成进入稳定范式的区域，还有如同人民南街区、华侨城 LOFT 创意文化园、华强北街区等，经历了从不平衡范式到平衡范式再到多平衡范式的区域，即经历了快速扩张到地块更迭的过程。

几个样本空间形态各异，从二维平面上我们可以归纳出“点”、“线”、“面”的关系，并且可以注意到，当尺度等级下移到具体的街区时，随着观察者视角的切换以及当观察者本身置于空间环境中时，城市空间形态就产生了维度的变化，变成了一个三维空间。可以想象，在进行这种尺度间的推绎时，在某些临界点上会产生维度的变化。在三维尺度上对于街区进行分析，可以选取实地踏勘的方式，对于区位、人群活动、景观构成、设施分布等多个要素进行实证分析，不同的功能业态往往会造就不同的空间形态，如创意园的街区和华强北的街区就具有非常明显的分异，大鹏的街巷与其他街巷也有非常大的不同。在三维尺度上，街区的空间形态表现出了爆炸式的信息量。

此外，在街区内，本书选取了若干“点”状空间，针对建筑进行三维分析，根据对空间界面、氛围、建筑物体量等方面的分析，我们可看出这种信息爆发式增长所带来的复杂难辨，但就规律特征而言，建筑空间尺度细分，每个区域，局部和整体的“自相似性”并不表现在大尺度层级间的生长方式方面，而是被解构为“点”、“线”、“面”集合的建筑肌理方面。自相似性和自相似结构是形态过程类型、形态中枢、形态过程的三种分类，扩张、收缩和更迭等，城市形态在不同尺度等级有自相似的生长方式和自相似结构，形态演进具备从小等级尺度到大等级尺度的过程中自组出不同等级的现象，而不是通常理解的建筑或平面肌理图形上的自相似。建筑肌理方面的自相似和前文表达的自相似并不是同一概念。

第九章　结论与讨论

城市范畴包含着城市中各类关系演化的现实与可能，本书站在物质要素演化的角度考察城市土地上留下痕迹的人工构（建）筑物及其对环境的影响。这些物质形态要素及其组合的各种关系，必然显现为城市物质要素形成的土地斑块及其组合的各种关系。城市形态范畴是近、现代城市发展到一定阶段，城市产生、发展、功能、形式、结构、现实等关系的理论反映。

本书对深圳不同尺度层次下的形态演变进行研究，分析了深圳城市建设物质要素的形成及相互关系，从多个尺度层次全面、整体、系统地梳理了城市演进脉络。通过多尺度层次的叙述逻辑、研究框架和分析方法，采用平面格局图示原理和表达方式，阐释了不同尺度等级下城市的生长、成熟和衰退。对深圳城市各尺度层次下历时性的空间演变进行研究，分析了不同尺度下的形态类型、空间整体演进历程，识别了不同尺度下城市形态主要构成要素，发现了不同尺度等级下城市平面格局的特点。

本书将“平面格局”视为建筑史学科城市史学研究的“史料”，平面格局即历史上一切人工构（建）筑物在城市土地上地表投影所形成的图像斑块集合，其图示原理和表达方式则为研究的工具和方法。同时，借鉴不同学科的方法，包括人文地理学派的康泽恩“平面格局”形态分析方法，景观生态学的“基质、斑块、廊道”空间表达模式，建筑类型学和图底关系表达法，形态要素分析和空间意向解析法等，作为城市历史研究的方法“工具”，再加以多尺度层次的平面格局研究体系“工具”，对“史料”进行分析以探史实，达成研究的目的——揭示城市平面格局的形成以及城市物理结构的生长。

9.1　核心结论

在岭南和珠三角尺度下，岭南古代城市体系的决定性因素是环境因素。从大的时空背景来看，环境对地域发展的持续性和稳定性影响甚至超过经济和政治变迁的作用，是地域异制性发展的重要因素。深圳崛起的地缘因素：一方面由于珠三角城市体系分布、山水格局为深圳发展提供了发展腹地；另一方面，深圳的发展加强了广州、香港两个中心点的极化关系。珠江东岸的深圳、东莞、香港与广州为顶点的城市群形成了一个同量级的形态斑块，深圳通过中枢扩展和扩张方式即形态中枢的第三种演变方式，可能会和珠三角地区一并成为21世纪海上丝绸之路的战略中心支点和经济中心。

深圳地域层面包含有深圳城市全域以及城市建成区两个尺度。深圳城市空间形态总体表现出非平衡范式特征，在过去的三十余年间，深圳城市边界、建成区边界始终处在扩张中，而更迭等级不足以在此尺度等级显示，处于扩张状态将发生变化的临界状态。深圳城市空间形态表现出受规划影响的典型特征。从原经济特区内的空间填充，发展到特区内外共振，再到特区一体化发展，深圳总体城市尺度的边界以及建成区边界不断外延。深圳空间形态演化的阶段划分与社会经济的阶段划分存在一定程度的错位，即在某些阶段表现出了滞后性，又在某些阶段表现出了超前性。在平面形态分析中，深圳城市与建成区的平面中都具有明显的“线”、“面”要素，诸如边界、山水分隔、组团绿带、建成区斑块等。

深圳经济特区与南山区内部空间形态从变化剧烈到趋于稳定，其空间演变都具有明显的时间特征，随着时间与阶段的切分，我们可以看出空间扩张、更迭的阶段性进展，甚至在某些时间节点，还可以看到改造间隙所形成的土地收缩。相较于上一尺度而言，本尺度的空间演化在时间分维层面体现出了更为多样化、碎片化的特征。在尺度跃迁的对比中，我们可以看出不同尺度的平面空间所存在的“自相似性”，空间形态也可以解构为“线”与“面”要素的集合。

在 10km^2 综合连片区，对罗湖中心区、福田中心区、招商蛇口工业区以及华侨城总部城区四个样本七个方面的形态要素进行了采样研究，均采用平面图示分析方法，对空间生长历程进行了研究。罗湖中心区从 1979—2000 年实现了空间的填充完满，而福田中心区在 1980—2010 年，招商蛇口工业区在 1979—2000 年，华侨城总部城区在 1985—2016 年也分别达到了开发建设的阶段性极点，空间增量在此基础上达到极限。我们选取的四个样本，也都在各自范围内开始进行可被识别的区域性更新。其内部空间形态都表现出了剧烈的变动，从新建的各种商业、居住、工业、旅游等不同的功能组团，到达到开发极限之后的各种改造与更新，内部空间处在持续的变动中。通过对自然肌理、路网构成、公共空间、次级斑块等要素的分析我们可以看出，四个片区发展出了各具特色的空间形态。总的来说，除了福田中心区形态规则之外，罗湖中心区、招商蛇口工业区、华侨城总部城区的空间形态都表现出了相当的自由度。整体结构上，福田中心区、华侨城总部城区空间形态更为开阔，疏密有致，罗湖中心区与招商蛇口工业区的空间形态都较为局促。这也反映出了不同的开发主体、不同的区位、不同的性质等多个隐藏于空间形态背后的主导因素对于形态发展造成的影响。本书还按风水理论，以风水罗盘地盘的七十二龙分金，分析深圳中心区的入首龙脉为五行属木，其水口关系合生旺墓三合局，完全符合传统风水格局“木局水口”三合之局，说明深圳中心区的选址存在与自然环境的巧合。

在 2km^2 尺度层次对五个样本进行了采样研究，包括时间维度与平面维度七个方面形态要素的研究。对白石洲与波托菲诺、大冲村、后海南部西区、科技园北区、华强北商业区域不同样本的空间形态统一采用形态要素空间投影的平面格局分析方法，对图底关系、次级斑块划分、路径、边界、节点、标志物等要素进行了分析，各个样本在空间生长方面体现出了各具特色的空间形态。总的来说，在小尺度范围，空间形态的多样性爆发式增加，在“线”与“面”要素之外，一些“点”状要素在这个尺度上开始可被识别。这个尺度上的空间演变范式表现出了多样性，虽然这些不同样本的空间开发主体各异，但微观尺度上的各个研究区域都有其独立的空间演进脉络，大尺度等级下的区域形态扩张的同时，小尺度等级可以发生土地清退和形态更迭现象。当大尺度等级扩张到饱和状态后，研究区域只能发生内部的形态更迭或向外扩张。同时，从小斑块扩张为大斑块，从旧的形态更迭为新的形态，空间形态的演化过程贯彻了时间的一维线性。在这个尺度上进行时间维度的划分，时间更趋向于离散状的分段，而非一条连续的曲线。

街区尺度空间范式具有更多的不确定性，如大鹏所城，作为全国重点文物保护单位，是如标本一般20年也没有变化的区域，也有如同福田中心区22、23-1街坊一般，快速建成进入稳定范式的区域，还有如同人民南街区、华侨城LOFT创意文化园、华强北街区等，经历了从不平衡范式到平衡范式再到多平衡范式的区域，即经历了快速扩张到地块更迭的过程。在三维尺度上对于街区进行分析，采用实地踏勘的方式，对于区位、人群活动、景观构成、设施分布等多个要素进行实证分析，不同的功能业态会造就不同的空间形态，如创意园的街区和华强北的街区就具有非常明显的分异，大鹏的街巷又与其他街巷有非常大的不同。在三维尺度上，街区的空间形态表现出了爆炸式的信息量。

以上，我们采用历史回溯的方式，从大尺度到小尺度进行历史研究，针对现实的城市建设，多尺度层次平面格局研究体系完全可以从小尺度推演到大尺度。城市在不同尺度下具有自相似性，城市演进是由小尺度等级递归到大尺度等级的过程，等级是城市自然演进中呈现的现象，城市演进具备等级特征，任何尺度等级的形态过程都可完全分类为扩张、收缩和更迭，由这三种分类交织出城市的不同演进过程。任何形态过程都完成后，都只能转化为其他两种方式，所以静态的形态描述可转化为动态的形态过程分析。对不同尺度等级，运用不同的比例尺形态地图进行表达，使得形态演进便于分析和理解。

9.2 本书创新之处

本书尝试对深圳城市形成和发展过程中的技术性（物质性）要素进行研究，期待揭示和解释物质要素在城市形成和发展中的演进脉络和规律。采用不同的研究方法和研究视角，对深圳空间形态的物质要素进行研究；建立了多尺度平面格局的研究框架，运用完全分类思想，将交叉学科的方法用于当代深圳城市建设史的研究中来；基于多尺度层次研究体系，对深圳城市演进提出观点和解释。

9.2.1 研究方法和视角

本书在系统学、复杂学理论基础上，主要借鉴了康泽恩学派“平面格局”形态分析方法，景观生态学“基质、斑块、廊道”空间表达模式，基于对城市形态自相似特征的观察，建立了平面尺度等级、形态中枢、平面演进类型等图式概念，构建出一个多尺度层次的形态地图研究框架，形成了描述、理解、判断、分析形态演进的理论和方法。

本书多尺度层次平面格局分析的理论和方法源于对城市自相似的深入发掘，基于完全分类思想的逻辑推导。正是由于城市具有自相似结构，形态演进才得以分析和理解。城市形态演进是物质形态的城市化过程，形态过程的三种分类，扩张、收缩和更迭是本书形态分析的研究基础，由这三种分类交织出城市的不同形态过程（类型）。城市演进是分尺度等级的，是由小尺度等级递归到大尺度等级的过程，尺度等级（或者说级别、层次等）不是人为规定的，是城市自然演进而呈现的现象，正是城市演进具备尺度等级特征，我们才可以构造多尺度层次体系去把握和观察城市的演进。不同尺度等级的形态中枢，形成不同尺度等级的形态过程，中枢的相互关系又决定了形态的类型：扩张、收缩或更迭。

本书对各学科理论进行系统梳理，梳理不同研究范式下相关概念的含义，通过理论研究综述，容易发现本书理论和方法与相关理论的区别，本书的研究包含前述理论的部分论域和方法。多尺度层次体系研究方法贯穿全文，全文的叙述逻辑也按不同尺度层次展开。尺度等级、形态中枢、形态过程类型是城市演进的自然现象，是本书对城市形态过程的独特观察和研究方法。

本书将物质要素空间演化转化为地表平面投影斑块演化，即等价于研究城市物质形态的平面格局演进。平面格局可表述为：历史上一切人工构（建）筑物在城市地表投影所形成的图像斑块集合，是历史的动态演进。本书研究的主要内容即通过分析平面格局过程，揭示深圳在物理上如何逐渐生长而成。城市形态要素种类繁多、数量巨大，通过等价转换，将物质要素的空间演化转化为平面格局的研究，该研究视角可以全面、整体、系统地研究城市形态脉络。同时该研究视角也为平面格局演进提供独特的叙述逻辑、研究框架和分析方法。

1. 构建多尺度分析框架

本书构建了多尺度研究框架，以有效解决不同尺度信息规模的差异问题，建立一个有序的分析，对于厘清不同尺度上的空间形态演变、空间形态要素与特征，都起到了纲领性指导作用，这一多尺度的研究框架有效地匹配了深圳这样一个新兴大城市的空间形态分析，具有一定的创新性。

建立多尺度的空间形态分析框架对于本书研究具有不可替代的作用。从宏观趋向于微观的过程中，空间形态信息呈现爆发式增长，如深圳城市，远观可视之为一个大尺度的整体斑块，近看则变成了不计其数的小尺度个体斑块。

经由多尺度的空间形态分析，本书建立了一个根据缩放比例来处理空间形态的方式，以实现在不同层面上，对空间形态的有效、有序分析。如在进行平面分析时，控制对于形态分析要素的选择——局部元素与整体空间的面积比例控制在 1∶2 ～ 1∶5 之间，最小不超过 1∶10，通过这样的分析方式，保证各个尺度所需要处理的信息都能保持在相当规模上，而不至于在微观上信息趋于芜杂而难以辨别但在宏观上形态又过于单调而不可考察。对于不同的尺度等级，运用不同比例尺形态地图，使得形态演进便于分析和理解。

2. 对于空间形态的演变引入范式评述

创新性地进行了跨学科的连接，通过引入系统论中的不平衡范式、平衡范式、多平衡范式等概念，有效地对空间形态演化历程作出了概括性分析。

就深圳这一城市样本而言，本书借助系统论中的不平衡范式、平衡范式、多平衡范式等概念，从宏观到微观对空间形态系统发展的一般规律进行了概括。

深圳城市空间形态以及深圳总体建成区都表现出了非平衡范式的特征，对于深圳近 2000km^2 的大型城市系统而言，从 1979 年诞生到现在，这个时间长度并不足以让城市建设进入稳定状态。虽然改变的幅度逐渐趋于细微，但目前整个城市的边界、内部空间等方面的空间形态都还处在不断的发展改变中。

与宏观尺度的不平衡范式不同，三十余年时间基本使得中观尺度上的空间区域进入了一个平衡范式的状态。目前约 300km^2 的深圳经济特区表现出了一种由不平衡范式转向平衡范式的趋向，约 100km^2 的南山区由于还存在前海区域这个变量，所以还处于不平衡范式，但可以预见的是，随着 2020 年前海区域建成，南山区也会由不平衡范式转向平衡范式。

在 10km^2 这一尺度，基于本书所选择的典型研究样本分析，三十余年的时间可以供其实现从飞速增长的不平衡范式发展到阶段性的平衡范式，再转向滚动更新的多平衡范式。

在 2km^2、1km^2 甚至更小规模的尺度，空间演变的规律就是范式不再具有统一性，各个研究样本可能分别处在不平衡范式、平衡范式、多平衡范式等状态中。横向对比，这一尺度空间发展范式变得更为多样，但是纵向对比，对于单个样本而言，演化范式更为单纯而缺乏变化。

3. 运用交叉学科方法和完全分类思想

本书应用了不同学科的方法论，创造性地将不同学科研究方法应用到本学科中，例如生态景观学的空间表达模式。运用多尺度层次体系，例如形态过程完全分类，以扩展、收缩、更迭等前人没有使用过的方式研究城市平面格局演进。

又如在大尺度等级的形态研究中，本书通过对绘制的历年形态斑块进行研究，识别深圳城市形态扩张形态速率的变化，识别出关键时间节点，比如市域尺度的关键时间节点：1992 年、1999 年、2003 年以及 2007 年，即完成 200km^2 的空间拓展速度，在 1989 年、1992 年、1995 年、1999 年、2001 年、2003 年、2005 年、2007 年以及 2014 年等多个标志性时间节点上，深圳建成区实现了 100km^2 规模的空间增长。再如在 10km^2 尺度的综合区域，对于每一个研究案例，通过绘制其空间拓展历程图，描述其形态演变，均采用图示法对每一个可识别斑块的建设、清退进行图示表达，通过扩张、收缩和更迭的概念则容易理解其演变过程。

9.2.2 研究发现创新

本书基于对深圳及其他城市的观察，通过尺度等级、形态中枢、形态（过程）类型等概念，通过多尺度层次的形态地图研究体系，形成了描述、理解、分析城市形态演进的理论和方法。任何尺度等级的形态过程（形态类型）终要完成，是本书对形态研究的重要发现。该理论是数学思维下完全分类思想在城市形态研究领域的创新，简单来说，也可以称为“形态终完美”。也就是说，在某一尺度等级下，扩张的城市形态过程要完成，完成后只能转化为更迭或收缩，而更迭和收缩也一样，完成后只能转化其他两种方式，这就将静态的形态描述转化为动态的形态过程分析。

按照现代数学的观点，大多数系统并非完全分类系统，要研究一个系统，关键点是寻找某种方式实现完全分类，就是找到某种等价关系。由于完全分类具有尺度等级性，是有明确边界界限的，所以对于不同的尺度等级，运用不同的比例尺度形态地图的显示，使得形态演进更利于表达和理解。

基于深圳城市样本，对于从宏观到微观若干个尺度，都基于详实史料、地形、文献、论著、历史航拍影像图以及笔者自身的实地踏勘，做出来涵盖多个尺度的实证研究，相较此前其他研究，对于空间形态研究的完整性和深入性都有一定的提高。研究过程中的创新发现总结如下：

1. 空间形态的演化都具有明显的时间分维特征

城市空间形态演变与时间维度密切相关，并且在不同尺度下，空间形态都不是一蹴而就的，都具有时间维度上进一步分形的可能，并且随着规模的改变，时间分维特征也会改变。宏观尺度上，开发周期漫长，整体的改变速度相对缓慢，范式如同一条连续的曲线一样随时间而发生变化，因此时间分维特征是缓慢并且具有连续性的。中观尺度上空间形态的演化历程就明显更具有变化性，但是时间分维特征仍然是连续性的，只是更为快速。由于微观规模所需求的开发周期较短，所以范式从一个状态转向另一个状态的速度较快，在这个尺度上时间分维的特征呈现出更快速以及离散分布的近似于折线的状态，而非宏观、中观尺度的缓慢连续的曲线。

2. 深圳空间形态表现出受规划影响的典型特征

在宏观、中观视角下，包括深圳城市、深圳建成区、深圳经济特区、南山区以及福田中心区、罗湖中心区、招商蛇口工业区、华侨城总部城区等研究样本，都表现出了明显的受城市规划影响控制的特征。深圳是改革开放之后建立的一个全新的城市，在城市从无到有的过程中，城市规划起到了非常强的指导与控制作用，宏观、中观的研究样本中，从空间结构到空间拓展的时序，都体现出了相当的秩序性与规律性。

3. 临界区域的空间形态有着更高的丰富性

在相邻尺度间进行的空间形态分析往往会具有较多的时间维度与形态要素的重叠性，也因此会使得空间形态特征、时间分维特征都具有更大的多样性。

对单一空间尺度而言，其空间形态内部或外部的边界处，往往是细分的形态类型更为多样化的区域，并且细分的形态类型更多地表现出了离散分布的特征。

对连续发展的时间维度而言，范式转变的边界处，往往是形态类型较为多样化的时间阶段。

9.2.3 提出城市演进新观点和新解释

本书扩张、更迭和收缩的分类和明确定义，能对城市建成区的变化进行解释。从最基础的定义比如城市形态的定义，到“形态类型终要完成”，本书提供新的观点和解释。形态演进类型和形态中枢是形态演进的两个基本分析方法，而正是由于存在不同尺度等级，大尺度等级的形态斑块就可以分解为小尺度等级的形态斑块的组合，因此存在多层次的尺度等级，研究对象可以完全分类，形态过程则可以获得解释。由于存在尺度等级、形态中枢、形态类型等概念的推导和提出，可以运用一种前人没使用的方式解释城市演进。

1. 形态类型能够对斑块进行静态和动态解释

任何尺度等级的任何形态类型终要完成，就是更迭终要完成，扩张和收缩终要完成，包含以下三方面内涵：任何等级中，形态过程都可分解为更迭与趋势，其中趋势分为扩张与收缩；任何等级的任何形态过程，在图形中都要完成，且完成后只能演化为其他两种形态类型中的一种；任何等级的任何形态过程，都至少由三个完成的次尺度等级形态类型连接而成。

由于任何形态过程完成后，只能转化为其他两种方式，所以静态的形态描述可转化为动态的形态过程分析。例如深圳全域的形态生长过程，目前一直处于该尺度层次的形态扩张类型，该类型还没有结束。但在更小的尺度等级，某些区域已表现为城市更迭的形态类型，例如罗湖中心区从1979—2000年完成了扩张形态类型，表现为空间的填充完满，而福田中心区在1980—2010年，招商蛇口工业区在1979—2000年，华侨城总部城区在1985—2016年也分别完成了扩张形态类型，即达到了开发建设的极点。这些区域在扩张形态类型完成后即必定转化为其他形态类型，通过研究发现，这些区域均转为形态更迭的形态类型。正是小尺度等级的形态更迭累积，导致大尺度等级深圳全域的形态扩张类型将发生改变。

2. 多尺度平面格局都表现出“自相似性”

对每个尺度的形态要素进行提取识别，从宏观尺度的城市边界、建成区、非建成区等斑块，到中观尺度的“二线”、深南大道、次级斑块，再到微观尺度的自然肌理、路网、公共空间、建筑肌理等要素，明确提出城市在不同尺度下都具有自相似性，经由不同尺度下的空间形态分析可以广泛地了解到，多个视角下的形态要素分析仍然可以概括为“点”、“线”、“面”、“体”等具有零维、一维、二维、三维属性的基本要素。平面格局在不同尺度等级下的生长表现出“自相似性”，包含局部与整体的自相似以及平面演化过程的自相似。

3. 形态中枢概念具有研究分析普适性

可以运用形态中枢概念分析和解释城市形态演进。城市演进是由小尺度等级递归到大尺度等级的过程，尺度等级是城市自然演进中呈现的现象，城市演进具备等级特征，任何等级的形态过程都可完全分类为扩张、收缩和更迭，由这三种分类交织出城市的不同形态过程。一种方法是按形态类型分析，另一种就是按形态中枢来分析。形态中枢演变有三种情形：第一，形态中枢延伸；第二，产生新的同尺度等级形态中枢；第三，形成等级更高的形态中枢。由于本书论述框架和结构安排的缘故，形态中枢概念在深圳市镇体系研究及岭南尺度层次的地缘环境分析中有较多运用，其他章节并不多见，近日恰逢雄安新区规划的提出，此处试简略运用形态中枢概念分析之。

以下我们运用中枢理论和多尺度层次体系，为雄安新区能够采用何种方式演变，跃升量级达到与北京、天津同一尺度等级的可能性演变路径进行解释。

下图是该区域当前的Google影像图，图幅范围的尺度等级是万平方公里量级，我们看到的最大形态斑块是北京和天津，北京斑块面积为1300km^{2}左右，天津斑块面积是800km^{2}左右，大致是1000km^{2}量级的尺度等级。假设我们不知道具体数据，也可以马上确认的是，该形态地图最大的形态斑块等级是以上两个区域，一般我们将尺度等级按4 ~ 5倍数面积来划分，上图次尺度等级大致为200km^2，次次尺度等级则可假设为40 ~ 50km^2。次尺度等级斑块，图上只有保定接近，而廊坊只能作为次次尺度等级的斑块。更小的斑块是次次尺度等级以下的斑块，我们可以认为在此尺度等级下无法识别。多尺度层次体系是基于尺度等级的完全分类而展开的形态分析，对时间没有任何承诺，不是时间结构，所以我们只是从尺度等级的角度分析。

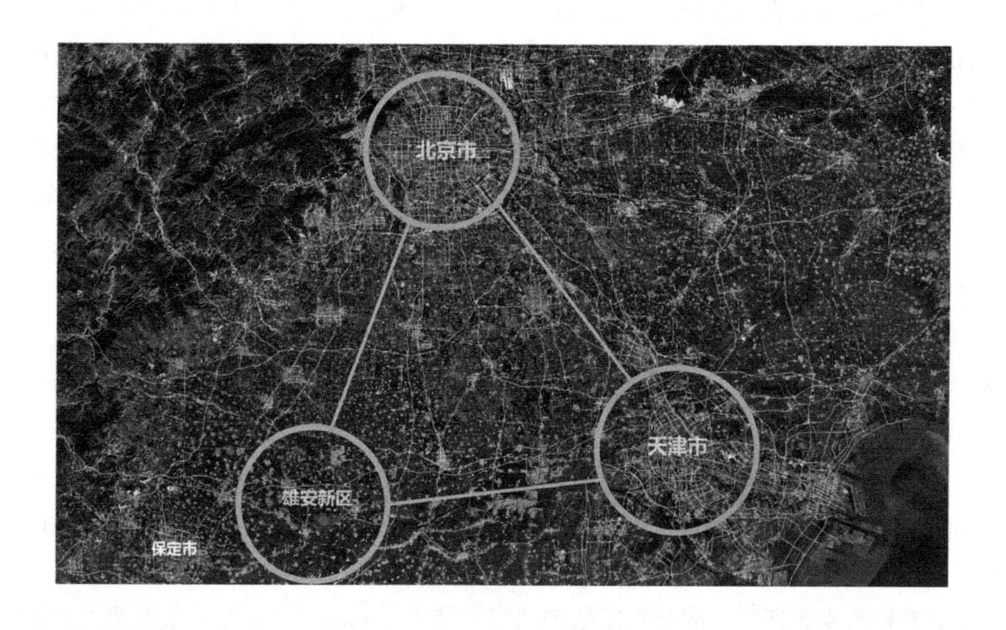

雄安新区战略，可视为两个同尺度等级的形态中枢（北京和天津斑块）采用形态中枢演变的第二种情形，即以产生新的同尺度等级形态中枢的方式实现新区的斑块。当然，这是一种预期或者规划，由于有深圳、浦东等城市的建设经验，提出此战略，会调动或改变人的预期。形态斑块的形成，其动力来源于人口的流动，而战略调动的就是人心，人心往往就是最大的动力。在1000km^{2}尺度等级两中枢的情况下，第三个同尺度等级的形态中枢预期如何实现，则要在下一尺度等级去进一步分析。当切换到假设的1000km^{2}尺度等级的雄安新区内部，首先需要实现200km^{2}次尺度等级的形态中枢，要实现200km^{2}尺度的形态

中枢，则首先需要实现其次尺度等级，即 40 ～ 50km^2 的形态中枢。显然，目前还不具备这样的初始形态。在 50km^2 尺度下再分解，其次尺度等级为 10km^2 尺度等级，此时我们可以发现，雄安新区地域范围存在 3 个 10km^2 尺度等级的形态中枢，由西向东，由北向南分别是容城县、雄县和安新县形态中枢。

在三个 10km^2 尺度形态中枢的初始状态，其形态演进方式可以有以下几种：①通过形态中枢演变第三种情形,即三个形态中枢斑块的扩张（各中枢自身的形态中枢第一种方式），达成斑块融合，形成等级更高的形态中枢，三者的距离大致是 10 ～ 20km，可通过线性结构或环状结构形成 50 ～ 100km^2 的中枢，跃升一个尺度等级。②通过形态中枢演变的第二种情形，即在容城县、雄县和安新县形态斑块之外，产生一个或数个新的形态中枢。如需要向更高尺度等级演化，这个形态中枢则必定形成与前三个中枢同等级的尺度。③同等级的形态中枢产生后，可以通过三种形态中枢的任何一种方式演化，即与其他中枢融合，或某个形态中枢延伸，或再产生同尺度等级的新的形态中枢等。

在以上过程实现后，实现 50km^2 尺度等级的形态中枢，继续通过以上步骤则可跃升为 200km^2 尺度等级的演化。当达到 200km^2 尺度等级时，则与西侧的保定形成同尺度等级的形态中枢，这时在高等级尺度层次同样可以选择以上三种演进方式中的一种实现向 1000km^2 尺度等级的演化。以上的可能的演进方式组合由小尺度等级演化而来，每种演化都有不少组合，所以可能性非常多。但现实中都要采用其中一种方式，在每个阶段作出选择的当下，可以继续采用完全分类的方式进行分析，观察其未来采用形态中枢演变的哪种方式。由于多尺度层次的分解和形态演进一定表现为形态中枢，我们可以对演进完全分类，无论采用哪种方式，都是可以在当下把握的。以上，就是一个例证，本书研究框架可对形态演进提供一种新的解释。

9.3 讨论与展望

本书较多地采取实证研究的方式，对于深圳城市空间形态进行了剖析，但缺乏与深圳类似的其他城市的横向比较研究，未来还需补充更多的横向案例，完善多尺度层次的基本模型。

本书受资料来源所限，故分析所依赖的资料较多是 Google Earth 卫星图像以及较多的规划图纸、历史影像图等，在精度上存在一定不足。未来更进一步研究的方向，可从数理角度进一步分析空间形态规律。另外，由于尺度等级向下推移，形态斑块的数量急剧增加，在 10km^2 以下仅选取部分样本进行研究，样本虽然具有代表性，但并没有涵盖所有尺度下深圳城市范围内的形态分析。

形态分析可以针对大多数情形对城市演进进行解释。数学上有一个乘法原则，对一个事件用三个独立的程序判断，可靠性大大加强，一个形态类型在该等级是延续还是转折，只通过形态学是无法判定的。可以找到另一个独立程序，进行可量化的空间形态分析，引入动力学研究。形态演进的动力学研究方向，可以从形态类型与人口流动性的关系上去构建，人口流动伴随而来的是资金流、物流、信息流等，就是人口流动性与形态类型不可能长期保持逆向关系，即人口长期净流入必将导致形态扩张，人口长期净流出将造成形态收缩。人口净流出，形态扩张情形就属于背驰状态，任何形态过程中，背驰都将造成原形态类型状态的改变。形态学涉及的是几何，动力学涉及的是能量。形态演进的动力学分析，类似生态学中种群密度变化对种群分布格局影响所造成的环境改变。

空间形态是城市发展的一个基础表征，而城市的发展不仅受制于空间要素，还受制于人口、政治、经济等各种社会要素，本次研究更多地从空间形态进行了一个表征分析，对于空间形态背后涌动的“暗潮”如何与空间形态发生作用这一问题还缺乏深入研究，需要未来的研究进一步补充完善。

附录一　深圳市城市建设大事记表①

年份	大事记
1979 年	3 月，宝安县改为深圳市，受广东省和惠阳地区双重领导 11 月，深圳市改为地区一级的省辖市
1980 年	通过《广东省经济特区条例》，批准在深圳设置经济特区
1981 年	深圳市升格为副省级市
1982 年	深圳推出工资改革试点，在中国内地率先实行结构工资制
1983 年	新中国第一张股票“深宝安”发行，深圳第一家股份制企业诞生
1984 年	邓小平第一次南巡深圳，并发表重要讲话
1985 年	出台《深圳经济特区暂住人员户口管理暂行规定》，在中国内地率先实行暂住证制度
1986 年	出台《深圳经济特区国营企业股份化试点暂行规定》，探索国有企业股份制改造新路
1987 年	首次公开拍卖了一幅面积 8588 平方米地块 50 年的使用权，土地拍卖“第一槌”引发新中国土地使用制度的“第一场革命”
1988 年	6 月，出台《深圳经济特区住房制度改革方案》，“房屋是商品”的观念开始从深圳走向全国 11 月，国务院批准深圳市在国家计划中实行单列，并赋予其相当于省一级的经济管理权限
1990 年	新中国第二个证券交易所——深圳证券交易所诞生
1991 年	深圳宝安国际机场建成通航，深圳海陆空现代立体交通体系初步形成
1992 年	1 月，邓小平第二次南巡，视察深圳，并发表了极为重要的谈话 2 月，全国人大常委会授予深圳市人民代表大会及其常委会、市政府制定地方法律和法规的权力
1993 年	深圳开展大规模城市化运动，直接将特区内 173 个自然村的 4 万农民改变身份成为“城里人
1994 年	江泽民视察深圳，勉励特区“增创新优势，更上一层楼”
1995 年	深圳城市商业银行成立，成为中国内地第一家城市合作商业银行
1996 年	深圳地王大厦竣工，成为当时亚洲第一高楼、世界第四高楼
1997 年	深圳建立人才大市场，首开劳动力商品化之先河
1998 年	出台《深圳市政府审批制度改革实施方案》，开创中国内地审批制度改革先例
2000 年	深圳数码港举行揭牌典礼，成立中国内地第一家由政府、金融机构与企业共同创办的企业孵化器
2001 年	《深圳市土地交易市场管理规定》颁布实施，这是中国内地第一部土地交易的地方性法规
2003 年	胡锦涛视察深圳，要求深圳“加快发展，率先发展，协调发展”
2004 年	城市规划全覆盖，将特区外 260 平方公里的农业用地指标转为国有土地，成为全国首个无农村无农民的城市
2005 年	福田区渔农村爆破拆除，拉响了深圳城中村改造的“第一爆”
2009 年	深圳证券交易所创业板开市交易，中国多层次资本市场进一步完善
2010 年	国务院批准深圳经济特区范围扩大到深圳全市，开始启动新一轮的土地制度改革

① 来源：作者根据深圳博物馆资料、深圳历版总体规划、深圳地方志等文献整理。

附录二　深圳市历年社会经济发展指标[①]

年份	常住人口（万人）	常住人口环比增长率[②]	GDP（亿元）	GDP 环比增长率	建成区面积（km^2）	工业总产值（亿元）	工业总产值环比增长率	全社会固定资产投资额（亿元）	全社会固定资产投资额环比增长率	社会消费品零售额（亿元）	实际利用外资额（亿元）	外贸进出口总额（亿元）	户籍人口数（万人）	就业人口数（万人）
1979	31.41		1.9638		2.81	0.7128		0.5938		1.1259	0.1537	0.1676	31.26	13.95
1980	33.29	5.99%	2.7012	37.55%		1.0632	49.16%	1.3801	132.42%	1.9615	0.3264	0.1751	32.09	14.89
1981	36.69	10.21%	4.9576	83.53%		2.6692	151.05%	2.9684	115.09%	3.4229	1.1282	0.2807	33.39	15.36
1982	44.95	22.51%	8.2573	66.56%	17.4	3.8833	45.49%	7.375	148.45%	5.4185	0.7379	0.2534	35.45	18.49
1983	59.52	32.41%	13.1212	58.90%		7.5993	95.69%	10.832	46.87%	12.3794	1.4394	7.8642	40.52	22.37
1984	74.13	24.55%	23.4161	78.46%		17.2132	126.51%	19.4572	79.63%	20.1107	2.3013	10.7247	43.52	27.26
1985	88.15	18.91%	39.0222	66.65%		24.6662	43.30%	33.3235	71.27%	26.5642	3.2925	13.0632	47.86	32.61
1986	93.56	6.14%	41.6451	6.72%	47.6	34.0227	37.93%	24.8551	-25.41%	27.3712	4.8933	18.4696	51.45	36.04
1987	105.44	12.70%	55.9015	34.23%		55.8311	64.10%	28.5193	14.74%	32.4364	4.0449	25.5784	55.6	44.3
1988	120.14	13.94%	86.9807	55.60%		101.2739	81.39%	43.6191	52.95%	50.243	4.4429	34.4277	60.14	54.53
1989	141.6	17.86%	115.6565	32.97%		147.747	45.89%	49.9919	14.61%	54.5741	4.5809	37.5259	64.82	93.65
1990	167.78	18.49%	171.6665	48.43%	139	220.218	49.05%	62.338	24.70%	66.758	5.1857	157.0136	68.65	109.22
1991	226.76	35.15%	236.663	37.86%		315.3966	43.22%	91.2324	46.35%	82.8341	5.7988	194.7635	73.22	149.32
1992	268.02	18.20%	317.3194	34.08%		434.7007	37.83%	178.2322	95.36%	114.8908	7.1539	235.7562	80.22	175.97
1993	335.97	25.35%	453.1445	42.80%		689.6969	58.66%	247.7875	39.03%	264.1333	14.3217	282.0392	87.69	220.81
1994	412.71	22.84%	634.6711	40.06%	299.5	1101.4065	59.69%	281.9413	13.78%	363.9756	17.2959	349.8281	93.97	273

① 深圳统计年鉴数据只到 2015 年，故 2016 年无数据；环比增长率涉及上年度指标数，故 1979 年无法计算出环比增长率。

② 环比增长率 =（本年度指标数—上年度指标数）/ 上年度指标数 ×100%

续表

年份	常住人口（万人）	常住人口环比增长率[②]	GDP（亿元）	GDP 环比增长率	建成区面积（km^2）	工业总产值（亿元）	工业总产值环比增长率	全社会固定资产投资额（亿元）	全社会固定资产投资额环比增长率	社会消费品零售额（亿元）	实际利用外资额（亿元）	外贸进出口总额（亿元）	户籍人口数（万人）	就业人口数（万人）
1995	449.15	8.83%	842.4833	32.74%		1292.2075	17.32%	275.8243	-2.17%	426.9434	17.3545	387.696	99.16	298.51
1996	482.89	7.51%	1048.4421	24.45%	325	1530.5964	18.45%	327.527	18.74%	488.8502	24.2242	390.5342	103.38	322.12
1997	527.75	9.29%	1297.4208	23.75%		1817.5704	18.75%	393.0657	20.01%	537.2464	28.7168	450.0921	109.46	353.53
1998	580.33	9.96%	1534.7272	18.29%		2157.3817	18.70%	480.3901	22.22%	573.2419	25.5222	452.7417	114.6	390.33
1999	632.56	9.00%	1804.0176	17.55%		2443.5849	13.27%	569.5878	18.57%	638.5915	27.5422	504.275	119.85	426.89
2000	701.24	10.86%	2187.4515	21.25%	467.29	3071.5227	25.70%	619.6993	8.80%	735.0188	29.6839	639.3982	124.92	474.97
2001	724.57	3.33%	2482.4874	13.49%		3747.6713	22.01%	686.3749	10.76%	832.0412	36.0277	686.1055	132.04	491.3
2002	746.62	3.04%	2969.5184	19.62%		4682.3584	24.94%	788.1459	14.83%	941.9443	49.022	872.3148	139.45	509.74
2003	778.27	4.24%	3585.7235	20.75%		6797.6472	45.18%	949.1016	20.42%	1095.132	50.4213	1173.994	150.93	535.89
2004	800.8	2.89%	4282.1428	19.42%		8588.8321	26.35%	1092.557	15.11%	1250.641		1472.83	165.13	562.17
2005	827.75	3.37%	4950.9078	15.62%	713	10174.535	18.46%	1181.054	8.10%	1441.61		1828.169	181.93	576.26
2006	871.1	5.24%	5813.5624	17.42%	719.88	12278.48	20.68%	1273.669	7.84%	1680.46		2373.857	196.83	609.76
2007	912.37	4.74%	6801.5706	16.99%		14364.776	16.99%	1345.004	5.60%	1930.805		2875.335	212.38	647.11
2008	954.28	4.59%	7786.792	14.49%		16283.758	13.36%	1467.604	9.12%	2276.586		2999.55	228.07	682.35
2009	995.01	4.27%	8290.2842	6.47%	813	15828.633	-2.79%	1709.151	16.46%	2567.944		2701.631	241.45	723.61
2010	1037.2	4.24%	9773.3062	17.89%	830	18879.66	19.28%	1944.701	13.78%	3000.763		3467.493	251.03	758.14
2011	1046.74	0.92%	11515.8598	17.83%		21273.092	12.68%	2060.918	5.98%	3520.874		4140.931	267.9	764.54
2012	1054.74	0.76%	12971.4672	12.64%		22308.985	4.87%	2194.432	6.48%	4008.779		4668.302	287.62	771.2
2013	1062.89	0.77%	14572.6689	12.34%		24044.029	7.78%	2391.465	8.98%	4500.456		5374.744	310.47	899.24
2014	1077.89	1.41%	16001.8207	9.81%		25809.941	7.34%	2717.423	13.63%	4918.998		4877.405	332.21	899.66
2015	1137.87	5.56%	17502.8634	9.38%	934	26608.084	3.09%	3298.308	21.38%	5017.838		4424.586	354.99	906.14

参考文献

一、古籍

[1]《史记》

[2]《汉书》

[3]《新唐书・地理志》

[4]（唐）房玄龄等《晋书・志第五・地理下・交州》

[5]（唐）李吉甫《元和郡县图志・卷三十四・岭南道一・韶州・始兴县》

[6]《水经注》

[7]（清康熙）《新安县志・地理志》

二、相关标准、规范

[1]《1982年深圳经济特区总体规划》（深圳市规划局）

[2]《1986年深圳经济特区总体规划》（中国城市规划设计研究院，深圳市规划局）

[3]《深圳市城市总体规划（1996—2010）》（深圳市人民政府，1997）

[4]《深圳市综合交通及轨道交通规划（1999）》（深圳市规划国土局，深圳市地铁有限公司）

[5]《深圳市城市总体规划（2007—2020）（送审稿）》（深圳市人民政府，2008）

[6]《深圳市城市总体规划（2010—2020）》（深圳市人民政府，2010）

[7]《广东省城镇体系规划（2006—2020）》

[8]《珠江三角洲城镇群协调发展规划（2004—2020）》

[9]《深圳2030城市发展策略:建设可持续发展的全球先锋城市》（中国城市规划设计研究院,深圳市规划局）

[10]《深圳市综合交通“十二五”规划（2011）》（深圳市规划和国土资源委员会，深圳市规划国土发展研究中心）

[11] 华侨城集团公司 . 华侨城总部城区总体规划（1986—1995）[S].1986.

[12] 招商局集团公司 . 招商局蛇口半岛总体发展规划（2007—2020）[S].2007.

[13] 招商局集团公司，招商局蛇口工业区总体规划（1996—2005）[S].1996.

[14] 招商局集团公司，招商局蛇口工业区总体规划（1999—2010）[S].1999.

[15] 招商局集团公司 . 招商局蛇口工业区总体规划（1986—1995）[S].1986.

[16] 招商局集团公司 . 招商局蛇口工业区总体规划（1991—2000）[S].1991.

[17] 华侨城集团公司 . 华侨城总部城区总体规划（1996—2005）[S].1996.

[18] 华侨城集团公司 . 华侨城总部城区总体规划（2006—2015）[S].2006.

[19] 华侨城集团公司 . 华侨城总部城区总体规划（2016—2025）[S]2016.

三、著作

[1] 奥斯瓦尔德·斯宾格勒 . 西方的没落（上、下）[M]. 北京：商务印书馆，1963.

[2] 谭其骧 . 中国历史地图集 [M]. 北京：中国地图出版社，1982.

[3]（美）伊利尔·沙里宁 . 城市——它的发展、衰败与未来 [M]. 北京：中国建筑工业出版社，1986.

[4]（美）墨菲 . 上海——现代中国的钥匙 [M]. 上海：上海人民出版社，1986.

[5]（美）刘易斯·芒福德 . 城市发展史：起源、演变和前景 [M]. 宋俊岭译 . 北京：中国建筑工业出版社，1989.

[6]（美）培根 . 城市设计 [M]. 北京：中国建筑工业出版社，1989.

[7]（美）柯文 . 在中国发现历史——中国中心观在美国的兴起 [M]. 北京：中华书局，1989.

[8]Roger Trancik. 找寻失落的空间 都市设计理论 [M]. 谢庆达译 . 田园城市文化事业有限公司，1989.

[9] 武进 . 中国城市形态、结构、特征及其演变 [M]. 南京：江苏科学技术出版社，1990.

[10] 曲云厚 . 世界经济特区 [M]. 北京：中国对外经济贸易出版社，1990.

[11] 奥西特 . 城市建设艺术——遵循艺术原则进行城市建设 [M]. 仲德崑译 . 南京：东南大学出版社，1990.

[12] 林丽妮 . 世界经济特区概述 [M]. 深圳：海天出版社，1991.

[13] 林祖基 . 深圳——国际性城市论文集 [M]. 北京：中国经济出版社，1993.

[14] 胡俊 . 中国城市：模式与演进 [M]. 北京：中国建筑工业出版社，1995.

[15] 周一星 . 城市地理学 [M]. 北京：商务印书馆，1995.

[16] 邓卫，谢文蕙 . 城市经济学 [M]. 北京：清华大学出版社，1996.

[17]（美）华勒斯坦 . 开放社会科学——重建社会科学报告书 [M]. 刘锋译 . 北京：生活·读书·新知三联书店，1997.

[18] 深圳市城建档案馆，深圳市建设局 . 深圳高层建筑实录 [M]. 深圳：海天出版社，1997.

[19]（波）伯努瓦·b·曼德布罗特 . 大自然的分形几何学（最新修订本）[M]. 凌复华译 . 上海：上海远东出版社，1998.

[20]（德）沃尔特·克里斯塔勒 . 德国南部中心地原理 [M]. 常正文等译 . 北京：商务印书馆，1998.

[21] 段进 . 城市空间发展论 [M]. 南京：江苏科学技术出版社，1999.

[22]（法）曼德尔布洛特 . 分形对象——形、机遇和维数 [M]. 苏虹译 . 世界图书出版公司北京公司，1999.

[23] 中国城市规划设计研究院 . 中国城市规划设计研究院规划设计作品集 城市规划精品集锦 [M]. 北京：中国建筑工业出版社，1999.

[24]（美）施坚雅 . 中华帝国晚期的城市 [M]. 叶光庭等译 . 北京：中华书局，2000.

[25]（美）凯文·林奇 . 城市意象 [M]. 何晓军译 . 北京：华夏出版社，2001.

[26] 深圳市规划与国土资源局 .《深圳市中心区城市设计与建筑设计 1996-2002》系列丛书 [M]. 北京：中国建筑工业出版社，2002.

[27]（美）阿摩斯·拉普卜特 . 建成环境的意义——非言语表达方法 [M]. 黄兰谷等译 . 北京：中国建筑工业出版社，2003.

[28]（美）柯林·罗 . 拼贴城市 [M]. 童明译 . 北京：中国建筑工业出版社，2003.

[29] 黄启臣 . 广东海上丝绸之路史 [M]. 广州：广东经济出版社，2003.

[30] 程建军 . 经天纬地——中国罗盘详解 [M]. 北京：中国电影出版社，2005.

[31] 程建军 . 燮理阴阳——中国传统建筑与周易哲学 [M]. 北京：中国电影出版社，2005.

[32] 赵和生 . 城市规划与城市发展 [M]. 南京：东南大学出版社，2005.

[33]（加）简·雅各布斯 . 美国大城市的死与生 [M]. 金衡山译 . 南京：译林出版社，2005.

[34] 赵冈 . 中国城市发展史论集 [M]. 北京：新星出版社，2006.

[35]（意）罗西 . 城市建筑学 [M]. 黄士钧译 . 北京：中国建筑工业出版社，2006.

[36] 张一兵校点 . 深圳旧志三种 [M]. 深圳：海天出版社，2006.

[37] 邬建国 . 景观生态学——格局、过程、尺度与等级（第 2 版）[M]. 北京：高等教育出版社，2007.

[38] 深圳博物馆 . 深圳文博论丛 [M]. 北京：文物出版社，2007.

[39] 杨哲 . 城市空间——真实·想象·认知 [M]. 厦门：厦门大学出版社，2008.

[40] 柯布西耶 . 明日的城市 [M]. 北京：中国建筑工业出版社，2009.

[41] 曹劲 . 先秦两汉岭南建筑研究 [M]. 北京：科学出版社，2009.

[42]（美）杜赞奇 . 文化、权力与国家 1900 ~ 1942 年的华北农村 [M]. 南京：江苏人民出版社，2010.

[43] 龙庆忠文集编委会 . 龙庆忠文集 [M]. 北京：中国建筑工业出版社，2010.

[44] 尼科斯·A·萨林格罗斯著 . 城市结构原理 [M]. 北京：中国建筑工业出版社，2010.

[45] 勒·柯布西耶 . 光辉城市 [M]. 北京：中国建筑工业出版社，2011.

[46] 亨利·皮雷纳 . 中世纪的城市 [M]. 北京：商务印书馆，2011.

[47]（英）康泽恩 . 城镇平面格局分析——诺森伯兰郡安尼克案例研究 [M]. 北京：中国建筑工业出版社，2011.

[48] 程建军 . 风水解析 [M]. 广州：华南理工大学出版社，2014.

[49] 陈正祥 . 中国文化地理 [M]. 香港：生活·读书·新知三联书店，1980.

四、期刊文章

[1] 苏秉琦，殷玮璋 . 关于考古学文化的区系类型问题 [J]. 文物 . 1981（05）：10-17.

[2] 罗昌仁 . 深圳的城市建设与建筑 [J]. 建筑学报 . 1986（05）：2-7.

[3] 司徒中义 . 深圳罗湖城的规划及建设 [J]. 城市规划 . 1988（05）：32-34.

[4] 邬建国，李百炼，伍业钢 . 缀块性和缀块动态：概念与机制 [J]. 生态学杂志 . 1992（04）：43-47.

[5] 王旭，赵毅 . 施坚雅宏观区域学说述论——中国城市史研究的理论探索 [J]. 史学理论研究 . 1992（02）：69-80.

[6] 徐忠平 . 解决“肠梗塞”问题刻不容缓——罗湖上步区交通发展策略与治理措施 [J]. 中外房地产导报 . 1996（11）：22-24.

[7] 黄柯可 . 美国城市史学的产生与发展 [J]. 史学理论研究 . 1997（04）：91-99.

[8] 张知彬，王祖望，李典谟 . 生态复杂性研究——综述与展望 [J]. 生态学报 . 1998（04）：99-107.

[9] 埃迪·黄，魏海生 . 中国经济特区的发展：问题与前景 [J]. 马克思主义与现实 . 2000（03）：61-66.

[10] 大桥英夫，朱丽君 . 中国经济特区的发展及其未来——以深圳为例 [J]. 马克思主义与现实 . 2000（01）: 50-55.

[11] 谷凯 . 城市形态的理论与方法——探索全面与理性的研究框架 [J]. 城市规划 . 2001（12）: 36-42.

[12] 姜芃 . 美国城市史学中的人文生态学理论 [J]. 史学理论研究 . 2001（02）: 105-117.

[13] 易华文 . 有感深圳建筑创作 [J]. 南方建筑 . 2001（04）: 64-65.

[14] 姜芃 . 城市史是否是一门学科？ [J]. 世界历史 . 2002（04）: 98-104.

[15] 谢植雄 . 深圳市经济发展和产业结构演替分析 [J]. 城市发展研究 . 2002（04）: 57-61.

[16] 王如渊，李燕茹 . 深圳中心商务区的区位转移及其机制 [J]. 经济地理 . 2002（02）: 165-169.

[17] 陈一新 . 深圳市中心区规划实施中的建筑设计控制——读"法国城市规划中的设计控制"有感 [J]. 城市规划 . 2003（12）: 71-73.

[18] 王新谦 . 对费正清中国史观的理性考察 [J]. 史学月刊 . 2003（03）: 13-18.

[19] 张宇星，韩晶 . 深圳建筑之综合——秩序与混沌 [J]. 华中建筑 . 2004（03）: 7-8.

[20] 韩晶，张宇星 . 城市连续性设计方法研究——以深圳市中心区 22、23-1 地段城市设计为例 [J]. 建筑学报 . 2004（05）: 26-29.

[21] 武前波，崔万珍 . 中国古代城市规划的生态哲学：天人合一 [J]. 现代城市研究 . 2005（09）: 47-51.

[22] 蒋峻涛 . 深圳城市中心区的空间演进 [J]. 城市建筑 . 2005（05）: 22-25.

[23] 李红卫，王建军，彭涛等 . 珠江三角洲城镇空间历史演变与趋势 [J]. 城市规划学刊 . 2005（04）: 22-27.

[24] 王挺之 . 城市化与现代化的理论思考——论欧洲城市化与现代化的进程 [J]. 四川大学学报（哲学社会科学版）. 2006（06）: 115-123.

[25] 周一星 . 城市研究的第一科学问题是基本概念的正确性 [J]. 城市规划学刊 . 2006（01）: 1-5.

[26] 任放 . 施坚雅模式与国际汉学界的中国研究 [J]. 史学理论研究 . 2006（02）: 39-49.

[27] 任吉东 . 从宏观到微观 从主流到边缘——中国近代城市史研究回顾与瞻望 [J]. 理论与现代化 . 2007（04）: 122-126.

[28] 曾真，李津逵 . 工业街区——城市多功能区发育的胎胚——深圳华强北片区的演进及几点启示 [J]. 城市规划 . 2007（04）: 26-30.

[29] 魏楚雄 . 挑战传统史学观及研究方法——史学理论与中国城市史研究在美国及西方的发展 [J]. 史林 . 2008（01）: 36-52.

[30] 钟坚 . 深圳经济特区改革开放的历史进程与经验启示 [J]. 深圳大学学报（人文社会科学版）. 2008（04）: 17-23.

[31] 冯乐安 . 试析人类生态学范式与新城市社会学范式之不同 [J]. 天津城市建设学院学报 . 2010（02）: 145-148.

[32] 陈飞 . 一个新的研究框架：城市形态类型学在中国的应用 [J]. 建筑学报 . 2010（04）: 85-90.

[33] 陈一新 . 探究深圳 CBD 办公街坊城市设计首次实施的关键点 [J]. 城市发展研究 . 2010（12）: 84-89.

[34] 黄卫东，张玉娴 . 市场主导下快速发展演进地区的规划应对——以深圳华强北片区为例 [J]. 城市规划 . 2010（08）: 67-72.

[35] 吕晓蓓，朱荣远，张若冰，等．大都市中心城区城市空间资源整合的初步探索——深圳“金三角”地区城市更新的系列实践 [J]. 国际城市规划．2010（02）: 48-52.

[36] 方煜，刘倩．转型期可持续的城市更新途径——深圳市人民南路及周边地区城市设计探析 [J]. 城市建筑．2011（02）: 46-50.

[37] 陈一新．深圳 CBD 中轴线公共空间规划的特征与实施 [J]. 城市规划学刊．2011（04）: 111-118.

[38] 陈一新．探讨深圳 CBD 规划建设的经验教训 [J]. 现代城市研究．2011（03）: 89-96.

[39] 刘志丹，张纯，宋彦．促进城市的可持续发展：多维度、多尺度的城市形态研究——中美城市形态研究的综述及启示 [J]. 国际城市规划．2012（02）: 47-53.

[40] 杨刚勇，杨友国．罗湖核心竞争力分析及提升策略 [J]. 特区实践与理论．2012（04）: 18-21.

[41] 罗彦，杜枫，许路曦．基于深圳城市发展单元规划的规划转型与创新 [J]. 城市发展研究．2013（08）: 101-107.

[42] 吴军，克拉克 特里 · n. 场景理论与城市公共政策——芝加哥学派城市研究最新动态 [J]. 社会科学战线．2014（01）: 205-212.

[43] 罗军，李小云．深圳市中心区空间轴线景观的形成机制研究 [J]. 华中建筑．2014（12）: 102-105.

[44] 刘晓都．从深圳华强北更新到回酒店改造 [J]. 时代建筑．2014（04）: 92-99.

[45] 洪宇，周余义，沈少青，等．基于遥感与 GIS 技术的深圳市 1979-2014 年填海动态变化及其影响因素分析 [J]. 海洋开发与管理．2016（03）: 89-93.

[46] 罗军，郑敏瑜．快速城市化过程中“新型旧城区”空间形态分析及更新启示——以深圳市人民南片区为例 [J]. 华中建筑．2016（02）: 76-79.

五、学位论文

[1] 张勇强．城市空间发展自组织研究——深圳为例 [D]. 东南大学，2003.

[2] 王富海．深圳城市空间演进研究 [D]. 北京大学，2003.

[3] 李怀建．从经济特区到特大城市——深圳城市发展历程研究 [D]. 暨南大学，2004.

[4] 熊国平．90 年代以来中国城市形态演变研究 [D]. 南京大学，2005.

[5] 李杨．城市形态学的起源与在中国的发展研究 [D]. 东南大学，2006.

[6] 罗佩．深圳城市形态演进研究 [D]. 中山大学，2007.

[7] 何姝．深圳市蛇口片区旧工业地段更新策略研究 [D]. 哈尔滨工业大学，2010.

[8] 刘浩．深圳旧工业地段更新规划编制对策研究 [D]. 哈尔滨工业大学，2010.

[9] 张健．康泽恩学派视角下广州传统城市街区的形态研究 [D]. 华南理工大学，2012.

[10] 苏倩．深圳近 30 年城市公共开放空间中景观建筑的发展研究 [D]. 江南大学，2013.

六、外文文献

[1] Slobodchikoff C N G W S. A New Ecology：Approaches to Interactive Systems[J]. New York：Wiley.：313-327.

[2] Eldridge H T. The Process of Urbanization[J]. Demographic Analysis. 1952：238.

[3]Weber M. The City[M]. New York：New York，1958.

[4]Sjoberg G. The Preindustrial City：Past and Present[M]. Free Press，1965.

[5]Hauser P. The Study of Urbanization[M]. Albany：State University of New York Press，1965.

[6] S H C. Resilience and stability of ecological systems[J]. Annual Review of Ecology & Systematics. 1973（4）：1-23.

[7] S H C. Resilience and stability of ecological systems[J]. Annual Review of Ecology & Systematics. 1973（4）：1-23.

[8] S G F. The equilibrium theory of island biogeography：Fact or fiction[J]. Journal of Biogeography. 1980（7）：209-235.

[9] S G F. The equilibrium theory of island biogeography：Fact or fiction[J]. Journal of Biogeography. 1980（7）：209-235.

[10] S H C. What constitutes a good model and by whose criteria[J]. Ecological Modelling. 1988（43）：125-127.

[11] Wu J. Hierarchy and scaling：Extrapolating information along a scaling ladder[J]. Journal of Remote Sensing. 1999（25）：367-380.

七、其他文献

[1] 梁兴超，贾少强 . 深圳墟当年的确有道“东门”[N]. 深圳商报 .

[2] 百年巨舰与深圳特区同歌而行——招商局创办蛇口工业区系列报道 [Z]. 深圳特区报（数字期刊），http：//sztqb.sznews.com/html/2008-09/01/content_321338.htm（2008/9/1）

[3] 谢孝国，宋毅 . 蛇口“还政”未了 [N]. 羊城晚报 .2008-6-18（数字报刊），http：//www.ycwb.com/ePaper/ycwb/html/2008-06/18/content_237911.htm

[4]1866 年意大利传教士弗伦特里绘制深圳历史地图

[5]1905 年英国军部绘制香港深圳地区历史地图

[6]1979—2017 年深圳谷歌影像图

[7]1979—2004 年深圳航拍影像图

后　记

“读万卷书，行万里路，胸中脱去尘浊，自然丘壑内营，立成鄄鄂。”由于长期在深圳生活，也经常穿梭于不同城市，对深圳日新月异的城市面貌总想探索究竟，心中便想写一些与深圳相关的文字。机缘巧合，2010 年，程建军教授赞成、支持我做深圳城市演进的研究，便有了本书缘起。从社会学科到计量史学，从汉学学者到费正清学派，从“冲击——回应”模式到中国中心观，从区域理论到市场中心理论，从芝加哥学派到地理学、行为—空间理论、社会政治经济学领域，以及到城市设计与建筑学领域等，持续研究有关城市理论，对深圳城市研究成果也进行了系统梳理。随着掌握的资料和文献阅读增多，本人尝试撰文研究深圳城市格局的形成。受刘易斯·芒福德名著《城市发展史——起源、演变和前景》的宏大叙事影响，以及太史公“究天人之际，通古今之变，成一家之言”的历史观和人本哲学观影响，先后完成两个初稿：一稿以深圳社会、经济重大事件为叙事线索，研究了古代、近现代深圳城市历史演进脉络，对空间发展模式、意义和策略等问题也有所思考。另一稿按城市环境、规划、交通、建筑、社会文化等层次梳理城市变革，阐述深圳城市形成，总结深圳城市规划、设计和建设的方法和经验。在理论上没有创新，故对书稿总不称心。

对当代中国城市的探索以何为切入点？对深圳的研究是否可以先验地套用某种范式或理论？思索多年，辗转南北东西，对不同地域的人文地理、城市兴衰实地探访，持续思考城市到底在遵循什么规则生长。经过积淀，更加专注于理论和逻辑体系，而不是只关注研究范式和学术框架，不只追求归纳性的结果，追求理论研究的系统性，试图在理论和方法方面有所突破。研究的重点在于创设、提出城市演进多尺度层次研究体系，形成基于完全分类的形态演进理论，重构城市形态学原理和方法，发现城市形态演进的自相似结构，并阐明有多少不相似的自相似性结构，就有多少种分析城市形态的方法。自相似结构不是图形的相似，而是诸如形态中枢、形态演进类型等，而且结构具备尺度等级性，是由小尺度级别递归到大尺度级别的，这是必须明确的。文中形态学原理和方法，由一系列概念、判断和逻辑推理而来，逻辑推理基于可观测、可重现、可验证的客观物质存在，源于无数城市人地关系中人工构（建）筑物呈现的平面格局。城市形态由于城市具备自相似性而在不同尺度层次下呈现出城市形成、发展、衰退等演进现象。

平面格局图式概念和表达方式是对自相似结构的一种图像法表达，形态地图的选取和表达方式只是根据精度的需要和研究方便而取舍，随着数字技术的发展可能有更适宜的表达方式。以深圳为例，一是因为本人长居此地，对这座城市饱含感情，二是获取资料容易，书中的例证只是对理论的实证，没有面面俱到，并且舍弃了前两稿与理论无关的内容。例如城市核心区域及其次尺度等级的内容相对单薄，只选取了深圳特区和南山区为研究对象，与特区尺度等级相同的宝安前海、龙华、龙岗等区域未做研究，其次级别的研究也略过。虽然在上一尺度层次即深圳整体空间尺度下涉及这些区域，能理解该区域的纵向时间维度的变迁，但由于缺少同级别和次级别的研究，同级别和次级别的细节就无法了解。相反，第六章和第八章对福田中心区及其次级别中的福田中心区 22、23-1 街坊的研究，就选取两个尺度等级有包含关系的区域，细节的丰富性就大大增强。由于不同尺度层次均遵循本书阐述的形态演进原理，对某区域不同尺度层次联立分析，则对一个区域的演进把握就丰富和全面得多。除实证研究例证不够全面，理论部分知识系统性还有待完善，待后期在更多的应用实践中进一步完善平面格局形态学理论体系的系统性，丰富由一系列概念、判断和逻辑推理构成的知识体系，构建可验证的当代城市哲学的形态学原理。

感恩程建军教授鼓励、解惑、开悟。感谢孟建民院士对研究的支持。写作过程得到了吴庆洲、唐孝祥、王世福、郑立鹏、董黎、朱雪梅、刘琼祥等教授、张一兵研究员、郑景轩、李小云、郑敏瑜、杨文雍、昌盛、许新月、陈丹、刘洪霞、陈锦棠等同仁的帮助。感恩岁月里师长、友朋赐教，提供无私帮助，铭记于心，不再一一列举，衷心感谢！不积跬步，无以至千里，唯有长期积累、砥砺改进，才能小有进步，欢迎读者批评指正！